生物科学研究方法丛书

蛋白质组学方法

中国生物技术发展中心
南开大学
编著

主　编　饶子和

副主编　沈月全

主要参编人员　（按姓氏汉语拼音排序）

陈凌懿　龚清秋　韩际宏　洪章勇
胡俊杰　旷　苗　刘新奇　龙加福
娄志勇　门淑珍　邱宏伟　饶子和
沈月全　王　晶　王　莹　吴世安
杨志谋　赵饮虹　周卫红

科学出版社
北京

内　容　简　介

本书总结和归纳了现代生物学领域内的常用蛋白质研究技术。详细阐述了这些技术的原理、方法和实际应用。使读者能够快速了解这些技术的应用范围,从而选择合适的技术进行科学实验。本书还对这些技术的历史进行了回顾,并在此基础上,对将来技术的发展提出一些见解和看法。

本书对研究人员进一步发展这些技术具有一定的指导意义。

图书在版编目(CIP)数据

蛋白质组学方法 / 中国生物技术发展中心,南开大学编著;饶子和主编.—北京:科学出版社,2012.9

(生物科学研究方法丛书)

ISBN 978-7-03-035584-3

Ⅰ.蛋…　Ⅱ.①中…②南…③饶…　Ⅲ.蛋白质-基因组-研究方法　Ⅳ.Q51-3

中国版本图书馆 CIP 数据核字(2012)第 221819 号

责任编辑:胡治国　邹梦娜 / 责任校对:林青梅

责任印制:徐晓晨 / 封面设计:范璧合

科学出版社 出版

北京东黄城根北街 16 号

邮政编码:100717

http://www.sciencep.com

北京厚诚则铭印刷科技有限公司 印刷

科学出版社发行　各地新华书店经销

*

2012 年 9 月第　一　版　开本:787×1092　1/16

2022 年 7 月第十六次印刷　印张:13　1/2

字数:319 000

定价: 79.80 元

(如有印装质量问题,我社负责调换)

前　言

随着人类基因组计划的实施和推进，生命科学研究已进入了后基因组时代。在这个时代，生命科学的主要研究对象已经从基因组转变为蛋白质组。尽管现在已有多个物种的基因组被测序，但在这些基因组中通常有一半以上基因的功能是未知的。而蛋白质是生理功能的执行者，是生命现象的直接体现者，对蛋白质结构和功能的研究将更有助于我们直接阐明生命在生理或病理条件下的变化机制。蛋白质本身的存在形式和活动规律，如翻译后修饰、蛋白质间相互作用以及蛋白质构象等问题，仍需要我们利用蛋白质组研究技术直接对蛋白质进行研究来解决。虽然蛋白质的可变性和多样性等特殊性质导致了蛋白质研究技术远远比核酸技术要复杂和困难得多，但正是这些特性参与并影响着整个生命过程。因此在20世纪90年代中期，国际上产生了一门新兴学科——蛋白质组学(proteomics)，它是以细胞内全部蛋白质的存在及其活动方式为研究对象。可以说蛋白质组研究的开展不仅是生命科学研究进入后基因组时代的里程碑，也是后基因组时代生命科学研究的核心内容之一。

可以说，研究方法既可以推动蛋白质组学的发展也可以限制其发展。蛋白质组学研究成功与否，速度快慢，很大程度上取决于对其研究方法水平的高低。蛋白质研究方法远比基因复杂和困难：不仅氨基酸残基种类远多于核苷酸残基(20/4)，而且蛋白质有着复杂的翻译后修饰，如磷酸化和糖基化等，给分离和研究蛋白质带来很多困难。另外，蛋白质的体外表达和纯化也并非易事，从而难以获得大量的目标蛋白。蛋白质组的研究实质上是在细胞水平上对蛋白质进行大规模的平行分离和分析，往往要同时处理成千上万种蛋白质。因此，发展高通量、高灵敏度、高准确性的研究方法和技术平台是现在乃至相当一段时间内蛋白质组学研究中的重点和难点。

编　者

2012年8月20日

目　录

前言

第一章　概述 ………………………………………… (1)

第一节　分学科创新方法范围 ………………………… (1)

第二节　分学科创新方法的发展历程 ………………… (5)

第三节　分学科创新方法的发展趋势 ………………… (47)

第二章　主要创新方法(基本原理和改进方向) ……… (54)

第一节　各种异源蛋白表达技术 ……………………… (54)

第二节　蛋白质组织抽提技术 ………………………… (57)

第三节　蛋白质亲和层析与各种色谱纯化技术 ……… (61)

第四节　蛋白质变复性技术 …………………………… (65)

第五节　二维凝胶电泳与分析技术 …………………… (72)

第六节　MALDI-TOF-MS 技术 ……………………… (78)

第七节　LC-ESI-MS/MS 技术 ………………………… (80)

第八节　PMF 鉴定技术 ………………………………… (84)

第九节　同位素标记定量分析质谱技术 ……………… (85)

第十节　多维液相色谱技术 …………………………… (88)

第十一节　酵母双杂交技术 …………………………… (91)

第十二节　免疫共沉淀技术 …………………………… (94)

第十三节　细胞共定位技术 …………………………… (95)

第十四节　荧光共振能量转移技术 …………………… (96)

第十五节　亲合捕获技术 ……………………………… (98)

第十六节　核酸微阵列及其分析技术 ………………… (100)

第十七节　蛋白质芯片及分析技术 …………………… (104)

第十八节　蛋白质 N 端和 C 端测序技术 …………… (107)

第十九节　蛋白质 X 射线衍射技术 ………………… (113)

第二十节　蛋白质核磁共振及其样品制备和结构测定技术 ………… (125)

第二十一节　单分子技术 ……………………………… (134)

第二十二节　电镜负染观测技术 ……………………… (139)

第二十三节　蛋白质电子衍射及其二维晶体生长技术 ……… (141)

第二十四节　冷冻电镜观测及其样品制备和三维重构技术 ……… (143)

第二十五节　电子层析技术 …………………………… (146)

第二十六节　荧光光谱技术 …………………………… (149)

第二十七节　圆二色谱技术 …………………………… (151)

第二十八节　拉曼光谱技术 …………………………… (154)

第二十九节　等温滴定量热技术 …………………………………………… (157)
第三十节　扫描隧道显微镜技术 …………………………………………… (159)
第三十一节　表面等离子共振技术 ………………………………………… (160)
第三十二节　小角散射结构分析技术 ……………………………………… (162)
第三十三节　动态光散射技术 ……………………………………………… (164)
第三十四节　噬菌体表面展示抗体技术 …………………………………… (165)
第三章　分学科创新方法改进的发展策略和途径 ……………………… (169)
第一节　我国该学科方法创新的研究基础 ………………………………… (169)
第二节　我国该学科创新方法的研究需求 ………………………………… (182)
第三节　我国该学科方法创新的目标、方向和重点 ……………………… (194)

第一章 概 述

第一节 分学科创新方法范围

一、后基因组时代生物科学发展的新形势

生物学是一门研究生命现象及其活动规律的科学。近几年，随着生物学的迅猛发展以及研究在分子层面上的切入，人们从微观角度对生物体有了更加系统和深入的认识。19世纪后期到20世纪50年代初，是现代分子生物学开始产生的阶段。在这一阶段产生了两点对生命本质的重大突破。第一点明确了蛋白质是生命的主要基础物质。19世纪末Buchner兄弟证明酵母无细胞提取液能使糖发酵产生乙醇，并且第一次提出酶(enzyme)的名称，酶实际是生物意义的化学催化剂。20世纪20～40年代提纯和结晶了一些酶并且证明了酶的本质是蛋白质。随后其他科学家也陆续证明生命的许多基本现象是由酶和蛋白质来完成的。在此期间对蛋白质结构也进行了探索。1902年蛋白质结构被证明是多肽组装的。20世纪40年代末，Sanger创立二硝基氟苯以及Edman发展异硫氰酸苯酯法分析肽链N端氨基酸。1953年Sanger和Thompson完成了第一个多肽分子——胰岛素A链和B链的氨基酸全序列分析。随着X射线蛋白质晶体衍射技术的发展，1950年Pauling和Corey提出了α-角蛋白的α螺旋结构模型[1]。第二点确定了生物遗传的物质基础是DNA。20世纪20～30年代已确认自然界有DNA和RNA两类核酸，并阐明了核苷酸的组成。由于当时对核苷酸和碱基的定量分析不够精确，得出DNA中A、G、C、T含量是大致相等的结果，因而曾长期错误地认为DNA结构是“四核苷酸”单位的重复，不具有多样性，不能携带更多的信息。后来，更多的实验事实使人们对核酸的功能和结构两方面的认识都有了长足的进步。1944年O. T. Avery等证明了肺炎球菌转化因子是DNA。1952年A. D. Hershey和M. Cha-se用同位素^{35}S和^{32}P分别标记T2噬菌体的蛋白质和核酸，并对大肠埃希菌进行感染实验，进一步证明了DNA是遗传物质。在对DNA结构的研究上，1949～1952年S. Furbery等的X射线衍射分析阐明了核苷酸并非平面的空间构象，提出了DNA是螺旋结构。1948～1953年Chargaff等用新的层析和电泳技术分析组成DNA的碱基和核苷酸量，积累了大量的数据，提出了DNA碱基组成A＝T、G＝C的Chargaff规则，为碱基配对的DNA结构认识打下了基础[2]。

随后现代分子生物学进入了建立和发展阶段，这一阶段是从20世纪50年代初到70年代初。1953年以Watson和Crick提出的DNA双螺旋结构模型作为现代分子生物学诞生的里程碑，开创了分子遗传学基本理论建立和发展的黄金时代。DNA双螺旋发现的最深刻意义在于：确立了核酸作为信息分子的结构基础；提出了碱基配对是核酸复制、遗传信息传递的基本方式；从而最后确定了核酸是遗传的物质基础，为认识核酸与蛋白质的关系及其在生命中的作用打下了最重要的基础。在此期间的主要进展包括：①遗传信息传递中心

法则的建立。在发现DNA双螺旋结构同时，Watson和Crick就提出DNA复制的可能模型。其后在1956年A. Kornbery首先发现DNA聚合酶；1958年Meselson及Stahl用同位素标记和超速离心分离实验为DNA半保留模型提出了证明；1968年Okazaki提出DNA不连续复制模型；1972年DNA复制开始需要RNA作为引物被证实；20世纪70年代初获得DNA拓扑异构酶，并对真核DNA聚合酶特性做了分析研究；这些都逐渐完善了对DNA复制机制的认识。在研究DNA复制将遗传信息传给子代的同时，提出了RNA在遗传信息传到蛋白质过程中起着中介作用的假说。1958年Weiss及Hurwitz等发现依赖于DNA的RNA聚合酶；1961年Hall和Spiege-lman用RNA-DNA杂交证明mRNA与DNA序列互补；逐步阐明了RNA转录合成的机制。在此同时认识到蛋白质是接受RNA的遗传信息而合成的。20世纪50年代初Zamecnik等在形态学和分离的亚细胞组分实验中已发现微粒体(microsome)是细胞内蛋白质合成的部位；1957年Hoagland、Zamecnik及Stephenson等分离出tRNA并对它们在合成蛋白质中转运氨基酸的功能提出了假设；1961年Brenner及Gross等观察了在蛋白质合成过程中mRNA与核糖体的结合；1965年Holley首次测出了酵母丙氨酸tRNA的一级结构；特别是在20世纪60年代Nirenberg、Ochoa以及Khorana等几组科学家共同努力破译了RNA上编码合成蛋白质的遗传密码，随后研究表明这套遗传密码在生物界具有通用性，从而认识了蛋白质翻译合成的基本过程。上述重要发现共同建立了以中心法则为基础的分子遗传学基本理论体系。1970年Temin和Baltimore又同时从鸡肉瘤病毒颗粒中发现以RNA为模板合成DNA的逆转录酶，又进一步补充和完善了遗传信息传递的中心法则。②对蛋白质结构与功能的进一步认识。1956～1958年Anfinsen和White根据对酶蛋白的变性和复性实验，提出蛋白质的三维空间结构是由其氨基酸序列来确定的。1958年Ingram证明正常的血红蛋白与镰刀状细胞溶血症病人的血红蛋白之间，亚基的肽链上仅有一个氨基酸残基的差别，使人们对蛋白质一级结构影响功能有了深刻的印象。与此同时，对蛋白质研究的手段也有改进，1969年Weber开始应用聚丙烯酰胺凝胶电泳测定蛋白质分子量；20世纪60年代先后分析得到血红蛋白、核糖核酸酶A等一批蛋白质的一级结构；1973年氨基酸序列自动测定仪问世。中国科学家在1965年人工合成了牛胰岛素；在1973年用1.8Å X射线衍射分析法测定了牛胰岛素的空间结构，为认识蛋白质的结构做出了重要贡献[3]。

而现在我们已经初步认识生命本质并进入开始改造生命的深入发展阶段。20世纪70年代后，以基因工程技术的出现作为新的里程碑，标志着人类深入认识生命本质并能动改造生命的新时期开始。目前分子生物学已经从研究单个基因发展到研究生物整个基因组的结构与功能。1977年Sanger测定了ΦX174-DNA全部5375个核苷酸的序列；1978年Fiers等测出SV-40DNA全部5224对碱基序列；20世纪80年代λ噬菌体DNA全部48 502碱基对的序列全部测出；一些小的病毒包括乙型肝炎病毒、艾滋病毒等基因组的全序列也陆续被测定；1996年年底许多科学家共同努力测出了大肠埃希菌基因组DNA的全序列长4×10^6碱基对。测定一个生物基因组核酸的全序列无疑对理解这一生物的生命信息及其功能有极大的意义。1990年人类基因组计划(Human Genome Project)开始实施，这是生命科学领域有史以来全球性最庞大的研究计划，基因组的研究催生了以大规模数据产生为基本特征的生物“组学”，同时也催生了大规模高通量的生物学研究平台，当从大量的测序数据发展到大量基因功能数据时，后基因组时代就来到了，而以功能数据为基础的、系统研究现象的系统生物学也诞生了[4]。这种研究的特点是：以假说为出发点、以数据为基础、综合各项技术、交叉利用各种学科的知识，视角全面、研究深入。虽然交叉综合的巨大潜力是明显的，但是，今天大规模科学研究中的交叉综合与以往个别科学家之间的合作有很大的操作上的差别与本质上的差别。所谓本质的差别，是信息的量的差别已经导致了研究性质的差别；所谓操作上的差别，是指团队性质的研究与个别实验室之间合作的差别。实现交叉综合的困难在各个层次上都是存在的，国际上功能基因组和系统生物学也还处在初生阶段。

随着大量生物体全基因组序列的获得，特别是人类基因组序列精确图的完成，人们发现仅从基因组序列的角度根本无法完整、系统地阐明生物体的功能，甚至无法确认其中基因的数量、种类乃至多数预测基因的客观存在。众多生命现象之谜，不能直接从基因组序列中得到解答。由于翻译调控和翻译后修饰的存在，mRNA 亦不能直接反映细胞内蛋白质的水平及其功能状态；对酵母 mRNA 数据的分析的结果表明：二者的相关性低于 0.5。面对基因组计划所产生的成千上万未曾确认的基因，面对基因组、转录组研究对众多生命现象之谜认识上所谓留下的“真空”，蛋白质组学应运而生[4]。蛋白质组研究是功能基因组这一前沿研究的战略制高点，是孕育未来生命科学与生物技术重大突破的温床，将成为新世纪最大战略资源争夺的主要“战场”。

人体组织、器官的蛋白质组研究，是人类基因组计划实施所促成的生命科学自然的也是必然的引申和发展。基因组测序的完成，使我们获得破译全部蛋白质的密码，为蛋白质组研究提供了依据和路标；但基因组研究如果不发展到蛋白质组的研究，它所获得的大量一维信息对诠释生命奥秘的价值是很有限的，因为只有蛋白质组研究，才能获得基因组表达产物——蛋白质在时间上与空间上是如何演绎生命的信息。

2001 年，国际人类蛋白质组组织（Human Proteome Organization，HUPO）成立，同时提出了人类蛋白质组计划（HLPP），引起全世界的关注。如同当年人类基因组计划一样，人类蛋白质组计划的提出，将成为生命科学新的发展引擎和前沿。由于“蛋白质是生命的存在方式”，是生命现象的执行者，从基因组计划发展到蛋白质计划就是从探索生命的密码发展到探究生命体本身，它更直接地揭示生命现象特别是人体健康与疾病的机制。人类蛋白质组计划的实施，其意义和对人类的影响将要超过人类基因组计划。

二、面向生产实践

蛋白质组研究所包容的技术范围远大于基因组研究，由于被誉为构筑生命大厦“砖块”的蛋白质中蕴藏着开发疾病诊断方法和新型药物靶标的“钥匙”，这一研究领域一经出现就很快给许多行业包括生物技术、计算机技术、分析仪器、生物信息学、生化试剂等，尤其是制药业带来了无限的商机，使得这一源于生命科学研究的主题迅速立体化，进而产业化。主导企业与相关行业纷纷交叉联盟，带来巨额融资招募精英、集成技术框架，短短几年间规模可观的研发机构不断涌现，使蛋白质组这个新兴产业在全世界范围内如火如荼地展开。

基于蛋白质组较之基因组具有更直接的功能含义，加之其与人类疾病诊断和药物研发更直接的联系，大力发展蛋白质组学及其相关技术可以大大加快发现可以用作药物和治疗的高特异性新靶点的速度，为研制包括生物技术药物在内的新的药物以及生物技术产业化打下良好基础。

蛋白质组学领域的生物技术产业化主要是根据药物靶标的结构生物学进行的研究和药物设计。以结构生物学为基础，对正常生理过程中及与疾病相关的重要蛋白质的结构和功能进行系统的研究与分析，得到蛋白质药靶的三维结构，进行药物与靶标蛋白相互作用的动力学模拟研究。同时充分利用现有药物分子或中草药有效成分，经修饰和优化，设计具有更高活性的先导化合物[5]。

以蛋白质组学为基础发现药物靶标研究表明，人体内可能存在的药物作用靶标约有 3000～15 000 个，而统计结果显示，目前发现的药物靶标不到 500 个，这说明还有大量的药物作用靶标未被发现。大多数药物靶标都是在生命活动中扮演重要角色的蛋白质，如酶、受体、激素等。通过蛋白质组学的方法比较疾病状态和正常生理状态下蛋白质表达的差异，就有可能找到有效的药物作用靶标，其中应用较多的是二维凝胶电泳(2-DE)和质谱分析(MS)技术。在 2-DE 中，蛋白质样品根据其等电点和相对分子质量的不同而分离，在得到的电泳图谱中，疾病状态和正常生理状态的蛋白质染色斑点的分布会出现差异，以此为线索，可以发现新的药物靶标。

质谱分析(MS)技术具有高通量、敏感性强的特点，能根据相关序列识别蛋白质。其主要作用是识别不同样品中大量相关蛋白质的差异，根据这些差异来筛选可能的疾病相关蛋白，然后与临床实验作比较，以确定真正的靶标蛋白。

在蛋白质组学研究中，进行 2-DE 和 MS 研究还需要使用许多其他相关技术。如样品的制备和分离技术、蛋白质结构的分析技术、生物信息学技术等。利用蛋白质组学技术发现药物靶标的一般流程是：样品制备(sample preparation)→分离(fractionation)→质谱分析(mass spectrometry)→蛋白质阵列(protein arrays)→计算生物学(computational biology)→结构蛋白质组学(structural proteomics)→结合特征分析(binding characteristics)[6]。

另外，酵母双杂交技术也是发现药物靶标的重要途径。该技术能够通过报告基因的表达产物敏感地检测到蛋白质之间相互作用的路径。对于能够引发疾病反应的蛋白互作用，可以采取药物干扰的方法，阻止它们的相互作用以达到治疗疾病的目的。例如，Dengue 病毒能引起黄热病、肝炎等疾病，研究发现它的病毒 RNA 复制与依赖于 RNA 的 RNA 聚合酶(NS5)、拓扑异构酶 NS3 以及细胞核转运受体 β-importin 的相互作用有关。如果能找到相应的药物阻断这些蛋白之间的相互作用，就可以阻止 RNA 病毒的复制，从而达到治疗这种疾病的目的[7]。

基于靶标分子结构的药物设计指的是利用生物大分子靶标及相应的配体-靶标复合物三维结构的信息设计新药。其基本过程是：①确定药物作用的靶标分子(如蛋白质、核酸等)；②对靶标分子进行分离纯化；③确定靶标分子的三维结构，提出一系列假定的配体与靶分子复合物的三维结构；④依据这些结构信息，利用相关的计算机程序和法则进行配体分子设计，模拟出最佳的配体结构模型；⑤合成这些模拟出来的结构，进行活性测试。若对测试结果感到满意，可进入前临床实验研究阶段，反复重复以上过程，直至满意为止[8]。

基于靶标分子结构的药物设计需要采用 X 射线衍射分析和核磁共振波谱(NMR)等结构生物学的研究手段，对靶标蛋白质的分子结构进行深入研究，获得相关信息，借助计算机技术建立靶标的蛋白质结构模型。如治疗艾滋病的安瑞那韦(amprenavir agenerase) 和奈非那韦(nelfinavir viracept) 就是利用人类免疫缺陷病毒(HIV) 蛋白酶的晶体结构开发的药物[9]。

药物筛选重点发展技术主要包括：①针对多靶标的集群式高通量筛选(high throughput screen)技术；②针对致病基因的调控通路或网络，运用系统生物学方法，发展高通量筛选技术。

药物设计重点发展技术主要包括：①发展基于多个蛋白质三维结构的高通量虚拟筛选方法；②发展新的 ADMET(absorption，distribution，metabolism，excretion and toxicity)预测方法；③发展基于疾病基因调控通路或网络的高通量虚拟筛选方法。

执笔：沈月全
讨论与审核：沈月全　闫晓洁
资料提供：闫晓洁

参考文献

1. 高尚荫. 试论分子生物学. 武汉大学学报(理学版)，1983，3：90～95
2. Portugal FH，Cohen JS. A Century of DNA. Cambridge：The M. I. T. Press，1979
3. 高尚荫. 再论分子生物学——科学的革命. 中国病毒学，1987，1：1～2
4. 李思经. 2001 年的分子生物学. 中国生物工程杂志，1992，12(4)：50～52
5. 汪世华，胡开辉. 蛋白质组学的应用与发展趋势. 福建省科协第五届学术年会提高海峡西岸经济区农业综合生产能力分会场论文集，2005，122～123
6. Manabe T. Combination of electrophoretic techniques for comprehensive analysis of complex protein systems. Electrophoresis，2000，21：1116
7. 杨齐衡，李林. 酵母双杂交技术及其在蛋白质组研究中的应用. 生物化学与生物物理学报，1999，31(3)：221～225
8. 来鲁华，徐筱杰，唐有祺. 蛋白质的结构预测和分子设计. 自然科学进展，1995，5(01)：2～6
9. 来鲁华，骆兆文，徐筱杰. 基于蛋白质结构知识的合理药物分子设计. 生物化学与生物物理进展，1993，20(03)：176～181

第二节　分学科创新方法的发展历程

一、蛋白质组学研究思路的发展历程(方法论的角度)

生命体最重要的组成部分是基因和蛋白质，其中基因是遗传信息的携带者，而蛋白质是生物功能的执行者，它具有自身的活动规律，因此仅从基因的角度来研究生命的活动规律是远远不够的，必须研究由基因转录和翻译出蛋白质的生理过程，才能真正揭示生命的活动规律。在对蛋白质系统研究的基础上产生了研究细胞内蛋白质组成及其活动规律的新兴学科——蛋白质组学(proteomics)。蛋白质组(proteome)最早是由澳大利亚的 M. R. Wilkins 于 1994 年首先提出，是指一个细胞或组织所表达的全部蛋白质。蛋白质组学是对不同时间和空间发挥功能的特定蛋白质群体进行研究的学科，不仅包括蛋白质的定性和定量，还包括它们的定位、修饰、活性、功能、相互作用等。它从蛋白质水平上探索蛋白质的表达模式及功能模式，从而为药物开发、新陈代谢途径的调节和控制等提供基础和理论依据[1]。蛋白质组学不同于传统的蛋白质学科，是在生物体或其细胞的整体蛋白质水平上进行的，是从一个机体或一个细胞的蛋白质整体活动来揭示生命的规律。由于蛋白质具有多样性、可变性、复杂性以及表达量低难于检测等问题，对它们的系统研究非常困难。目前对蛋白质组的研究总体可以分为两个方面，即对蛋白质表达模式（蛋白质组成）和蛋白质功能模式(蛋白质相互作用网络关系)的研究。对蛋白质组研究可以提供如下信息，从基因序列预测的基因产物是否以及何时被翻译，基因产物的相对浓度，翻译后被修饰的程度等。

蛋白质组学的研究经历了一个从点到面，从单个的技术分析到综合技术应用的发展历程。在技术方面，早期主要使用单一的技术，如二维电泳，质谱等对单个的样品进行分析；在研究对象方面，早期主要针对单一材料，如单一的细胞或组织进行研究。经过多年的发展，蛋白质组学已经进入到利用综合的多种技术，对复杂的细胞，组织，甚至个体进行多层面的研究，例如不同的条件下蛋白的表达，蛋白的结构，蛋白的功能，以及蛋白与蛋白的相互作用等多个方面[2]。

蛋白质组学技术的发展使我们很快能确定疾病（如癌症）的起因，蛋白质研究分析速度的提高使生命科学的研究工作更深入、更准确、更快速，更接近生命的本质。蛋白质组学是研究细胞内所有蛋白质及其动态变化规律的科学，它能从更深层次上去揭示生命活动的规律，从而对人类生活质量的提高和人类寿命的延长起到巨大作用[3]。

虽然目前生物信息学的核心是基因组信息学，但研究蛋白质序列、蛋白质结构以及蛋白质的功能也是生物信息学的一个重要方面。基因是重要的生命信息，但是，基因需要通过表达将信息转移到蛋白质上，蛋白质才是生命活动的主要承担者。人类基因组计划已经勾画出人体遗传信息的蓝图，然而，要想全面了解复杂的人体，还需要进一步深入认识基因组所产生的全部蛋白质和RNA，这是蛋白组学研究的推动力。

蛋白质组是指由基因组编码的全部蛋白质。但在生物体内，蛋白质的数目并不等于基因组内对蛋白质进行编码的基因数目。首先，在一个细胞中，并不是所有基因都同时表达，因而，一个细胞的蛋白质组中蛋白质的数目少于基因组中基因的数目。但是，从基因可变剪切和蛋白质修饰的角度看，蛋白质的数目又远远多于基因组中基因的数目。基因组基本上是固定不变的，而蛋白质组是动态的，具有时空多变性和可调节性，能反映基因的表达时间、表达量，以及蛋白质翻译后的加工修饰和亚细胞分布等。蛋白质组学是研究细胞内所有蛋白质及其动态变化规律的科学，旨在阐明生物体全部蛋白质的表达模式及功能模式，其内容包括鉴定蛋白质的表达、存在方式（修饰形式）、结构、功能和相互作用等。从蛋白质组的定义上就可以清楚地看出，蛋白质组学与传统的蛋白质研究不同之处在于，它的研究是在生物体或其细胞的整体蛋白质水平上进行的，它从一个机体或一个细胞的蛋白质整体活动的角度来揭示和阐明生命活动的基本规律。

（一）表达蛋白质组

早期蛋白质组学的研究主要集中在通过二维电泳等方法分析同一细胞和材料在不同条件下蛋白质的表达差异，并从中发现在特定条件下特异表达的蛋白质。经过了多年的发展，目前二维电泳技术仍然是表达蛋白质组学研究的最重要工具之一。早期蛋白质组学的研究范围主要是指蛋白质的表达模式，随着学科发展，蛋白质组学的研究范围也在不断完善和扩充。目前，蛋白质翻译后修饰的研究已成为蛋白质组研究中的重要部分和巨大挑战。蛋白质——蛋白质相互作用的研究也已被纳入蛋白质组学的研究范畴，而蛋白质高级结构的解析即结构生物学，目前也通常纳入蛋白质组学研究范围。蛋白质组的研究实质上是在细胞水平上对蛋白质进行大规模的平行分离和分析，往往要同时处理成千上万种蛋白质。因此，发展高通量、高灵敏度、高准确性的研究技术平台是现在乃至相当一段时间内蛋白质组学研究的主要任务。可以说，蛋白质组学的发展既是技术所推动的也是受技术限制的。蛋白质组学研究成功与否，很大程度上取决于其技术方法水平的高低。蛋白质研究技术远比基因技术复杂和困难，这是因为不仅氨基酸残基的种类远多于核苷酸残基，而且蛋白质有着复杂的翻译后修饰，如磷酸化和糖基化等，给分离和分析蛋白质带来很多困难。

此外，通过表达载体对蛋白质进行的过量表达和大量纯化也不容易，从而使对蛋白质的性质鉴定和分析面临很多问题，这些都对相应的研究技术提出了新的需求和挑战。

蛋白质组研究中的样品制备，通常对细胞或组织中的全蛋白质组分进行分析，也可以进行样品预分级，即采用各种方法将细胞或组织中的全体蛋白质分成几部分，分别进行蛋白质组研究。样品预分级的主要方法包括根据蛋白质的溶解性进行分离，或者根据蛋白质在细胞中不同细胞器的定位进行分级，如专门分离出细胞核、线粒体或高尔基体等细胞器的蛋白质成分。样品预分级不仅可以提高低丰度蛋白质的百分比，还可以针对某一细胞器的蛋白质组进行研究。例如，在临床研究中，对临床组织样本进行分析，寻找疾病的特征性标记，是蛋白质组研究的重要方向之一。但临床样本都是各种细胞或组织的混和物，生理状态也不均一。例如，在肿瘤组织中，发生癌变的往往是上皮细胞，而这类细胞在肿瘤中总是与血管、基质细胞等混杂在一起。所以，常规采用与正常组织进行差异比较的肿瘤，实际上是多种细胞甚至组织的蛋白质组混合物。这就对蛋白质组研究中的样品分离和分析提出了更高的要求。利用蛋白质的等电点和分子量通过双向凝胶电泳将各种蛋白质区分开来是一种很有效的手段，它在蛋白质组分离技术中起到了关键作用。如何提高双向凝胶电泳的分离容量、灵敏度和分辨率以及对蛋白质差异表达的准确检测是目前双向凝胶电泳技术发展的关键问题。目前已发展出与电泳相结合的高灵敏度蛋白质染色技术，如新型的荧光染色技术。质谱技术是目前蛋白质组研究中发展最快，也最具活力和潜力的技术[4]，它通过测定蛋白质的质量来判别蛋白质的种类。当前蛋白质组研究的核心技术就是双向凝胶电泳-质谱技术，即通过双向凝胶电泳将蛋白质分离，然后利用质谱对蛋白质逐一进行鉴定。对于蛋白质鉴定而言，高通量、高灵敏度和高精度是三个关键指标。一般的质谱技术难以将三者合一，而最近发展的质谱技术可以同时达到以上三个要求，从而实现对蛋白质准确和大规模的鉴定。

蛋白质组研究应用到的分离技术有多种，要想通过一种方法就可以观察到一个组织、一个细胞或一个生物体中的全部蛋白质几乎是不可能的。首先，细胞内蛋白质的表达丰度相差极大，高丰度的蛋白质往往在分离鉴定过程中将低丰度蛋白质掩盖掉，使一些低丰度的蛋白质，特别是调控蛋白质和激酶，很难用目前的方法检测到；其次，蛋白质的表达具有时间和空间上的差异性，这也决定了人们很难获得细胞、组织或生物体的全部蛋白质组成。目前在蛋白质组研究中应用最多的分离技术是二维聚丙烯酰胺凝胶电泳（two dimensional polyacrylamide gel electrophoresis，2-DE），它也是目前对蛋白质组分辨率最高、重复性最好的分离技术。Smithies 和 Poulik 最早引入了二维电泳技术，他们将纸电泳和淀粉凝胶电泳结合起来分离血清蛋白质。随后，二维电泳技术经历了更多的发展。聚丙烯酰胺介质的引入，特别是等电聚焦（isoelectric focusing）技术的应用，使人们能够基于蛋白质带电属性对其进行分离。目前所应用的二维电泳体系是由 O'Farrell 等于 1975 年首先提出的，其原理是根据蛋白质的两个一级属性，即等电点和相对分子质量的特异性，将蛋白质混合物在电荷和相对分子质量两个方向上进行分离。蛋白质混合物在第一维方向上的分离是利用蛋白质等电点的不同将其在大孔凝胶中离开，这一过程被称作等电聚焦。蛋白质是两性分子，根据环境 pH 的不同分别带正电、负电或零电荷，在 pH 高于其等电点的位置时，蛋白质带负电，反之带正电。在电场作用下，蛋白质分子会分别向正极或负极漂移，当到达与其等电点相同的 pH 位置时，蛋白质不带电，就不再发生漂移。蛋白质混合物在第二维方向上的分离是按照蛋白质相对分子质量的大小进行分离。蛋白质是带电的生物大分子，在第二维方向按其相对分子质量分离时,为了消除电荷干扰,需要采用SDS对蛋白质进行变性处理。SDS是一种强离子去污剂,作为变性剂与助溶性试剂,可以断裂分子内与分子间的氢键或其他非共价键使分子变性,破坏蛋白质分子的二级结构与三级结构;同时,强还原试剂巯基乙醇和二硫苏糖醇能使半胱氨酸残基之间的二硫键断裂。在样品和凝胶中加入SDS和还原剂后,蛋白质分子被解聚成它的多肽链。解聚后的氨基酸侧链与SDS充分结合形成带负电荷的蛋白质-SDS胶束,所带的电荷大大超过了蛋白质分子原有的电荷,这就消除了不同分子之间原有的电荷差异。因此,这种胶束在SDS-PAGE中的电泳迁移率不受蛋白质原有电荷的影响,而主要取决于蛋白质或亚基的大小。

二维电泳存在着繁琐、不稳定和低灵敏度等缺点,发展可替代或补充二维电泳的新方法已成为蛋白质组研究技术最主要的目标之一。目前,二维色谱(2D-LC)、二维毛细管电泳(2D-CE)、液相色谱-毛细管电泳(LC-CE)等新型分离技术都有补充和取代二维电泳之势。另一种策略则是以质谱技术为核心,开发质谱鸟枪法(shot-gun)、毛细管电泳-质谱联用(CE-MS)等新策略直接鉴定全蛋白质组的混合酶解产物。随着对大规模蛋白质相互作用研究的重视,发展高通量和高精度的蛋白质相互作用检测技术也被科学家所关注。此外,蛋白质芯片的发展也十分迅速,并已经在临床诊断中得到应用。在基础研究方面,近两年来蛋白质组研究技术已被应用到各种生命科学领域,如细胞生物学、免疫生物学、神经生物学等[5~6]。在研究对象上,覆盖了原核微生物、真核微生物、植物和动物等范围,涉及各种重要的生物学现象,如信号转导、细胞分化、蛋白质折叠等。在未来的发展中,蛋白质组学的研究领域将更加广泛。在应用研究方面,蛋白质组学将成为寻找疾病分子标记和药物靶标最有效的方法之一。在对癌症、早老性痴呆等人类重大疾病的临床诊断和治疗方面,蛋白质组技术也有十分诱人的前景,目前国际上许多大型药物公司正投入大量的人力和物力进行蛋白质组学方面的应用性研究。在技术发展方面,蛋白质组学的研究方法将出现多种技术并存,各有优势和局限的特点[7]。除了发展新方法外,蛋白质组学研究更强调各种方法间的整合和互补,以适应不同蛋白质的不同特征。另外,蛋白质组学与其他学科的交叉也将日益显著和重要,特别是蛋白质组学与其他大规模科学如基因组学,生物信息学等领域的交叉,所呈现出的系统生物学研究模式,将成为未来生命科学最令人激动的新前沿[8]。

(二)功能蛋白质组

随着蛋白质组学的发展,人们不仅想了解蛋白质在不同条件下的特异表达,还想了解这些蛋白在定位、折叠、修饰等功能上的不同和差异。蛋白质组学一经出现,就有两种研究策略。一种可称为"竭泽法",即采用高通量的蛋白质组研究技术分析生物体内尽可能多乃至接近所有的蛋白质,这种观点从大规模、系统性的角度来看待蛋白质组学,也更符合蛋白质组学的本质。但是,由于蛋白质表达随空间和时间不断变化,要分析生物体内所有蛋白质是一个难以实现的目标。另一种可称为"功能法",即研究不同时期细胞蛋白质组成的变化,以发现随不同环境特异表达的蛋白质,这种观点更倾向于把蛋白质组学作为研究生命现象的手段和方法。一般来讲,大部分细胞生命活动发生在蛋白质水平而不是DNA水平,因此即使知道了全部基因的表达概况也难以阐明其实际功能,基因在生物体的功能最终由其编码的蛋白质在细胞水平上体现。从基因表达的角度看,蛋白质组中蛋白质的数目总是少于基因组中开放读框(open reading frame, ORF)的数目,但从蛋白质修饰的角度看,蛋白质的数目又远远大于基因组中ORF的数目;基因组基本是不变的,而蛋白质组是动态的，具有时空性和可调节性，能反映某基因的表达时间、表达量，以及蛋白质翻译后的加工修饰和亚细胞的分布等，功能蛋白质组学的概念由此而生，它指在特定的时间、特定环境、和实验条件下基因组活跃表达的蛋白质，功能蛋白质只是总蛋白质组的一部分[9]。功能蛋白质组学研究是位于对个别蛋白质的传统蛋白质研究和以全部蛋白质为研究对象的蛋白质研究之间的层次，是细胞内与某个功能有关或某种条件下的一群蛋白质。

一百多年来，特别是20世纪的生物化学与分子生物学的研究使得我们认识到，蛋白质是一类结构和功能高度多样，并能对环境做出自发响应的、复杂而神奇的生物大分子。自1938年这类分子被正式命名为“蛋白质(protein)”以来，人类对其认识的历史是曲折的，期间曾出现过大量的错误理论。即使到今天，我们对那些存在于生物体内的成千上万种功能和结构各异的蛋白质的认识还有许多未知的地方。蛋白质的基本结构单位是20种氨基酸，氨基酸之间通过酰胺键共价连接在一起形成多肽链，多肽链进而折叠成具有特定三维空间结构的大分子。只有组装好的蛋白质分子才能发挥其特定的生物学功能。生物体内成千上万种蛋白质分子几乎参与了生命的所有过程[10]。

血红蛋白可能是人类了解其相应生物学功能最早的蛋白质。在1864年，人们利用分光光度计已经观察到了血红蛋白具有可逆结合氧气的能力。同时，人们也逐渐认识到了氧气参与的细胞中的氧化反应是生物能量产生的重要途径。这两方面知识的结合，使得人们逐渐认识到了血红蛋白的功能是在脊椎动物血液中输送氧气。在1926～1930年间，Sumner和Northrop通过结晶和活性测定研究揭示，具有生物催化功能的酶分子原来也是蛋白质，这是对蛋白质功能认识的一次飞跃。到目前为止，已经被正式命名的酶类蛋白已经有3000多种。在目前的研究工作中，蛋白质功能的研究可大致分为两种模式：一是先分离鉴定某种蛋白质，如肌球蛋白和肌动蛋白等，然后再试图去揭示其生理功能；另外就是从已知的特定生理功能，如免疫、防御、视觉等开始，去揭示参与的蛋白质种类。这两种研究的模式互相支持和补充，是目前蛋白质功能研究的主要技术方法，特别是对通过基因组测序所推测的大量未知蛋白的功能的认识，将会是一个巨大的挑战。人类关注蛋白质功能很大程度上是由于蛋白质和人类健康之间千丝万缕的联系，目前已发现的大多数遗传性疾病为基因突变所导致的相应蛋白质的功能异常引起。例如，隐性遗传性的苯丙酮尿症是由苯丙氨酸羟化酶的缺乏造成；白化病是由于先天性缺乏酪氨酸酶，或酪氨酸酶活性下降，而使得黑色素合成发生障碍所导致；遗传性囊性纤维化疾病与位于细胞质膜上的氯离子通道调节因子的功能缺失有关。因为蛋白质功能异常可以引起疾病，人们因此试图通过在活细胞中转入能表达正常蛋白质的基因来治疗相关的疾病，不过这样的治疗方式目前还处于试验阶段。

每一种生命现象，即使是单细胞生命，都会涉及众多不同的生理过程。20世纪生物化学和分子生物学的蓬勃发展，使得我们对生理过程的认识也从早期的整体宏观水平的描述，上升到了目前的细胞和分子水平的分析。在对一些模式生物，如大肠埃希菌、酵母、线虫、果蝇、拟南芥、人类的测序完成后，各组科学家都试图对所预测的编码蛋白质进行功能分类。那些完成基本生物功能的蛋白质可能在不同物种中是高度保守的，但部分蛋白质及其功能却可能是物种特异的。由于其中一半左右的蛋白质的功能还不清楚，使得我们难以对这些研究中提出的蛋白质功能分类的异同进行总结；但科学家已经发现一些涉及遗传物质的复制和转录、蛋白质合成及物质运输、能量及物质代谢、维持细胞形态、与细胞周期调节和信息传递相关，以及与细胞感受内外环境变化等的普遍性蛋白质，存在于所有模式生物中[11]。模式生物基因组DNA序列的测定，以及对所编码的蛋白质分子的预测结果，更使我们认识到，人们对蛋白质结构和功能的认识还是非常肤浅和不完整的，对蛋白质功能进行研究的方法和系统还远不完善。鉴于目前用于预测基因组DNA编码蛋白质情况的电脑程序的不准确性，以及对蛋白质功能认识总体的不完整性，使得这样的数据分析并非十分可靠，所以只能用作大概的参考。

在长期的蛋白质功能研究的历史过程中，人们习惯于首先将待研究的蛋白质对象进行纯化，进而对其结构特征和生物学活性进行体外分析。对血红蛋白、肌球蛋白和大量酶蛋白等功能的认识是这类研究途径的典型例子。这种传统的研究途径仍旧为很多蛋白质研究学者所沿用。但很多时候这样的研究无法有效揭示某种蛋白质在生物体内的功能。这样的蛋白质体外研究，如果是在已知蛋白质体内功能的基础上而开展的话，将会更为有效。在进行体外蛋白质研究的过程中，科学家会尽量去模拟生物体内的条件，但完全的模拟是不可能的，因为生物体及其基本组成单位细胞是个高度有组织的结构，而这才是蛋白质发挥功能的舞台。当蛋白质被纯化后，这些复杂的细胞结构不复存在，很多体内存在的蛋白质与其他蛋白质之间的非共价弱相互作用也随之消失，而且那些在生物体内含量极低的蛋白质也很难被大量地纯化。但随着20世纪70年代重组DNA技术的出现，很多在生物体内含量很低的蛋白质都可以通过先获取其编码基因，然后通过重组表达的方式大量获得。在观察蛋白质在体外条件下表现出来的特征和行为之后，我们必须还要考察蛋白质在体内的特征和行为。在体内，我们需要考察的蛋白质性状很多，如特定蛋白质在生物内的具体位置（比如是在细胞质内、细胞核内、线粒体膜上或基质内、细胞质膜上、还是动态分布于不同的细胞器内等），与其发生相互作用的蛋白质对象及发生相互作用的类型（比如是稳定的还是瞬时的相互作用），与其结合的其他分子（比如是DNA、RNA、磷脂类、糖类，还是其他小分子有机物等），同源寡聚化蛋白质分子的寡聚状态是否发生改变，蛋白质被共价化学修饰的种类和条件，蛋白质寿命的长短，蛋白质含量的高低等。

有关体内研究蛋白质功能的方法和手段还在不断发展和完善当中。例如，观察蛋白质在细胞内的精确定位可以借助于各种显微镜技术（如共聚焦显微成像技术、免疫电镜技术等）；鉴定与特定蛋白质发生相互作用的蛋白质的方法有各种双杂交系统、各类蛋白质片段互补系统、荧光共振能量转移系统、体内化学交联等。目前研究蛋白功能最有力的手段是转基因和基因敲除技术，借助于分子遗传学的途径从改变的表型开始或改变的基因型开始认识蛋白质的功能。这种方法是建立在基因分子生物学的基础之上的。在大约20世纪50年代，人们认识到，生物体内的所有蛋白质分子的合成信息皆编码于以DNA为携带者的基因内，而且这样的信息的表达是通过以RNA分子为中介而实现的（即所谓的遗传信息表达从DNA到RNA再到蛋白质的“中心法则”）。后来的研究发现，存在于细胞内的蛋白质编码基因本身可以被修饰改造，作为中间信息传递者的信使RNA分子的结构也可以被加工，从而使得细胞不再产生蛋白质分子；相反，也可以通过基因插入或者调控基因的表达水平使细胞内特定蛋白质的含量提高。通过对以上的“基因型”（即基因组成）被改变的细胞或生物个体的“表型”（即其所表现出来的结构和行为特征）的分析，能够对特定蛋白质的生物学功能有所认识。尽管这样的通过分子遗传学手段改变细胞内特定蛋白质含量的方法，包括“基因敲除”、“RNA干扰（RNAi）”等目前常用的技术已经趋于成熟，但是利用这样的方法认识蛋白质功能的有效性仍受到一定的限制。究其原因，可能是因为蛋白质的功能都是在特定的时间和空间发挥的，如果观察的条件不对，特定蛋白质的特定功能的减弱或增强可能对细胞或个体的表型并不造成明显可见的变化。例如，有实验室通过RNAi技术试图对线虫中所有蛋白质的表达逐个进行抑制，但从他们提供的系统数据来看，很多蛋白质在其 mRNA 被干扰而不再表达之后并没有表型改变，但这并不能说明这些蛋白质在线虫体内没有功能，而是其功能可能被其他蛋白质的功能补偿了，或者现有对线虫的认识还不足以发现这样的表型的变化。另一种遗传学思路是从表型的改变开始，将导致表型改变的突变基因进行鉴定，进而可以知道是什么蛋白质分子发生了功能的丧失。表型的改变可以是天然发生的，也可以是人工诱导(比如利用 X 射线、化学诱变剂等)发生的。通过研究显示，野生型蛋白质分子的功能与所对应的野生型表型之间存在必然的联系，蛋白质的功能也就由此得到揭示了。两种揭示蛋白质功能的遗传学方法需要一起使用才会更加有效。另外，蛋白质的功能往往是通过与其他蛋白质分子的特异相互作用而实现的，并非孤零零地单独发挥作用，这样的特征也大大增加了揭示蛋白质功能的难度。蛋白质组学方法为认识蛋白质功能提供了一种高通量的途径。这几年迅速发展起来的蛋白质组学方法主要得益于高分辨二维电泳技术对蛋白质的高通量分离，以及对蛋白质成分进行灵敏鉴定的质谱学方法，同时还依赖于基因组 DNA 测序推测出的某种生物中可能存在的所有的蛋白质的氨基酸序列数据库的完善。对于蛋白质功能研究而言，蛋白质组学方法的主要用途在以下方面：①帮助我们初步了解特定细胞内的蛋白质表达谱，但那些含量极低或在体外不稳定的蛋白质很难通过常规的蛋白质组学方法鉴定；②帮助我们了解特定的蛋白质分子在特定的细胞内或生理条件下发生了何种化学修饰；③当与特定蛋白质发生相互作用的蛋白质分子复合物被分离纯化之后，它可以帮助我们鉴定与特定目标蛋白质发生相互作用的蛋白质的性质。通过蛋白质组学方法得到的结果往往只是初步的，之后还得通过传统的生物化学手段对特定蛋白质在细胞内的表达水平、发生的化学修饰、参与的蛋白质 -蛋白质相互作用进行验证，并开展更为精细的分析。

除了用实验的手段来研究蛋白质的功能外，生物信息学分析也是对认识蛋白质功能的补充。生物信息学最早的任务是记录、保存和分析基因组测序后出现的海量数据，后来随着蛋白质组学技术的出现，生物信息学开始延伸到对蛋白质表达谱的记录、保存和分析。随后，生物信息学的触角伸到了更深层的生物学领域当中，那就是预测蛋白质功能[12]。近年来，随着基因组研究的发展，更多新的基因被发现，而通过基因组测序而预测出来的大量蛋白质的功能是未知的。在对这些蛋白进行研究之前，往往可以进行一些生物信息学分析，以指导实验的设计。由于进化上的一些联系，序列或者结构域相近的蛋白质往往可以被划分为一定的蛋白家族，并且具有类似的功能。因此，结构域分析、系统进化归类、簇分析、结构模拟等序列比对的生物信息学方法应运而生，这些都对蛋白质功能的预测发挥着一定的作用。近期生物信息学一个重要的方向是根据蛋白一级序列对它的高级结构进行预测。由于蛋白质功能是基于结构特征的，因此这项工作实际上的目标也是揭示蛋白质功能。虽然现在对二级结构的预测已经达到了相当准确的程度，也可以根据疏水相互作用来预测蛋白的跨膜结构，但是对于三级结构的预测还没有可靠准确的方法。

基因组 DNA 测序的结果提供了大量未知的蛋白质一级序列，在对这些蛋白质的存在进行实验检测之后，我们必须要回答它们在生物体内的功能是什么。其实，即使很多过去我们鉴定和研究过的蛋白质分子，其生物学功能的认识也仍然很不全面。蛋白质功能研究的难题需要大家从不同的角度开展研究，并综合各方面的信息后才能得到完整的结果。

（三）蛋白质与蛋白质的相互作用

除表达差异和功能不同外，蛋白质组学研究也需要回答多个蛋白之间的关系，即它们相互作用的问题。目前人们已发展出多项技术用于研究蛋白与蛋白之间的相互作用。例如，酵母双杂、噬菌体展示、等离子共振、荧光能量转移、抗体和蛋白质芯片、免疫共沉淀等。生物体系的运作与蛋白质之间的相互作用密不可分，DNA 合成、基因转录激活、蛋白质翻译、修饰和定位以及信息传导等重要的生物过程均涉及蛋白质复合体的作用。能够发现和验证在生物体内相互作用的蛋白质与核酸、蛋白质与蛋白质是认识它们生物学功能的第一步[13]。

酵母双杂交技术（yeast two hybrid）作为发现和研究蛋白质与蛋白质之间相互作用的技术平台，在近几年来得到了广泛运用。酵母双杂交在真核模式生物酵母中进行，研究活细胞内蛋白质相互作用，具有高灵敏度对蛋白质之间微弱的、瞬间的作用也能够通过报告基因的表达产物敏感地检出。大量研究文献表明，酵母双杂交技术既可以用来研究哺乳动物基因组编码的蛋白质之间的相互作用，也可以用来研究高等植物基因组编码的蛋白质之间的相互作用[14]。因此，它在许多研究领域中有着广泛应用。

酵母双杂交系统的建立是基于对真核生物调控转录起始过程的认识。细胞起始基因转录需要有反式转录激活因子的参与。反式转录激活因子，如酵母转录因子 GAL4 在结构上是组件式的（modular），往往由两个或两个以上结构上可以分开，功能上相互独立的结构域（domain）构成，其中有 DNA 结合功能域（DNA binding domain，DNA-BD）和转录激活结构域（activation domain，DNA-AD）。这两个结合域在将它们分开时仍分别具有功能，但不能激活转录，只有两者通过适当的途径在空间上较为接近时，才能重新呈现完整的 GAL4 转录因子活性，并可激活上游激活序列（upstream activating sequence，UAS）的下游启动子，使启动子下游基因得到转录。

根据这个特性，将编码 DNA-BD 的基因与已知蛋白质（bait protein）的基因构建在同一个表达载体上，在酵母中表达两者的融合蛋白 BD-Bait protein。将编码 DNA-AD 的基因和 cDNA 文库的基因构建在 AD-LIBRARY 表达载体上。同时将上述两种载体转化改造后的酵母，这种改造后的酵母细胞基因组中既不能产生 GAL4，又不能合成 LEU、TRP、HIS、ADE，因此，酵母在缺乏这些营养的培养基上无法正常生长。当上述两种载体所表达的融合蛋白能够相互作用时，功能重建的反式作用因子能够激活酵母基因组中的报告基因 HIS、ADE、LACZ、MEL1，从而通过功能互补和显色反应筛选到阳性菌落。将阳性反应的酵母菌株中 AD-LIBRARY 载体提取分离出来，并从载体中进一步克隆得到随机插入的 cDNA 片段，并对该片段的编码序列在 GENE BANK 中进行比较，从而研究得到的基因与已知基因在生物学功能上的联系。

在酵母双杂交的基础上，又发展出酵母单杂交、酵母三杂交和酵母反向杂交技术[15]。它们被分别用于研究核酸和文库蛋白之间、三种不同蛋白之间的相互作用和两种蛋白相互作用的结构和位点。酵母双杂交技术目前已经成为发现新基因的主要途径。近年来通过基因组测序和序列分析发现了很多新基因和 EST 序列，利用酵母双杂交技术，将所有已知基因和 EST 序列为诱饵，在表达文库中筛选与诱饵相互作用的蛋白，从而找到基因之间的联系，建立基因组蛋白关系图，对于认识一些重要的生命活动，如信号传导、代谢途径等具有重要意义[16]。

目前用于研究蛋白-蛋白之间相互作用的技术主要有以下几类:①酵母双杂交系统:如上所述,酵母双杂交系统是当前广泛用于蛋白质相互作用组学研究的一种重要方法。将这种技术微量化、阵列化后则可用于大规模蛋白质之间相互作用的研究[17]。Angermayr 等设计了一个 SOS 蛋白介导的双杂交系统,可以研究膜蛋白的功能,丰富了酵母双杂交系统的功能。②噬菌体展示(phage display)技术:在编码噬菌体外壳蛋白的基因上连接一单克隆抗体的 DNA 序列,当噬菌体生长时,表面就表达出相应的单抗,再将噬菌体过柱,柱上若含有目的蛋白,就会与相应的抗体特异性结合,这被称为噬菌体展示技术。此技术也主要用于研究蛋白质之间的相互作用,不仅有高通量及简便的特点,还具有直接得到基因、高选择性的筛选复杂混合物、在筛选过程中通过适当改变条件可以直接评价相互结合的特异性等优点。③等离子共振技术:表面等离子共振技术(surface plasmon resonance,SPR)已成为蛋白质相互作用研究中的新手段。它的原理是利用一种纳米级的薄膜吸附上"诱饵蛋白",当待测蛋白与诱饵蛋白结合后,薄膜的共振性质会发生改变,通过检测便可知这两种蛋白的结合情况。SPR 技术的优点是不需标记物或染料,反应过程可实时监控,测定快速且安全,还可用于检测蛋白一核酸及其他生物大分子之间的相互作用。④荧光能量转移技术:荧光共振能量转移(FRET)广泛用于研究分子间的距离及其相互作用,与荧光显微镜结合,可定量获取有关生物活体内蛋白质、脂类、DNA 和 RNA 的时空信息。随着绿色荧光蛋白(GFP)的发展,FRET 荧光显微镜有可能实时测量活体细胞内分子的动态性质。⑤抗体与蛋白质阵列技术:蛋白芯片技术的出现给蛋白质组学研究带来新的思路。蛋白质组学研究中一个主要的内容就是研究在不同生理状态下蛋白水平的量变,微型化、集成化、高通量化的抗体芯片就是一个非常好的研究工具,它也是芯片中发展最快的芯片,而且在技术上已经日益成熟。这些抗体芯片有的已经在向临床应用上发展,比如肿瘤标志物抗体芯片等,还有很多已经应用在研究的各个领域里[18]。⑥免疫共沉淀技术:免疫共沉淀主要是用来研究蛋白质与蛋白质相互作用的一种技术,其基本原理是,在细胞裂解液中加入抗已知蛋白的抗体,孵育后再加入与抗体特异结合的结合于 Pansobin 珠上的金黄色葡萄球菌蛋白 A(SPA),若细胞中有正与已知蛋白结合的目的蛋白,就可以形成这样一种复合物:"目的蛋白—已知蛋白—抗已知蛋白抗体— SPA—Pansobin",因为 SPA—Pansobin 比较大,这样复合物在离心时就被分离出来。经变性聚丙烯酰胺凝胶电泳,复合物四组分又被分开。然后经 Western blotting 法,用抗体检测目的蛋白。这种方法得到的目的蛋白是在细胞内天然与已知蛋白结合的,符合体内实际情况,得到的蛋白可信度高。但这种方法有两个缺陷:一是两种蛋白质的结合可能不是直接结合,而可能有第三者在中间起桥梁作用;二是必须在实验前预测目的蛋白是什么,以选择最后检测的抗体,所以,若预测不正确,实验就得不到结果,方法本身具有冒险性。⑦pull-down 技术:蛋白质相互作用的类型有牢固型相互作用和暂时型相互作用两种。牢固型相互作用以多亚基蛋白复合体常见,最好通过免疫共沉淀(Co-IP)或 Pull-down 技术进行研究。Pull-down 技术用固相化的、已标记的饵蛋白或标签蛋白(生物素-、PolyHis-或 GST-),从细胞裂解液中钓出与之相互作用的蛋白。通过 Pull-down 技术可以确定已知的蛋白与钓出蛋白或已纯化的相关蛋白间的相互作用关系。

酶联免疫(ELISA)、免疫共沉淀(CO-IP)技术都是利用抗原和抗体间的免疫反应,可以研究抗原和抗体之间的相互作用,但是,它们都是基于体外非细胞的环境中研究蛋白质与蛋白质的相互作用。而在细胞体内的抗原和抗体的聚积反应一般通过酵母双杂交实验进行检测。对于大型蛋白复合体的研究,往往需要多种技术的综合应用才能得到明晰的结果。蛋白相互作用的各种技术除了在基础的生物学研究中发挥重大作用外，在医学研究中，对于能够引发疾病反应的各种蛋白相互作用可以采取药物干扰的方法，阻止它们的相互作用以达到治疗疾病的目的[19]。

(四) 结构蛋白质组

结构蛋白质组即对蛋白质组中各个组分有了充分的了解，对它们的相互作用关系也有了全面的阐释，我们还需要对这些蛋白的三维立体结构进行分析，这样我们才能从原子分辨率的水平上对它们的作用机制进行解释。这些方面的研究就属于结构蛋白质组的范畴。

人类基因组计划的不断推进，其结果不仅导致 DNA 序列数据的迅速增长和已知基因数的迅速增加，也导致蛋白质序列数据的迅速增长。在蛋白质研究中，一个关键的问题是蛋白质的空间结构。这是因为我们最终所关注的是蛋白质的功能，而蛋白质的功能又是由蛋白质的构象或空间结构所决定的。自然界中蛋白质主要是由 20 种不同的氨基酸通过化学键形成的一个长链大分子，各种蛋白质分子都有其特定的一级结构，但真正有生物活性的蛋白质并不是一条直的或随意弯曲的链状分子，而是有其固定的空间结构，其中有些局部结构有一定的规律性和重复性，如 α 螺旋、β 折叠等，这称为蛋白质的二级结构。而整条蛋白质分子链的空间结构称为三级结构。有些蛋白质分子是由两条或更多条链组成的，形成了更复杂的空间结构[20]。蛋白质分子的空间结构基本上是由其一级结构决定的，正常情况下，氨基酸序列相同的蛋白质分子具有相同的空间结构。蛋白质分子的作用活性除与氨基酸序列有关之外，还依赖于整个分子的空间结构。有正常的氨基酸序列、没有形成特定的空间结构的蛋白质分子是没有生物活性的，这称为失活的蛋白质分子。

蛋白质及其复合物的三维结构的测定是研究生命活动中分子结构与功能关系，揭示生命现象的物理化学本质的科学基础。在人类基因组全序列测定顺利完成和后基因组时代到来之际，生命科学的中心任务是揭示基因组的功能，并在此基础上阐明遗传、发育、进化、功能调控等基本生物学机制，以及进一步解决与医学、环境保护、农业密切相关的问题。由于基因的功能是通过其表达产物——蛋白质来实现的，因此，要了解基因组全部功能活动，最终也必须回到蛋白质分子上来。目前，我们还不可能只用基因组 DNA 的一维序列预测生命活动的机制和途径，也难以仅用基因的信息去解释疾病发生与发展的分子机制。显然，在人类基因组测序完成之后的时代，在有关生命活动整合知识的指导下，以蛋白质及其复合物、组装体为主体的生物大分子的精细三维结构及其在分子、亚细胞、细胞和整体水平上的生物学功能的研究是生命科学的重大前沿课题，也是当前生物学领域中最具有挑战性的任务之一，在后基因组时代生物学发展中处于战略性的关键地位。

目前测定蛋白质三维结构的手段主要有 X 射线、多维核磁共振、冷冻电镜重构等技术。蛋白质及其复合物晶体的 X 射线衍射是研究生物大分子三维精细结构的最主要的手段之一。蛋白质晶体学是一门十分活跃的边缘学科，在过去的一百多年中，已经有十几名科学家在蛋白质晶体学领域荣获诺贝尔奖。蛋白质晶体学不仅与生物学、医学有着密切联系，它的发展也需要物理学、化学、数学等学科以及计算机科学作为它的基础。蛋白质晶体学也是一门发展很快的年轻学科，从 1934 年 Bernal 得到胃蛋白酶单晶衍射照片算起，也仅有 60 多年的历史。但无论从结构测定的方法还是从结构测定所用的仪器来看都有着飞跃的发展速度。多对同晶重原子置换法(multiple isomorphous replacement, MIR)的提出，使蛋白质晶体结构分析在方法上有了重大突破；以后又有了分子置换法(molecular replacement，MR)；由于可变波长的同步辐射加速器的应用，近年来又发展了多波长反常散射法(multiple wavelength anomalous diffraction，MAD)。随着科学技术的发展，高速大容量计算机的出现，在衍射数据的收集方法上经历了一个螺旋式上升的发展过程。从最初的层线屏的底片法，到以后计算机控制的逐点收集的衍射仪法，到目前各种形式面探测器的使用，大大加快了衍射数据收集的速度。X射线光源的强度也有了极大的提高，第三代同步辐射加速器，结合Laue法的应用，使晶体学出现了一个崭新的领域——研究时间分辨的动态晶体学。

X射线晶体学可在原子或接近原子的水平上分析蛋白质的精细三维结构。3Å以上分辨率的蛋白质精细结构可提供丰富的信息，如特定原子的位置，它们之间的相互关系(如氢键等)，溶剂的亲和性及分子内柔性的变化等[21]。目前，应用X射线晶体学技术可以测定分子量达到10^7Da级的全病毒和2.5×10^6Da级的核糖体，其关键在于是否能够获得高度有序的蛋白质晶体。X射线晶体学研究通常采用的X射线波长与化学键键长相当，也与晶体内的原子间距离相应，约为1Å左右。一个晶体包括上亿个有序排列的基本单元(如一个蛋白质分子)；在晶体的所有重复单元中，每个原子的核外电子对X射线散射的波形是可以叠加的。散射可通过傅里叶综合计算重复单元(蛋白质等)的电子密度图，然而电子密度图的计算必须得到散射光束的振幅和它们的相位。振幅可以通过测量直接得到，而相位不能直接测量得到，所以对相位信息的处理是X射线晶体学的难点和核心[22]。蛋白质结构测定主要包括以下几个过程：

第一步结晶：需要通过大量的条件筛选和优化，调节蛋白质分子间的弱相互作用促使蛋白质分子形成高度有序的晶体。这就要求溶液中的蛋白质处于过饱和状态，并只形成少数的成核中心，使晶体能慢慢地持续生长成大单晶。

第二步数据收集：通常利用单波长X射线光束照射在一定角度范围内旋转的蛋白质晶体上，同时记录晶体对X射线散射的强度，这些强度可转换为结构测定中结构因子的振幅(|Fhkl|)。

第三步相角的测定：结构因子的振幅(|Fhkl|)及相角(Φhkl)是物理上相对独立的量。由于结构因子相角的全部信息在收集数据时丢失，因此必须通过其他途径来得到它们的数值。除结晶外，相角的测定在结构分析中仍然是一个问题最多的部分。

第四步相角的改进(优化)：电子密度图的质量及其后的可解释性主要决定于相角的准确性。有的情况下采用晶胞中不对称单元中的等同部分(如一个以上的等同分子)的电子密度平均，有可能大大地改善误差较大的起始相角。

第五步电子密度图的解释：相位确定后，可开始计算电子密度图。若从电子密度图能跟踪出肽链走向和分辨出二级结构(如基于高分辨率的数据，通常这意味着衍射数据的分辨率至少达到3.5Å)，则可能推出多肽链的三维折叠方式。进而根据氨基酸序列，就可能构建出原子坐标形式的蛋白质结构模型。

第六步修正：考虑到已建立的立体化学资料(如键长，键角等)的限制，根据X射线衍射数据对初始的蛋白质分子模型进行修正。

由于多种因素的影响，蛋白质结晶仍是一门艺术，其间充满不确定性。硫酸铵，二甲基-2,4-戊二醇(MPD)及PEG4000是初次结晶时经常使用的沉淀剂。应用不完全因子法筛选实验条件的子集合方法目前在实验室中经常使用。动态光散射法目前已被发展用于监测蛋白的潜在结晶能力，可以作为摸索结晶条件的辅助工具。当单独的蛋白质不能结晶时，往往能与其抗体(Fab 片段)以及其他生物大分子形成复合物而共结晶。非离子去垢剂可辅助膜蛋白结晶,从而大大拓宽了晶体学的研究领域。糖基化位点较多的蛋白也需要特殊考虑,一个方法是使用糖苷酶处理以降低糖基化水平。最近有建议使用甘油作为辅助溶剂以帮助柔性较大的蛋白结晶,然而分子内的高柔性常常迫使人们使用截去蛋白的 N 端或 C 端(柔性过大的部分)以后再进行结晶。

在 Kurt Wiithrich 建立研究蛋白质结构的核磁共振方法之前,蛋白质分子的空间结构只能用 X 射线晶体衍射方法确定。该方法得到的是蛋白质分子在晶体状态下的空间结构,这种结构与蛋白质分子在生物细胞内的本来结构有时会有一定的差别。晶体中的蛋白质分子相互间是有规律地、紧密地排列在一起的,运动性较差;而自然界的生物细胞中的蛋白质分子则是处于一种溶液状态,周围是水分子和其他生物分子,具有很好的运动性[23]。而且,有些蛋白质只能稳定地存在于溶液状态,而无法结晶。

Wiithrich 开创的用 NMR(nuclear magnetic resonance)研究蛋白质结构的方法,可以在溶液状态进行研究,得到的是蛋白质分子在溶液中的结构,这更接近于蛋白质在生物细胞中的自然状态。此外,通过改变溶液的性质,还可以模拟出生物细胞内的各种生理条件,即蛋白质分子所处的各种环境,以观察这些周围环境的变化对蛋白质分子空间结构的影响。在溶液环境中,蛋白质分子具有与自然环境中类似的运动性,可以观察到整个结构表面的一些松散肽段的运动性,而蛋白质的活性部位往往是在整个结构的表面,因此 NMR 方法为研究蛋白质与蛋白质、蛋白质与底物或小分子的相互作用提供了一个有效的观察手段。

自从 1985 年第一个蛋白质的空间结构由核磁共振方法确定以来,已经有几百种蛋白质的空间结构通过核磁共振方法得到了确定,占已被确定空间结构的蛋白质总数的 20%左右。其中有些蛋白质分别被核磁共振和 X 射线晶体衍射两种方法测定过。对照它们的溶液结构和晶体结构可以看出二者总体上是相同的,而局部的表面区域由于它们所处的环境不一样而呈现明显的差异,这是因为两种状态下蛋白质分子所处的环境不同:溶液中蛋白质分子是被溶剂分子包围着的,而在晶体中蛋白质分子相互之间是紧密地堆积在一起的。目前用核磁共振方法研究蛋白质的空间结构还局限于中、小蛋白质,即大约几百个以下的氨基酸残基组成的蛋白质分子,而 X 射线晶体衍射的方法可以运用于真正大的蛋白质分子。此外,有些蛋白质水溶性很差,却很容易培养成晶体;另一些蛋白质则水溶性很好,培养成晶体很困难。因此这两种方法在研究蛋白质的空间结构方面是一种很好的互补关系[24]。

在蛋白结构研究中,总有一些蛋白由于表达、纯化和溶解能力的问题而不能运用 X 射线晶体学或 NMR 的方法而得到其三维结构,这方面的困难在膜蛋白的结构研究中尤其突出。所以蛋白结构的研究还需要生物信息学的知识,需要通过理论计算或统计预测方法得到蛋白质的结构。生物信息学在蛋白组学研究中最主要任务是产生、分析和预测蛋白质的结构,并将结构知识应用于生物学、医学、药学等生命科学领域。蛋白质空间结构预测的关键是从理论上发展预测蛋白质结构的新方法。这些方法的基本思想是将基于经验和知识的方法与计算化学、统计物理学、信息学的方法结合起来,从理论上推导蛋白质的空间结构。一旦这些方法取得成功,蛋白质折叠这一分子生物学难题将有望获得解决,同时也为分子生物学研究提供新的思路。蛋白质的序列与结构存在着一种对应关系,这是目前蛋白质结构预测的一种前提性假设。蛋白质的空间结构比蛋白质序列更保守,因此可以认为同源的蛋白质具有相似的空间结构。在进行蛋白质结构预测时，首先寻找待定结构蛋白质的同源物，并且要求知道所找到的同源蛋白质的结构。这样，可以利用同源相似性，推测未知蛋白质的结构。

蛋白质结构是合理药物分子设计的基础。许多药物分子作用的靶标是蛋白质或者酶类，其活性部位或结合部位是药物作用的位置。这些部位具有特定的空间形状，只能和特定的分子相结合。在设计新的药物分子时，往往要考虑使所设计的药物小分子结构与靶的活性部位互补，这样才能使得药物分子与靶结合，从而发挥药效。蛋白质结构也是蛋白质工程的基础。人们在深入了解蛋白质空间结构以及结构和功能之间的关系后，并且在掌握基因操作技术的基础上，可以设计和改造蛋白质，从而改善蛋白质的物理和化学性质，如提高蛋白质的热稳定性，提高酶的专一性，使之更好地为人类所用。目前基于蛋白质结构研究基础上的蛋白质工程技术是蛋白质组学在实际应用领域的热点之一。

(五) 蛋白质组与基因组、糖组、代谢组的相互关系

若要对蛋白质组的问题进行全面研究，除了要了解蛋白质的表达、结构、功能和相互作用信息外，我们还需要对与蛋白质组紧密相关的基因组、糖组、代谢组等进行研究，以理解蛋白质组与其他组学相互调节、相互作用的机制。

基因组(genome)一词从 genes 和 chromosomes 合成而来，用于描述生物全部基因和染色体组成的概念。1986 年美国科学家 Thomas Roderick 首先提出了基因组学的概念(genomics)，指对所有基因进行基因组作图(包括遗传图谱、物理图谱、转录图谱)、核苷酸序列分析、基因定位和基因功能分析。因此，基因组学研究应该包括两方面内容：以全基因组测序为目标的结构基因组学(structural genomics)和以基因功能鉴定为目标的功能基因组学(functional genomics)，后者又被称为后基因组(postgenome)研究[25]。

人类基因组计划(human genome project，HGP)的重中之重是获得人类基因组全序列图，序列图的绘制主要采取两大策略：即逐个克隆法和全基因组鸟枪法。前者先将待测克隆随机切成小片段后克隆入测序载体，然后读出小片段序列，最后根据已知相关序列将测序片段组装起来；后者则直接将基因组 DNA 分解成小片段后进行测序和计算机组装，从而获得完整的基因组序列。随着人类基因组计划的实施并取得巨大成就，同时模式生物基因组计划先后完成了几个物种的序列分析，研究重心从开始的揭示生命所有遗传信息转移到在分子整体水平上对功能的研究。

结构基因组学(structural genomics)是基因组学的一个重要组成部分和研究领域，它是一门通过基因作图、核苷酸序列分析确定基因组成、基因定位的科学。染色体不能直接用来测序，必须将基因组这一庞大的研究对象进行分解，使之成为较易操作的小的结构区域，这个过程就是基因作图，根据使用的标志和手段不同，作图有 4 种类型，即构建生物体基因组高分辨率的遗传图、物理图谱、序列图以及转录图谱。

基因组学作为蛋白质组学的基础，对蛋白质组学的研究起着至关重要的作用。由于蛋白质是由相应的基因编码的，可以说，没有基因组学打下的坚实基础，蛋白质组学的研究也不可能得到迅速全面的发展。

Francis Crick 于 1958 年提出“DNA→RNA→蛋白质”作为基因信息传递的中心法则。事实上，生物体内的信息流并不终止于蛋白质。不仅是蛋白质还可引发一系列的生物效应，而且作为酶的蛋白质还可催化合成许多各种类型的具有生物活性的分子，糖类就是其

中最重要的一类。结构多变、功能多样的聚糖是由一组蛋白质协同作用而合成的，这些蛋白质主要是众多的糖基转移酶和一些糖苷水解酶。因此可以认为，“蛋白质→糖类”是基因信息传递的延续，而且糖类本身也是一类重要的信息分子。糖类的重要性可以从以下几点来认识：首先，丰富多样的聚糖覆盖了生物有机体的所有细胞，多种多样的聚糖结构与各种生命现象有着重要联系，这些生命现象大多发生在细胞表面，而不是细胞质和细胞核中。第二，聚糖的结构很复杂，这种复杂性远远超过了核酸和蛋白质的结构。具有足够的多样性是作为任何信息分子的基础，聚糖的复杂性主要归因于多糖的连接方式异构和分枝形成，而这种现象在其他生物信息分子中并不存在。由于这种结构的多样性，使细胞表面的聚糖可以作为不同种类细胞的识别标记。第三，聚糖中的结构和组分可能反映了它们的生物和分子的进化作用。例如，多糖中少数稳定单位的形成可能受到自然选择的压力；甲醛聚糖(formose)反应可能是生物进化早期合成糖类的反应，而糖酵解逆反应中醇醛缩合生成果糖的过程又和甲醛聚糖反应的最后一步相同；复杂的单糖如唾液酸和脱氧己糖可由葡萄糖或甘露糖产生，反映了生物合成的保守性；核糖和核酸的起源仍是一个未解决的问题，等等。如果认同糖类是重要的生物信息分子，而且是基因信息的延续，那么，在基因组学和蛋白质组学备受重视的同时，应该及时地进行糖组学的研究[26]。然而，糖密码系统很可能完全不同于核酸和蛋白质所携带的密码。因为核酸和蛋白质的语言可类比为西方的拼音文字；而糖类则不同，除了字母的序列外，还有另外的组合方式，更像东方的文字，犹如同样笔画的汉字，因排列组合不同，含义完全不同。如果能及时地将糖组学、糖生物学整合到迅速发展的基因组学和蛋白组学中，我们对生命科学的认识将会大有不同。

糖组学的中心是糖蛋白。从“基因组学、蛋白质组学和糖组学”的整体观念出发，应以基因组学的丰硕成果为基础，将糖蛋白中的糖基化位点与蛋白质组学的研究相关联。为了能够充分利用蛋白质组学的研究技术，我们可以从研究糖肽入手。从糖蛋白中分离纯化糖肽，可以采用糖捕获法。糖组学研究的主要对象是聚糖，因此，应从糖蛋白上分离到聚糖。表征聚糖的最重要参数是其一级结构，即聚糖的糖残基序列。但是目前糖序列的测定仍是糖类研究中的最大难点之一，在短期内还不大可能有很大突破。由于目前已经有许多糖结合专一性各异的凝集素，它们可以区别糖残基的连接方式、分支和修饰情况，在一定程度上某一聚糖链或糖肽对一系列凝集素的解离常数可以作为表征其结构的参数。因此，系列凝集素亲和层析多年来已被用于糖链的分离和糖残基序列的测定。

糖组学是继基因组学和蛋白质组学后的新兴研究领域，通过与蛋白质组数据库结合，糖捕获法能系统鉴定糖蛋白和糖基化位点。糖微阵列技术可以对生物个体产生的全部蛋白聚糖结构进行鉴定与表征，提高了聚糖分析通量。化学选择糖印迹技术简化了聚糖纯化步骤并提高了糖基化分析的灵敏度。双消化并串联柱法通过双酶消化双柱分离，在分析聚糖结构的同时也鉴定蛋白质的序列，并与蛋白质组学研究兼容。

目前与蛋白组学研究密切相关的另外一个领域是代谢组学。代谢物是生命体基因、蛋白以及所有新陈代谢过程的产物，是疾病、药物与生命体相互作用的最终结果和表现。任何外源物质、病理生理变化或遗传变异的作用都会反应到各种生物学途径上，对内源性代谢物质的稳态平衡产生干扰，从而使内源性代谢物中各种物质的浓度和比例发生变化[27]。因此，代谢组学是研究生命体所有代谢物及其中间体种类、数量及其变化规律的科学，它可以系统、整体地反映细胞、器官或个体的代谢物质的功能及其与内在或外在因素的相互作用。代谢物在机体生命活动过程中非常重要，可作为能量的载体和储存体、信号分子、神经递质、转录和翻译的调控因子、蛋白质功能的调控因子等，在生命活动中起重要作用。由不同代谢物构成的代谢网络处在信号转导网络、基因调控网络和蛋白质相互作用网络的下游，可反映基因组、转录组和蛋白质组的变化，与表型有较高的相关性。同时，代谢物与上游基因、蛋白进行相互作用以反馈上游的生命活动网络，以完成机体的生命活动。

代谢组学是一门快速发展的科学研究领域，代谢组学的概念最早来源于代谢轮廓分析（metabolic profiling），于20世纪70年代由Devaux等提出。在20世纪90年代，随着基因组学的发展，Oliver等提出了代谢组学（metabolomics）的概念。1999年Jeremy K. Nicholson等人提出metabonomics的概念，并应用于疾病诊断、药物筛选等方面，使得代谢组学得到了极大的充实，同时也形成了当前代谢组学的两大主流领域：metabolomics和metabonomics。一般认为，metabolomics是通过考察生物体系受刺激或扰动后代谢产物的变化或其随时间的变化，来研究生物体系代谢途径的一种技术。而metabonomics是生物体对病理生理刺激或基因修饰产生的代谢物质的质和量的动态变化的研究。前者一般以细胞做研究对象，后者则更注重动物的体液和组织[28]。

代谢组学的研究步骤主要包括：样品制备、代谢产物分离、检测与鉴定、数据分析与模型建立四个部分。研究样品主要是尿液、血浆或血清、唾液，以及细胞和组织的提取液。代谢组学的主要分析技术方法有核磁共振、色谱-质谱联用、代谢物芯片等。目前主要应用核磁共振和色谱-质谱联用方法，其中色谱-质谱联用包括液-质联用（LC-MS）和气-质联用（GC-MS）等。核磁共振是其中最常见的分析工具，能够实现对样品的非破坏性、非选择性分析，满足了代谢组学中对尽可能多的化合物进行检测的目标，但它存在灵敏度低、分辨率不高等缺陷，常常引起高丰度分析物掩盖低丰度分析物的结果。GC-MS在植物代谢组学研究中应用广泛，它的优势在于能够提供较高的分辨率和检测灵敏度，且有可供参考的标准谱图库进行结果定性分析。但GC-MS只能对其中的挥发性物质实现直接分析，而对难挥发性物质分析效果不佳。近来发展了新的衍生化方法对血清/血浆样品进行研究，拓展了GC-MS的应用范围。LC-MS作为一种有益的补充和替代技术，逐渐被广泛地用于代谢组学的研究中。LC-MS以液相作为分离方法，增强了其分辨能力，尤其是近来发展的超高压液相，可显著增加样品的分辨率和灵敏度。与质谱联用不但可以获得差异代谢组信息，而且可以得到代谢组分的结构信息。在得到样品代谢物谱后，需结合数学模式识别方法，量化一个生物整体代谢随时间变化的规律，建立代谢整体的变化轨迹，来辨识和解析被研究对象的生理、病理状态及其与环境因子、基因组成等的关系，找出与之相关的生物标志物，从而达到整体上把握生物体健康状态和疾病治疗措施的效果。

由于基因或蛋白的功能补偿作用，某个基因或蛋白的缺失会由于其他基因或蛋白的存在而得到补偿，表观形状被掩盖，使得疾病状态不易被发现，而代谢产物的产生是体内生理过程的最终结果，它能够更准确地反映生物体系的状态。与其他组学方法比较，代谢组学具有以下优点：①检测更容易：基因和蛋白表达的微小变化会在代谢产物上得到放大。②不需要特征化的数据库：代谢组学的技术不需建立全基因组测序及大量表达序列标签（EST）的数据库。③种类少：代谢物的种类要远小于基因和蛋白的数目，生物个体的基因有几千个到几十万个，而目前代谢产物最多也就数千个。④代谢产物具有通用性：因为代谢产物在各个生物体系中都是类似的，所以代谢组学研究中采用的技术更通用。目前代谢组学已经广泛应用于基础生理、生化、药物毒性试验、功能基因组、临床诊断、临床治疗及疗效评估、营养学、药物代谢和分子流行病学等领域。各种疾病，包括糖尿病、心肌梗死、非特异性肠炎等，应用代谢组学平台进行研究，已有初步研究结果[29]。随着现代检测技术的发展，代谢组学已成为系统生物学研究中继基因组学、蛋白组学后一个重要的组学平台，并将在医药行业中也得到广泛的应用[30]。

各种组学的交叉发展产生了一门新的学科——系统生物学，系统生物学的研究内容涵盖基因组学、蛋白质组学、糖组学和代谢组学。在这几种组学的研究中，基因组学主要研究生物系统的基因结构组成，即DNA的序列及表达；蛋白组学主要研究生物系统表达的蛋白及外因引起的差异蛋白改变；糖组学主要研究生物体内的糖类和糖蛋白的组成、结构和作用；代谢组学是研究生命体受外部刺激所产生的所有代谢产物的变化，是基因组学、蛋白组学和糖组学的延伸。各种组学研究方法的应用使我们对生命过程的探索有了更完备、更精细的工具。

执笔:刘新奇

讨论与审核:刘新奇

资料提供:刘新奇

参 考 文 献

1. Abbott A. And now for the proteome. Nature, 2001, 409(6822): 747
2. 邹清华,张建中.蛋白质组学的相关技术及应用.生物技术通讯,2003,14(3),1～7
3. Anderson NL, Matheson AD, Steiner S. Proteomics: applications in basic and applied biology. Current Opinion in Biology, 2000,11:408～412
4. 李蕾,应万涛,杨何义等.蛋白质组研究中的二维电泳分离技术.色谱,2003,21(1),27～31
5. Rabilloud T, Strub JM, Luche S, et al. A comparison between Sypro Ruby and ruthenium Ⅱ tris(bathophanthroline disulfonate)as fluorescent stains for protein detection in gels. Proteomics, 2001,1(5): 699～704
6. Cash P, Argo E, Ford L,et al. A proteomic analysis of erythromycin resistance in Streptococcus pneumoniae. Electrophoresis, 1999, 20(11): 2259～2268
7. Gygi SP, Corthals GL, Zhang Y,et al. Evaluation of two-dimensional electro-phoresis-based proteome analysis technology. Proc. Natl. Acad. Sci. USA, 2000, 97(17): 9390～9395
8. Nawata S, Murakami A, Hirabayashi K,et al. Identification of squamous cell carcinoma antigen-2 in tumor tissue by two-dimensional electrophoresis. Electrophoresis, 1999, 20(3):614～617
9. 马静,葛熙,昌增益.蛋白质功能研究:历史、现状和将来.生命科学,2007,19(3):294～300
10. 高雪,郑俊杰,贺福初.我国蛋白质组学研究现状及展望.生命科学,2007,19(3):257～263
11. 王英红,来茂德.信号转导的功能蛋白质组学研究·临床与实验病理学杂志,2006,22(4):488～491
12. 郝柏林,张淑誉.生物信息学手册.上海:上海科学技术出版社,2002
13. 关微,王建,贺福初.大规模蛋白质相互作用研究方法进展.生命科学,2006,18(5):507～512
14. Legrain P, Selig L. Genome-wide protein interaction maps using two-hybrid systems. FEBS letters, 2000, 480:32～36
15. Vidal M, Legrain P. Yeast forward and reverse n'-hybrid systems. Nucleic Acids Research, 1999, 27(4):919～929
16. Kahn P. From genome to proteome: looking at a cell's proteins. Science, 1995,270:369～370
17. Fields S, Sternglanz R. The two-hybrid system: an assay for protein-protein interactions. Trends Genet, 1994,10(8):286～292
18. Labaer J, Ramachandran N. Protein microarrays as tools for functional proteomics. Curr. Opin. Chem. Biol, 2005, 9(1):14～19
19. Moore JH, Bioinformatics. J. Cell Physiol, 2007,213(2):365～369
20. 王大成.后基因组时代中的结构生物学.生物化学与生物物理进展,2000,27(4),340～344
21. 刘锦玉,张季平,万柱礼等. 条斑紫菜变藻蓝蛋白立方晶系的初步晶体学研究.科学通报,1997,42(12):1321～1323

22. 范海福,梁栋材. 结构基因组学中的衍射相位问题. 生命科学,2003,15(2):65～69
23. 胡蕴菲,金长文. 蛋白质溶液结构及动力学的核磁共振研究. 波谱学杂志,2009,26(2):151～172
24. 杨胜喜,周原,李根容等. 2002 年诺贝尔化学奖"对生物大分子仪器分析方法的重大贡献"简介. 生命的化学,2003,23(2):126～128
25. International Human Genome Sequencing Consortium. Initial sequencing and analysis of the human genome. Nature,2001,409(15):860～921
26. 郭丽娜,王洪荣,李宪臻. 糖组学研究策略及前沿技术研究进展. 中国生物化学与分子生物学报,2006,22(9):685～690
27. 许国旺,杨军. 代谢组学及其研究进展. 色谱,2003,21(4):316～320
28. 吴斌,严诗楷,沈自尹等. 代谢组学技术及其在中西医结合研究中的应用展望. 中西医结合学报,2007,5(4):475～480
29. 欧阳珏,武明花,黄琛等. 代谢组学及其在恶性肿瘤研究中的应用. 中南大学学报(医学版),2007,32(2):221～225
30. 李其翔,张红. 新药发现开发技术平台. 北京:高等教育出版社,2007

二、研究手段的发展历程(技术原理的角度)

(一) 表达和功能蛋白质组学的相关技术发展

传统的蛋白质表达分析是费时费力的,一次只能研究一个或少数的蛋白质,而对细胞功能和机制更综合全面的理解则需多蛋白质的表达分析。因此,蛋白质组学研究需要能一次分离并鉴定复杂样品中成千上万个蛋白质的技术。由于仪器不断改良和实验方法的突破,发展出了一些对机体或细胞的所有蛋白质进行鉴定和结构功能分析的技术,在此简单介绍二维凝胶电泳(two dimensional gel electrophoresis, 2DE)、质谱(mass spectrometry, MS) 和多维液相层析这三种目前研究蛋白质表达的最通用的工具。

1. 二维凝胶电泳(2DE) 二维凝胶电泳可说是近年来研究蛋白质组最重要的分析技术之一,由于电泳方式的改进,配合蛋白质分子量和等电点(PI)的分布不同,而产生了该项技术。一开始,人们主要是利用一维凝胶电泳(1DE)来实行分离工作,根据蛋白质分子量大小的不同,所受电泳力驱动的速度快慢不一致,而达到分离的效果;之后利用染料的染色,将蛋白质的区块讯号染出颜色。所以在一维的凝胶电泳分离染色后,我们可以清楚看到蛋白质因为分子量的大小不同而有序列的排列开来。但是,这样的一维凝胶电泳分离方法,应用在比较复杂的蛋白质混合物样品时,逐渐遭遇到实验分析上的困难。包括:分子量相近的蛋白质不易分开、太多的蛋白质样品分布、其区段分离不明显、蛋白质讯号可能被覆盖而分离不够完整的种种缺点。因此在 1975 年,由 O. Farrell 等发明了二维凝胶电泳技术[1]。这种技术不仅利用分子量的不同,还搭配了蛋白质等电点的差异来加以区分。进行二维凝胶电泳时,首先在平行方向先固定上一段的 pH 梯度,当蛋白质样品注入时,利用各种蛋白质本身的等电点的不同,在电压的驱动下,蛋白质会泳动到跟自己等电点相同的位置而停止,称之为等电点聚焦(isoelectric focusing, IEF);之后,改变施加电压的方向成垂直,利用蛋白质分子量的不同再进行第二维的 SDS-聚丙烯酰胺凝胶电泳继续进行分离。如此一来,2DE 不但能呈现天然蛋白质表达图谱全貌和提供其 PI、分子量等,还可定量分析不同样品蛋白质的表达丰度。2DE 高通量技术最强大的功能是能反应表达水平的蛋白质等聚体或翻译后修饰异构物及动态变化。翻译后修饰的重要性在于参与了细胞生理许多重要过程如信号通路、酶活动等,在 2DE 图谱上展示出明显直观的沿着竖直或水平轴的串点,通过对其表达丰度动态变化的定量解析,有利于阐明生理病理过程,有望提供研究较少报道的关于修饰蛋白质结构和功能等信息,并供后续的质谱鉴定。

根据第一维等电聚焦条件和方式的不同，2DE 可分为 3 种系统[2]：ISO-DALT、NEPHGE 和 IPG-DALT。在 ISO-DALT 系统中，等电聚焦在聚丙烯酰胺管胶中进行，载体电解质在外加电场作用下形成 pH 梯度，但其存在一些缺点：如碱性区容易发生阴极漂移、重复性不好控制、上样量低等。对一些等电点大于 8.0 的碱性蛋白质分离效果差。NEPHGE 为非平衡 pH 梯度电泳，是 IPG 发明之前用于分离碱性蛋白质的方法。IPG-DALT 是目前最常用的系统，IPG 胶 pH 梯度的形成是利用不同 p*K* 的一种化合物（immobiline）来完成的。该化合物是丙烯酰胺的衍生物，为非两性的弱酸和弱碱，在凝胶聚合过程中能与聚丙烯酰胺共价结合。因此其 pH 梯度是稳定的，克服了 ISO-DALT 的缺点，使重复性和上样量都得到了很好的改善。

2. 质谱技术（MS） 质谱是带电原子、分子或分子碎片按荷质比（m/z）的大小顺序排列的图谱。质谱仪是一类能使物质粒子高化成离子并通过适当的电场、磁场将它们按空间位置、时间先后或者轨道稳定与否实现质荷比分离，并检测强度后进行物质分析的仪器。质谱仪主要由进样系统、电学系统（电离和加速室）、分析系统和真空系统组成。通过质谱分析，可以获得分析样品的分子量、分子式、分子中同位素构成和分子结构等多方面的信息。质谱仪的开发历史最早要追溯到 20 世纪初 J. J. Thompson 研制的抛物线质谱装置。1919 年 Aston 研制的第一台速度聚焦型质谱仪，成为了质谱发展史上的里程碑。一开始质谱仪主要用来测定元素或同位素的原子量，随着离子光学理论的发展，质谱仪不断改进，其应用范围也在不断扩大，到 20 世纪 50 年代后期已广泛地应用于无机和有机化合物的测定。

质谱技术的发展过程中，最关键的是电离技术的不断创新[3]。多年来，电子轰击电离（EI）和化学电离（CI）是有机化合物结构分析中所应用的两大主要技术。但是这两种技术都不适用于对热不稳定的生物大分子的电离。1981 年英国科学家 M. Barber 等提出了 MS 新离子源——快原子轰击（FAB），被称为是 MS 应用技术史上的一个里程碑，也是 MS 跨入生物学领域的一个转折点。Barber 的贡献在于发现非气化化学保护——液体底物对极性化合物和热不稳定化合物的离子化起了关键作用。虽然 FAB 只可用于确定生物小分子（分子量＜10kDa）的结构，对研究高分子量的分子无能为力，但对后来成功的影响意义深远。20 世纪 80 年代末期诞生的电喷雾电离（ESI）和基质辅助激光解析电离（MALDI）这两项第二代质谱电离技术使传统的主要用于小分子物质研究的质谱技术发生了革命性的变革。它们具有高灵敏度和高质量检测范围的特点，使得在 pmol（10^{-12}）甚至 fmol（10^{-15}）的水平上准确地分析分子量高达几万到几十万的生物大分子成为可能，从而使质谱技术真正走入了生命科学的研究领域，并得到迅速的发展。现今，随着质谱技术的不断改进和完善，从最初的只能做肽质量指纹谱（PMF）的基质辅助激光解析电离飞行时间质谱（MALDI-TOF-MS）、四极杆质谱等发展到各种能够提供丰富肽序列信息或测定部分肽序列的串联质谱，如四极杆飞行时间串联质谱（Qq-TOF）、飞行时间串联质谱（TOF-TOF-MS）、时间串联质谱[三维离子阱（lon trap）质谱、线性离子阱质谱、傅里叶变换离子回旋共振质谱（FT-ICR-MS）]等，质谱分析已广泛应用于蛋白质组学研究中。

3. 多维液相层析（multi-dimensional HPLC） 虽然 2DE 在蛋白质混合物的分离上，有其强大的解析能力，发展蓬勃快速，在近年的蛋白质组学研究上提供了相当丰富的新资讯，占有不可或缺的重要地位。但是不可讳言的，2DE 方法并非是全能的，在实际的使用上仍有其不足之处，甚至是无法克服的缺憾。目前 2DE 操作上的主要缺点有两点，一是对于性质太酸或太碱的蛋白质没有办法加以一维等电点聚焦分离；二是第二维的分子量分离对于分子量仍有其限制，分子量过大或是过小的蛋白质可能就无法看到其讯号。此外，需要人力操作、跑胶分离耗时长、特殊的疏水性强的蛋白质也不容易在 2DE 方法中有完整的分离、甚至对于微量的蛋白质讯号也可能被覆盖、忽略而无法被分析等的种种因素，促使越来越多的实验室探索发展一种可以替代 2DE 的分析技术。

最近几年，多维液相层析被广泛地用于蛋白质组学研究上，大有代替 2DE 的趋势。多维的分离理论基础，始于 20 世纪 80 年代，由 Giddings 提出[4]，之后被大家加以延伸改良，陆续创造出更多不同的多维分离系统。在众多的方法中，最重要的应该是由 Lubman 等发展的技术[5]，利用第一维层析聚焦(chromatofocusing)结合第二维反向层析法(RPLC)，对癌细胞萃取出的蛋白质做分离鉴定，然后再利用在线的电喷雾电离飞行时间质谱法(ESI-TOF-MS)对于所得到的蛋白质进行分子量的分析，并同时对于酶解后的蛋白质肽片段经由不同条件的分离收集部分做鉴定的工作。直到最近几年，Unger 等[6]更提出了二维，甚至三维的层析系统，将酶解后的肽片段分子通过大小筛选、离子交换及最后的反向液相层析系统来收集，最后用 MALDI-TOF-MS 来检测。通过多维的分段收集方式，可以使得讯号被抑制或被忽略的小分子蛋白质和更多的肽片段可以被检测到，有助于对机体或细胞的所有蛋白质进行研究。

大体来说，多维液相层析的基本过程是[7]：首先将蛋白抽提物变性，然后用酪氨酸蛋白酶水解并酸化，使 pH<3。酸化后蛋白水解产物先通过强阳离子交换柱，根据各肽段的电荷差异进行分离。然后，各洗脱峰直接进入反相层析柱。各组分再根据疏水性的差异进行分离，同时脱盐；最后洗脱的各组分直接进入电喷雾离子化质谱仪中进行鉴定。这一过程反复进行，从而得到由样品产生的多肽混合物中各肽段的肽指纹图谱，结合数据库搜索而得到样品的蛋白组成。感兴趣的肽段还可以在通过源后裂解或碰撞裂解直接得出序列信息，实现分离和鉴定一次完成，达到对复杂多肽和蛋白样本的有效分析和在线检测。应用二维液相色谱增进了低丰度蛋白、膜蛋白或疏水性蛋白、分子量特别大和特别小蛋白的分离和检测能力；重现性好，回收率高，可保持蛋白质完整性和活性。因此，二维液相色谱在蛋白质组学研究中的应用越来越广泛[8]。

对于复杂的蛋白质混合物采用多维液相层析系统进行分离，可以将繁复的分析工作一贯化连接起来，更可以设计将其自动化运作，不仅可以大大节省人力的耗费，而且最后连接到液相层析串联质谱(LC-MS/MS)做详细的序列分析，更能大幅提升蛋白质鉴定的准确性与可信度，相较于传统的技术，不仅没有之前的问题及限制，更提供了研究蛋白质组学的一个新的探讨思维方向。应用在蛋白质组学研究上的多维液相层析系统，发展至今，互相搭配的方式有许多种，一般常用的方式是利用等电点聚焦电泳结合反向液相层析和串联质谱来检测(IEF-RPLC-MS/MS)或利用大小筛选、离子交换法结合反向液相层析和串联质谱(SEC，IEC-RPLC-MS/MS)来进行鉴定分析工作。多维液相层析分析速度快、自动化程度高，可获得完整蛋白质高精度分子质量，所得图谱远优于 2DE 图谱，而且通过图谱可以研究蛋白质表达量的变化及详细结构上的变化，甚至可以检测翻译后修饰。总之，采用多维的蛋白质分离鉴定技术配合质谱仪的检测已成为一种研究蛋白质的新的核心技术。

(二) 蛋白质相互作用相关技术的发展

生物体内各种生命信息由不同的基因经转录、翻译传递到相应的蛋白质上并使其具有各自的生化特性及生物学活性；但每个蛋白质并不是独立地在细胞中完成被赋予的功能，它们在细胞中通常与其他蛋白质相互作用形成大的复合体，在特定的时间和空间内完成特定的功能，而且有些蛋白质的功能只有在复合体形成后才能发挥出来，如依赖于构象变化或翻译后修饰的蛋白质功能；另一方面，某些蛋白质可能参与了不止一个的复合体，简单的两两相互作用研究就不足以阐明这种更为复杂的相互作用，因此，大规模、高通量的蛋白质相互作用研究应运而生，其目的是在细胞的特定生理条件下，从一个蛋白到多个蛋白，从一个复合体到多个复合体，进而描绘出整个蛋白质组中蛋白间相互作用的网络图。基于这些作用关系，科学家们才能从真正意义上阐明一个蛋白质的功能，才有可能研究细胞中某一生理活动中所有相关蛋白质的变化及作用机制。大规模蛋白质相互作用的研究还有助于了解细胞中不同生命活动之间的相互关系。目前用于大规模研究蛋白质间相互作用的方法包括酵母双杂交、噬菌体展示技术、蛋白质阵列和芯片技术以及表面等离子共振生物传感器分析技术等。

1. 酵母双杂交(yeast two-hybrid system)　该系统由 Fields 和 Song 首先在研究真核基因转录调控时建立[9]。利用真核生长转录因子的两个不同的结构域：DNA 结合结构域(DNA-binding domain)和转录激活结构域(transcription-activating domain)，分别与目标蛋白 X 及可能与目标蛋白相互作用的蛋白 Y 相连，并共同转入酵母细胞。如果蛋白 X 与 Y 能够发生相互作用就能使转录因子原来分开的两部分结合，形成完整的活性形式从而激活下游报告基因。通过检测报告基因的表达产物就可判断两种蛋白是否发生相互作用。如果检测到报告基因的表达产物，则说明两者之间有相互作用，反之则两者之间没有相互作用。将这种技术微量化、阵列化后则可用于大规模蛋白质之间相互作用的研究。这一经典的蛋白相互作用研究方法接近于体内环境，那些瞬时、不稳定的两两相互作用也可以被检测到，并且与内源蛋白的表达无关。鉴于这些优点并结合简便高效的 Gateway 表达载体构建方法，在大规模的蛋白质-蛋白质相互作用研究中酵母双杂交系统得到了最为广泛的应用[10]。Rain 等用该法绘制了人类胃肠道病原菌 *Helicobacter pylori* 的大规模蛋白质相互作用图谱。在 261 种蛋白中，确立了 1200 种相互作用关系，涵盖了整个蛋白质组的 46.6%。随后，Giot 和 Li 等在果蝇和线虫中也成功地研究了大规模的蛋白质相互作用。除了对模式生物的研究外，Stelzl 和 Raul 等则先后分析了人脑组织、人已知 ORF 中大规模的蛋白质相互作用网络。但酵母双杂交方法本身也有一定的局限性：不能研究具有自激活特性的蛋白质；只能检测两个蛋白间的相互作用；检测的相互作用需发生在细胞核内，对于不能定位到细胞核中的蛋白质无法研究；大部分实验中有将近 50%的假阳性率，且推测的相互作用仅有 3% 在两种以上的实验中得到验证。为了弥补方法本身的缺点及局限性，研究者也不断地对其进行完善和改进。Stelzl 等在研究中就采用了以下的策略：选择不同功能、不同大小的蛋白作为诱饵，以确保所选靶蛋白在整个蛋白质组中的代表性；筛选过程中采用两轮杂交的方法：第一轮以混合诱饵(8 个)对文库进行筛选，结果呈阳性的克隆再进行一对一的第二轮杂交，这样既降低了工作量又提高了结果的准确性；pull-down，免疫共沉淀对酵母双杂交的结果进行体内的相互作用验证；利用生物信息学的方法对结果进行系统分析，包括基因的染色体定位、蛋白质作用网络的拓扑结构分析等，从多方面分析结果的可信度。据此，他们最终确认了 911 对高可信度的相互作用涉及 401 种蛋白，数据分析中设立了 6 个标准来判定得到的结果，大大提高了酵母双杂交实验结果的可信度。在实际工作中，人们根据需要发展了单杂交系统、三杂交系统和反向杂交系统等。Angermayr 等设计了一个

SOS 蛋白介导的双杂交系统。可以研究膜蛋白的功能，丰富了酵母双杂交系统的功能。该方法在不断完善，如今它不但可用来在体内检验蛋白质间的相互作用，而且还能用来发现新的作用蛋白质，在对蛋白质组中特定的代谢途径中蛋白质相互作用关系网络的认识上发挥了重要的作用。

2. 噬菌体展示技术(phage display)　噬菌体展示技术是将外源蛋白或多肽的 DNA 序列插入到噬菌体外壳蛋白结构基因的适当位置，使外源基因随外壳蛋白的表达而表达，同时，外源蛋白随噬菌体的重新组装而展示到噬菌体表面的生物技术。到目前为止，人们已开发出了单链丝状噬菌体展示系统、λ 噬菌体展示系统、T4 噬菌体展示系统等多种噬菌体展示系统[11]。

1985 年 Smith 第一次将外源基因插入丝状噬菌体 f1 的基因Ⅲ，使目的基因编码的多肽以融合蛋白的形式展示在噬菌体表面，从而创建了噬菌体展示技术。1988 年 Parmley 等将已知抗原决定族与 pⅢ的 N 端融合呈现在表面，可特异性地被抗体选择出来，并提出通过构建随机肽库可以了解抗体识别的抗原决定簇表位的设想。1990 年 McCafferty 等也报道了用噬菌体展示技术筛选溶菌酶的单链抗体的方法，从而开始了这项技术的广泛应用的新时代。该技术的主要特点是将特定分子的基因型和表型统一在同一病毒颗粒内，即在噬菌体表面展示特定蛋白质，而在噬菌体核心 DNA 中则含有该蛋白的结构基因。另外，这项技术把基因表达产物与亲和筛选结合起来，可以利用适当的靶蛋白将目的蛋白或多肽挑选出来。近年来，随着噬菌体展示技术的日益完善，该技术在众多基础和应用研究领域产生的影响已日渐明显。此技术用于研究蛋白质之间的相互作用，不仅有高通量及简便的特点，还具有直接得到基因、高选择性的筛选复杂混合物、在筛选过程中通过适当改变条件可以直接评价相互结合的特异性等优点。目前，用优化的噬菌体展示技术，已经展示了人和鼠的两种特殊细胞系的 cDNA 文库，并分离出了人上皮生长因子信号传导途径中的信号分子。

3. 蛋白质阵列和芯片技术　蛋白质芯片(protein chips)是指以生物分子作为配基，将其固定在固相载体的表面，形成的蛋白质微阵列(protein microarray)。根据其固定生物分子的不同，可以分为受体配体检测芯片，抗原芯片，抗体芯片等。根据芯片载体的不同，分为普通玻璃载玻片，多孔凝胶覆盖芯片和微孔芯片 3 种主要形式。目前应用最普遍的是玻璃片，另外 PVDF 膜，聚丙烯酰胺凝胶，硝化纤维素膜，聚苯乙烯微珠，磁性微珠等也有报道。近几年一种液相芯片逐渐受到人们的重视。该芯片由 100 种不同颜色的微球组成，每种颜色的微球可以携带一种生物探针。探针通过羧基结合到微球表面，通过鉴定微球颜色来确定反应类型，通过靶物质上的报告分子做定量分析。具有灵活性好、通量大的优点，可以对同一个样品中的多个不同的分子同时进行检测，现已被用在与各种抗原抗体反应相关的检测中。

蛋白质芯片技术主要包括四个基本要点：芯片阵列的构建，样品的制备，芯片生化反应，信号检测及分析。首先将蛋白按设计的阵列方式点印在介质上，样品蛋白质与芯片反应，然后用经过标记的(可以是酶、荧光、同位素、生物素等)蛋白质与芯片-蛋白质复合物结合，通过荧光扫描仪或激光共聚焦显微镜和 CCD 照相机对标记信号进行扫描分析，测定芯片上各点的荧光强度，通过荧光强度分析蛋白质与蛋白质之间相互作用的关系，并最终达到测定各种蛋白质功能的目的。联合应用双向凝胶电泳，表面增强激光解析离子化飞行时间质谱(SELDI-TOF-MS)或串联质谱还可以对蛋白分子进行定量分析。

蛋白质芯片技术是一类高通量、微型化分析蛋白质表达和蛋白功能的新型分离及鉴定技术。可分为生物化学型芯片、化学型芯片和缩微芯片三类[12]。

生物化学型芯片与基因芯片的原理相似，芯片上固定的是结合特异蛋白质的分子如抗体、抗原、配体、受体及酶等，形成蛋白质的微阵列，依据蛋白分子间、蛋白与核酸、蛋白与其他分子相互作用实现检测目的。实验时将待检样品中的蛋白质用荧光素、同位素或酶分子标记，在适当的条件下与芯片作用，结合到芯片上的靶蛋白就会直接或间接通过底物发出特定信号（荧光、放射线或颜色），然后用激光共聚焦扫描仪、荧光透射扫描仪或质谱仪等对信号进行检测。这样的芯片已在肿瘤标志物分析中应用于临床。

化学型芯片的设计基于传统色谱原理，在芯片表面包裹各种色谱介质，通过色谱介质的疏水力、静电力、金属螯合、共价结合等捕获样本中的目标蛋白，经特定的洗脱液去除杂质后，再用质谱进行检测保留在芯片上的蛋白，获得样品蛋白质表达谱。这类芯片已商品化，广泛应用于肿瘤等方面的研究。

缩微芯片又称芯片实验室（lab-on a chip），通过在玻片或硅片上制作各种微泵、微阀、微电泳、微通道以及微流路，将生化实验室的分析功能浓缩固化在蛋白质芯片上，将蛋白质的分离、纯化、酶解、分析等步骤集中在一块玻片上进行，是蛋白质芯片技术发展的最终目标。由于微型化，单位体积表面积增加，分子扩散和热传导作用显著增强，生物检定、分析及化学合成能力均比常规条件增强，新药开发领域对此充满期待。

4. 表面等离子共振生物传感器分析技术（surface plasmon resonance，SPR） SPR 现象是一种物理光学现象，产生原理为当入射光以临界角入射到两种不同透明介质的界面时将发生全反射，反射光强度在各个角度上都应相同，但若在介质表面镀上一层金属薄膜后，由于入射光可引起金属中自由电子发生共振，从而导致反射光的强度在一定角度内大大减弱甚至完全消失，其中使反射光完全消失的角度称作共振角。共振角会随金属薄膜表面通过液相折射率的改变而改变。折射率的变化（resonance unit，RU）又与结合在金属表面的生物大分子质量成正比（1000RU 的变化表示传感片表面 $1ng/mm^2$ 的质量变化），因此，通过实时观察 RU 值就可以推断传感器表面的反应情况及参与反应物质的量[13]。

表面等离子共振生物传感器技术已成为蛋白质相互作用研究中的新手段。它的原理是利用一种纳米级的薄膜吸附上“诱饵蛋白”，当待测蛋白与诱饵蛋白结合后，薄膜的共振性质会发生改变，通过检测便可知这两种蛋白的结合情况。SPR 技术因其高效灵敏无需额外标记物或染料、反应过程可实时监控、测定安全等优势，广泛应用与蛋白质检测和蛋白-蛋白相互作用等蛋白质组学研究，它能在保持蛋白质天然状态的情况下实时提供靶蛋白的细胞器分布，结合动力学及浓度变化等功能信息，还可用于检测蛋白-核酸及其他生物大分子之间的相互作用，为蛋白质组学研究开辟了全新模式[14]。

SPR 技术与其他分析技术的联合应用，必将加速蛋白质组学的研究进展，使我们对生命现象的了解更加深入。

（三）结构蛋白质组学的技术手段的进步

结构蛋白质组学主要有两个目标，一是测定一些经过认真选择可能代表所有的折叠类型的蛋白，二是测定相当数量的蛋白质结构。这些蛋白质来自几种模式生物的蛋白质表达谱或与疾病相关的蛋白质表达谱。这种方式能提供更精确的结构信息，为阐明生物大分子的结构与功能提供更翔实的资料。尤其是从与疾病相关的蛋白质表达谱去测定蛋白质结构，可以为疾病机制的阐明和疾病治疗提供重要信息。这些都依赖于测定蛋白质结构的技术手段的进步。现阶段测定蛋白质三维结构的方法主要有X射线晶体衍射分析，电镜三维重构技术以及核磁共振技术。这三种方法因其各自的优缺点适用于测定不同生物分子的结构。此外应用较多的还有圆二色谱和电子顺磁共振技术，但是这两种技术不能直接测定蛋白质结构，所以主要应用于测定蛋白是否发生构象变化。

1. X射线衍射技术的发展 由于X射线是波长在0.01～100Å之间的一种电磁辐射，常用的X射线波长约在0.5～2.5Å之间，与晶体中的原子间距（1Å）数量级相同，因此可以用晶体作为X射线的天然衍射光栅，这就使得用X射线衍射进行晶体结构分析成为可能。在晶体的点阵结构中，具有周期性排列的原子或电子散射的次生X射线间相互干涉的结果，决定了X射线在晶体中衍射的方向，所以通过对衍射方向的测定，可以得到晶体的点阵结构、晶胞大小和形状等信息[15]。

X射线衍射是劳厄于1912年首先证实的，而用X射线衍射测定晶体的结构却是布拉格父子的功劳，他们创立了第一种人类在原子水平上观察物质结构的方法，在人类认识大自然的长征中做出了巨大的贡献。将强大的同步辐射用作X射线源，大大增强了X射线分析的威力，因此成为当今许多学科（生命现象探索、新材料研究等）的最重要的研究技术之一。但是传统的小分子晶体结构的分析方法不适用于原子数目多，结构复杂的生物大分子。直到1954年英国晶体学家佩鲁茨，M. F. 等提出在蛋白质晶体中引入重原子的同晶置换法之后，才有可能测定生物大分子的晶体结构。1960年英国晶体学家J. C. 肯德鲁等人首次解出一个由153个氨基酸组成、分子量为17 500的蛋白质分子——肌红蛋白的三维结构。此后生物大分子晶体结构的研究工作迅速发展。至20世纪80年代初，已有近200个蛋白质、核酸等生物大分子的三维结构被测定，从而有力地推动了分子生物学的发展。这一已历经90余年的古老的方法不仅毫无衰老的迹象，而且在继续不断地发展，它在科学、技术中的重要地位不容动摇。

2. 核磁共振（NMR）技术的发展 1946年F. Bloch和E. Purcell用实验首次证实并测量了NMR，因此而荣获1952年诺贝尔物理学奖。核磁共振是原子核的磁矩在恒定磁场和高频磁场（处在无线电波波段）同时作用下，当满足一定条件时，会产生共振吸收现象。20世纪50年代初，NMR信号携带的核化学环境的信息——化学位移的发现，有力地促进了NMR的发展，使其成为化学及相关学科上应用范围广泛的一种分析测试工具；然而，早期的NMR谱仪灵敏度低是其致命弱点。20世纪60年代后期，随着傅里叶变换（FT）法的问世，使NMR的灵敏度和记录信号的速度大大提高，也为二维NMR和多维NMR技术的开发铺平了道路。NMR技术的发展主要以1991年诺贝尔化学奖得主R. Ernst的工作为基础。

20世纪70年代，NMR应用研究渗入到生物化学领域[16]。由于方法和技术上的突破，如二维实验和稳定强磁场的可利用性，使灵敏度大大提高，科学家开始考虑用NMR去研究生物大分子的深层次更详细的性质。当二维谱技术依然遇到谱峰重叠问题时，三维和更多维谱学技术便应运而生。高分辨率NMR波谱仪成为研究溶液中生物大分子结构、分子动力学以及分子间互相作用的最理想的工具。生物科学和材料科学等领域对复杂对象的结构与性能关系以及分子间作用与运动的探索，也进一步推动NMR的发展。NMR对结构生物学的贡献大约始于20世纪80年代，到2002年5月，蛋白质数据库银行储存了14 734种原子的配位基，其中2763种是由NMR法测定，占其总数的20%多。NMR成为目前测定蛋白质和核酸三维结构的主要方法之一。

结构蛋白质组学主要关注用 NMR 研究蛋白质-蛋白质相互作用的结构基础[17]。NMR 适合研究在接近生理条件下的分子相互作用，特别是适合研究低亲和力的瞬态的复合物。它可以提供蛋白质相互作用界面，复合物结构，以及蛋白质相互识别过程动力学的信息。同时也研究蛋白质内部动力学，包括皮秒-纳秒时间尺度，与毫秒-微秒时间尺度的动力学。与圆二色谱及荧光光谱结合，核磁共振还可以详细表征蛋白质的折叠与去折叠。

3. 电镜三维重构技术的发展 目前应用比较广泛的为冷冻电镜三维重构技术。电镜三维重构的思想早在 1968 年就由 D. De Rosier 和 A. Klug 提出[18]，而冷冻电镜技术（cryo-electron microscopy，Cryo-ME）则是在 1974 年首次由 Taylor K. 和 Glaeser R. M. 创建[19]。冷冻电镜三维重构技术主要是将样品保存在液氮或液氦温度下利用透射电子显微镜进行二维成像，再经过对二维投影图像的分析进行三维重构。

经过近三十年的发展，冷冻电镜技术已经成为研究生物大分子结构与功能的强有力的手段，已经在确定结构组成和大分子复合物的结构层次方面取得了重要进展。最近几年冷冻电镜的发展在研究大分子结构上的分辨率已达到 10～15Å。虽然不及 X 射线晶体学，但它具有许多独特的优势：可以对均一的（如膜蛋白的二维晶体，二十面体对称的病毒等对称结构）和不均一的（如核糖体等）样品用不同的方法进行三维结构重构，可以对生物大分子及其复合物或亚细胞结构进行测定，使小到蛋白质大到真核细胞的三维结构得以确定，分子量大小跨越了 12 个数量级。通过快速冷冻可以将样品保存在生活状态，其结构更接近功能活性状态；由于快速冷冻可以捕捉到反应过程的瞬时状态从而易于进行时间分辨层面上的研究，从而对一些反应瞬时过程和反应中间体进行研究，有助于对蛋白质的动力学特性和功能的研究。

冷冻电镜三维重构技术将更完善的样品制备方法，先进的仪器设备，更好的成像方法和强有力的数据处理和运算方法结合起来，使结构测定的分辨率不断得到提高。样品制备主要采用快速冷冻的方法，以保持其天然活性；仪器设备则可采用场发射电镜和 CCD（charge-coupled detector，电耦合探测器）摄像系统；三维重构的方法主要有电子晶体学、单粒子法和电子断层成像技术，对于数据处理则主要借助各种软件和傅里叶变换的算法进行二维图像的三维重构以获得实物空间的三维结构。

4. 扫描隧道显微技术的发展 扫描隧道显微镜（scanning tunneling microscopy，STM）是宾尼和罗雷尔于 1981 年发明的[20]。扫描隧道显微技术是以扫描隧道显微镜为代表的一种可在原子尺度上进行微观结构表征和微细加工的新颖成像与操作技术。它克服了电子显微镜必须用电子束工作，高速电子容易透入物质深处，而低速电子又容易被样品的电磁场偏折，因而很难对物质表面进行揭示的不足。STM 最基本的物理原理是电子隧道效应。当两金属导体电极被一足够薄（一般小于 10Å）的绝缘层（即为垫垒）分开时，在两电极间即会产生电子渡越。所产生的隧道电流的大小反映了两电极波函数的交叠程度，因此，它主要受到隧道间距和两电极本身电特性的影响。在小偏压情况下隧道电流与隧道间距呈指数关系。STM 则是利用一根极精细的针尖代替上述一电极，而被检测或成像的样品则被视为另一电极。针尖所扫过的轨迹则反映了样品表面的形貌。通过检测针尖扫描时反馈电压的变化，则可表征出样品表面的精细结构。

近年来，STM 在理论上的不断完善和技术上的不断改进，使得它已成功地应用于生物大分子的研究[21]。STM 技术的最大特点是它不受环境的限制可用于不同的溶剂中。因此可以把蛋白质分子均匀、分散地固定在电极表面。然后用STM研究不同溶剂中蛋白质的分子结构，直接给出蛋白质分子结构的图像。

执笔：杨志谋　王　玲

讨论与审核：杨志谋　王　玲

资料提供：王　玲

参考文献

1. O'Farrell PH. High resolution two-dimensional electrophoresis of proteins. Journal of biology and chemistry, 1975,250(10):4007～4021
2. 李蕾，应万涛，杨何义等. 蛋白质组研究中的二维电泳分离技术. 色谱，2003,21(1):27～31
3. 田双起，秦广雍，李宗伟等. 质谱技术及其在后基因组时代中的应用. 生物技术通报，2008,3:50～53
4. Giddings JC, Two-dimenal separations: concept and promise. Anal. Chem, 1984,56:1258A～1260A
5. Wall DB, Kachman MT, Gong SS, et al. Isoelectric focusing nonporous silica reversed-phase high-performance liquid chromatography/electrospray ionization time-of-flight mass spectrometry: a three-dimensiond liquidphase protein separation method as applied to the human erythroleukemia cell-line. Rapid commun Mass Spectrom, 2001,15:1649～1661
6. Wagner K, Racaityte K, Unger KK, et al. Protein mapping by two-dimensional high performance liquid chromatography. J. Chromatography A, 2000,893(2):293～305
7. 周海涛，朱红，贾少微等. 蛋白质组学技术新进展. 肿瘤防治研究，2006,33(12):920～922
8. 潘德生. 蛋白质组学技术及其在脑胶质瘤研究中的应用. 国外医学神经病学神经外科学分册，2004,31(6):582～585
9. Fields S, Song O. A novel genetic system to detect protein -protein interactions. Nature, 1989,340:245～246
10. 马洪波，杜坚. 酵母双杂交系统的研究进展与应用. 中国国境卫生检疫杂志，2004,27(2):119～123
11. 孙美艳，张磊，李艳. 噬菌体展示技术的研究进展. 吉林医药学院学报，2009,30(2):301～304
12. 胡跃，张苏展. 蛋白质芯片技术的研究及应用现状. 浙江大学学报，2005,34(1):89～92
13. 刘学勇，白延强，熊江辉等. 表面等离子体共振生物传感器在微生物检测中的应用. 空间科学学报，2006:26(4):264～267
14. 黄智伟，黄深. 表面等离子体共振生物传感器的研究现状. 传感器世界，2001,5:8～12
15. 杨新萍. X射线衍射技术的发展和应用. 山西师范大学学报，2007,21(1):72～76
16. 施蕴渝. 二维核磁共振波谱技术在蛋白质构象及动力学研究中的应用. 基础医学与临床，1990,10(4):193～196
17. 夏斌，金长文. 生物大分子结构及动力学的核磁共振研究. 现代仪器，2002,4:1～5
18. DeRosier D, Klug. A. Reconstruction of 3-dimensional structures from electron micrographs. Nature, 1968, 217:130～134
19. Taylor K, Glaeser RM. Electron diffraction of frozen, hydrated protein crystals. Science, 1974,186:1036～1037
20. Binnig G, Rohrer H. Scaning Tunneling Microscopy. Surface Science, 1985,152(153):17～29
21. 王林，韦钰. 扫描隧道显微技术、应用及进展. 电子原件，1993,3:18～20

三、仪器设备的发展历程(工具的角度)

仪器设备在蛋白质组学研究中的作用怎样强调都不为过，蛋白质组学的很多研究方法和研究进展都是伴随着各种科研设备的出现和不断改进而逐步发展起来的。这其中最重要的设备有X射线衍射仪、核磁共振、电子显微镜、单分子操纵设备、质谱、液相色谱等。

(一) X射线衍射仪的改进

X射线衍射技术是从X射线的衍射花样(衍射线的方向和强度)推算生物大分子的三维结构(也常称空间结构、立体结构或构象)的技术。其主要原理是X射线、中子束或电子束通过生物大分子有序排列的晶体或纤维所产生的衍射花样与样品中原子的排布规律之间有可相互转换的关系(互为傅里叶变换)。

X射线衍射技术能够精确测定原子在晶体中的空间位置,是迄今研究生物大分子结构的主要技术。中子衍射和电子衍射技术则用来弥补X射线衍射技术的不足。生物大分子单晶体的X射线衍射技术是20世纪50年代以后,首先从蛋白质的晶体结构研究中发展起来的,并于20世纪70年代形成了一门晶体学的分支学科——蛋白质晶体学。生物大分子单晶体的中子衍射技术用于测定生物大分子中氢原子的位置,也属蛋白质晶体学范畴。纤维状生物大分子的X射线衍射技术用来测定这类大分子的一些周期性结构,如螺旋结构等。以电子衍射为原理的电子显微镜技术能够测定生物大分子的大小、形状及亚基排列的二维图像。它与光学衍射和滤波技术结合而成的三维重构技术能够直接显示生物大分子低分辨率的三维结构。

1912年德国物理学家M. V. Laue预言晶体是X射线的天然衍射光栅。此后英国物理学家W. H. Bragg和W. L. Bragg开创了X射线晶体学。几十年来,这门学科不断发展和完善,测定了成千上万个无机和有机化合物的晶体和分子结构。由它提供的结构资料已经成为近代结构化学的基础。但是传统的小分子晶体结构的分析方法不适用于原子数目众多,结构复杂的生物大分子。直到1954年英国晶体学家M. F. Perutz等提出在蛋白质晶体中引入重原子的同晶置换法之后,才有可能测定生物大分子的晶体结构。1960年英国晶体学家J. C. Kendrew等首次解出一个由153个氨基酸组成、分子量为17 500Da的蛋白质分子——肌红蛋白的三维结构。

自1896年X射线被发现以来,可利用X射线分辨的物质系统越来越复杂。从简单物质系统到复杂的生物大分子,X射线已经为我们提供了很多关于物质静态结构的信息[1]。此外,在各种测量方法中,X射线衍射方法具有对样品损伤小、无污染、快捷、测量精度高、能得到有关晶体完整性的大量信息等优点。由于晶体存在的普遍性和晶体的特殊性能及其在计算机、航空航天、能源、生物工程等工业领域的广泛应用,人们对晶体的研究日益深入,使得X射线衍射分析成为研究晶体最方便、最重要的手段[2]。

人类对X射线的认识和应用经历了一个很长的发展历程。X射线(又被称为伦琴射线)是一种波长范围在0.1～10nm之间(对应频率范围30 pHz到3 EHz)的电磁辐射形式。真正对X射线的系统研究是从J. Plucker开始的,他利用经过改进了的盖斯勒管(该管是Geissler于1855年制造出来的)和附属仪器(盖斯勒泵、鲁姆科尔夫放电线圈)在1857年进行了一系列实验。他观察到从铂阴极发出的粒子飞向玻璃管,粒子流打在管壁上发出荧光,萤光斑能够被磁力偏转。Plucker的学生Hittorf在1869年发现,如果把各种形状的固体放在阴极和发荧光的玻璃壁之间,物体的影子就明显地映在管壁上,他由此推断这种射线是直线传播的。1876年这种射线被Goldstein命名为“阴极射线”。随后,英国物理学家Crookes研究稀有气体里的能量释放,并且制造了克鲁克斯管。这是一种玻璃真空管,内有可以产生高电压的电极。他还发现,当将未曝光的相片底片靠近这种管时,一些部分被感光了。1887年4月,Nikola Tesla开始使用自己设计的高电压真空管与克鲁克斯管研究X射线。他发明了单电极X光管,在其中电子穿过物质,发生了现在叫做韧致辐射的效应,生成高能X射线。1892年Tesla完成了这些实验,但是他并没有使用X射线这个名字,而只是笼统称为放射能。1892年H. Hertz进行了实验,提出阴极射线可以穿透非常薄的金属箔。Hertz的学生Lenard进一步研究这一效应,对很多金属进行了实验。1895年11月,德国科学家 W. C. Roentgen 开始进行阴极射线的研究。1895 年 12 月他完成了初步的实验报告——“一种新的射线”，并把这项成果递交给维尔茨堡物理医学学会。为了表明这是一种新的射线，Roentgen 采用表示未知数的 X 来命名。

产生 X 射线的最简单方法是用加速后的电子撞击金属靶。撞击过程中，电子突然减速，其损失的动能会以光子形式放出，形成 X 射线光谱的连续部分，称之为制动辐射。通过加大加速电压，电子携带的能量增大，则有可能将金属原子的内层电子撞出。于是内层形成空穴，外层电子跃迁回内层填补空穴，同时放出波长在 0.1nm 左右的光子。由于外层电子跃迁放出的能量是量子化的，所以放出的光子的波长也集中在某些部分，形成了 X 射线光谱中的特征线，此称为特性辐射[3]。此外，高强度的 X 射线亦可由同步加速器或自由电子激光产生。同步辐射光源具有高强度、连续波长、光束准直、极小的光束截面积并具有时间脉波性与偏振性，因而成为科学研究最佳的 X 射线光源。

X 射线的探测可基于多种方法。最普通的一种方法叫做照相底板法，这种方法在医院里经常使用。将一片照相底片放置于人体后，X 射线穿过人体内软组织(皮肤及器官)后会照射到底片，令这些部位于底片经显影后保留黑色；X 射线无法穿过人体内的硬组织，如骨或其他被注射含钡或碘的物质，底片于显影后会显示成白色。最近发展的光激影像板(image plate)具有动态范围宽、量子效率高、线性度与灵敏度好等优点，在许多地方已取代传统的底片。另一方法是利用 X 射线照在特定材质上所产生的荧光，例如，碘化钠(NaI)。科学研究上，除了使用 X 射线 CCD，也利用 X 射线游离气体的特性，使用气体游离腔作为 X 射线强度的检测。这些方法只能显示出 X 射线的光子密度，但无法显示出 X 射线的光子能量。X 射线光子的能量通常以晶体使 X 射线衍射再依布拉格定律(Bragg's law)决定。在晶体学研究历史上，Laue 发现了 X 射线通过晶体之后产生的衍射现象，即 X 射线衍射；Bragg 则使用布拉格定律对衍射关系进行了定量的描述。

相对于电子流撞击金属靶产生 X 射线的技术，由同步辐射产生的 X 射线具有更多的优点。电磁场理论早就预言：在真空中以光速运动的带电粒子在二极磁场作用下偏转时，会沿着偏转轨道切线方向发射连续谱的电磁波。1947 年人类在电子同步加速器上首次观测到这种电磁波，称其为同步辐射光，并称产生和利用同步辐射光的科学装置为同步辐射光源[4]。

60 多年来，同步辐射光源已经历了三代的发展，它的主体是一台电子储存环。第一代同步辐射光源的电子储存环是为高能物理实验而设计的，只是“寄生”地利用从偏转磁铁引出的同步辐射光，故又称“兼用光源”；第二代同步辐射光源的电子储存环则是专门为使用同步辐射光而设计的，主要从偏转磁铁引出同步辐射光；第三代同步辐射光源的电子储存环对电子束的发散度进行了优化设计，使电子束发散度比第二代小得多，因此同步辐射光的亮度大大提高，并且从波荡器等插入件可引出高亮度、部分相干的准单色光。第三代同步辐射光源根据其光子能量覆盖区和电子储存环中电子束能量的不同，又可进一步细分为高能光源、中能光源和低能光源。凭借优良的光品质和不可替代的作用，第三代同步辐射光源已成为当今众多学科基础研究和高技术开发应用研究的最佳光源。同步辐射光具有以下特性：

(1) 宽波段：同步辐射光的波长覆盖面大，具有从远红外、可见光、紫外直到 X 射线范围内的连续光谱，并且能根据使用者的需要获得特定波长的光。

(2) 高准直：同步辐射光的发射集中在以电子运动方向为中心的一个很窄的圆锥内，张角非常小,几乎是平行光束,堪与激光媲美。

(3) 高偏振:从偏转磁铁引出的同步辐射光在电子轨道平面上是完全的线偏振光,此外,可以从特殊设计的插入件得到任意偏振状态的光。

(4) 高纯净:同步辐射光是在超高真空中产生的,不存在任何由杂质带来的污染,是非常纯净的光。

(5) 高亮度:同步辐射光源是高强度光源,有很高的辐射功率和功率密度,第三代同步辐射光源的 X 射线亮度是 X 光机的上千亿倍。

(6) 窄脉冲:同步辐射光是脉冲光,有优良的脉冲时间结构,其宽度在 $10^{-11} \sim 10^{-8}$s(几十皮秒至几十纳秒)之间可调,脉冲之间的间隔为几十纳秒至微秒量级,这种特性对"变化过程"的研究非常有用,如化学反应过程、生命过程、材料结构变化过程和环境污染微观过程等。

(7) 可精确预知:同步辐射光的光子通量、角分布和能谱等均可精确计算,因此它可以作为辐射计量,特别是真空紫外到 X 射线波段计量的标准光源[5]。

此外,同步辐射光还具有高度稳定性、高通量、微束径、准相干等独特而优异的性能。

上海同步辐射装置(ShangHai synchrotron radiation facility,SSRF),是一台世界先进的中能第三代同步辐射光源,总投资计划 12 亿人民币,已于 2009 年正式投入使用。上海同步辐射装置的电子储存环电子束能量为 3.5GeV(35 亿电子伏特),仅次于世界上仅有的三台高能光源(美、日、欧各一台),居世界第四,超过其他所有的中能光源;X 射线的亮度和通量被优化在用户最多的区域。

上海同步辐射装置是国家级大科学装置和多学科的实验平台,由全能量注入器、电子储存环、光束线和实验站组成。全能量注入器提供电子束并使其加速到所需能量,电子储存环储存电子束并提供同步辐射光,光束线对引出的同步辐射光进行传输、加工,提供给实验站上的用户使用。在实验站里,同步辐射光被"照射"到各种各样的实验样品上,同时科学仪器记录下实验样品的各种反应信息或变化,经高速计算机处理后变成一系列反映自然奥秘的曲线或图像。利用上海同步辐射光源在空间分辨、时间分辨上的优势,将大大促进和加快我国的蛋白质结构基因组学研究。由于蛋白质晶体体积小(几十个微米),且分子数目少,要求所用的 X 射线光具有高亮度。如用普通 X 光机射线收集一套蛋白质晶体衍射数据的话,需要几十个小时;用二代光源,需要几十分钟;用第三代光源则只要几分钟。另外,同步辐射光源还具有短脉冲(小于 100 皮秒)的时间结构,为实时观测生物分子结构动态变化过程提供了可能性,将把生命科学研究带入一个崭新的时代。

(二) 多维核磁共振仪的发展

1946 年,美国哈佛大学的 E. M. Purcell 和斯坦福大学的 F. Block 宣布,他们发现了核磁共振(nuclear magnetic resonance, NMR),两人因此获得了 1952 年诺贝尔奖[6]。核磁共振是指原子核的磁矩在恒定磁场和高频磁场的同时作用下,当满足一定条件时,会产生共振吸收现象。核磁共振现象来源于原子核的自旋角动量在外加磁场作用下的进动。根据量子力学原理,原子核与电子一样,也具有自旋角动量,其自旋角动量的具体数值由原子核的自旋量子数决定。实验结果显示,不同类型的原子核,自旋量子数也不同:质量数和质子数均为偶数的原子核,自旋量子数为 0 ;质量数为奇数的原子核,自旋量子数为半整数;质量数为偶数,质子数为奇数的原子核,自旋量子数为整数。迄今为止,只有自旋量子数等于 1/2 的原子核，其核磁共振信号才能够被人们利用，经常为人们所利用的原子核有^{1}H、^{11}B、^{13}C、^{15}N、^{17}O、^{19}F、^{31}P。由于原子核携带电荷，当原子核自旋时，会由自旋产生一个磁矩，这一磁矩的方向与原子核的自旋方向相同，大小与原子核的自旋角动量成正比。将原子核置于外加磁场中，若原子核磁矩与外加磁场方向不同，则原子核磁矩会绕外磁场方向旋转，这一现象类似陀螺在旋转过程中转动轴的摆动，称为进动。进动具有能量也具有一定的频率。原子核进动的频率由外加磁场的强度和原子核本身的性质决定；也就是说，对于某一特定原子，在一定强度的外加磁场中，其原子核自旋进动的频率是固定不变的[7]。

原子核发生进动的能量与磁场、原子核磁矩以及磁矩与磁场的夹角相关。根据量子力学原理，原子核磁矩与外加磁场之间的夹角并不是连续分布的，而是由原子核的磁量子数决定的，原子核磁矩的方向只能在这些磁量子数之间跳跃，而不能平滑的变化，这样就形成了一系列的能级。当原子核在外加磁场中接受其他来源的能量输入后，就会发生能级跃迁，也就是原子核磁矩与外加磁场的夹角会发生变化。这种能级跃迁是获取核磁共振信号的基础。为了让原子核自旋的进动发生能级跃迁，需要为原子核提供跃迁所需要的能量，这一能量通常是通过外加射频场来提供的。根据物理学原理，当外加射频场的频率与原子核自旋进动的频率相同的时候，射频场的能量才能够有效地被原子核吸收，为能级跃迁提供助力。因此某种特定的原子核，在给定的外加磁场中，只吸收某一特定频率射频场提供的能量，这样就形成了一个核磁共振信号。

对于孤立原子核而言，同一种原子核在同样强度的外磁场中，只对某一特定频率的射频场敏感。但是处于分子结构中的原子核，由于分子中电子云分布等因素的影响，实际感受到的外磁场强度往往会发生一定程度的变化，而且处于分子结构中不同位置的原子核，所感受到的外加磁场的强度也各不相同，这种分子中电子云对外加磁场强度的影响，会导致分子中不同位置原子核对不同频率的射频场敏感，从而导致核磁共振信号的差异，这种差异便是通过核磁共振解析分子结构的基础。原子核附近化学键和电子云的分布状况称为该原子核的化学环境，由于化学环境影响导致的核磁共振信号频率位置的变化称为该原子核的化学位移。

耦合常数是化学位移之外核磁共振谱提供的另一个重要信息。所谓耦合指的是临近原子核自旋角动量的相互影响，这种原子核自旋角动量的相互作用会改变原子核自旋在外磁场中进动的能级分布状况，造成能级的裂分，进而造成 NMR 谱图中的信号峰形状发生变化。通过解析这些峰形的变化，可以推测出分子结构中各原子之间的连接关系。

信号强度是核磁共振谱的第三个重要信息。处于相同化学环境的原子核在核磁共振谱中会显示为同一个信号峰，通过解析信号峰的强度可以获知这些原子核的数量，从而为分子结构的解析提供重要信息。表征信号峰强度的是信号峰的曲线下面积积分，这一信息对于^{1}H-NMR 谱尤为重要，而对于^{13}C-NMR 谱而言，由于峰强度和原子核数量的对应关系并不显著，因而峰强度并不非常重要。

早期核磁共振主要用于对核结构和性质的研究，如测量核磁矩、电四极矩及核自旋等，后来广泛应用于分子组成和结构分析，生物组织与活体组织分析，病理分析、医疗诊断、产品无损监测等方面。用核磁共振法进行材料成分和结构分析有精度高、对样品限制少、不破坏样品等优点。早期的核磁共振谱主要集中于氢谱，这是由于能够产生核磁共振信号的^{1}H 原子在自然界丰度极高，由其产生的核磁共振信号很强，容易检测。20 世纪 70 年代，脉冲傅里叶变换核磁共振仪出现了，随着傅里叶变换技术的发展，核磁共振仪可以在很短的时间内同时发出不同频率的射频场，这样就可以对样品重复扫描，从而将微弱的核磁共振信号从背景噪音中区分出来，这使得人们可以收集^{13}C核磁共振信号。

核磁共振作用在样品上有一稳定磁场和一个交变电磁场，去掉电磁场后，处在激发态的核可以跃迁到低能级，辐射出电磁波，同时可以在线圈中感应出核磁共振信号。若将核磁共振的频率变数增加到两个或多个，可以实现二维或多维核磁共振，从而获得比一维核磁共振更多的信息。目前核磁共振主要依靠氢核信号，但实际应用中还需要对其他一些核如^{13}C、^{15}N、^{31}P、^{33}S、^{23}Na、^{127}I等进行核磁共振分析。^{13}C已经进入实用阶段，但仍需要进一步扩大和深入。核磁共振与其他物理效应如穆斯堡尔效应、电子自旋共振等的结合可以获得更多有价值的信息，无论在理论上还是在实际应用中都有重要意义[8]。

在NMR发展之前，以晶体的X射线衍射光谱来决定蛋白质分子的三维空间结构是唯一的方法。科学家一直在寻求另一种与X射线结晶学互补的方法，能够决定分子在水溶液中的结构，因为这更能模拟生化分子在自然界中存在的状态。瑞士科学家Kurt Wiithrich发展了一种将核磁共振运用到像蛋白质这样的大生物分子的方法，他利用一种系统化的方法将信号与正确的氢核配对，此法称为循序指认法(sequential assignment)，堪称为现今所有NMR结构分析的基石。他又利用nuclear overhauser effect找出许多对氢核之间的距离，然后运用一个基于距离与几何结构的数学方法(distance geometry algorithm)，搭配以上的信息，计算出该分子的三维结构。这种方法的原理可以用测绘房屋的结构来比喻：当我们选定一座房屋的所有拐角作为测量对象，然后测量所有相邻拐角间的距离和方位，据此就可以推知房屋的结构。Wiithrich教授创建的方法是对水溶液中的蛋白质样品测定一系列不同的二维核磁共振图谱，然后根据已确定的蛋白质分子的一级结构，通过对各种二维核磁共振图谱的比较和解析，在图谱上找到各个序列号氨基酸上的各种氢原子所对应的峰。有了这些被指认的峰，就可以根据这些峰在核磁共振谱图上所呈现的相互之间的关系得到它们所对应的氢原子之间的距离。可以想象，正是因为蛋白质分子具有空间结构，在序列上相差甚远的两个氨基酸有可能在空间距离上是很近的，它们所含的氢原子所对应的NMR峰之间就会有相关信号出现。通常，如果两个氢原子之间距离小于0.5nm的话，它们之间就会有相关信号出现。一个由几十个氨基酸残基组成的蛋白质分子可以得到几百个甚至几千个这样与距离有关的信号，按照信号的强弱把它们转换成对应的氢原子之间的距离，然后运用计算机程序根据所得到的距离条件模拟出该蛋白质分子的空间结构。该结构既要满足从核磁共振图谱上得到的所有距离条件，还要满足化学上有关原子与原子结合的一些基本限制条件，如原子间的化学键长、键角和原子半径等[9]。

从20世纪80年代初Wiithrich发展出这种方法至今，NMR技术在生物大分子的结构研究方面有了飞速的发展，一方面是由于仪器技术本身的发展，能够产生的磁场越来越强，计算机的计算速度也越来越快；更多的是由于实验方法上的创新和发展，由二维的核磁共振实验发展成三维甚至更多维的实验；借助于基因技术可以得到同位素富集的蛋白质样品，核磁共振的实验也从原来单一的核发展到三种甚至四种核同时在一个实验中共振而产生相关信号。核磁共振方法的应用范围也从原来单一的蛋白质分子的空间结构研究发展到蛋白质动力学方面的研究，以及蛋白质与蛋白质、蛋白质与核酸或小分子的相互作用和药物筛选中蛋白质分子与药物分子的结合等方面[10]。在此过程中，Wiithrich领导的实验室始终处于发展的前沿，他提出的许多原创性观点和方法已被广泛地接受和应用，他在该研究领域中也被大家公认为开拓者之一。随着人类基因组学和蛋白质组学研究的不断深入，蛋白质结构组学的研究也会随之兴起，核磁共振技术在这方面的应用会更多更广。这些应用的需求反过来也会促进核磁共振技术本身的进步和发展，使之更趋成熟和完善[11]。

（三）电子显微镜的不断改进

普通光学显微镜通过提高和改善透镜的性能，可使放大率达到1000～1500倍左右，但最高一直未能超过2000倍。这是由于普通光学显微镜的放大能力受到光波长的限制。光学显微镜是利用光线来看物体，为了看到物体，物体的尺寸就必须大于光的波长，否则光就会"绕"过去。理论研究结果表明，普通光学显微镜的分辨本领不超过200nm，有人采用波长比可见光更短的紫外线，放大能力也不过再提高一倍左右。要想看到组成物质的最小单位——原子，光学显微镜的分辨本领还差3～4个量级。为了从更高的层次上研究物质的结构，必须另辟蹊径，创造出功能更强的显微镜。由此电子显微镜就走上了历史的舞台。

20世纪20年代法国科学家Louis de Broglie发现电子流也具有波动性，其波长与能量有确定关系，能量越大波长越短，比如电子用1000伏特的电场加速后其波长是0.388Å，用10万伏电场加速后波长只有0.0387Å，于是科学家们就想是否可以用电子束代替光波来制造更高分辨率的显微镜[12]。

用电子束来制造显微镜，关键是找到能使电子束聚焦的透镜，光学透镜是无法会聚电子束的。1926年，德国科学家Busch提出了关于电子在磁场中运动的理论。他指出具有轴对称性的磁场对电子束来说起着透镜的作用。因为对电子束来说，磁场显示出透镜的作用，所以称为"磁透镜"。在此理论基础上，德国柏林工科大学的年轻研究员Ruska于1932年制作了第一台电子显微镜。这是一台经过改进的阴极射线示波器，用它成功地得到了铜网的放大像。这是第一次由电子束形成的图像，加速电压为7万伏，最初放大率仅为12倍。尽管放大率微不足道，但它却证实了使用电子束和电子透镜可形成与光学图像相同的电子像。经过不断地改进，1933年Ruska制成了二级放大的电子显微镜，获得了金属箔和纤维的1万倍的放大像[13]。1937年应西门子公司的邀请，Ruska建立了超显微镜学实验室。1939年西门子公司制造出分辨率达到30Å的世界上最早的实用电子显微镜，并投入批量生产。

电子显微镜的出现使人类的洞察能力提高了好几百倍，不仅看到了病毒，而且看见了一些大分子，即使经过特殊制备的某些类型材料样品里的原子，也能够被看到。

但是，受电子显微镜本身的设计原理和现代加工技术手段的限制，目前它的分辨本领已经接近极限。要进一步研究比原子尺度更小的微观世界必须要有概念和原理上的根本突破。

1978年，一种新的物理探测系统——扫描隧道显微镜——经过了德国学者G. K. Binnig和瑞士学者H. Rohrer的系统论证，并于1982年制造成功。这种新型的显微镜，放大倍数可达3亿倍，最小可分辨的两点距离为原子直径的1/10，也就是说它的分辨率最高可达0.1Å。

扫描隧道显微镜采用了全新的工作原理。它利用一种电子隧道现象，将样品本身作为一具电极，另一个电极是一根非常尖锐的探针，把探针移近样品，并在两者之间加上电压，当探针和样品表面相距只有数十埃时，由于隧道效应在探针与样品表面之间就会产生隧穿电流，并保持不变，若表面有微小起伏，哪怕只有原子大小的起伏，也将使隧穿电流发生成千上万倍的变化。这种携带原子结构的信息，输入电子计算机，经过处理即可在荧光屏上显示出一幅物体的三维图像[14]。

鉴于 Ruska 发明电子显微镜，Binnig 和 Rohrer 设计制造扫描隧道显微镜的业绩，瑞典皇家科学院决定，将 1986 年诺贝尔物理奖授予他们 3 人。经过 50 多年的发展，电子显微镜已成为现代科学技术中不可缺少的重要工具。

电子显微镜的类型主要有上面提到的透射电子显微镜（简称透射电镜，TEM）和扫描电子显微镜（简称扫描电镜，SEM）两大类。扫描透射电子显微镜（简称扫描透射电镜，STEM）则兼有两者的性能。为了进一步表征仪器的特点，有以加速电压区分的，如超高压（1MV）和中等电压（200～500kV）透射电镜、低电压（～1kV）扫描电镜；有以电子枪类型区分的，如场发射枪电镜；有以用途区分的，如高分辨电镜、分析电镜、能量选择电镜、生物电镜、环境电镜、原位电镜、测长 CD-扫描电镜；有以激发的信息命名的，如电子探针 X 射线微区分析仪（简称电子探针，EPMA）等[15]。

半个多世纪以来人们对电子显微镜进行不断的改进，力求观察更微小的物体结构、更细小的实体甚至单个原子，并获得有关试样的更多的信息，如标征非晶和微晶，成分分布，晶粒形状和尺寸，晶体的相、晶体的取向、晶界和晶体缺陷等特征，以便对材料的显微结构进行综合分析及表征研究。近来，电子显微镜，包括扫描隧道显微镜等，又有了长足的发展，特别是计算机图像处理技术的引入，使其进一步向超高分辨率和定量化方向发展，同时也开辟了一些崭新的应用领域。例如，英国医学研究委员会分子生物实验室的 A. Klug 等发展了一套重构物体三维结构的高分辨图像处理技术，为分子生物学开拓了一个崭新的领域，并因此获得了 1982 年诺贝尔奖的化学奖，以表彰他在发展晶体电子显微学及核酸—蛋白质复合体的晶体学结构方面的卓越贡献。

电子显微镜的分辨本领由于受到电子透镜球差的限制，人们力图像光学透镜那样来减少或消除球差。但是，早在 1936 年 Scherzer 就指出，对于常用的无空间电荷且不随时间变化的旋转对称电子透镜，球差恒为正值。在 20 世纪 40 年代由于兼顾电子物镜的衍射和球差，电子显微镜的理论分辨本领约为 0.5nm。校正电子透镜的像差是人们长期追求的目标。经过 50 多年的努力，1990 年 Rose 提出用六极校正器校正透镜像差得到无像差电子光学系统的方法。最近在 CM200ST 场发射枪 200kV 透射电镜上增加了这种六极校正器，研制成世界上第一台像差校正电子显微镜，分辨本领由 0.24nm 提高到了 0.14nm。在这台像差校正电子显微镜上球差系数减少至 0.05mm（50μm）时拍摄到了 GaAs（110）取向的哑铃状结构像，点间距为 0.14nm。

在 1948 年，Gabor 在当时难以校正电子透镜球差的情况下提出了电子全息的基本原理和方法。论证了如果用电子束制作全息图，记录电子波的振幅和位相，然后用光波进行重现，只要光线光学的像差精确地与电子光学的像差相匹配，就能得到无像差的、分辨率更高的像。由于那时没有相干性很好的电子源，电子全息术的发展相当缓慢。后来，这种光波全息思想应用到激光领域，获得了极大的成功。Gabor 也因此而获得了诺贝尔物理奖。随着 Mollenstedt 静电双棱镜的发明以及点状灯丝，特别是场发射电子枪的发展，电子全息的理论和实验研究也有了很大的进展，在电磁场测量和高分辨电子显微像的重构等方面取得了丰硕的成果。Lichte 等用电子全息术在 CM30 FEG/ST 型电子显微镜（球差系数 $C_s=1.2$mm）上以 1k×1k 的慢扫描 CCD 相机，获得了 0.13nm 的分辨本领。目前，使用更好的

CM30 FEG/UT 型电子显微镜(球差系数 $Cs=0.65$mm)和 2k×2k 的 CCD 相机,已达到 0.1nm 的信息极限分辨本领。

近年来,超高压透射电镜的分辨本领有了进一步的提高。JEOL 公司制成 1250kV 的 JEM-ARM 1250/1000 型超高压原子分辨率电镜,点分辨本领已达 0.1nm,可以在原子水平上直接观察厚试样的三维结构。日立公司于 1995 年制成一台新的 3MV 超高压透射电镜,分辨本领为 0.14nm。超高压电镜分辨本领高、对试样的穿透能力强(1MV 时约为 100kV 的 3 倍),但价格昂贵,需要专门建造高大的实验室,很难推广。

中等电压 200kV,300kV 电镜的穿透能力分别为 100kV 的 1.6 和 2.2 倍,成本较低、效益/投入比高,因而得到了很大的发展。场发射透射电镜已日益成熟。TEM 上常配有锂漂移硅 Si(Li)X 射线能谱仪(EDS),有的还配有电子能量选择成像谱仪,可以分析试样的化学成分和结构。原来的高分辨和分析型两类电镜也有合并的趋势:用计算机控制甚至完全通过计算机软件操作,采用球差系数更小的物镜和场发射电子枪,既可以获得高分辨像又可进行纳米尺度的微区化学成分和结构分析,发展成多功能高分辨分析电镜。目前,国际上常规 200kVTEM 的点分辨本领为 0.2nm 左右,放大倍数约为 50 万～150 万倍。

场发射扫描透射电镜 STEM 是由美国芝加哥大学的 A. V. Crewe 教授在 20 世纪 70 年代初期发展起来的。试样后方的两个探测器分别逐点接收未散射的透射电子和全部散射电子。弹性和非弹性散射电子信息都随原子序数而变。环状探测器接收散射角大的弹性散射电子。重原子的弹性散射电子多,如果入射电子束直径小于 0.5nm,且试样足够薄,便可得到单个原子像。实际上 STEM 也已看到了 γ-alumina 支持膜上的单个 Pt 和 Rh 原子。

能量选择电镜 EF-TEM 是一个新的发展方向。在一般透射电镜中,弹性散射电子形成显微图像或衍射花样;非弹性散射电子则往往被忽略,而近来已用作电子能量损失谱分析。德国 Zeiss-Opton 公司在 20 世纪 80 年代末生产的 EM902A 型生物电镜,在成像系统中配有电子能量谱仪,选取损失了一定特征能量的电子来成像。其主要优点是可观察 0.5μm 的厚试样,对未经染色的生物试样也能看到高反差的显微像,还能获得元素分布像等。

透射电镜经过了半个多世纪的发展已接近或达到了由透镜球差和衍射差所决定的 0.1～0.2nm 的理论分辨极限。人们正在进行更深入的探索,包括进一步消除透镜的各种像差,在电子枪后方再增加一个电子单色器,进一步提高电磁透镜和整个仪器的稳定性;进一步发展高亮度电子源场发射电子枪,采用 X 射线谱仪、电子能量选择成像谱仪以及慢扫描电荷耦合器件 CCD;实现全数字控制,实现远距离图像处理与信息传送等。对这些技术的综合运用,将会使透射电镜在技术上有新的重大突破[16]。

(四) 单分子技术的发展

单分子技术是指在单分子水平上对生物分子的行为(包括构象变化、相互作用、相互识别等)的实时、动态检测以及在此基础上的操纵、调控等,是分子生物物理学的自然延伸和必然趋势。

生命单元的基本功能主要取决于单个大分子,单分子技术在研究单个生物分子的性质上有着独特的优势。与测量分子集合体整体性质的传统方法(如光散射,光偏振,黏滞性等)相比,单分子技术具有直接,准确,实时等优点。经过过去多年的发展,单分子研究已经取得了巨大成就,它的迅速发展将引导人们进入分子生物学的全新领域,检验有待证实的假设或揭示更基本的生物学规律。

通常人们认为分子生物学所研究的过程就是由多个分子组成的过程,因此研究结果也就代表了每个分子的行为。实际上几乎所有分子生物学实验都是用大量分子在一定时间内完成的,因此从这些实验所得出的结果只代表这一测量时间内大量分子的平均行为。即使由完全相同分子组成的均匀体系,分子本身由于不断运动,不是处于静态而是动态,而测量的参数具有涨落现象;对于非均匀体系,由于不同分子的分布不同,在一定时间内的行为更不相同。由此我们可以看出单分子研究的必要性:①通常牵涉大量分子集合体的观察测量只能够给出一个参数的整体平均值,相反,着眼于单分子水平的测量则完全排除了这种效应。②许多单分子体系的变化过程与时间密切相关,但采用分子集合体时个别分子处于不同的时间阶段,因此对于集合体变化过程的测量,必须要求所有的分子在同一时刻具有完全相同的性质,这在很多情况下是非常困难或者完全不可能的。③采用单分子技术的另一个原因是有可能观察到未知领域中的新效应,例如单分子体系通常表现出的各种波动行为和不确定行为[17]。

单分子研究和传统系统研究之间不仅有区别,也有联系。单分子研究的思路和方向与系统研究是一脉相承的。我们可以把系统研究的很多方向延伸到单分子单细胞水平。事物在宏观尺度上具有声、热、力、光、磁等物理性质,那么在单分子水平上也应该是这样[18]。但发展到单分子水平上,大家做得比较多的却是生物分子的力学特性和光学特性,用原子力拉伸蛋白质,荧光探测等。生物分子的其他方面性质还有很多并没有发展到单分子水平上。

单分子的研究进展主要借助于技术方面的发展。在许多单分子研究的文献里面,大家都是先介绍研究单分子研究的技术,再介绍单分子研究的内容,可见在单分子研究中技术的力量是很强大的。单分子科学的基本技术有扫描探针显微术、单分子谱、光镊技术、近场光学显微镜、有序分子薄膜等。①扫描探针显微术:1982 年,国际商业机器公司苏黎世实验室的 G. K. Binnig 和 H. Rohrer 以及同事们成功地研制了一种新型的表面分析仪器——扫描隧道显微镜,随后又诞生了原子力显微镜、静电力显微镜、扫描离子电导显微镜等一个丰富的扫描探针显微镜体系。它们被广泛地应用于表面上的单分子研究。扫描探针显微镜(scanning probe microscopes,SPM)包括扫描显微镜(STM)、原子力显微镜(AFM)、激光力显微镜(LFM)、磁力显微镜(MFM)等,是一类完全新型的显微镜。它们通过其尖端只有一个原子大小的探针在非常近的距离上探索物体表面的情况,可以分辨出其他显微镜所无法分辨的极小尺度上的表面细节与特征。由于采用了扫描探针技术,这种显微镜克服了光学显微镜所受的分辨率限制,能够以空前的高分辨率探测原子与分子的形状,确定物体的电、磁与机械特性,甚至能确定温度变化的情况。这种显微镜在物理学、化学、生物学微电子学与材料科学等领域获得了极为广泛的应用。人们逐渐认识到,这类显微镜的问世不仅仅是显微技术的长足发展,而且标志着一个科技新纪元——纳米科技时代的开始。②单分子谱:单分子谱的研究内容包括扫描隧道谱、力学谱和荧光光谱,还有一些从常规方法得到的单分子谱。与提供大量分子平均信息的宏观谱学方法不同,单分子谱基于单个分子或原子的光学、电子学、力学和机械学性能,给出不同个体的特征谱学信息。例如,荧光谱技术提供了一种"远距离操作"的方法。它在不丧失优越的空间分辨率的情况下对样品扰动很小。单分子的光学探测可由频率调制的吸收光谱和激光诱导荧光检测,因其背景低、信噪比高,激光诱导荧光成为单分子检测最常用的方法。另外由于在非常稀的溶液中透射的变化是微乎其微的，探测单个分子的吸收光谱非常困难，而探测单个分子的荧光光谱则较为容易，这也是为什么近年来的单分子探测大多使用荧光探测的方法。1976 年，Hirschfeld 第一次尝试探测液体中单个分子的荧光。1983 年，人们才真正开始单分子荧光的检测。1989 年，Moerner 成功地在低温下首次观察到分子晶体中掺杂的单个分子的荧光。在理想情况下，一个分子大约能辐射出 $10^5 \sim 10^6$ 个荧光光子，这一数目不仅足以探测到单个分子，而且足以进行光谱辨认和实时监测。拉曼光谱(Raman spectroscopy)是另一种常用的单分子研究光谱。当用频率为 ν_0 的光照射样品时，除部分光被吸收外，大部分光沿入射方向透过样品，一小部分被散射掉。这部分散射光有两种情况：一种是光子与样品发生弹性碰撞，二者没有能量交换，这种散射为瑞利散射，此时入射光的频率与散射光的频率相同；另一种是光子与样品发生非弹性碰撞，即碰撞时有能量交换，这种散射称为拉曼散射。Fleishmann 等人在 1974 年首次发现了表面增强拉曼散射，他发现吸附在粗糙银电极上的吡啶分子的拉曼光谱具有增强效应。经历近 30 年的发展，人们发现当一些分子被吸附在某些特殊处理过金属表面，如金、银、铜的表面时，它们的拉曼信号强度会增加 $10^4 \sim 10^7$ 倍。表面增强拉曼散射具有很高的灵敏度，能检测吸附在金属表面的单分子层和亚单分子层的分子，同时又能给出表面分子的结构信息，因此被认为是一种很好的表面光谱技术。③光镊技术：光镊或光钳(optical tweezers or laser tweezers)，是根据光与物质相互作用的辐射压力(光压)的原理，由单束高度会聚的不均匀光场构成的三维光学梯度力。光同时具有热效应和辐射效应。对普通的光而言，由热效应所产生的压力比由单纯动量交换产生的辐射压力大几个数量级，因此很难获得足够的辐射压力。而在激光中，光的辐射压力得到了充分体现。激光镊子是利用激光与物质间进行动量传递时的力学效应形成三维光学梯度力的特点，包括非接触、作用力均匀，不会造成对象机械损伤和污染。光镊犹如一个陷阱，具有“引力”效应。同时光镊产生的 pN(10^{-12}N)量级的力，正好适合生物细胞、亚细胞层次的研究。光镊具有微米量级的精确定位和个体选择特性，可以对单体活细胞进行活体操作并进行时实动态检测而不影响其活性。④近场光学显微镜(near-field scanning optical microscopy，NSOM)：普通光学显微镜的分辨率由于受衍射极限的限制，理论的最高分辨率被限制在所用波长的一半。在可见光范围内(400～700nm)，这一数值对应的分辨率约为 200nm。然而因衍射极限而引起的对分辨率的限制不是本性的。如果将尺寸小于光波波长的探头置于探头和样品间距小于波长的范围内，即处于近场条件下，用扫描的实施方式逐点采集来自样品的信息，则可以获得优于衍射极限的分辨率。到 20 世纪 80 年代中期出现了第一台扫描近场光学显微镜。目前近场光学显微镜所报道的分辨率已达到所用光波波长的 1/40～1/20。近场光学显微镜研究的一个核心问题是如何将探针的高度控制在近场范围内，一般利用隐失波随 Z 方向指数衰减的特征来达到这个目的。当探针与样品的间距小于 200nm 时，随间距的增加探测到的光子信号迅速衰减，因此可以将探针设定在小于波长的范围内。在近场条件下的单分子光谱学研究是最吸引人、最有发展前途的领域之一。⑤有序分子薄膜：例如，LB 膜技术、自组装膜技术等。LB(Langmuir-Blodgett) 膜技术是液体亚相表面的单层膜经某种有序化方式，在一定尺度上有序化后，连续转移到固体表面形成超薄的有序体系。对狭义 LB 膜来说，超薄膜是亚相表面的两亲分子的单分子层有序化后沉积到固体表面形成的固态膜。成膜分子具有两亲性，分子的一端亲水，另一端疏水。LB 膜的优点在于：膜厚易于控制；膜层缺陷少，可获得优质均匀的超薄膜；制备过程简单，重复性好；制备条件易实现，可在常温、常压下获得高度有序排列的超薄膜。自组装膜(self-assembled monolayer，

SAM)技术是通过固液界面间的化学吸附，在基体上形成化学键连接的、取向排列的、紧密的二维有序单分子层，是纳米级的超薄膜。活性分子的头基与基体之间的化学反应使活性分子占据基体表面上每个可以键接的位置，并通过分子间力使吸附分子紧密排列。由于需通过化学反应形成化学键，因此成膜具有选择性，一定的活性分子只能在与之相应的基体上成膜。自组装膜由于具有制备简单、性能稳定、厚度小、与基体结合性能好等特点，得到了人们的重视。分子自组装的特征与优点在于可在任意形状的表面成膜、被破坏的膜可原位生成、通过控制分子组分，分子自组装单层膜的性质可随柔性发生变化、少量的成膜材料即可使大面积表面包裹一层有序分子膜，以及有较高的堆积密度和较低的缺陷浓度等。这类超薄膜在非线性光学、材料科学、生物学、光化学等领域也都有重要价值。

单分子研究目前已经取得了巨大成就，其中之一就是对 ATP 酶动力蛋白作用机制的观察。F1 ATP 酶是一个转动蛋白，它由 γ 亚基及 α，β 亚基组成，其中 γ 亚单位是一个马达，能发动亚毫秒级的步进式转动，而且呈现 1/3 对称，即三次转后回到原位置，因此认为每转一步是 120 度。在暗视野里激光照明的条件下，把一个荧光分子或金颗粒标记 γ 亚单位上，用超快速照相机摄影，可以记录下来每隔 120 度的跳跃。在低浓度的 ATP 条件下，可观察到 120 度转动又由 90 度加 30 度两步组成。另外一些单分子研究的成就还有：用光阱拉住一段 DNA 分子两端的力学实验，可观察到 DNA 分子受扭转和拉伸时它的承受力状况，力小时，DNA 分子的行为就像一个弹簧，用力大一点，螺旋会有一点解旋；采用低浓度的病毒，CY5 和通常的荧光显微镜及 CCD 照相机，研究人员观察到了单个病毒颗粒进入细胞膜及核的过程；运用近场光学显微镜观察细胞膜上 G 蛋白 α 亚单位与 βγ 亚单位的解离及结合，细胞内 Ras 及 Rap1 蛋白的结合等。这些研究充分体现了单分子研究的优点，即能够排除系综效应，得到单个分子运动的形态学和动力学信息。

目前单分子研究的热点之一是对分子马达的探索[19,20]。所谓分子马达，是对一大类广泛存在于细胞内部，能够把化学能直接转换为机械能的酶蛋白大分子的总称。从运动形式上来分，分子马达包括线性推进式和旋转式两大类。其中线性推进式分子马达是把化学能直接转化为机械能，从而使得马达分子自身能够沿着一条线性轨道做定向移动。这种分子马达可以像人一样沿着轨道“大步行走”——它的两个头部交替与轨道结合，沿着轨道步行，其步幅大概是 8nm。在其步行过程中通过发生一定的构象变化，把 ATP(三磷酸腺苷)化学能转变为机械能，从而促使蛋白分子自身的线性移动。旋转式的分子马达也是通过水解 ATP 把化学能直接转化为机械能，不过它们的结构与它们的马达名称更加贴切，因为它们像马达一样，由一个定子与一个转子组成，依靠定子和转子之间的旋转运动来完成工作任务。对人工分子马达的研究有望在分子尺度上实现各种可控的智能纳米机器，从而实现纳米世界的工业革命[21]。

生物单分子研究发展到今天，仍是一门方兴未艾的科学，仍然有很大的发展空间。在技术方面仍需要不断地改进，在研究方向方面也需要不断的扩展。

(五) 质谱技术的发展

质谱(mass spectrometry)是带电原子、分子或分子碎片按质荷比(或质量)的大小顺序排列的图谱。质谱仪是一类能使物质粒子电离化成离子并通过适当的电场、磁场将它们按空间位置、时间先后或者轨道稳定与否实现质荷比分离，并检测强度后进行物质分析的仪器。质谱仪主要由分析系统、电学系统和真空系统组成。用于分析的样品分子(或原子)在离子源中离化成具有不同质量的单电荷分子离子和碎片离子，这些单电荷离子在加速电场中获得动能并形成一束离子，进入由电场和磁场组成的分析器，离子束中速度较慢的离子通过电场后偏转大，速度快的偏转小；在磁场中离子发生角速度矢量相反的偏转，即速度慢的离子依然偏转大，速度快的偏转小；当两个场的偏转作用彼此补偿时，它们的轨道便相交于一点。与此同时，在磁场中还能发生质量的分离，这样就使具有同一质荷比而速度不同的离子聚焦在同一点上，不同质荷比的离子聚焦在不同的点上，其焦面接近于平面，在此处用检测系统进行检测即可得到不同质荷比的谱线，即质谱。通过质谱分析，我们可以获得分析样品的分子量、分子式、分子中同位素构成和分子结构等多方面的信息[22]。质谱的历史要追溯到20世纪初J. J. Thomson创制的抛物线质谱装置，1919年Aston制成了第一台速度聚焦型质谱仪，成为了质谱发展史上的里程碑。最初的质谱仪主要用来测定元素或同位素的原子量，随着离子光学理论的发展，质谱仪不断改进，其应用范围也在不断扩大，到20世纪50年代后期已广泛地应用于无机化合物和有机化合物的测定。现今，质谱分析的足迹已遍布各个学科的技术领域，在固体物理、冶金、电子、航天、原子能、地球和宇宙化学、生物化学及生命科学等领域均有着广阔的应用。质谱技术在生命科学领域的应用，更为质谱的发展注入了新的活力，形成了独特的生物质谱技术。

电喷雾质谱技术和基质辅助激光解吸附质谱技术是诞生于20世纪80年代末期的两项电离技术。这两项技术的出现使传统的主要用于小分子物质研究的质谱技术发生了革命性的变革。它们具有高灵敏度和高质量检测范围，使得在pmol(10^{-12})甚至fmol(10^{-15})的水平上准确地分析分子量高达几万到几十万的生物大分子成为可能，从而使质谱技术真正走入了生命科学的研究领域，并得到迅速的发展[23]。与蛋白质组学有密切关系的质谱技术主要有以下几项：

(1) 电喷雾质谱技术(electro-spray ionization mass spectrometry, ESI-MS)是在毛细管的出口处施加一高电压，所产生的高电场使从毛细管流出的液体雾化成细小的带电液滴，随着溶剂蒸发，液滴表面的电荷强度逐渐增大，最后液滴崩解为大量带一个或多个电荷的离子，致使分析物以单电荷或多电荷离子的形式进入气相。电喷雾离子化的特点是产生高电荷离子而不是碎片离子，使质量电荷比(m/z)降低到多数质量分析仪器都可以检测的范围，因而大大扩展了分子量的分析范围，离子的真实分子质量也可以根据质荷比及电行数算出。电喷雾质谱的优势就是它可以方便地与多种分离技术联合使用，如液一质联用(LC-MS)是将液相色谱与质谱联合而达到检测大分子物质的目的。

(2) 基质辅助激光解吸附质谱技术(matrix assisted laser desorption /ionization, MALDI)的基本原理是将分析物分散在基质分子中并形成晶体，当用激光照射晶体时，由于基质分子经辐射所吸收的能量，导致能量蓄积并迅速产热，从而使基质晶体升华，致使基质和分析物膨胀并进入气相。MALDI所产生的质谱图多为单电荷离子，因而质谱图中的离子与多肽和蛋白质的质量有一一对应关系。MALDI产生的离子常用飞行时间(time-of-flight, TOF)检测器来检测，理论上讲，只要飞行管的长度足够，TOF检测器可检测分子的质量数是没有上限的，因此MALDI-TOF质谱很适合对蛋白质、多肽、核酸和多糖等生物大分子的研究[24]。

(3) 快原子轰击质谱技术(fast atom bombardment mass spectrometry, FABMS)是一种软电离技术，是用快速惰性原子射击存在于底物中的样品，使样品离子溅出进入分析器，这种软电离技术适于极性强、热不稳定的化合物的分析，特别适用于多肽和蛋白质等的分析研究。这种技术能提供有关离子的精确质量，从而可以确定样品的元素组成和分子式。而FABMS-MS串联技术的应用可以提供样品较为具体的分子结构信息，从而使其在生物医学分析中迅速发展起来。

(4) 同位素质谱(isotope mass spectrometry, IMS)是一种开发和应用比较早的技术，被广泛地应用于各个领域，但它在医学领域的应用只是近几年的事情。由于某些病原菌具有分解特定化合物的能力，该化合物又易于被同位素标记，人们就想到用同位素质谱的方法检测其代谢物中同位素的含量以达到检测该病原菌的目的，同时也为同位素质谱在医学领域的应用开辟了一条思路。

质谱在蛋白质的研究中主要用于测定其分子量和成分鉴定。蛋白质分子量的测定在蛋白质组学的研究中有着十分重要的意义，常常既要测定蛋白质的总体分子量，又要测定亚基和寡聚体的分子量及水解、酶解碎片的分子量。常规的分子量测定主要有渗透压法、光散射法、超速离心法、凝胶层析及聚丙烯酸胺凝胶电泳等。这些方法存在样品消耗量大，精确度低，易受蛋白质的形状影响等缺点。而MALDI-MS技术以其极高的灵敏度、精确度很快在蛋白质组学领域得到了广泛的应用，特别是在蛋白质分子量测定中的应用。MALDI-MS不仅可以测定各种亲水性、疏水性及糖蛋白等的分子量，还可直接用来测定蛋白质混合物的分子量，也能被用来测定经酶降解后的混合物，以确定多肽的氨基酸序列。这是蛋白质分析领域的一项重大突破。

质谱技术在蛋白质组学中最有价值的是用来鉴定电泳后凝胶上的蛋白质。质谱技术已取代了生物化学中经典的Edman降解技术，这是由于质谱技术能进行高通量的分析，能分析蛋白质混合物，而且非常灵敏。肽指纹图谱(peptide mass fingerprinting, PMF)方法最初由Henzel及其同事提出，很快就成为高通量蛋白质鉴定的最常用方法。分析时用MALDI-TOF-MS测定凝胶内酶切后多肽混合物的质量，获得肽质量指纹图谱。蛋白质酶切后生成的多肽混合物，可以在蛋白质序列数据库内进行理论预测，并对质谱实测多肽混合物与理论预测的数据进行比较，质谱实测到足够肽段的质量与数据库中一个蛋白质理论预测肽段质量匹配，蛋白质即可明确鉴定[25]。人们采用肽指纹图谱的方法已对酵母、大肠埃希菌、人心肌等多种蛋白质组进行了研究。对大肠埃希菌经PVDF膜转印的蛋白质的研究表明，三个肽段即可达到对蛋白质的正确识别。而采用原位酶解的方法对酵母蛋白质组研究的结果显示，约90%的蛋白质可被识别，其中三十多种新蛋白质被发现，而这些蛋白质是酵母基因组研究中未能识别的开放读码框。研究显示，肽指纹图谱的方法比氨基酸成分分析更为可靠，这是因为MALDI测定肽质量的准确度为99.9%，而氨基酸成分分析的准确度仅为90%。另外MALDI可以耐受少量杂质的存在，对于纯度不是很高的样品也能得到理想的结果。

现代质谱技术自诞生以来在多肽及蛋白质的研究中获得了极大的成功，近期人们开始偿试将质谱技术应用于对核酸的研究中。近年来合成寡核苷酸及其类似物作为反义治疗剂在病毒感染和一些癌症的治疗方面有着良好的前景，寡核苷酸作为药物其结构特征必须进行确定。常规的色谱或电泳技术只能对其浓度和纯度进行分析，而对其碱基组成、序列等结构信息却无能为力。ESI和MALDI质谱技术的出现为寡核苷酸及其类似物的结构和序列分析提供了强有力的方法。将被测寡核苷酸样品先用外切酶从3′或5′端进行部分降解，在不同时间内分别取样进行质谱分析，获得寡核苷酸部分降解的分子离子峰信号，通过对相邻两个碎片分子质量进行比较，可以计算出被切割的核苷酸单体分子质量，将其与四个脱氧苷酸的标准分子量进行对照，就可以读出寡核苷酸的序列。由于DNA的化学结构存在着不同于蛋白质的结构特征，使得DNA样品存在某些特殊性，一是其结构中存在着磷酸基因，有形成钠磷化合离子的趋势；二是在激光解吸离子化过程中它的结构不如蛋白质稳定，易形成碎片，这导致峰宽和分子离子的强度变弱，从而使得分辨率下降。1995年M. L. Vestal等把离子延迟引出(ion delayed extraction)技术应用于MALDI-MS中，不但提高了MALDI-MS的分辨率，而且也开创了质谱应用于DNA研究领域的新局面[26]。

除了应用于蛋白质和核酸研究以外，质谱还以其灵敏度和高分辨率在临床医学检测中得到了广泛的应用，如对药物代谢产物的动态分析，癌细胞蛋白质的鉴定，同位素标记物的检测等。其中用同位素^{14}C标记的^{14}C-尿素呼吸试验和^{15}N标记的^{15}N-排泄试验已成为临床检测胃幽门螺杆菌的有效手段。

随着科学技术的进步，质谱也得到了快速的发展，特别是在生命科学领域，质谱已成为蛋白质组学研究非常重要的工具，质谱技术的广泛应用将使人类对生命的本质，以及生命发生发展过程的认识达到一个新的高度。

（六）多维液相色谱技术的发展

研究蛋白质组学的技术路线有两条，一条路线是以双向电泳加生物质谱的方法鉴定生物体系中各种蛋白是否表达以及表达程度的相对变化，另一条路线就是多维色谱与生物质谱相结合，称之为鸟枪法的技术路线。多维液相色谱(multi-dimensional liquid chromatography，MDLC)利用交叉分离原理，为生物样品中复杂的蛋白质组分的分离提供了极大的便利。由于液相操作，因此MDLC易于自动化，并且具备高度重复性。另外，对于利用传统分离技术难于分析的具有疏水性、酸性、碱性、非常小、非常大以及低丰度等特点的蛋白质而言，MDLC也具备很好的分离性能。

液相色谱法顾名思义就是用液体作为流动相的色谱法。1903年俄国植物学家M. Tswett首先将液相色谱法用于分离叶绿素。液相色谱法的分离机理是基于混合物中各组分对两相亲和力的差别。根据固定相的不同，液相色谱分为液固色谱、液液色谱和键合相色谱。其中应用最广的是以硅胶为填料的液固色谱和以微硅胶为基质的键合相色谱。根据固定相的形式，液相色谱法可以分为柱色谱法、纸色谱法以及薄层色谱法。按吸附力可分为吸附色谱、分配色谱、离子交换色谱和凝胶渗透色谱。近年来，在液相柱色谱系统中采用高压液流系统，使流动相在高压下快速流动以提高分离效果，这种方法称为高压(或高效)液相色谱法[27]。

(1) 液固吸附色谱法：高压液相色谱中的一种，是基于物质吸附作用的不同而实现分离。其固定相是一些具有吸附活性的物质如硅胶、氧化铝、分子筛、聚酰胺等。

(2) 液液分配色谱法：基于被测物质在固定相和流动相之间的相对溶解度的差异，通过溶质在两相之间进行分配以实现分离。根据固定相与流动相的极性不同，分为正相色谱和反相色谱。前者是用硅胶或极性键合相为固定相，非极性溶剂为流动相；后者是硅胶为基质的烷基键合相为固定相，极性溶剂为流动相，适用于非极性化合物的分离。

(3) 离子交换色谱法：基于离子交换树脂上可电离的离子与流动相中具有相同电荷的溶质离子进行可逆交换，依据这些离子对离子交换基具有不同的亲和力而实现分离。薄壳型离子交换树脂柱效高，主要用来分离简单的混合物；多孔性树脂进样容量大，主要用来分离复杂混合物。

(4) 凝胶渗透色谱法:又称为尺寸排阻色谱法。以溶剂为流动相,多孔填料(如多孔硅胶、多孔玻璃)或多孔交联高分子凝胶为分离介质的液相色谱法。当混合物进入凝胶色谱柱后,在流经多孔凝胶时,体积比多孔凝胶孔隙大的分子不能渗透到凝胶孔隙里去,从而从凝胶颗粒间隙中流过,较早地被冲洗出柱外,而小分子可渗透到凝胶孔隙里面去,较晚地被冲洗出来,混合物经过凝胶色谱柱后就按其分子的大小顺序先后由柱中流出,这样就达到了分离的目的。凝胶渗透色谱法为测定高聚物的分子量或分子量分布提供了一个有效的方法,此外还可用来分离多聚物、单体和聚合物添加剂等。

高效液相色谱仪由输出泵、进样装置、色谱柱、梯度冲洗装置、检测器及数据处理和微机控制单元组成。输出泵的功能是将冲洗剂在高压下连续不断地送入柱系统,使混合物试样在色谱中完成分离过程。常用的进样方式有 3 种:注射器隔膜进样、阀进样和自动进样器进样。色谱柱的功能是将混合物中各组分分离。梯度冲洗又称溶剂程序,通过连续改变冲洗剂的组成,改善复杂样品的分离度,缩短分析周期和改善峰形,其功能类似于气相色谱中的程序升温。检测器的功能是将从色谱柱中流出的已经分离的组分显示出来或转换为相应的电信号,主要有紫外吸收检测器、荧光检测器、电化学检测器和折光示差检测器,其中以紫外吸收检测器使用最为广泛。现代化的仪器都配有计算机,以实现自动控制、处理数据、绘图和打印分析报告等[28]。

现代色谱法已成为对复杂体系组分的分离和分析的强有力工具。对于复杂样品的分离,一种分离模式往往不能提供足够的分辨率,组合不同的分离模式构建多维系统是解决这一问题的有效途径。自 1984 年 J. C. Giddings 提出多维分离的概念以来,随着色谱方法的完善、控制及微加工技术的发展,多维分离技术得到较快的发展,并已在生命科学、环境科学等诸多领域得到应用。全二维气相色谱是最先商品化的多维分离技术,在石油样品的分离、天然药物中有效成分的研究等方面已表现出明显的优势[29]。与其他色谱分离技术相比,多维液相色谱的高分辨率及快速自动化等特点使其具有更广阔的应用前景,已成为复杂样品研究的重要工具。多维液相色谱实现的关键技术在于样品在两种分离模式之间的转换,接口与控制技术是束缚该项技术应用的瓶颈。目前,人们已发展了多种柱间切换模式。我们首先从二维液相色谱说起。

二维液相色谱(2D—LC)是将分离机制不同而又相互独立的两支色谱柱串联起来构成的分离系统。样品经过第一维的色谱柱进入接口中,通过浓缩、捕集或切割后被切换进入第二维色谱柱及检测器中。二维液相色谱通常采用两种不同的分离机制分析样品,即利用样品的不同特性把复杂混合物(如肽)分成单一组分,这些特性包括分子尺寸、等电点、亲水性、电荷、特殊分子间作用等,在一维分离系统中不能完全分离的组分,可以在二维系统中得到更好的分离,分离能力、分辨率会得到极大的提高。完全正交的二维液相色谱,峰容量是两种一维分离模式单独运行时峰容量的乘积。假如两种分离系统都有 100 的峰容量,那么良好的二维系统理论上可产生 10 000 的峰容量。

二维液相色谱大多使用两支或多支色谱柱,并通过柱结合技术实现样品的柱间切换。柱切换通常可分为部分和整体切换两种模式。按切割组分是否直接进入二维中,二维分离又可分为离线和在线两种方式。早期的中心切割技术,大都先在容器中收集一维洗脱产物,再进样到第二维中。随着现代仪器的发展和适应自动化分离的需要,目前二维色谱大多采用在线方式,使一维洗脱产物(部分或全部)直接进入到第二维柱系统中进行分离分析。其中部分模式采用中心切割技术，只使第一维分离的部分感兴趣的组分进入第二维中进一步分析。为了将样品有效地转移到下一维柱系统中，必须先在第一维分离模式中用标准物进行实验，根据得到的分离信息设计切换程序。部分模式不能得到样品所有组分的信息，此外，还有操作繁琐、样品易损失与污染及可能降低分辨率等缺点。另外一种整体模式即全多维液相色谱模式，其中样品的每一部分都受到不同模式的分离，所有样品组分以相等的比例转移到二维柱及检测器中，并保持在一维柱中得到的分辨率基本上不变。

基于不同的分离目的，可以采用不同分离机制的柱系统构建多维液相色谱分离系统，离子交换色谱(IEC)、反相色谱(RPLC)、亲和色谱(AC)、尺寸排阻色谱(SEC)和正相色谱(NP)等分离模式皆可以组合用于特殊目的的分离。对于两种分离模式的组合，不仅应考虑分离选择性、分辨率、峰容量、柱容量及分析速度等因素，对于生物样品的分离、样品回收率和活性等因素也需要考虑。在实际多维分离系统的构建过程中，必须综合考虑不同因素的影响，选择合理的分离模式和柱系统。将一维分离的样品组分有效地转移到第二维柱系统中的过程在切换接口中完成，可根据需要使用不同的接口形式。使用捕集柱捕集一维洗脱产物、使用样品环储存一维洗脱产物、使用平行柱交替分析样品是几种常用的接口切换技术。此外，分流及溶剂置换也是接口与切换系统设计中通常需要考虑的问题。针对不同的色谱柱系统，需选择合适的切换接口形式。为了达到更好的切换与分离效果，不同的切换技术也可以组合使用。不管采用哪种切换接口形式，都要使两种分离模式相匹配，要精确控制第二维的进样量。在组合不同色谱模式构建二维液相系统时，必须考虑溶剂的匹配问题。溶剂置换技术可以使二维系统中两种分离模式的流动相体系相匹配。

多维液相色谱的应用领域越来越多，尤其在生命科学如蛋白质组学的研究中。Regnier等认为，由于细胞组成的复杂性，针对全部蛋白质的分离，采用一维电泳或液相色谱的分离模式不可能达到理想的分离效果。而二维聚丙烯酰胺凝胶电泳(2D-PAGE)利用蛋白质等电点和分子尺寸的差异进行正交分离，分辨率高，重现性好，尤其是与质谱技术的联用是蛋白质组研究的重要工具[30]。2D-PAGE在蛋白质组研究中也有其局限性，如有限的动态范围、存在歧视效应、操作繁琐，不易实现自动化等。而多维液相色谱克服了二维凝胶电泳的缺陷，避开了相对分子质量和等电点的限制，通过不同分离模式的偶联，消除了存在于2D-PAGE的歧视效应，可以实现对样品分子尺寸差异较大的蛋白质、低丰度的蛋白质以及疏水性蛋白质的分析。同时易与质谱连接，具有灵敏度高、分析速度快和自动化程度高等优点。因此，多维液相色谱作为2D-PAGE技术的一个重要补充，在蛋白质组研究中发挥着重要的作用。多维液相色谱采用柱结合模式，柱间切换接口的设计对样品的分离效果及整个系统的性能都有很大影响，因此设计和优化切换模式是多维液相色谱研究的重点。不同分离模式之间的匹配组合、与质谱的联用和自动化分析等也是二维液相色谱研究的重要内容和方向。随着色谱联用技术的不断发展完善，多维液相色谱在蛋白质组研究、制药及临床等领域必将起到更大的作用[31]。

执笔：刘新奇

讨论与审核：刘新奇

资料提供：刘新奇

参 考 文 献

1. 廉德君,许根俊. 蛋白质结构与功能中的结构域. 生物化学与生物物理进展,1997,24(6):482～486
2. 卢光莹,华子千. 生物大分子晶体学基础. 第2版. 北京:北京大学出版社,2006
3. 丘利,胡玉和. X射线衍射技术及设备. 北京:冶金工业出版社,1998
4. 曾昭权. 同步辐射光源及其应用研究综述. 云南大学学报(自然科学版),2008,30(5):477～483
5. 金玉明,刘祖平,田宝瑛等. 第三代同步辐射光源HELS的设计研究. 原子能科学技术,1999,33(1):43～49
6. 张守林,马宏佳,陶亚奇. "看清"蛋白质——2002年诺贝尔化学奖简介. 化学教育,2003,1:4～5
7. 夏佑林. 生物大分子多维核磁共振. 合肥:中国科学技术大学出版社,1999
8. 王江干. 核磁共振技术的发展及其在化学中的应用. 韶关学院学报(自然科学版),2001,(6):64～66
9. 张丽君. 核磁共振技术的进展. 河北师范大学学报(自然科学版),2000,(2):225
10. 刘东升,王金凤. 结构基因组学研究与核磁共振. 生物化学与生物物理进展,2001,28(6),827～831
11. Goto NK, Kay LE. New developments in isotope labeling strategies for protein solution NMR spectroscopy. Curr. Opin. Struct. Biol, 2000, 10(5): 585～592
12. 姚骏恩. 电子显微镜的最近进展. 电子显微学报,1982,1(1):1～9
13. 郭可信. 晶体电子显微学与诺贝尔奖. 电子显微学报,1983,2(2):1～5
14. 王静,何世颖,徐丽娜等. 细菌表面镀镍的透射电子显微镜与原子力显微镜表征. 科学通报,2007,52(15):1748～1752
15. 朱弋,阮兴云,徐志荣等. 扫描探针电子显微镜综述. 医疗设备信息,2005,20(11):33～34
16. 杨勇骥. 实用生物医学电子显微镜技术. 上海:第二军医大学出版社, 2003
17. 陈宜张,林其谁. 生命科学中的单分子行为及细胞内实时检测. 北京:科学出版社, 2005
18. Lagerholm BC, Averett L, Weinreb GE, et al. Analysis Method for Measuring Submicroscopic Distances with Blinking Quantum Dots. Biophysical Journal, 2006, 91(8):3050～3060
19. Yildiz A, Forkey JN, McKinney SA, et al. Myosin V walks hand-over-hand: single fluorophore imaging with 1.5nm localization. Science, 2003, 300: 2061～2065
20. De La Cruz EM, Wells AL, Rosenfeld SS, et al. The kinetic mechanism of myosin V. Proc. Natl. Acad. Sci. USA, 1999, 96(24): 13726～13731
21. Forkey JN, Quinlan ME, Shaw MA, et al. Three-dimensional structural dynamics of myosin V by single-molecule fluorescence polarization. Nature. 2003, 422: 399～404
22. 成海平,钱小红. 蛋白质组研究的技术体系及其进展. 生物化学与生物物理进展,2000,27(6):584～588
23. 陈绍农,潘远江,陈耀祖. 多肽及蛋白质质谱分析新进展. 质谱学报,1995,16(3):15～21
24. Hall SC, Smith DM, Masiarz FR, et al. Mass spectrometric and Edman sequencing of lipocortin I isolated by two-dimensional SDS/PAGE of human melanoma lysates. Proc. Natl. Acad. Sci. USA, 1993, 90(5): 1927～1931
25. Clauser KR, Hall SC, Smith DM, et al. Rapid mass spectrometric peptide sequencing and mass mathing for characterization of human melanoma proteins isolated by two-dimensional PAGE. Proc. Natl. Acad. Sci. USA, 1995, 92(11): 5072～5076
26. Shevchenko A, Jensen ON, Podtelejniko AV, et al. Linking genome and proteome by mass spectrometry: Large-scale identification of yeast proteins from two dimensional gels. Proc. Natl. Acad. Sci. USA, 1996, 93(25): 14440～14445
27. 王智聪,张庆合,赵中一等. 二维液相色谱切换技术及其应用. 分析化学,2005,33(5):722～728
28. 谭显东,常志东,梁向峰等. 液-液-液三相萃取研究进展及其在生化分离中的应用. 化工进展,2003,22(3):244～249
29. Issaq HJ, Chan KC, Blonder J, et al. Separation, detection and quantitation of peptides by liquid chromatography and capillary electrochromatography. J. Chromatogr. A, 2009, 1216(10): 1825～1837
30. 金浩,朱家文,周纪宁等. 生物大分子的传质与分离. 离子交换与吸附,2000,16(1):30～40
31. 朱家文,武斌,陈葵. 尿激酶亲和层析分离中吸附和洗脱过程的速率模型模拟. 华东理工大学学报,2003,29(2):109～115

第三节 分学科创新方法的发展趋势

一、物理学在蛋白质组学发展中的作用

20世纪中期,物理学取得了一系列辉煌的成就。在理论方面,出现了相对论、量子力学、基本粒子理论、凝聚态物理、非平衡态热力学、自动控制和复杂性理论等;而在实验技术方面,人们已广泛使用了各种光谱、波谱、衍射、成像、激光、核能和计算机技术等。这些成就很自然地应用于生命科学领域,并在蛋白质组学发展中起到了非常重要的作用。此处重点介绍X射线衍射技术、核磁共振技术和质谱技术在蛋白质组学发展中的作用。

首先是X射线衍射技术的应用。X射线衍射技术能够精确测定原子在晶体中的空间位置，是迄今研究生物大分子结构的主要技术。生物大分子单晶体的X射线衍射技术是20世纪50年代以后,首先从蛋白质的晶体结构研究中发展起来的，并于20世纪70年代形成了一门晶体学的分支学科——蛋白质晶体学。可以毫不夸张地说,蛋白质组学能够得到飞速发展,X射线晶体衍射起到了关键性的作用,是学科发展上的一个里程碑。简单地说,通过X射线对蛋白质晶体中每个原子的散射,形成具有一定强度和位相关系的衍射图样,据此可以推算出每个原子的位置。目前，由X射线衍射技术所测定的蛋白质大致可以分为：氧化还原蛋白、运载蛋白、储存蛋白、激素、抗体、 DNA结合蛋白、糖结合蛋白、肌肉蛋白、毒素膜蛋白等。这些晶体结构的测定不仅揭示了结构与功能的紧密关系,蛋白质的三维结构还为生命物质的进化研究提供了非常有用的信息。利用这项技术，人们已经开始按照主观的愿望来设计和制造原来自然界中并不存在的蛋白质，其中包括治疗各种疾病的有效药物[1]。

X射线衍射技术在蛋白质结构与功能关系的研究中也有它的局限性。首先，这项技术要求待测结构的蛋白质必须长成单晶体。但在千万种蛋白质中能够结晶的仅是少数。很多具有重要生物学意义的蛋白质以及其他重要的生命物质还难以结晶，因而也就无法应用这项技术测定它们的结构。其次，这项技术只能测定蛋白质在晶态时按时间平均的静态构象。它在多大程度上能代表其生活体中的真实状况？这确实是一个非常重要的问题。虽然已有一些事实证明这种结构与蛋白质在生理状态时的结构基本相同。但是蛋白质结构的更多奥妙在于它们的运动形式。它们的功能往往是在构象变化中表现出来的。人们正是注意到了这一点,从20世纪80年代初开始把二维核磁共振技术(2D-NMR)应用于溶液中生物分子结构及其动态行为的研究。核磁共振是利用原子核的自旋,在恒定磁场中产生能级分裂,从而对外来电磁辐射能产生吸收的现象。二维NMR则将NMR谱在两个方向展开,利用两个原子核之间的相互作用在谱中将有所反映(定义点的位置和强度),计算出原子核之间距离的办法来测定分子结构。这一方法的出现解决了许多蛋白质难以获得晶体的困难,而且可以对X射线衍射的结果进行验证而受到重视。虽然它能研究的分子量不能太大(<20kDa),从而受到一定限制,但已经发挥了很大作用,对大部分衍射结果得到了肯定结果,也对少数进行了修正。目前,2D-NMR也在向分子量更大的分子发展特测的方法。最重要的是核磁共振技术是目前唯一能够提供蛋白质在溶液中高分辨结构的方法,它不仅可以在接近生理条件的浓度和离子强度下进行实验,还可以研究蛋白质和核酸分子的动态变化及折叠过程[2]。

测定蛋白质空间结构的工作大体上可以分为以下两个方面:即共振峰的识别和三维空间结构的计算[3,4]。①共振峰的识别:这是 NMR 用来进行结构测定的关键,所用方法基本上遵从 K. Wüthrick 提出的步骤,即在已知蛋白质一级序列的基础上,根据 20 种氨基酸侧链基团化学结构的不同,质子间具有不同的 J 耦合关系,分属于不同的自旋系统,而进行残基自旋系统的识别,也就是将共振峰按氨基酸的种类进行分类。已发展了一系列二维核磁共振波谱实验,可以用来识别质子间的 J 耦合关系,其中最简单的实验称为 COSY 实验。第二种技术是三维核磁共振波谱技术,通过三维核磁共振实验可以把二维核磁共振实验中仍重叠在一起的峰进一步分开。在蛋白质结构研究中有用同核三维核磁共振波谱技术的,也有用同位素标记的蛋白质样品进行异核三维核磁共振实验的。②三维空间结构的计算:首先得到一套蛋白质中质子和质子距离约束的数据,然后用距离几何的方法根据一定的算法得到近似的结构模型,最后通过分子动力学方法进行修正得到蛋白质的三维空间结构。核磁共振波谱方法所测定的结构并不是唯一的结构,而是一组满足各种约束条件的结构。这主要是因为根据质子间距离约束条件计算结构时输入的仅是距离的上限及下限,而不是精确的距离。

总之,二维核磁共振波谱技术作为一种新的技术用于分子生物学领域,具有很强的生命力,今天这个技术本身还在不断发展,它的应用也越来越广。它已经而且必将继续为蛋白质组学的发展作出重要贡献。

1912 年,J. J. Thompson 首先提出了根据分子的质荷比(m/z)对分子进行分离的可能性。他的学生 Aston 在他的工作基础上,于 1919 年设计制成了速度聚焦分离器——第一台质谱仪,将人类研究微观粒子的手段大大向前推进了一步。从此对 MS 应用的开发取得了长足发展,但是对于生物大分子的分析 70 余年来仍难以解决。随着分子生物学研究的深入进行,不断需要新的分析测试手段对生物大分子的结构、功能特征进行鉴定,这种发展趋势促进了 MS 技术的开发。经过科学家们的不断努力,终于在 20 世纪 80 年代末期发明了电喷雾质谱技术(ESI-MS)和基质辅助激光解析质谱技术(MALDI),使传统的主要用于小分子物质研究的质谱技术发生了革命性的变革。20 世纪 90 年代末,MS 已经渗入到生物化学研究领域,用于确定与鉴定生物分子结构,在痕量分析方面也得到广泛应用,特别是通过显性基因(edman)的排序使其备受人们关注。二维凝胶电泳分离和液体分离技术问世之后,MS 技术取得了长足发展,显示出对蛋白质鉴定的适用性。

如今,质谱分析的足迹已遍布各个学科的技术领域。质谱技术在生命科学领域的应用,更为质谱的发展注入了新的活力,形成了独特的生物质谱技术。生物质谱技术具有灵敏度、准确度、自动化程度高的特点,能准确测量肽和蛋白质的相对分子质量、氨基酸序列及翻译后修饰,因此成为连接蛋白质与基因的重要技术,开启了大规模自动化的蛋白质鉴定之门。用于鉴定蛋白质的质谱法主要有三种,即肽质量指纹图谱法、串联质谱法和梯形肽片段测序法[5]。

肽指纹图谱法(peptide mass fingerprinting,PMF)是用特异性的酶解或化学水解的方法将蛋白切成小的片段,然后用质谱检测各产物肽的相对分子质量,将所得到的蛋白酶解肽段质量数在相应数据库中检索,寻找相似肽指纹谱,从而绘制"肽图"。随着蛋白质数据库信息的快速增长和完善,PMF 技术已成为蛋白质组研究中较为常用的鉴定方法。它在蛋白质组学中最接近高通量。

串联质谱法是利用待测分子在电离及飞行过程中产生的亚稳离子,通过分析相邻同组类型峰的质量差，识别相应的氨基酸残基，其中亚稳离子碎裂包括自身碎裂及外界作用诱导碎裂与 PMF 图谱相比，串联质谱的肽序列图要复杂一些。在鉴定蛋白质时，需要将读出的部分氨基酸序列与其前后的离子质量和肽段母质量相结合，这种鉴定方法称为肽序列标签(protein sequence tag，PST)。

梯形肽片段测序法(ladder peptide sequencing)，该法是用化学探针或酶解使蛋白或肽从 N 端或 C 端逐一降解下氨基酸残基，产生包含有仅异于 1 个氨基酸残基质量的系列肽，名为梯状(ladder)，经质谱检测，由相邻肽峰的质量差而得知相应氨基酸残基。但由于酶解速度不一，易受干扰，故效果不甚理想。

目前，酶解、液相色谱分离、串联质谱及计算机算法的联合应用已成为鉴定蛋白质的发展趋势。虽然生物质谱技术已经在蛋白质组研究中获得了很大的成功，但也要清醒地看到，当前生物质谱技术在对低丰度蛋白质的检出能力，以及质谱数据的软件分析与综合上仍存在不足。生物质谱技术在蛋白质组学中的应用仍需要蛋白质化学修饰及同位素标记技术的发展。精度更高的质谱技术有望很快在蛋白质组研究中得到广泛应用。随着质谱技术的不断改进和完善，质谱的应用范围必将扩展到生命科学研究的其他领域，特别是质谱在蛋白质、医学检测、药物成分分析及核酸等领域的应用，不仅为生命科学研究提供了新方法，同时也促进了质谱技术的发展。

二、计算机科学在蛋白质组学发展中的作用

21 世纪是生命科学的时代，也是信息时代。随着人类基因组计划的各项任务接近完成，有关核酸、蛋白质的序列和结构数据呈指数增长。面对巨大而复杂的数据，运用计算机管理数据、控制误差、加速分析过程势在必行，从而使生物信息学成为当今生命科学和自然科学的重大前沿领域之一，也是 21 世纪自然科学的核心领域之一。

近年来，计算机和互联网的发展更是为全球范围内的信息交流、资源共享和国际合作提供了硬件基础和便利，大大地推动了生物信息学的发展。用生物信息技术处理人类基因组计划产生的大量生物数据、原始 DNA 和蛋白质序列信息，彻底变革了基因克隆及其相关蛋白质功能研究的方法。

蛋白质组生物信息学的研究内容主要包括大量蛋白质组学实验信息的产生，对这些数据的处理，以及结果的分析和发布等。一些主要的数据库有 SWISS-PROT、TrEMBL、PIR、PDR 等，另外还有一些二维胶的数据库和蛋白质相互作用的数据库等。这些数据库的建立是信息生物学研究的重要成果和进一步发展的基础。库中的数据来源于众多的研究机构、基因测序小组和诸多科学文献，因而具有极高的参考价值。这些数据库均借助于 CD-ROM 发布，可以通过因特网完全免费查询，为广大生物科技工作者提供了方便、快捷、高效的分析工具[6]。

蛋白质组研究的整个过程实际上都与生物信息学密切相关，无论是双向电泳图谱的分析，还是质谱数据的解析，尤其是最终蛋白质组数据库的建立，实验室间的相互比较，都依赖于生物信息学的建立和发展。目前，人们已经广泛应用生物信息技术进行氨基酸组成预测、推导蛋白理化性质分析、蛋白二级结构预测和空间构象模拟。具体来说[7]：

(1) 氨基酸组成预测：预测蛋白质的结构是生物信息学的基本任务，对揭示生物大分子的功能具有重要意义，也是进行药物设计的基础。PCGENE，GCG 软件包中，可依次进行序列组成、初级结构、二级结构分析，以及核酸或蛋白的同源比较等工作。

(2) 推导蛋白理化性质分析：蛋白质的理化性质主要指蛋白质的分子量、氨基酸残基含量、等电点、平均疏水性、平均电荷、酶切位点和功能域等。这些理化属性的集合在信息生物学上被称之为“查询向量”，可将其与目标数据库(SWISS-PROT 和 PIR)中的每个序列预先计算好的向量进行比较，以确定不同蛋白质之间的相似程度，通常同一家族的新序列之间的相似性程度越高，则其越可能具有相似的功能。Geneva 大学的蛋白质专家系统 ExPASy 为我们提供了许多这方面分析的工具，它们既能分析和确认由双向电泳分离得到的未知蛋白，又能预测已知蛋白的基本理化性质，还有益于蛋白质的色谱和沉降分析。其中，蛋白质序列系统分析(statistical analysis of protein sequences，SAPS)可以提供查询序列理化方面的综合信息。把一个蛋白序列通过 Web 界面提交给 SAPS 后，服务器会返回一大堆仅通过序列本身即可分析出来的该蛋白的理化性质信息。输出结果最先是氨基酸的组成分析；随后是电荷分布分析，包括正、负电荷聚集区的位置、高度带电和不带电区段以及电荷的传播模式等；最后是高疏水性和跨膜区段、重复结构和多重态及周期性分析。

(3) 蛋白二级结构预测：蛋白质二级结构的基本类型包括螺旋、折叠、转角和无规卷曲，弄清其折叠类型对合理设计生化实验和蛋白质功能研究都十分重要。分析新发现蛋白质的第一步是用 BLASIP 或其他工具在公共数据库中进行相似性搜索。结果可能找不到一个与目标蛋白氨基酸序列相匹配的蛋白质，即使能得到一个统计显著的相符蛋白质，也很可能在序列记录中没有关于其二级结构的任何信息。然而，神经网络技术在二级结构预测的这种分析模式中可大显身手。神经网络会加工这些信息，以寻找氨基酸序列与特定的训练序列中所能形成的结构间的微弱联系。在这些方法中，CNRS 进行蛋白质二级结构预测的方法很独特，它不是用一种，而是用 5 种方法(GOR 法、Levin 同源预测法、双重预测法、PHD 法和 SOPMA 法)进行预测，并将结果汇集整理成一个“一致预测结果”。常用的还有 Predict Protein、SSPRED、SOPMA 等方法，这几种方法在预测二级结构方面做得都较好，但都不完美。针对不同的蛋白质序列，无足够信息判断哪种方法最好，因此，建议最好把序列同时提交给多个服务器，将结果汇集整理，通过人为的比较来判断哪些预测结果成立或不成立，唯有如此，才能增强这些预测结果的可信度。

(4) 特殊结构特征预测：蛋白质特殊结构主要指卷曲螺旋、跨膜区域、信号肽和非球形区域等。由于特殊结构特征的折叠规律尚不十分清楚，因而，这类结构的预测方法较少，主要有卷曲螺旋(COILS)、跨膜区域(TMpred、TMAP)、信号肽(SignalP)等方法。若查询序列在已知结构数据库中能找到相似蛋白，则预测准确度可能很高。鉴于上述特殊结构特征的准确预测对理解蛋白质的生理功能至关重要，必须强调要利用多种方法进行预测这一惯用策略，然后再用手工审查其结果。

(5) 蛋白三级结构模拟：三级结构模拟，又称蛋白质的空间构象预测，是基于氨基酸序列数据的预测方法中最复杂和技术上最困难的。因为一级结构序列决定空间三维构象，那么多个序列就可能折叠成同一构象。蛋白质的生物功能活性取决于特定的三维构象，兼之蛋白质骨架基序(motif)数量有限，故而仅从传统的基于序列比对的方法去寻找蛋白之间的相似性就显得有失全面。一级序列与三维结构关系的根源在于“蛋白质的折叠问题”。常用方法有同源建模(homology-based modeling)、构象搜索(threading)和从头预测(abinitio prediction method)。其中从头预测法最准确，但计算量巨大；构象搜索法需建专用数据库，不利于推广；同源建模法是迄今最成熟、较可靠、最有生命力的结构预测方法，已有商业化软件可供使用，如 Biosym/MSI 公司 QUANTA 软件包中的 PROTEIN DESIGN 等。上述预测方法，都可使用 Web 界面，结果能尽快返回。这些为确定出假定基因产物后，预测结构—功能关系提供了强有力的工具，但还是建议采用“相似方法一致”的结构。

总而言之，计算机和国际互联网的广泛普及给蛋白质组学研究带来了一场革命，不仅方便了资料的共享，也减少了许多重复性和探索性工作。研究者可利用网络资源把序列同时提交给多个服务器，将结果汇集整理，通过人为的比较来判断哪些预测结果成立或不成立，这大大加快了实验的进度和结果的准确性。但鉴于蛋白质结构和功能的复杂性，许多分析软件的输出结果存在较大的偏差，因此对计算机模拟的结果尚需回到实验室，进一步证实方能得到科学界的承认[8]。

三、化学在蛋白质组学发展中的作用

化学是自然科学的基础和中心学科之一。与此同时，化学也不断渗透到自然科学的前沿领域(特别是与人类自身健康密切联系的生命科学领域)，成为自然科学中最富有拓展力和生命力的学科。蛋白质组学研究的任务之一就是通过对蛋白质表达量的变化来探寻潜在的能成为疾病早期诊断的标志物。另一方面，蛋白质是生物体内功能的执行者，而复杂的修饰则赋予了蛋白质更多的信息，许多生物学过程，如信号传递、蛋白质降解、细胞之间的识别等，都是依据修饰后的信息来完成，而且部分修饰后的蛋白也成了疾病诊断的标志物。因此，许多研究人员发展了众多基于此的化学标记方法[9]。根据标记物引入的阶段，大致可以分为体内标记和体外标记两大类。体内标记又叫代谢标记，主要是利用含稳定同位素的饲料或培养基来喂养动物或培养细胞，从而实现差异标签的引入。目前较为常用的是^{15}N 和^{13}C。尽管体内标记可以在很大程度上避免人为操作过程中可能引入的误差，但是对于某些样本，如临床样本就派不上用场。因此体外标记就显得必不可少，体外标记可根据蛋白质鉴定的过程分为酶解前，酶解时和酶解后标记。其中定量蛋白质组的标记策略的主要思路是在原有蛋白质或肽的基础上引入一个在质谱中可以检测的修饰，进而通过峰强度信息给出样品中蛋白质含量的差异。而针对蛋白质修饰研究，则通过化学方式来区别或富集这类的肽片段，进而在质谱中找到修饰的位点。蛋白质修饰一直以来都是蛋白质化学研究的领域之一，质谱作为强有力的研究工具被应用以来，蛋白质修饰的研究也就成为了蛋白质组学的研究热点之一。目前在这个领域比较集中于对磷酸化、糖基化和泛素化的修饰上。总之，蛋白质组学是一个不断发展的领域，其中蛋白质化学在新方法、新思路的开创上发挥了很大的作用[10]。而且蛋白质化学从 20 世纪 20 年代发展至今，已经拥有一些相当成熟的研究蛋白质的技术，例如，蛋白质的分离纯化技术、测序技术、合成技术、连接技术、立体结构的电脑模拟技术等。这些都为蛋白质组学的发展打下了良好的基础。

蛋白质组学应用高通量的新技术手段，通过系统性、整体性和相互联系的新视角来研究基因组表达的全部蛋白质及其翻译后修饰，以便得到生物体生理病理和信号转导过程的功能整合信息。药物化学、有机化学和组合化学在这里与之融合，形成了新的交叉研究领域——药物蛋白质组学(pharmacoproteomics)[11]。

药物蛋白质组学研究的内容，在临床前应包括：发现所有可能的药物作用靶点，以及针对这些靶点的全部可能的化合物[又称此为化学蛋白质组学(chemical proteomics)]，也应包括应用蛋白质组学方法研究药物作用机制和毒理学；在临床研究方面应包括：药物作用的特异蛋白作为患者选择有效药物的依据和临床诊断的标志物，或以蛋白质谱的差异将患者分类并给予个体化治疗。类似于基因组学和蛋白质组学，药物蛋白质组学的成功将不仅需要综合的技术和计算机的发展，而且也将需要药物发现过程在制药工业中发生根本的变化。朝向这个目标的任何研究进展都将可能产生大量的、可转化为专利的新型药物分子。

首先什么是化学蛋白质组学？化学蛋白质组学是一个目前仍在不断扩展中的全新领域，学术界至今对其尚未有确切定义。此处为狭义的化学蛋白质组学，即通过检测活性来验证可能的靶点；或通过筛选小分子配体与蛋白的结合，描述新蛋白的功能；或用确定的化学探针去研究生物学。靶点的验证或确认是非常重要的，但在20世纪90年代高通量化学和筛选方法的发展并未能明显增加制药产业的研发(R&D)效率，因为传统的和基础的生物学研究方法限制了靶点的验证或确认，从而限制了新药研发的速度。化学蛋白质组学方法则可以明显改变药物发现的瓶颈——靶点的验证和确认[12,13]。

(1) 从已知的催化活性寻找新的蛋白。可从蛋白质组规模筛选一般酶的活性(如蛋白水解酶和磷酸激酶)，即用纯化的蛋白或含有这些蛋白的提取物进行筛选。用这种方法，Phizicky等转染了数千种编码谷胱甘肽S-转移酶的酵母基因并在酵母中表达了融合蛋白，进而用这些蛋白检查了几种催化活性，对许多先前不知功能的酵母开放阅读框架，赋予了新的功能注释。

(2) 通过筛选小分子配体来描述新蛋白的功能，是化学蛋白质组学的主要研究内容。化学蛋白质组筛选也将提供新药开发的先导化合物。盲目筛选蛋白参与的生化或生理反应是不可行的，但筛选已知药理作用的小分子与新蛋白的结合，可能有助于了解蛋白的功能。可用核磁共振光谱法，微量热量计法，芯片技术(微阵列法)，或通过筛选新蛋白与不同的化合物库作用而发现新的配体。新近发展和改进的柔性分子对接技术，使计算机方法在先导化合物发现中的作用大大增加，快而准确的计算机方法可以预示任意分子的结合亲和性，虽然目前该方法仍有缺陷，但分子对接和筛选方法能从商品化合物和合成的化合物库中筛选出可能的先导化合物。

(3) 在细胞和动物模型中用足够强度和选择性的化学探针，能验证与治疗有关的靶点及其生物学途径。用化学探针作靶点的检验将促进对基因功能的验证，并能节省时间。另外，利用小分子化合物对蛋白序列同源的靶基因家族进行研究，将可能产生非常相似的体外实验的结果。根据一个家族成员设计和合成的化合物对家族的其他成员也可能有效，但也可能产生不同的生物学功能。还可能发现一些老药的新的、意想不到的作用。一旦创造了小分子数据库，可以用于筛选家族中的多个靶点。总之，利用基因家族方法可提高靶确认的效率，在相关靶中转化知识专利。

例如，Anderson等研究了抑制素类降胆固醇化合物对小鼠肝脏蛋白质组的影响，通过对比和分析药物治疗前后的2DE蛋白质组展示，发现该化合物作用的靶蛋白质为HMG-CoA合成酶(胆固醇合成途径的关键酶之一)，从而阐明了该类化合物降胆固醇作用的分子机理。

例如，在信号转导过程中，大约有500个丝氨酸/苏氨酸和酪氨酸蛋白激酶，具有同源序列，蛋白激酶家族不仅存在序列同源，而且在结构上也存在明显的同源性。化合物staurosporine，不仅能抑制丝氨酸/苏氨酸激酶和酪氨酸激酶，而且该化合物也可能作为发现其他高特异抑制剂的一个原型药物。已经在激酶的同源模型上证实，简单地修饰staurosporine，可以增加特异性。对丝裂素活化蛋白激酶(MAPK)的最新研究，已经发现了许多由相关序列的蛋白质构成的激酶瀑布，其中每条途径不仅可以提供多种潜在的干预靶点，而且在不同的转导途径成员间有高度的序列同源性。

另外，大约有十余个半胱天冬酶(caspases)与白介素-1转化酶(ICE)有序列同源。ICE参与对细胞因子的处理加工，它是当前普遍公认的药物作用靶点。目前，已将ICE的表达、纯化、鉴定、结晶化和结构测定的经验应用到其他caspase家族成员的研究中。

总之，传统的一次一个单一蛋白的研究模式已经落后，药物蛋白质组学方法应用蛋白质组学技术，利用人类基因组序列和蛋白质结构信息并结合其他平行发展的方法如组合化学，高通量筛选，计算机化学和生物信息学等，将促进新靶点的发现和验证，并设计和产生新的先导化合物。应该说，人类对新药物的需求促进了蛋白质组学的发展，而蛋白质组学的发展又反过来促进了新药物的开发。

执笔:杨志谋　王　玲

讨论与审核:杨志谋　王　玲

资料提供:王　玲

参 考 文 献

1. 林克椿. 物理学与生命科学的相关性. 物理教学，1999，2(11):2～5

2. 林克椿. 从《Bio—X》计划看物理学在21世纪生命科学发展中的作用. 大学物理，2001，20(9):1～6

3. 施蕴渝. 二维核磁共振波谱技术在蛋白质构象及动力学研究中的应用. 基础医学与临床，1990，10(4):193～196

4. 夏斌，金长文. 生物大分子结构及动力学的核磁共振研究. 现代仪器，2002，4:1～5

5. 田双起，秦广雍，李宗伟等。质谱技术及其在后基因组时代中的应用. 生物技术通报，2008，3:50～53

6. 余佳，崔映宇. 信息技术在基因组和蛋白质组研究中的应用. 阜阳师范学院学报，2002，19(4):43～49

7. 崔映宇. 生物信息技术在基因组和蛋白质组研究中的应用. 生物技术，2004，14(1):63～65

8. 赵爱民. 生物信息技术发展态势分析. 中国生物工程杂志，2003，23(5):101～103

9. 郝运伟，姜颖，贺福初. 蛋白质组研究中的化学"探针". 遗传，2007，29(7):779～784

10. 潘欣. 蛋白质化学与分子生物学携手前进. 医学与哲学，1998，19(6):281～284

11. 李学军. 药物蛋白质组学与药物发现. 生理科学进展，2002，33(3):209～214

12. 刘大志，朱兴族. 化学蛋白质组学及其在新药开发中的应用. 生命的化学，2004，24(6):485～486

13. 周兴旺. 化学生物学新前沿——化学蛋白质组学. 化学进展，2003，15(6):518～522

第二章

主要创新方法(基本原理和改进方向)

第一节　各种异源蛋白表达技术

一、基 本 原 理

自 20 世纪 70 年代基因工程技术诞生以来,基因表达技术已渗透到生命科学研究的各个领域。随着人类基因组计划实施的进行,基因表达在技术方法上得到了很大发展,时至今日已取得令人瞩目的成就。最近 30 年来,科学家们已经推动了基因工程、重组技术、纯化指南和性质鉴定等技术的急剧发展。其中包括驾驭病毒和细菌质粒的天然性质的能力,这些载体运载外源基因到宿主细胞中,然后被转化成异源蛋白[1~3]。

二、操 作 流 程

异源蛋白表达系统主要可分为原核表达系统和真核表达系统。最早进行研究的是原核表达系统,这也是目前掌握最为成熟的表达系统[4]。该项技术的主要方法是将目的基因 DNA 片段插入到载体中并转入到细菌中(通常选用的是大肠埃希菌),通过化合物诱导并最终纯化获得所需的目的蛋白。

三、优点和不足

大肠埃希菌(*E. coli*)表达系统有以下优势:①对大肠埃希菌的遗传背景和生理特性研究已相当彻底,已有很多不同抗药性、不同营养依赖型和不同校正突变型的菌种供选择应用,可以根据不同的载体而选择不同的菌种;②大肠埃希菌体积小,繁殖能力强,在营养条件充足时,20～30 分钟即可繁殖一代,而且大规模发酵成本低,具有巨大的生产潜力;③表达水平一般比较高,某些外源基因在大肠埃希菌中的表达量可达总蛋白的 5%～30%,且下游工艺简单、易于控制。

但是大肠埃希菌表达系统也存在不少缺点:①缺乏真核细胞所特有的翻译后加工修饰系统,如糖基化,而不少具有生物活性的蛋白是糖蛋白,因此无法用原核表达系统表达;②细菌本身产生的热源、内毒素不易除去,产品纯化问题较多;③蛋白的高水平表达常形成包涵体,提取和纯化步骤繁琐,而且蛋白复性困难,易出现肽链的不正确折叠等问题。

四、改进的方向和途径

为克服上述问题,许多科学家将原核基因调控系统引入真核基因调控领域,其优点是:根据原核生物蛋白与目标 DNA 间作用的高度特异性设计,而目标 DNA 与真核基因调控序列基本无同源性,故不存在基因的非特异性激活或抑制;能诱导基因高效表达,可达 10^5 倍,为其他系统所不及;能严格调控基因表达,即不仅可控制基因表达的“开关”,还可人为地调控基因表达量。

因此,利用真核表达系统来表达目的蛋白越来越受到重视。目前,基因工程研究中常用的真核表达系统有酵母表达系统、昆虫细胞表达系统、哺乳动物细胞表达系统和植物表达系统。

酵母表达系统[5]:最早应用于基因工程的酵母是酿酒酵母,后来人们又相继开发了裂殖酵母、克鲁维酸酵母、甲醇酵母等,其中,甲醇酵母表达系统是目前应用最广泛的酵母表达系统。目前甲醇酵母主要有 *H Polymorpha*,*Candida Bodini*,*Pichia Pastris* 等几种。其中以 *Pichia Pastoris* 应用最多[6]。

甲醇酵母的表达载体为整合型质粒,载体中含有与酵母染色体中同源的序列,因而比较容易整合入酵母染色体中。大部分甲醇酵母的表达载体中都含有甲醇酵母醇氧化酶基因-1(A0x1),在该基因的启动子(PAXOI)作用下,外源基因得以表达。PAXOI 是一个强启动子,在以葡萄糖或甘油为碳源时,甲醇酵母中 AOx1 基因的表达受到抑制;而在以甲醇为唯一碳源时 PAXOI 可被诱导激活,因而外源基因可在其控制下表达,将目的基因多拷贝整合入酵母染色体后可以提高外源蛋白的表达水平及产量。此外甲醇酵母的表达载体都为 *E.coli*/*Pichia Pastoris* 的穿梭载体,其中含有 *E.coli* 复制起点和筛选标志,可在获得克隆后采用 *E.coli* 细胞大量扩增。目前,将质粒载体转入酵母菌的方法主要有原生质体转化法、电击法及氯化锂法等。甲醇酵母一般先在含甘油的培养基中生长,培养至高浓度,再以甲醇为碳源,诱导表达外源蛋白,这样可以大大提高表达产量。利用甲醇酵母表达外源性蛋白质其产量往往可达克级。与酿酒酵母相比其翻译后的加工更接近哺乳动物细胞,不会发生超糖基化。利用 PAXOI 表达外源蛋白时,一般需很长时间才能达到峰值水平,而甲醇是高毒性、高危险性化工产品。使得实验操作过程中存在不小的危害性。且不宜于食品等蛋白生产。因此那些不需要甲醇诱导的启动子受到青睐包括 GAP、FLD1、PEX8、YPTI 等多种。利用三磷酸甘油醛脱氢酶(GAP)启动子代替 PAXOI,不需要甲醇诱导。培养过程中无需更换碳源,操作更为简便,可缩短外源蛋白到达峰值水平的时间。

昆虫细胞表达系统:杆状病毒表达系统是目前应用最广的昆虫细胞表达系统,该系统通常采用目宿银纹夜蛾杆状病毒(AcNPV)作为表达载体。在 AcNPV 感染昆虫细胞的后期,核多角体基因可编码产生多角体蛋白,该蛋白包裹病毒颗粒可形成包涵体。核多角体基因启动子具有极强的启动蛋白表达能力,故常被用来构建杆状病毒传递质粒。克隆入外源基因的传递质粒与野生型 AcNPV 共转染昆虫细胞后可发生同源重组,重组后多角体基因被破坏,因而在感染细胞中不能形成包涵体,利用这一特点可挑选出含重组杆状病毒的昆虫细胞,但效率比较低,且载体构建时间长,一般需要 4～6 周。此外,昆虫细胞不能表达带有完整 N 联聚糖的真核糖蛋白。

在病毒感染晚期,由于大量外源蛋白的表达引起昆虫细胞的裂解,胞质内的物质释放出来,与目的蛋白混在一起,从而使蛋白的纯化工作变得很困难,另外水解酶的释放会降解重组蛋白。为了克服以上这些困难,科学工作者先后尝试用丝蛾肌动蛋白基因启动子或杆状病毒 ie-1 基因启动子表达外源蛋白,但效果都不明显,后来发现的一种新型的鳞翅目昆虫细胞表达系统,可使转录活性提高 1000 倍以上,从而大大地提高外源蛋白的表达水平。另外目前还有一种新型的宿主范围广的杂合核多角体病毒(HyNPV)被应用于昆虫细胞表达系统的构建。

一般情况下，杆状病毒表达系统所能表达的外源蛋白只有少部分是分泌性的，大部分为非分泌性。为了解决这个问题，将Hsp70(热休克蛋白70)与外源蛋白共表达可明显提高重组蛋白的分泌水平，这是因为分泌性多肽被翻译后必须到达内质网进行加工才能被分泌至胞外。如果到达内质网前，前体多肽就伸展开来，暴露出疏水残基，残基间的相互作用可引起多肽的凝聚，这对最终的表达水平有很大影响。而Hsp70是一种分子伴侣，能够与新翻译的多肽结合，抑制前体肽的凝聚使前体肽顺利到达内质网进行加工，从而提高蛋白的分泌水平。最近，人们又构建了杆状病毒-S2表达系统，该系统能将重组杆状病毒转染果蝇S2细胞，以前人们认为杆状病毒仅能在鳞翅目昆虫细胞(如sf9、sf21)中复制，不能在其他昆虫细胞(如果蝇细胞)中复制，然而目前研究表明在一定条件下，杆状病毒也能感染果蝇细胞。在果蝇细胞中，杆状病毒的多角体基因启动子几乎不发生作用。杆状病毒-S2表达系统的表达载体利用的是果蝇启动子如Hsp70启动子、肌动蛋白5C启动子、金属硫蛋白基因启动子等，其中，Hsp70启动子的作用最强。重组杆状病毒感染S2细胞后不会引起宿主细胞的裂解，且蛋白表达水平与鳞翅目细胞相似，因此，杆状病毒-S2系统是一个很有应用前景的昆虫细胞表达系统。

昆虫细胞表达系统，特别是杆状病毒表达系统由于其操作安全，表达量高，目前与酵母表达系统一样被广泛应用于基因工程的各个领域中[7,8]。

哺乳动物细胞表达系统：由哺乳动物细胞翻译后再加工修饰产生的外源蛋白质，在活性方面远胜于原核表达系统及酵母、昆虫细胞等真核表达系统，更接近于天然蛋白质。哺乳动物细胞表达载体包含原核序列、启动子、增强子、选择标记基因、终止子和多聚核苷酸信号等[9,10]。

将外源基因导入哺乳动物细胞主要通过两类方法：一是感染性病毒颗粒感染宿主细胞，二是通过脂质体法、显微注射法、磷酸钙共沉淀法及DEAE一葡聚糖法等非病毒载体的方式将基因导入到细胞中。外源基因的体外表达一般采用质粒表达载体，如将重组质粒导入CHO(中国仓鼠卵细胞)细胞可建立高效稳定的表达系统，而利用COS(非洲绿猴肾细胞)细胞可建立瞬时表达系统。目前，病毒载体已成为动物体内表达外源基因的有力工具，在临床基因治疗的探索中也发挥了重要作用。痘苗病毒由于其基因的分子量相当大(约187kb)，利用它作为载体可同时插入几种外源基因，从而构建多价疫苗。另外，逆转录病毒感染效率高，某些难转染的细胞系也可通过其导入外源基因，但要注意的是逆转录病毒可整合入宿主细胞染色体，具有潜在的危险性。

由于腺病毒易于培养、纯化、宿主范围广，故采用该类病毒构建的载体被广泛应用。腺病毒载体的构建依赖于腺病毒穿梭质粒和包装载体之间的同源重组。但是哺乳动物细胞内的这种同源重组效率很低，利用细菌内同源重组法构建重组体效率会大大提高，即将外源基因插入到腺病毒穿梭质粒中，形成转移质粒，将其线性化后与腺病毒包装质粒共转化大肠埃希菌。另一种方法是通过CrelaxP系统构建重组腺病毒载体，在转移质粒和包装质粒中都插入laxP位点，然后将两个质粒共转染表达Cre重组酶的哺乳动物细胞，通过Cre介导两个laxP位点之间的DNA发生重组，可获得重组腺病毒，这种重组效率比一般的细胞内同源效率高30倍。最近，人们在杆状病毒中插入巨细胞病毒的启动子建立了高效的基因转移载体。由于杆状病毒是昆虫病毒，在哺乳动物细胞中不会引起病毒基因的表达，而且载体的构建容易，因而利用杆状病毒进行基因转移为我们提供了很好的途径。

利用哺乳动物细胞表达外源基因时，大多数情况下不需要诱导，但当表达产物对细胞有毒性时应采取诱导，这样可避免表达产物产生早期就对细胞产生影响。哺乳动物细胞中用到的诱导型载体主要与启动子有关如热休克蛋白启动子可在高温下被诱导，还有重金属、糖皮质激素诱导的启动子。但这些系统存在一些共同的缺陷，如诱导表达特异性差；当系统处于关闭状态时表达有泄漏，诱导剂本身有毒性，常对细胞造成损伤等。

后来构建的受四环素负调节的 Tet-on 基因表达系统，由调节质粒和反应质粒组成。调节质粒中具有编码转录激活因子（fIA）的序列，在没有四环素或强力毒素存在的情况下 tTA 可引起下游目的基因表达。随后 Gossen 等又对 tTA 的氨基酸序列进行了改造，构建了受四环素正调节的 Tet-on 基因表达系统，该系统在没有四环素的情况下启动子不被激活，而在加入四环素或强力毒素后目的基因高效表达。四环素诱导的基因表达系统是目前应用最广泛的哺乳动物细胞诱导表达系统，该系统具有严密、高效可控制性强的优点。

外源蛋白的表达会对哺乳动物细胞产生不利影响，因此利用哺乳动物细胞表达外源基因时，一个主要问题便是外源基因不能持久稳定地表达。Mielke 等构建了一种能够在哺乳动物中稳定表达异二聚体蛋白的载体系统，在这个系统中，编码抗体重链和轻链的 cDNA 及嘌呤霉素抗性基因被转录成三顺反子 mRNA。内部的顺反子通过内核糖体进入位点（IREs）介导进行翻译，通过持续选择压力，无需繁琐的筛选过程，便可获得持久、稳定表达抗体分子的重组体。

哺乳动物细胞表达系统常用的宿主细胞有 CHO、COS、BHK、SP2/0、NIH3T3 等，不同的宿主细胞对蛋白表达水平和蛋白质的糖基化有不同的影响，因此在选择宿主细胞时应根据具体情况而定。

自从 20 世纪 80 年代初利用植物基因工程技术获得转基因植物以来，植物生物技术得到了快速发展。不仅在植物本身的农艺性状改良、种质资源改进等方面取得了许多令人瞩目的成就，而且转基因植物作为生物反应器，在化工原料和生物制剂的生产上也表现出诱人的魅力。利用植物表达外源重组蛋白生产药用蛋白或疫苗是转基因植物研究的另一个焦点。自从 1990 年 Curtiss 和 Cardineau 首次报道植物表达的链球菌属的一个表面蛋白（SpaA）具有免疫原性以来，利用植物表达系统生产疫苗的研究引起了广泛的兴趣，过去短短的十几年里，已有许多成功的报道[11,12]。

近期研究人员发现，丝状真菌是具有高效分泌蛋白质潜力的真核表达系统，能对蛋白质进行翻译后修饰，如蛋白质糖基化等；并且比植物、昆虫和哺乳动物细胞具有更快的生长速率。近年来，随着真菌分子遗传技术和菌种改良策略的进步，尤其是真菌基因组学的发展，利用丝状真菌生产异源蛋白越来越受到关注[13]。

利用基因工程技术表达外源蛋白，其产量还不高，难以满足大规模的实际应用。通过转基因动物或转基因植物技术可从动物的乳汁或植物的叶组织中很方便地获得大量较纯的生物活性物质，但目前这项技术还不很成熟，有待进一步研究。

总之，各种表达系统各有其优缺点，选择表达系统时，必须充分考虑各种因素，如所需表达的蛋白质性质、实验条件、生产成本、表达水平、安全性等等，权衡利弊后再选择相应的表达系统。有时会采取多个表达系统同时进行的策略，以节省时间[14]。

第二节　蛋白质组织抽提技术

一、基 本 原 理

蛋白质在组织或细胞中一般都是以复杂的混合物形式存在，每种类型的细胞都含有成千种不同的蛋白质。蛋白质的分离和提纯是一项艰巨而繁重的任务，到目前为止，还没有一个单独的或一套现成的方法能把任何一种蛋白质从复杂的混合物中提取出来，但对任何一种蛋白质都有可能选择一套适当的分离提纯程序来获取高纯度的制品。

由于不同生物大分子结构及理化性质不同，分离方法也不一样，而同一类生物大分子由于选用材料不同，使用方法差别也很大。因此很难有一个统一标准的方法对任何蛋白质均可循用。因此实验前应进行充分调查研究，查阅有关文献资料，对欲分离提纯物质的物理、化学及生物学性质先有一定了解，然后再着手进行实验工作。对于一个未知结构及性质的试样进行创造性的分离提纯时，更需要经过各种方法比较和摸索，才能找到一些工作规律和获得预期结果。其次在分离提纯工作前，常须建立相应的分析鉴定方法，以正确指导整个分离纯化工作的顺利进行。高度提纯某一生物大分子，一般要经过多种方法、步骤及不断变换各种外界条件才能达到目的。因此，整个实验过程方法的优劣，选择条件效果的好坏，均须通过分析鉴定来判明[15]。

二、操作流程

虽然，蛋白质种类很多，性质上的差异很大，既或是同类蛋白质，因选用材料不同，使用方法差别也很大，且又处于不同的体系中，因此不可能有一个固定的程序适用各类蛋白质的分离。但多数分离工作中的关键部分基本手段还是共同的，大部分蛋白质均可溶于水、稀盐、稀酸或稀碱溶液中，少数与脂类结合的蛋白质溶于乙醇、丙酮及丁醇等有机溶剂中。因此可采用不同溶剂提取、分离及纯化蛋白质和酶[16]。在如下网站可以找到一些普通的蛋白质提取与纯化的技术步骤供参考：http://www.protocol-online.org/prot/Molecular_Biology/Protein/Extraction_Purification/index.html。

蛋白质与酶在不同溶剂中溶解度的差异，主要取决于蛋白分子中非极性疏水基团与极性亲水基团的比例，其次取决于这些基团的排列和偶极矩。故分子结构性质是不同蛋白质溶解差异的内因。温度、pH、离子强度等是影响蛋白质溶解度的外界条件。提取蛋白质时常根据这些内外因素综合加以利用，将细胞内蛋白质提取出来[17~19]与其他不需要的物质分开。但动物材料中的蛋白质有些以可溶性的形式存在于体液（如血浆、消化液等）中，可以不必经过提取直接进行分离。蛋白质中的角蛋白、胶原及丝蛋白等不溶性蛋白质，只需要适当的溶剂洗去可溶性的伴随物，如脂类、糖类以及其他可溶性蛋白质，最后剩下的就是不溶性蛋白质。这些蛋白质经细胞破碎后，用水、稀盐酸及缓冲液等适当溶剂，将蛋白质溶解出来，再用离心法除去不溶物，即得粗提取液。水适用于白蛋白类蛋白质的抽提。如果抽提物的 pH 用适当缓冲液控制时，共稳定性及溶解度均能增加。球蛋白类能溶于稀盐溶液中，脂蛋白可用稀的去垢剂溶液如十二烷基硫酸钠、洋地黄皂苷（digitonin）溶液或有机溶剂来抽提。其他不溶于水的蛋白质通常用稀碱溶液抽提[15,16]（表 2-1）。

表 2-1　蛋白质类别和溶解性质

类　别	溶解性质
白蛋白和球蛋白	溶于水及稀盐、稀酸、稀碱溶液，可被 50%饱和度硫酸铵析出
真球蛋白	一般在等电点时不溶于水，但加入少量的盐、酸、碱则可溶解
拟球蛋白	溶于水，可为 50%饱和度硫酸铵析出
醇溶蛋白	溶于 70%～80%乙醇溶液中，不溶于水及无水乙醇

续表

类　别	溶解性质
壳蛋白	在等电点不溶于水,也不溶于稀盐酸,易溶于稀酸、稀碱溶液
精蛋白	溶于水和稀酸,易在稀氨水中沉淀
组蛋白	溶于水和稀酸,易在稀氨水中沉淀
硬蛋白质	不溶于水、盐、稀酸及稀碱
缀合蛋白(包括磷蛋白、黏蛋白、糖蛋白、核蛋白、脂蛋白、血红蛋白、金属蛋白、黄素蛋白和氮苯蛋白等)	溶解性质随蛋白质与非蛋白质结合部分的不同而异,除脂蛋白外,一般可溶于稀酸、稀碱及盐溶液中,脂蛋白如脂肪部分露于外,则脂溶性占优势,如脂肪部分被包围于分子之中,则水溶性占优势

1. 蛋白质的组织抽提　主要是化学和生物化学方法:

(1) 有机溶剂法:粉碎后的新鲜材料在0℃以下加入5～10倍量的丙酮,迅速搅拌均匀,可破碎细胞膜,破坏蛋白质与脂质的结合。蛋白质一般不变性,被脱脂和脱水成为干燥粉末。用少量乙醚洗,经滤纸干燥,如脱氢酶等可保存数月不失去活性。

(2) 自融法:将待破碎的鲜材料在一定pH和适当的温度下,利用自身的蛋白酶将细胞破坏,使细胞内含物释放出来。比较稳定,变性较难,蛋白质不被分解而可溶化。利用该法可从胰脏制取羧肽酶。自体融解时需要时间,需加少量甲苯、氯仿等,应防止细菌污染,于温室30℃左右较早溶化。自体融解过程中pH显著变化,随时要调节pH。自融温度选在0～4℃,因自融时间较长,不易控制,所以制备活性蛋白质时较少用。

(3) 酶法:与前述的自体融法同理,用胰蛋白酶等蛋白酶除去变性蛋白质。但值得提出的是溶菌酶处理时,它能水解构成枯草菌等菌体膜的多糖类。能溶解菌的酶分布很广。尤其卵白中含量高,而多易结晶化。1g菌体加1～10mg溶菌酶,于生理食盐水或0.2mol蔗糖溶液中溶菌,pH6.2～7.0,1h内完全溶菌。虽失去细胞膜,但原形质没有脱出。除溶菌酶外,蜗牛酶及纤维素酶也常被选为破坏细菌及植物细胞用。

(4) 表面活性剂处理:较常用的有十二烷基磺酸钠、氯化十二烷基吡啶及去氧胆酸钠等。

此外一些细胞膜较脆弱的细胞,可把它们置于水或低渗缓冲剂中透析将细胞胀破。

2. 细胞器的分离　制备某一种生物大分子需要采用细胞中某一部分的材料,或者为了纯化某一特定细胞器上的生物大分子,要防止其他细胞组分的干扰,细胞破碎后常将细胞内各组分先行分离。尤其是近年来分子生物学、分子遗传学、遗传工程等学科和技术的发展,对分布在各种细胞器上的核酸和蛋白质的研究工作日益增多,分离各种细胞器上的各类核酸和特异性蛋白质已成为生物大分子制备工作重要内容之一。各类生物大分子在细胞内的分布是不同的,DNA几乎全部集中在细胞核内,RNA则大部分分布于细胞质,各种酶在细胞内分布也有一定位置。因此制备细胞器上的生物大分子时,预先须对整个细胞结构和各类生物大分子在细胞内分布有所了解。

以肝细胞为例,蛋白质、酶及核酸在肝细胞内分布情况见表2-2。

表 2-2　蛋白质、酶及核酸在肝细胞内分布表

细胞器	蛋白质、酶及核酸的分布
细胞核	精蛋白、组蛋白、核酸合成酶系 RNA 占总量 10%左右 DNA 几乎全部
粒线体	电子传递、氧化磷酸化、三羧酸循环、脂肪酸氧化、氨基酸氧化、脲合成等酶系 RNA 占总量 5%左右 DNA 微量
内质网(微粒体)	蛋白质合成酶系、羟化酶系 RNA 占总量 50%左右
溶酶体	水解酶系(包括核酸酶、磷酸脂酶、组织蛋白酶及糖苷及糖苷酶等)
高尔基体	糖苷转移酶、黏多糖及类固醇合成酶系
细胞膜	载体与受体蛋白、特异抗蛋、ATP 酶、环化腺苷酶、5′-核苷酸酶、琥珀酸脱氢酶、葡萄糖-6-磷酸酶等，细胞液嘧啶和嘌呤代谢、氨基酸合成酶系、可溶性蛋白类 RNA(主要为 tRNA)占总量 30%

细胞器的分离一般采用差速离心法。细胞经过破碎后，在适当介质中进行差速离心。利用细胞各组分质量大小不同，沉降于离心管内不同区域，分离后即得所需组分。细胞器的分离制备、介质的选择十分重要。最早使用的介质是生理盐水，因它容易使亚细胞颗粒发生聚集作用结成块状，沉淀分离效果不理想，现一般改用蔗糖、Ficoll(一种蔗糖多聚物)或葡萄糖-聚乙二醇等高分子溶液。

3. 蛋白质的提取

(1) 水溶液提取：大部分蛋白质均溶于水、稀盐、稀碱或稀酸溶液中。因此蛋白质的提取一般以水为主。稀盐溶液和缓冲溶液对蛋白质稳定性好、溶度大，也是提取蛋白质的最常用溶剂。以盐溶液及缓冲液提取蛋白质经常注意下面几个因素：

1) 盐浓度：等渗盐溶液尤以 0.02～0.05mol/L 磷酸盐缓冲液和碳酸盐缓冲液常用。0.15mol/L 氯化钠溶液应用也较多。如 6-磷酸葡萄糖脱氢酶用 0.1mol/L 碳酸氢钠溶液提取。有时为了螯合某些金属离子和解离酶分子与其他杂质的静电结合，也常使用枸橼酸钠缓冲液和焦磷酸钠缓冲液。有些蛋白质在低盐浓度下浓度低，如脱氧核糖核蛋白质需用 1mol/L 以上氯化钠液提取。总之，只要能溶解在水溶液中而与细胞颗粒结合不太紧密的蛋白质和酶，细胞破碎后选择适当的盐浓度及 pH，一般是不难提取的。只有某些与细胞颗粒上的脂类物质结合较紧的，需采用有机溶剂或加入表面活性剂处理等方法提取。

2) pH：蛋白质提取液的 pH 首先应保证在蛋白质稳定的范围内，即选择在偏离等电点两侧。如碱性蛋白质则选在偏酸一侧，酸性蛋白质选择偏碱一侧，以增大蛋白质的溶解度，提高提取效果。如细胞色素 *c* 属碱性蛋白质，常用稀酸提取，肌肉甘油醛-3-磷酸脱氢酶属酸性蛋白质，用稀碱提取。某些蛋白质或酶与其组分物质结合常以离子键形式存在，选择 pH3～6 范围对于分离提取是有利的。

3) 温度：多数酶的提取温度在 5℃以下。少数对温度耐受性较高的蛋白质和酶，可适当提高温度，使杂蛋白变性分离且也有利于提取和进一步纯化。如胃蛋白酶等及许多多肽激素类，选择 37～50℃条件下提取，效果比低温提取更好。此外提取酶时加入底物或辅酶，改变酶分子表面电荷分布，也能促进提取效果。

(2) 有机溶剂提取：有机溶剂提取用于提取蛋白质的实例至今是不多的。但一些和脂结合较牢或分子中非极性侧链较多的蛋白质，不溶于水、稀盐或稀碱液中，可用不同比例的有机溶剂提取。从一些线粒体及微粒体等含大量脂质物质中提取蛋白质时，采用 Morton 的丁醇法效果较好。因丁醇使蛋白质的变性较少，亲脂性强，易透入细胞内部，遇水也能溶

解10%,因此具有脂质与水之间的表面活性作用,可占据蛋白质与脂质的结合点,也阻碍蛋白质与脂质的再结合,使蛋白质在水中溶解能力大大增加。丁醇提取法的pH及温度选择范围较广(pH3~10,温度-2~40℃)。国内用该法曾成功地提取了琥珀酸脱氢酶。丁醇法对提取碱性磷酸脂酶效果也是十分显著的。胰岛素既能溶于稀酸、稀碱又能溶于酸性乙醇或酸性丙酮中。以60%~70%的酸性乙醇提取效果最好,一方面可抑制蛋白质水解酶对胰岛素的破坏,同时也达到大量除去杂蛋白的目的。

(3) 表面活性剂的利用:对于某些与脂质结合的蛋白质和酶,也有采用表面活性剂如胆酸盐及十二烷基磺酸钠等处理。表面活性剂有阴离子型(如脂肪酸盐、烷基苯磺酸盐及胆酸盐等),阳离子型(如氧化苄烷基二甲基铵等)及非离子型(Triton X-100、Tirton X-114、吐温60及吐温80)等。非离子型表面活性剂比离子型温和,不易引起酶失活,使用较多。对于膜结构上的脂蛋白和结构,已广泛采用胆酸盐处理,两者形成复合物,并带上净电荷,由于电荷再排斥作用使膜破裂。近年来使用含表面活性剂的稀溶液对膜蛋白进行提取时,较喜欢用非离子型表面活性剂。

4. 对提取物的保护　在各种细胞中普遍存在着蛋白水解酶,提取时要注意防止由它引起的水解。前面所讲的降低提取温度其目的之一也是防止蛋白水解酶的水解。多数蛋白水解酶的最适pH在3~5或更高些,因在较低pH条件下可降低蛋白质水解酶引起的破坏程度。低pH可使许多酶的酶原在提取过程中不致激活而保留在酶原状态,不表现水解活力。加蛋白质水解酶的抑制剂也同样起保护作用,如以丝氨酸为活性中心的酶加二异丙基氟磷酸,以巯基为中心的酶加对氯汞苯甲酸等。提取溶液中加有机溶剂时也能产生相类似的作用。蛋白水解酶的性质变化很大,上述条件均视具体对象而变化。

三、优点和不足

目前各种组织蛋白抽提方法已经发展得比较成熟,可以利用这些较成熟的方法方便快速地抽提目的蛋白,但是这些抽提方法会受其本身步骤的限制因素导致抽提出来的蛋白在纯度及活性上受到一些影响。

四、改进的方向和途径

方向和途径主要要从抽提步骤上着手,抽提过程严格低温,注意加入蛋白酶抑制剂及还原剂,以及用有机溶剂萃取,减少杂质污染。快速高效的组织蛋白抽提试剂盒也是很好的蛋白抽提解决途径之一。

第三节　蛋白质亲和层析与各种色谱纯化技术

一、基本原理

近年来,随着生物技术的进步,特别是基因工程的迅猛发展,表达蛋白已经变得很容易,相对而言,纯化却是一个非常繁杂的工作,所以越来越多的研究者把需要表达的目标蛋白和亲和纯化用的标签融合表达,进行亲和层析[20~24]。

亲和层析是利用待分离物质和它的特异性配体间具有特异的亲和力,从而达到分离目的的一类特殊层析技术。具有专一亲和力的生物分子对主要有:抗原与抗体、DNA与互补

DNA或RNA、酶与它的底物或竞争性抑制剂、激素(或药物)与它们的受体、维生素和它的特异结合蛋白、糖蛋白与它相应的植物凝集素等。可亲和的一对分子中的一方以共价键形式与不溶性载体相连作为固定相吸附剂，当含有混合组分的样品通过此固定相时，只有和固定相分子有特异亲和力的物质，才能被固定相吸附结合，其他没有亲和力的无关组分就随流动相流出，然后改变流动组成分，将结合的亲和物洗脱下来。亲和层析中所用的载体称为基质，与基质共价连接的化合物称配基。

亲和层析纯化过程简单、迅速，且分离效率高。对分离含量极少又不稳定的活性物质尤为有效。但本法必须针对某一分离对象，制备专一的配基和寻求层析的稳定条件．使用亲和层析的方法可以简便、快速、高效地将目标蛋白从杂蛋白溶液中分离纯化出来，亲和层析技术已成为广泛应用的一种蛋白分离技术。

分离生物大分子的纯化、稀溶液的浓缩、不稳定蛋白质的贮藏、从纯化的分子中除去残余的污染物；用免疫吸附剂吸附纯化对此尚无互补配体的生物大分子和分离核酸等是亲和层析应用的重要方面。

二、操作流程

亲和层析的应用主要是生物大分子的分离、纯化。下面简单介绍一些亲和层析技术用于纯化各种生物大分子的情况。

(1) 抗原和抗体：利用抗原、抗体之间高特异的亲和力而进行分离的方法又称为免疫亲和层析。例如将抗原结合于亲和层析基质上，就可以从血清中分离其对应的抗体。在蛋白质工程菌发酵液中所需蛋白质的浓度通常较低，用离子交换、凝胶过滤等方法都难于进行分离，而亲和层析则是一种非常有效的方法。将所需蛋白质作为抗原，经动物免疫后制备抗体，将抗体与适当基质偶联形成亲和吸附剂，就可以对发酵液中的所需蛋白质进行分离纯化。抗原、抗体间亲和力一般比较强，其解离常数为10^{-12}～10^{-8}M，所以洗脱时是比较困难的，通常需要较强烈的洗脱条件。可以采取适当的方法如改变抗原、抗体种类或使用类似物等来降低二者的亲和力，以便于洗脱。另外，金黄色葡萄球菌蛋白A(Protein A)能够与免疫球蛋白G(IgG)结合，可以用于分离各种IgG。

(2) 生物素和亲和素：生物素(biotion)和亲和素(avidin)之间具有很强而特异的亲和力，可以用于亲和层析。如用亲和素分离含有生物素的蛋白等。生物素和亲和素的亲和力很强，其解离常数为10^{-15}M，洗脱通常需要强类的变性条件，可以选择biotion的类似物，如2-iminobiotin、diiminobiotin等降低与avidin的亲和力，这样可以在较温和的条件下将其从avidin上洗脱下来。另外，可以利用生物素和亲和素间的高亲和力，将某种配体固定在基质上。例如，将生物素酰化的胰岛素与以亲和素为配体的琼脂糖作用，通过生物素与亲和素的亲和力，胰岛素就被固定在琼脂糖上，可以用于亲和层析分离与胰岛素有亲和力的生物大分子物质。这种非共价的间接结合比直接将胰岛素共价结合与CNBr活化的琼脂糖上更稳定。很多种生物大分子可以用生物素标记试剂(如生物素与NHS生成的酯)作用结合上生物素，并且不改变其生物活性，这使得生物素和亲和素在亲和层析分离中有更广泛的用途。

(3) 维生素、激素和结合转运蛋白：通常结合蛋白含量很低，如1000L人血浆中只含有20mg维生素$B_{7\sim10}$－维生素B_{12}结合蛋白，用通常的层析技术难于分离。利用维生素或激素与其结合蛋白具有强而特异的亲和力而进行亲和层析则可以获得较好的分离效果。由于亲和力较强，所以洗脱时可能需要较强烈的条件，另外可以加入适量的配体进行特异性洗脱。

(4) 激素和受体蛋白：激素的受体蛋白属于膜蛋白，利用去污剂溶解后的膜蛋白往往具有相似的物理性质，难于用通常的层析技术分离。但去污剂溶解通常不影响受体蛋白与其对应激素的结合。所以利用激素和受体蛋白间的高亲和力($10^{-12}\sim10^{-6}$M)而进行亲和层析是分离受体蛋白的重要方法。目前已经用亲和层析方法纯化出了大量的受体蛋白，如乙酰胆碱、肾上腺素、生长激素、吗啡、胰岛素等等多种激素的受体。

(5) 凝集素和糖蛋白：选用适当的糖蛋白或单糖、多糖作为配体也可以分离各种凝集素。*α-D*-甲基甘露糖苷或*α-D*-吡喃葡萄糖苷的糖蛋白，麦胚凝集素可以特异的与*N*-乙酰氨基葡萄糖或*N*-乙酰神经氨酸结合，可以用于血型糖蛋白A、红细胞膜凝集素受体等的分离。洗脱时只需用相应的单糖或类似物，就可以将待分离的糖蛋白洗脱下来。如洗脱伴刀豆球蛋白A吸附的蛋白可以用*α-D*-吡喃甘露糖苷或*α*凝集素伴刀豆球蛋白A是一类具有多种特性的糖蛋白，几乎都是从植物中提取。它们能识别特殊的糖，因此可以用于分离多糖、各种糖蛋白、免疫球蛋白、血清蛋白甚至完整的细胞。用凝集素作为配体的亲和层析是分离糖蛋白的主要方法。

(6) 辅酶：核苷酸及其许多衍生物、各种维生素等是多种酶的辅酶或辅助因子，利用它们与对应酶的亲和力可以对多种酶类进行分离纯化。例如，固定的各种腺嘌呤核苷酸辅酶，包括AMP、cAMP、ADP、ATP、CoA、NAD^+、$NADP^+$等等应用很广泛，可以用于分离各种激酶和脱氢酶。

(7) 多核苷酸和核酸：利用poly-U作为配体可以用于分离mRNA以及各种poly-U结合蛋白。poly-A可以用于分离各种RNA、RNA聚合酶以及其他poly-A结合蛋白。以DNA作为配体可以用于分离各种DNA结合蛋白、DNA聚合酶、RNA聚合酶、核酸外切酶等多种酶类。

(8) 氨基酸：固定化氨基酸是多用途的介质，通过氨基酸与其互补蛋白间的亲和力，或者通过氨基酸的疏水性等性质，可以用于多种蛋白质和酶的分离纯化。如*L*-精氨酸可以用于分离羧肽酶，*L*-赖氨酸则广泛地应用于分离各种rRNA。

(9) 染料配体：结合在蓝色葡聚糖中的蓝色染料Cibacron Blue F3GA是一种多芳香环的磺化物。由于它具有与NAD^+相似的空间结构，所以它与各种激酶、脱氢酶、血清白蛋白、DNA聚合酶等具有亲和力，可以用于亲和层析分离。另外较常用的还有Procion Red HE3B等。染料作为配体吸附容量高、可以多次重复使用。但它有一定的阳离子交换作用，使用时应适当提高缓冲液离子强度来减少非特异性吸附。

(10) 分离病毒、细胞：利用配体与病毒、细胞表面受体的相互作用，亲和层析也可以用于病毒和细胞的分离。利用凝集素、抗原、抗体等作为配体都可以用于细胞的分离。例如，各种凝集素可以用于分离红细胞以及各种淋巴细胞，胰岛素可以用于分离脂肪细胞等。由于细胞体积大、非特异性吸附强，所以亲和层析时要注意选择合适的基质。目前已有特别的基质如Pharmacia公司生产的Sepharose 6MB，颗粒大、非特异性吸附小，适合用于细胞亲和层析。

三、优点和不足

(1) 亲和层析法是分离蛋白质的一种极为有效的方法，它经常只需经过一步处理即可使某种待提纯的蛋白质从很复杂的蛋白质混合物中分离出来，而且纯度很高。

(2) 它是最有效的生物活性物质纯化方法，它对生物分子选择性的吸附和分离，可以取得很高的纯化倍数。此外蛋白在纯化过程中得到浓缩,结合到亲和配基后,性质更加稳定,其结果提高了活性回收率。此外它可以减少纯化步骤,缩短纯化时间,对不稳定蛋白的纯化十分有利。

(3) 除特异性的吸附外,仍然会因分子的错误识别和分子间非选择性的作用力而吸附一些杂蛋白质,另洗脱过程中的配体不可避免的脱落进入分离体系。

(4) 载体较昂贵,机械强度低,配基制备困难,有的配基本身要经过分离纯化,配基与载体偶联条件激烈等。

四、改进的方向和途径

蛋白质的分离纯化工作较为复杂,从细胞中提取的蛋白质或从含有蛋白质的溶液中经过沉淀、梯度离心、盐析等方法得到的蛋白质经常含有杂质,要去除这些杂质,同时又要保持蛋白质的生物学活性,如酶的催化活性,就需要根据不同的蛋白质制定出相应的策略,采用不同的方法。电泳和色谱法是比较常用的方法,尤其是色谱法,对蛋白质的处理较为温和,又可大量制备有生物学活性的纯化蛋白质,因此是目前最为广泛应用的技术方法。

色谱法(chromatography)是蛋白纯化中最常用的一种方法,这种方法既可以制备大量的纯化蛋白质,又可以保持蛋白质的生物学活性。色谱的种类很多,可分为常规色谱和高效液相色谱(high-performance liquid chromatography,HPLC)。凝胶过滤色谱、离子交换色谱、亲和色谱等均为常规色谱法。HPLC 包括反相高效液相色谱(reversed-phase HPLC,RP-HPLC)、离子交换高效液相色谱(ion exchange HPLC)等。根据目标蛋白性质的不同可选用相应的色谱分离技术纯化蛋白质。常用的有:

1. 凝胶过滤色谱法 凝胶过滤色谱法(gel-filtration chromatography,GFC)又称凝胶排阻色谱(SEC)。凝胶是一类具有三维空间结构的多孔网状颗粒物质,如琼脂糖凝胶(sepharose)、葡聚糖凝胶(sephadex),将凝胶颗粒装入色谱柱中即可用于物质的分离。当被分离物质通过凝胶柱时,大于凝胶孔径的分子不能进入凝胶内部,只能在凝胶颗粒之间的空隙中流动和分配,流经的路途短,可很快被洗脱出来,而小于凝胶孔径的分子则进入凝胶颗粒内部,在凝胶内部穿行,流经的路程长,移动的速度慢,最后被洗脱出来;分别收集不同时间的洗脱液,即可得到纯化的物质。

GFC 可在存在有多种离子、去污剂、尿素、盐酸胍、高或低离子强度、常温或低温等多种条件下进行,根据所分离物质的性质不同可选择相应的色谱条件,从而获得有生物学活性的纯化的生物大分子。

2. 离子交换色谱法 离子交换色谱法(ion exchange chromatography,IEC)是根据物质的酸碱度、极性和分子大小的不同进行分离的技术,通常包括吸附、吸收、扩散、穿透、静电引力等复杂的物理化学过程。自然界的包括蛋白质在内的生物大分子都带有电荷,当所需分离的物质通过离子交换色谱柱时,由于所带电荷、分子量等不同,有些被固定相靠静电引力所吸附,未被吸附的物质可被缓冲液首先洗脱出来;被吸附的物质由于所带电荷多少不同,对固定相的亲和力大小也不同,可被梯度离子缓冲液先后洗脱下来,使同一溶液中的不同物质被分离。色谱柱中填充的阴离子交换剂可用于带正电荷物质的分离,而阳离子交换剂可用于带负电荷物质的分离。

3. 亲和色谱法 对于亲和色谱法(affinity chromatography,AFC),第一部分已经有详细叙述,这里不再重复。亲和色谱法中融合标签的选择非常重要。理想的标签需要有以下的几个特点,①最好能一步纯化得到纯品;②对目标蛋白的结构和活性没有影响;③方便切除标签;④应用范围广,可适用各种表达系统或目标蛋白。没有哪个标签是完美的,只能根据实际需要去自己筛选,表 2-3 是部分的标签以及纯化的方案。

表 2-3 部分标签以及纯化方案

标 签	纯化用的填料或配基	洗脱方法
多聚组氨酸(6XHis)	螯合镍、铜、钴离子的填料	咪唑或降低 pH
谷胱甘肽硫转酶(GST)	键合谷胱甘肽的亲和填料	10~20mmol/L 还原谷胱甘肽
麦芽糖结合蛋白(MBP)	淀粉琼脂糖凝胶	麦芽糖
金黄色葡萄球菌蛋白 A	IgG 琼脂糖凝胶	低 pH
Flag peptide	抗 Flag 抗体,M1,M2	低 pH 或 EDTA
多聚精氨酸(Poly-Arg)	SP 琼脂糖凝胶	高盐
多聚半胱氨酸(Poly-Cys)	活化巯基琼脂糖凝胶	DTT
多聚苯丙氨酸(Poly-Phe)	苯基琼脂糖凝胶	乙二醇
钙调蛋白结合肽	钙调蛋白	EGTA
纤维素结合域	纤维素	盐酸胍或脲
几丁质结合域	几丁质	巯基乙醇,半胱氨酸

此外,疏水相互作用色谱(hydrophobic interaction chromatography,HIC)是利用蛋白质与固定相之间的弱疏水相互作用进行蛋白质分离纯化的色谱方法,适用于蛋白质类生物工程产品的分离。

第四节 蛋白质变复性技术

一、基本原理

基因工程技术的发展掀开了人类生命科学研究的崭新篇章,开辟了现代生物工业发展的新纪元。重组 DNA 技术为大规模生产目标蛋白质提供了崭新的途径,*E. coli* 以其易于操作、遗传背景清楚、发酵成本低和蛋白表达水平高等优点,是生产重组蛋白的首选表达系统。但人们在分离纯化基因工程表达产物时却遇到了意想不到的困难:很多利用大肠埃希菌为宿主细胞的外源基因表达产物如尿激酶、人胰岛素、人生长激素、白介素-6、人 γ-干扰素等,不仅不能分泌到细胞外,反而在细胞内聚集成没有生物活性的直径约 0.1~3.0μm 的固体颗粒即包涵体(inclusion body)。这些基因表达产物的一级结构(即氨基酸序列)虽然正确,而其立体结构是错误的,所以没有生物活性。因此,为获得天然状态的目标产物,必须在分离回收包涵体后,溶解包涵体并设法使其中的目标蛋白质恢复应有的天然构象和活性。如何高效地复性包涵体蛋白是基因工程技术面临的一个难题。随着人类基因组计划的完成和蛋白组计划的实施,人们将会更多地面临这一问题的挑战。

为了有的放矢地开发辅助蛋白质复性的技术,研究工作者纷纷开展了对蛋白质折叠机制的探讨。最初的假设都认为折叠步骤为:二级结构小片段形成折叠核,此核再形成功能区域,形成"熔球态",此后,分子立体结构再做一些局部调整,最终形成正确的立体结构。传统的化学动力学的模型集中研究此中间态转换机制。近年来出现的多维能量观(multi-dimensional energy landscape)或折叠漏斗(folding funnel)学说比较有代表性[25,26]。

多维能量观和折叠漏斗的模型可以预测蛋白复性的多动力路径，实验证明蛋白复性是远多于“熔球态”一个折叠路径的。而统计学的研究则侧重于蛋白向复性状态转换的整体能量观，认为蛋白复性更像多个球沿轨道滚落，而不是一个球在平面上漫无目的的滚动。此能量景观把单个的微观行为和宏观的现象联系起来，涉及折叠动力学的波动平衡，并发展了新型快速的计算方法。

折叠动力学应用微观理论和模型来研究[27]蛋白质的复性，这个模型展示了蛋白折叠可用漏斗型的能量景观来描述。漏斗的深度代表稳定构象的侧链相互作用的自由能，而宽度代表侧链的熵。在低的位置，能量景观表示能量更低，更接近天然结构，此时构象就越少。漏斗模型可以模拟大量的变性分子从不同构象如何快速折叠为一个天然结构，但无法说明能量的屏障作用。

还有研究人员从拓扑学的角度来解释蛋白的折叠过程，认为蛋白质折叠是由其拓扑学性质决定的，在无数空间结构中，具有生理活性的蛋白质结构是唯一的，并且此拓扑结构的熵值最小。熵是度量系统无序度的函数，蛋白质的折叠过程是一个熵值不断减小、从无序的松散肽链到有序的活性蛋白质结构的演变过程。这些构象的拓扑学分析中天然型构象最稳定，热力学稳定性增加。

一般认为，蛋白质在复性过程中，涉及两种疏水相互作用，一是分子内的疏水相互作用，促使蛋白质正确折叠；二是部分折叠的肽链分子间的疏水相互作用，导致蛋白质聚集而无活性。两者互相竞争，影响蛋白质复性收率。因此，在复性过程中，抑制肽链间的疏水相互作用以防止聚集，是提高复性收率的关键[26]。

二、操作流程

包涵体中一般含有50％以上的重组蛋白，其余为核糖体元件、RNA聚合酶、外膜蛋白，环状或缺口的质粒DNA，以及脂体、脂多糖等等，大小平均为0.5～1μm，难溶于水，只溶于变性剂如尿素、盐酸胍等。它主要是因为在重组蛋白的表达过程中缺乏某些蛋白质折叠的辅助因子，或环境不适，无法形成正确的次级键等原因而形成的。主要原因有：

(1) 表达量过高，研究发现在低表达时很少形成包涵体，表达量越高越容易形成包涵体。原因可能是合成速度太快，以至于没有足够的时间进行折叠，二硫键不能正确的配对，过多的蛋白间的非特异性结合，蛋白质无法达到足够的溶解度等。

(2) 重组蛋白的氨基酸组成，一般说含硫氨基酸越多越易形成包涵体，而脯氨酸的含量明显与包涵体的形成呈正相关。

(3) 重组蛋白所处的环境：表达时温度过高或胞内pH接近蛋白的等电点时容易形成包涵体。

(4) 重组蛋白是大肠埃希菌的异源蛋白，由于缺乏真核生物中翻译后修饰所需酶类，致使中间体大量积累，容易形成包涵体沉淀。

然而包涵体的形成有着有利的一面，如可溶性蛋白在细胞内容易受到蛋白酶的攻击，包涵体表达可以避免蛋白酶对外源蛋白的降解；降低了胞内外源蛋白的浓度，有利于表达量的提高；包涵体中杂蛋白含量较低，且只需要简单的低速离心就可以与可溶性蛋白分离，有利于分离纯化；对机械搅拌和超声破碎不敏感，易于破壁，并与细胞膜碎片分离等等。因此如何利用包涵体的性质得到纯度较高的重组蛋白也是一些实验室主要的研究目标，特别是一些重要的人源蛋白的获得。

分离包涵体并复性蛋白质的操作步骤并不复杂，从破碎细胞开始，然后将细胞匀浆离心，回收包涵体后，加入变性剂溶解包涵体，使之成为可溶性伸展态，再除去变性剂使表达产物折叠恢复天然构象及活性。其主要步骤主要有：

1）破菌：可用机械破碎，超声破碎和化学方法破碎等。

2）分离：离心：5000～20 000g 离心 15min，可使大多数包涵体沉淀，与可溶性蛋白分离，再进行过滤或萃取。

3）洗涤：由于脂体及部分破碎的细胞膜及膜蛋白与包涵体粘连在一起，在溶解包涵体之前要先洗涤包涵体，通常用低浓度的变性剂如 2mol/L 尿素在 50mmol/L Tris pH7.0～8.5 左右，1mmol/L EDTA 中洗涤。此外可以用温和去垢剂 TritonX-100 洗涤去除膜碎片和膜蛋白。

4）增溶（变性）：常用的变性剂有尿素（8mol/L）、盐酸胍（GdnHCl 6～8mol/L），通过离子间的相互作用，破坏包涵体蛋白间的氢键而增溶蛋白。其中尿素的增溶效果稍差，异氰硫酸胍（GdnSCN）最强。同时可加入去垢剂，如强的阴离子去垢剂 SDS，它可以破坏蛋白内的疏水键，可以增溶几乎所有的蛋白，但无法彻底的去除。或者在极端 pH 下通过破坏蛋白质的次级键从而增溶蛋白，如有人在 pH＞9.0 时溶解牛生长激素和牛凝乳蛋白酶包涵体，而有些蛋白可以溶解在 60mmol/L HCl 中。当然这个方法只适合于少部分蛋白的增溶。

5）变性剂的使用浓度和作用时间：一般在偏碱性的环境中如 pH8.0～9.0，尿素在碱性环境中不稳定，一般不要超过 pH10。有些蛋白只能用盐酸胍如 IL-4。增溶时一般室温过夜，但盐酸胍在 37℃下 1 小时便可以使多数蛋白完全变性溶解。

同时，由于蛋白间二硫键的存在，在增溶时一般还要使用还原剂。还原剂的使用浓度一般是 50～100mmol/L β-巯基乙醇或 DTT，也有文献使用 5mmol/L 浓度。在较粗放的条件下，可以使用 5ml/L 的浓度。但是还原剂的使用浓度一般与蛋白二硫键的数目无关。有些没有二硫键的蛋白加不加还原剂无影响，如牛生长激素包涵体的增溶。但有时对于目标蛋白没有二硫键某些包涵体的增溶，还原剂的使用也是必要的，这可能由于含二硫键的杂蛋白影响了包涵体的溶解。

6）复性：通过缓慢去除变性剂使目标蛋白从变性的完全伸展状态恢复到正常的折叠结构，同时去除还原剂使二硫键正常形成。一般在尿素浓度 4mol/L 左右时复性过程开始，到 2mol/L 左右时结束。对于盐酸胍而言，可以从 4mol/L 开始，到 1.5mol/L 时复性过程已经结束。

7）还原剂的去除：还原剂一般和变性剂的去除一起慢慢的氧化去除，使二硫键慢慢形成。但是由于二硫键的形成并不是蛋白质正确折叠所必需的，可以考虑在变性剂完全去除之后，再去除还原剂使已经按照正确的结构相互接近的巯基间形成正确的二硫键。

常用的氧化方法有空气氧化法和氧化还原电对。空气氧化法是在碱性条件下通空气，或者加入二价铜离子，能够取得更好的效果，缺点是不易控制氧化还原电势。而氧化还原电对（redox）常采用 GSSG/GSH，通过调整两者的比例来控制较精确的氧化还原电势，也可以在添加了还原剂如 β-巯基乙醇、DTT 的增溶液中直接加入 GSSG，如：5mmol/L GSSG/2mmol/L DTT＝GSH/GSSG（1.33/1）。

复性效果的检测：

但在实际研究中发现，在体外折叠时，蛋白质分子间由于存在大量错误折叠和聚合，复性效率往往很低。

根据具体的蛋白性质和需要，可以从生化、免疫、物理性质等方面对蛋白质的复性效率进行检测。常用的方法有：

a. 凝胶电泳：一般可以用非变性的聚丙烯酰胺凝胶电泳可以检测变性和天然状态的蛋白质，或用非还原的聚丙烯酰胺电泳检测有二硫键的蛋白复性后二硫键的配对情况。

b. 光谱学方法：可以用紫外差光谱、荧光光谱、圆二色性光谱(CD)等，利用两种状态下的光谱学特征进行复性情况的检测，但一般只用于复性研究中的过程检测。

c. 色谱方法：由于两种状态的蛋白色谱行为不同，可以利用色谱方法，进行复性效率的检测(如 IEX、RP-HPLC、CE 等)。

d. 生物学活性及比活测定：一般用细胞方法或生化方法进行测定，较好地反映了复性蛋白的活性。值得注意的是，不同的测活方法测得的结果不同，而且常常不能完全反映体内活性。

e. 黏度和浊度测定：复性后的蛋白溶解度增加，变性状态时由于疏水残基暴露，一般水溶性很差，大多形成可见的沉淀析出。

f. 免疫学方法：如 ELISA、WESTERN 等，特别是对结构决定簇的抗体检验，比较真实地反映了蛋白质的折叠状态。

8) 纯化：一般说来，复性液的体积较大，为了减少处理体积，在进行柱纯化以前可以先进行硫酸铵沉淀，收集低速离心而沉淀，再进行复溶。复溶的盐浓度较高，可以直接进行 HIC 纯化，目标峰经适当稀释后进行 IEX 纯化，然后通过 SEC 脱盐，更换缓冲液，除菌过滤后，在质量合格的情况下便可以进入制剂阶段。

当然在复性浓度较高的情况下，也可以直接将复性液进行 IEX 纯化，优点是在纯化的同时进行体积的浓缩，为以后的精制创造条件。

从生产的角度看，由于每增加一步纯化工序便降低很多收率，所以可以接受的工艺一般不超过两到三次柱纯化，工艺越简单越有利于收率的提高。当然这只是一个一般的原则，对于纯度要求较高的产品如重组人白蛋白，不得不进行多次纯化。

三、优点和不足

包涵体蛋白复性是一个非常复杂的过程，除与蛋白质复性的过程控制相关外，还很大程度上与蛋白质本身的性质有关。有些蛋白非常容易复性，如牛胰 RNA 酶有 12 对二硫键，在较宽松的条件下复性效率可以达到 95%以上。而有一些蛋白至今没有发现能够对其进行复性的方法如 IL-11，很多蛋白的复性效率只有百分之零点几。一般说来，蛋白质的复性效率在 20%左右。影响复性效率的因素有蛋白质的复性浓度，变性剂的起始浓度和去除速度、温度、pH、氧化还原电势、离子强度、共溶剂和其他添加剂的存在与否等。

成功的复性方法是能够在高蛋白浓度下仍能得到较高的复性率。第一种方法是把变性蛋白缓慢连续或不连续地加入到复性液中。在两次之间，应有足够的时间间隔使蛋白质折叠通过易聚集的中间体阶段。第二种方法是用温度跳跃策略。变性蛋白在低温下复性折叠以减少聚集，直到易聚集的中间体大都转化为不易聚集的后期中间体后，温度快速升高来促进后期中间体快速折叠。第三种方法是复性在中等的变性剂浓度下进行，变性剂浓度应高到足以有效防止聚集，同时又能够引发正确复性。复性时，一般的蛋白质浓度为 0.1～1mg/ml，太高的浓度容易形成聚体沉淀，太低的浓度不经济，而且很多蛋白在低浓度时不稳定，很容易变性。

1. 传统方法的缺陷

(1) 稀释复性：直接加入水或缓冲液，放置过夜。缺点是体积增加较大，变性剂稀释速度太快，不易控制。

(2) 透析复性：不增加体积，通过逐渐降低外透液浓度来控制变性剂去除速度。易形成无活性蛋白质聚体，且不适合大规模操作，耗时长。

(3) 超滤复性：处理样品规模较大，易于对透析速度进行控制，缺点是不适合样品量较少的情况，且有些蛋白可能在超滤过程中产生不可逆的变性，在膜上聚集造成污染。

(4) 柱上复性：是最近研究较多并成功地在生产中应用的一种复性方法。常用于复性的层析方法有 SEC、HIC 等。

2. 添加辅助剂的复性方法 在包涵体蛋白质折叠复性过程中，加入辅助剂能大大促进复性效率。其作用主要有：稳定正确折叠蛋白质的天然结构、改变错误折叠蛋白质的稳定性、增加折叠复性中间体和非折叠蛋白质的溶解性等。通常使用的添加剂有：

(1) 共溶剂：如 PEG600～20 000，通过与中间体特异而形成非聚集的复合物，阻止了蛋白质分子间的相互接触的机会，减少蛋白质的聚集沉淀[28]，也可能对复性效率的提高起作用。一般的使用浓度在 0.1%左右，具体条件可根据实验条件确定。

(2) 去污剂及表面活性剂：如 Trition X-100、SDS、CHAPs、Tween、磷脂、磺基甜菜碱等，对蛋白质复性有促进作用，但能与蛋白质结合形成微束，很难去除[29]。

(3) 氧化-还原剂：对于含有二硫键的蛋白，复性过程应促使二硫键形成。方法有：空气氧化法、使用氧化交换系统、混合硫化物法等等。还有一些特殊的氧化剂被用做控制包涵体蛋白的氧化复性，如用 *O*-iodosobenzoate 来氧化复性 IFN-β 和 IL-2。

(4) 小分子的添加剂：小分子自身并不能加速蛋白质的折叠，而是通过破坏错误折叠中间体的稳定性，或增加折叠中间体和未折叠分子的可溶性来提高复性产率。

小分子的添加剂多种多样，作用也不尽相同，如盐酸胍或尿素等，可阻止蛋白聚集；蛋白质的辅因子（如 Zn^{2+} 或 Cu^{2+}）、配基或底物亦起到很好的促折叠作用；加入浓度大于 0.4mol/lTris 缓冲液可提高包涵体蛋白质的折叠效率；*L*-Arg 能使不正确折叠的蛋白质结构以及不正确连接的二硫键变得不稳定，使折叠朝着正确的方向进行；NDSBs 可促进蛋白复性，它不属于去垢剂，不形成微束，易于去除；肝素具有稳定天然蛋白质的作用；甘油可以增加黏度，减少分子碰撞的机会以提高复性效率；适量的盐可降低某些带电基团间的斥力，利于蛋白质的折叠；短链醇、高渗物等能有效地降低聚集体的形成，稳定蛋白的作用等。需要根据不同的体系，研究发现不同的添加剂，没有一定之规。

(5) 添加分子伴侣和折叠酶：研究发现，很多蛋白只有在适当的分子伴侣或折叠酶的参与下，才能发生时无法自己正确的折叠。

(6) 单克隆抗体：待折叠复性的蛋白质的抗体可有效协助复性，但只限与抗体相对应的蛋白才能获得明显的助折叠作用[37]。

(7) 使用高压力复性蛋白也是种可应用的方法。

(8) 液相色谱复性法：其优点是：在进样后可很快地除去变性剂；色谱固定相对变性蛋白质的吸附可明显地减少、甚至完全消除变性蛋白质分子在脱离变性剂环境后的分子聚集；在蛋白质复性的同时，分离目标蛋白质与杂蛋白，达到纯化的目的。

有资料报道，HIC、IEC、SEC、AFC 已成功地对变性蛋白进行了复性。其中，SEC 的分离效果是最差的，盐酸胍会在 IEC 柱上保留，与蛋白一起洗脱下来；AFC 使用范围窄、所需时间长、价格昂贵，HIC 是其中较为理想的[38]方法。

(9) 反胶束复性法：蛋白质在反胶束内水相中可以保持其构象和活性，运用相转移技术可以将蛋白质分子包于反胶束内，这样使蛋白质相互分离，减少相互聚集，逐渐降低变性剂的浓度和加入氧化-还原剂，使变性蛋白质复性[39]。

(10) 双水相复性法：使用硫氰化钠、氯化钠、溴化锂与聚乙二醇(PEG)构成双水相系统，由于PEG具有稳定蛋白质构象的作用、高浓度盐则具有去稳定的作用，这样正确折叠的蛋白质会不断从一相进入到另一相中，直到蛋白质的折叠与去折叠达到一个平衡。

四、改进的方向和途径

近来，越来越多的有关蛋白质折叠的研究已转向利用分子伴侣在体内和体外辅助蛋白质复性[30]。

生物分子伴侣GroEL具有结合蛋白质的作用，相当于变性蛋白质的亲和配基。固定化GroEL柱(固定床)相当于变性蛋白质的亲和吸附层析柱，从而可提高样品的处理量，并使蛋白质在复性的同时得到浓缩和纯化。Teshima等利用固定化分子伴侣，在体外辅助了淀粉酶、碳酸酐酶、DNA酶的折叠复性[30,31]。还有报道利用"小分子伴侣"对目标蛋白质进行复性。"小分子伴侣"是指GroEL的一个片段。它们能有效地促进亲环蛋白A、硫氰酸酶以及芽孢杆菌RNA酶的复性。由于"小分子伴侣"分子较小，更适合于固定化，且不需另加复性辅助因子(如GroES和ATP等)，因此具有很大的应用前景[32,33]。

折叠酶或异构酶，如二硫键异构酶(PDI)和脯氨酸异构酶(PPI)在蛋白质复性中也起到重要作用。PDI可以使错配的二硫键打开并重新组合，从而有利于恢复到正常的结构。在复性过程中蛋白质的脯氨酸两种构象间的转变需要较高能量，常常是复性过程中的限速步骤，而PPI的作用是促进两种构象间的转变，从而促进复性的进行。

受蛋白质分子伴侣辅助蛋白质复性的启发，1995年，Karuppiah和Sharma发表文章，介绍了使用环糊精辅助碳酸酐酶B的复性[34]。利用环糊精的疏水性空腔结合变性蛋白质多肽链的疏水性位点，可以抑制其相互聚集失活，从而促进肽链正确折叠为活性蛋白质。1999年，Sundari等报道了用直链糊精辅助胰岛素、碳酸酐酶和鸡蛋白溶菌酶复性，发现直链糊精基本上能够模拟环糊精在辅助蛋白质复性方面的作用，直链糊精的优点是它的螺旋结构形成一个疏水性空管，可以结合更多的蛋白质分子；在水中溶解度较高，有利于提高复性酶浓度和实验操作；价格比环糊精便宜，实际应用前景广阔。

后来，Rozema和Gellman对人工分子伴侣体系(去污剂+环糊精)辅助碳酸酐酶和鸡蛋白溶菌酶复性进行了研究[35,36]。与GroE等蛋白质分子伴侣相比，联合使用去污剂和环糊精作为人工分子伴侣辅助蛋白质复性具有明显的优点：人工分子伴侣不属于蛋白质，不易受环境影响而失活，操作条件较为宽松；去污剂和环糊精均可直接购买，省去分离纯化的步骤；去污剂与环糊精的分子量较小，容易与蛋白质分离，有利于提高工业生产效率。

目前对包涵体形成和复性过程中发生聚集的机制尚不十分清楚，每种蛋白质都有自己特有的折叠方式和途径，对某种蛋白质的复性必须反复试验，且没有普遍性。只有利用折叠和聚集的知识才能建立相对优化、适合生产规模的蛋白质复性方法。相信随着结构生物学、生物信息学、蛋白质工程学及相关新技术和新设备的发展和完善，在不久的将来，预测、设计和执行最佳复性方案将成为可能。

执笔：周卫红

讨论与审核：周卫红

资料提供：周卫红

参 考 文 献

1. 李育阳. 基因表达技术. 北京:科学出版社,2001
2. 郭广君,吕素芳,王荣富. 外源基因表达系统的研究进展,科学技术与工程,2006,6(5):582～588
3. 孙柏欣,刘长远,陈彦等. 基因表达系统研究进展. 现代农业科技,2008,2:205～208
4. Baneyx F. Recombinant protein expression in *Escherichia coli*. Current Opinion in Biotechnology, 1999, 10(5): 411～421
5. Ghaemmaghami S, Huh W.-K, Bower K, et al. Global analysis of protein expression in yeast. Nature, 2003, 425: 737～741
6. Cereghino JL,Cregg JM. Heterologous protein expression in the methylotrophic yeast *Pichia pastoris*. FEMS Microbiology Reviews,2000,24: 45～66
7. Kost TA,Condreay JP,Jarvis DL. Baculovirus as versatile vectores for protein expression in insect and mammalian cells. Nature Biotechnology,2005,23(5): 567～575
8. 孙阳,张淑颖. 昆虫杆状病毒表达系统的研究及其新进展. 江西农业学报,2006,18(5):96～99
9. Liljeström P,Garoff H. A new generation of animal cell expression vectors based on the Semliki Forest virus replicon. Bio/Technology,1991,9: 1356～1361
10. Kaufman RJ. Overview of vector design for mammalian gene expression. Methods in molecular biology (Clifton,N. J.),1997,62:287～300
11. 黄亚红,陈建秀,张大兵. 植物表达系统生产疫苗的研究进展. 国外医学寄生虫病分册,2005,32(3): 125～133
12. Curtiss RI,Cardineau CA. Oral immunization by transgenic plants. World Patent Application,1990,WO 90/ 02484
13. 钟耀华,王晓利,汪天虹. 丝状真菌高效表达异源蛋白研究进展,生物工程学报,2008,24(4): 531～540
14. Hunt I. From gene to protein: a review of new and enabling technologies for multi-parallel protein expression. Protein Expression and Purification,2005,40: 1～22
15. Bollag DM,Edelstein SJ. Protein Methods. New York,Chichester,Brisbane,Toronto,Singapore:Wiley-Liss,1991
16. Dignam JD. "Preparation of extracts from higher eukaryotes.". Methods in Enzymology,1990,182: 194～203
17. Gillett TA,Meiburg DE,Brown CL,et al. Parameters affecting meat protein extreaction and interpretation of model system data for meat emulsion formation. Journal of Food Science,2006,42(6): 1606～1610
18. Liadakis GN,Tzia C,Oreopoulou V,et al. Protein Isolation from Tomato Seed Meal,Extraction Optimization. Journal of Food Science,2006,60(3):477～782
19. 徐迪雄,叶治家,曹廷兵等. 从肝脾组织快速分离核蛋白抽提物. 第三军医大学学报,2001,23(5):612～613
20. Scopes RK. Protein purification: principles and practice. 3rd ed. London:Springer press,1994
21. Marshak DR. Strategies for protein purification and characterization. London:Springer press,1996
22. Janson JC,Rydén L. Protein purification: Principles,high-resolution methods,and applications,2nd ed. Weinheim:Wiley-Vch press,1998
23. Harris ELV,Angal S. Protein purification methods: a practical approach. Oxford:Oxford university press,1995
24. Deutscher MP. Guide to protein purification:methods in enzymology. NewYork:Academic Press,1990
25. 孙彦. 生物分离工程. 北京:化学工业出版社,1998:23～24
26. Goldberg ME,Rudolph R,Jaenicke R. A kinetic study of the competition between renaturation and aggregation during the refolding of denatured-reduced egg white lysozyme. Biochemistry,1991,30:2790～2797
27. Tokuriki N,Tawfik D S,Protein dynamism and evolvability. Science,2009,324:203～207
28. Cleland JL,Hedgepeth C,Wang DIC,Polyethylene glycol enhanced refolding of bovine carbonic anhydrase B. Reaction stoichiometry and refolding model. J. Biol. Chem,1992,267:13327～13334
29. DeLa Cruz R,Buczek O,Bulaj G,et al. Detergent-assisted oxidative folding of[delta]-conotoxins. Journal of Peptide Research,2003,61:202～212
30. Smith KE,Fisher MT. Interactions between the GroE Chaperonins and Rhodanese. J. Biol. Chem,1995,270: 21 517～21 523
31. Zheng X,Shengli Y,Dexu Z. GroE Assists Refolding of Recombinant Human Pro-Urokinase. J Biol Chem,1997,121:

331～337
32. Zahn R, Buckle AM, Perrett S, et al. Chaperone activity and structure of monomeric polypeptide binding domains of GroEL. Proc Natl Acad Sci, 1996, 93: 15024～15029
33. Taguchi H, Makino Y, Yoshida M. Monomeric chaperonin-60 and its 50-kDa fragment possess the ability to interact with non-native proteins, to suppress aggregation, and to promote protein folding. J. Biol. Chem, 1994, 269: 8529～8534
34. Karuppiah N, Sharma A. Cyclodextrins as protein folding aids. Biochem Biophys Res Commun, 1995, 211(1): 60～66
35. Rozema D, Gellman, SH. Artificial chaperone-assisted refolding of carbonic anhydrase B. J. Biol. Chem, 1996, 271: 3478～3487
36. Rozema D, Gellman SH. Artificial chaperone-assisted refolding of denatured-reduced lysizyme: modulation of the competition between renaturation and aggregation. Biochemistry, 1996, 35(49): 15760～15771
37. Carlson, JD, Yarmush, ML. "Antibody Assisted Protein Refolding," Bio/Technol, 1992, 10: 86～91
38. Batas B, Chaudhuri JB. Protein refolding at high concentration using sizeexclusion chromatography. Biotechnol Bioeng, 1996, 50: 16～23
39. Hagen AJ, Hatton TA, DIC Wang. "Protein refolding in reversed micelles". Biotechnology and Bioengineering, 1990, 35: 955～965

第五节　二维凝胶电泳与分析技术

一、基本原理

随着人类基因组计划的基本完成，后基因组时代已经到来，蛋白质组学得到了空前的发展。蛋白质组研究旨在揭示基因表达的真正执行生命活动的全部蛋白质的表达规律和生物功能，包括蛋白质组、蛋白质组学、功能蛋白质组学和结构基因组学等新的概念的提出，蛋白质组学已成为当今生物领域中极其活跃的学科。1975 年由意大利生化学家 O. Farrel 等建立的双向电泳（two dimensional electrophoresis，2DE）目前已经与质谱技术、生物信息学一起成为蛋白质组学研究的三大核心技术。双向电泳由于具有高分辨率和高灵敏度，它已成为分析复杂蛋白混合物的基本工具，这一技术随着生物学的发展日趋完善。2DE 在分离蛋白混合样品，比较差异方面有不可替代的作用，结合质谱鉴定技术可查明大型蛋白复合物各组组分，与其他生物技术如分子生物学、分子遗传工程、免疫学、微量蛋白质的自动氨基酸序列分析相结合，可以快速准确地发现和鉴定新的蛋白质。

双向凝胶电泳的第一向是等电聚焦（iso-electric focusing，IEF），是 20 世纪 60 年代中期问世的一种利用有 pH 梯度的介质分离等电点不同的蛋白质的电泳技术。由于其分辨率可达 0.01pH 单位，因此特别适合于分离分子量相近而等电点不同的蛋白质组分。

首先，样品的制备是 IEF 的一个重要步骤，它的成功与否是决定双向电泳成败的关键。样品制备要遵循以下几个原则：第一，制备过程要减少蛋白丢失，尽量去除起干扰作用的高丰度或无关蛋白，从而保证待研究蛋白的可检测性；第二，所分析的目标蛋白的等电点要在 IPG 胶条的 pH 梯度范围内；第三，样品中的杂质必须除尽（如盐、脂类、多糖和核酸等物质）；第四，样品必须处在溶液状态，蛋白复合物的存在会使 2DE 胶中出现新的蛋白点，相应的表示单个多肽的点的强度会下降；第五，防止在样品制备过程中发生样品的抽提后化学修饰（如酶性或化学性降解等）。

蛋白质是两性分子，根据所在环境的 pH 不同而带正电荷、负电荷或净电荷为零。当 pH 大于等电点时，带负电荷；当 pH 小于等电点时，带正电荷；当蛋白处于其等电点时，净电荷为零。对于 IEF 来说，一个稳定、连续的 pH 梯度的存在是至关重要的。在有 pH 梯度存在的情况下，电场的作用会使蛋白质迁移至其 pH。将蛋白质样品加载至 pH 梯度介质上进行电泳时，会向与其所带电荷相反的电极方向移动，而且该蛋白所带的电荷数和迁移速度下降。当蛋白迁移至其等电点 pH 位置时，其净电荷数为零，在电场中不再移动。即便发生偏离现象，蛋白质立即获得净电荷，而使其重新迁移回 pI 处。IEF 就是这样根据 pI 不同，蛋白最终被聚焦在一个很窄的 pH 梯度区域内。

等电聚焦常用的 pH 梯度支持介质有聚丙烯酰胺凝胶、琼脂糖凝胶、葡聚糖凝胶等，其中聚丙烯酰胺凝胶为最常应用。最早，等电聚焦的 pH 梯度是由载体两性电解质在电场的作用下形成的，之后加入蛋白样品继续电泳，最后蛋白将在 pI 附近停止迁移(图 2-1)。载体两性电解质是由许多脂肪族的多氨基多羧基的异构体和同系物组成的，通过改变每个分子中氨基和羧基的比例得到不同等电点化合物，从而能在一定范围内形成 pH 梯度。电泳后，不可用染色剂直接染色，因为常用的蛋白质染色剂也能和两性电解质结合，因此应先将凝胶浸泡在 5%的三氯醋酸中去除两性电解质，然后再以适当的方法染色。通过两性电解质方法所建立的 pH 梯度不稳定，而且会发生阴极漂移现象。20 世纪 80 年代开始采用固定化 pH 梯度(immobilized pH gradient，IPG)。IPG 胶所用的介质是一些具有弱酸或弱碱性质的丙稀酰胺衍生物，它们于丙稀酰胺和甲叉双丙稀酰胺有相似的聚合行为。固定化电解质一端的双键可以在聚合中共价结合到聚丙烯酰胺介质中，其另一端的 R 集团为弱酸或弱碱，可在聚合物中形成弱酸或弱碱的缓冲体系，利用缓冲体系滴定终点附近一段 pH 范围就可行成近似线性的 pH 梯度，所以固相 pH 梯度与载体两性电解质 pH 梯度的区别在于前者的分子不是两性分子，在凝胶聚合时候便形成 pH 梯度，不随环境电场条件的改变而改变，后者是两性分子，在电场中迁移到自己的等电点后才形成 pH 梯度。IPG 胶克服了载体两性电解质阴极漂移等许多缺点，而且可以建立非常稳定的可以随意精确设定的 pH 梯度。在很窄的 pH 范围对个别蛋白进行分析，从而大大提高了分辨率。此种胶条已有商品生产，可根据需求选择 IPG 的 pH 范围，上样量更大，基本上解决了双向凝胶电泳重复性的问题，IPG 技术增加了单个胶条上目的 pH 的范围，可以分离更酸和更碱的蛋白，操作也更加容易，其精确的长度使胶与胶之间的对比可信度更高，可用于荧光差异双向电泳技术(参看本章第三节)。固定化干胶条的产生是双向凝胶电泳技术上的一个非常重要的突破。

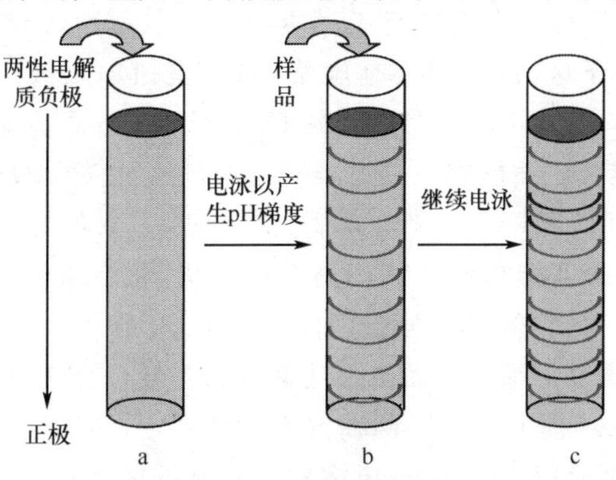

图 2-1　等电聚焦

a. 在电泳缓冲液中加入两性电解质，外加电场进行电泳；b. 两性电解质在胶中产生稳定、连续的 pH 梯度；c. 加入蛋白样品继续电泳，不同蛋白将在等电点处停止迁移，达到分离目的

固定化干胶条有不同的长度，7cm，11cm，13cm，18cm 和 24cm。长度不同的胶条可以满足不同需求。短些的胶条电泳时间短，但是上样量受限；长的干胶条上样量更大，能够检测到更多的蛋白点，但是第一向 IEF 和第二向 SDS-PAGE 的电泳时间都会较长。

固定化干胶条能够在宽的 pH 范围内分离蛋白点，从 pH 3 的酸性蛋白到 pH11 左右的碱性蛋白均可进行分离。不同的 pH 间隔可以使蛋白点较多的 pH 范围处更加分散，有利于后面的分离和鉴定。如果要分离全蛋白，则可以使用 pH 3～11NL 的胶条，这对真核与原核细胞的蛋白都适用；如果目的蛋白 pH 在 5～7 范围内，则可以选择使用非线性梯度的干胶条，pH 3～7，增大 pH 5～7 之间蛋白的分辨率，这有利于分析蛋白复合物如血清；用窄 pH 梯度胶条可以分析有兴趣的 pH 范围内的蛋白点，而且可以增加上样量，毫克级的蛋白提取物可以被分析，简化了后面的鉴定。

IPG 干胶条有两种不同的上样方式。重泡涨上样，即可以将样品加在胶条重泡涨液中，也可以通过样品杯直接加在 IPG 胶上。前一种方式提供更大的上样量（$>100\mu l$）和分离量，可以将样品稀释，避免了直接加入上样杯可能发生的沉淀，而且操作更加简单，避免发生渗漏现象，但是 IPG 胶条过夜重泡涨可能会使蛋白发生降解或其他的修饰作用；通过样品杯上样可以避免这种现象，但上样量有限，最多可以加 $150\mu l$ 的样品，过大的上样量会产生沉淀。

等电聚焦的第二向是十二烷基磺酸钠-聚丙烯酰胺凝胶电泳（SDS-PAGE），是一种根据蛋白的分子量（M）不同而实现分离的技术。SDS-PAGE 电泳的基本原理是：阴离子表面活性剂 SDS[$CH_3-(CH_2)_{10}-CH_2OSO_3-Na^+$]（十二烷基磺酸钠）能破坏蛋白质分子内和分子间的非共价键，使蛋白质变性而改变其原有的构象，并同蛋白质分子充分结合形成带负电荷的蛋白质-SDS 复合物。还原剂将蛋白质分子内的二硫键打开，保证了这种结合更加充分。蛋白质-SDS 复合物在水溶液中的形状类似于长椭圆棒，不同的蛋白质-SDS 复合物的长度与蛋白质分子量的大小成正比，其迁移率便不再受蛋白质原有的净电荷及形状等因素的影响，而主要取决于其分子量大小这一因素。蛋白在电场中的相对迁移率与分子量大小之间呈现线性关系。根据这一特点，就可以将各蛋白组分按分子量大小分开。

SDS-PAGE 一般使用 Tris-glycine 缓冲液。在电场中，SDS-多肽复合物向正极推进，样品首先通过高度多孔性的浓缩胶（pH6.8），由于氯离子、蛋白质和甘氨酸羧基的解离度不同，导致迁移速度不同，迁移顺序为氯离子＞蛋白质＞甘氨酸，氯离子与蛋白之间，蛋白质与甘氨酸之间出现低电子区，同时出现高电势，迫使蛋白向正极迁移，由于浓缩胶交联度小，孔径大，蛋白受阻小，因此不同蛋白质就凝缩到分离胶上层，起浓缩作用，使样品中所含 SDS-多肽复合物在分离胶表面形成一条很薄的区带，使蛋白样品处于同一起跑线上。当蛋白进入分离胶（pH8.8）时，氯离子完全电离很快达到正极，甘氨酸电离度加大很快越过蛋白达到正极，氯离子、甘氨酸和蛋白质之间的高电势消失，蛋白缓慢移动，由于胶孔径小而且形成一个整体的筛状结构，它们对大分子阻力大，小分子阻力小，起着分子筛效应，也就是蛋白质在分离胶中，由于分子筛效应而出现迁移率的差异，最终彼此分开。

第二向 SDS-PAGE 有垂直和水平两种方式。垂直方式的特点是可以同时走多张胶，且可以是较厚的凝胶，有利于提高上样量，电泳后可有足够的蛋白量进行进一步分析；缺点是需要大量的缓冲液，电泳时间长，分辨率低，不便于保存。水平电泳的特点是分辨率高、速度快、灵敏度高、凝胶大小、厚度可任选，可用半干技术；由于有支持膜，更便于长期保存。

在进行第二向 SDS-PAGE 分离之前，必须要平衡 I E F 胶。平衡液包含以下几个成分:平衡缓冲液,使胶条处于适宜 SDS-PAGE 的 pH 环境;尿素和甘油,通过降低溶液的粘稠度减少电渗透;二硫苏糖醇(DTT),维持失活的非烷基化蛋白的还原状态;十二烷基磺酸钠(SDS),失活蛋白,形成带负电荷的 SDS-蛋白复合物;碘代乙酰胺烷基化蛋白的硫醇基团,避免电泳中发生氧化;溴酚蓝,监测电泳的进行。用含有 SDS 的第二向介质置换第一向 IEF 介质,使蛋白质与 SDS 能更好地结合而带负电荷,确保在 SDS-PAGE 过程中正常迁移。若未进行平衡过程而直接进入第二向的 SDS-PAGE 分离,蛋白处于其等电点状态而不发生迁移。将在 IPG 胶条中经过第一向分离并平衡的蛋白质转移到 SDS-PAGE 凝胶上(只有分离胶,IEF 相当于浓缩胶的作用),根据蛋白质的分子量大小与第一向相垂直的方向进行 SDS-PAGE 电泳。样品经过电荷和质量两次分离后,得到复杂蛋白混合物中的蛋白质的二维平面分布图(图 2-2)。

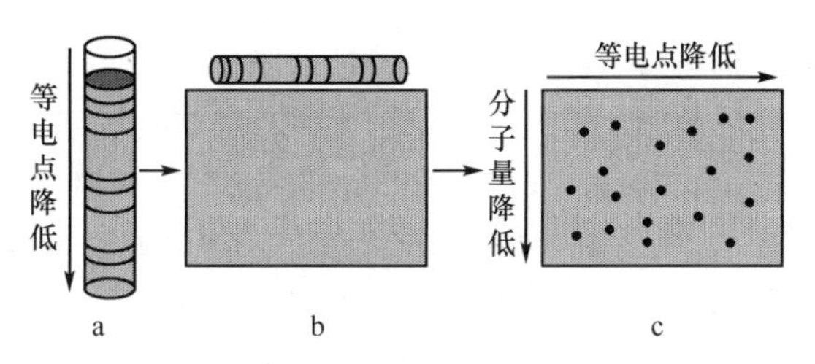

图 2-2 双向电泳流程

a. IEF,蛋白由于 pI 不同分离,且 pI 逐渐降低;b. 将胶条取出,平衡后,用含有电泳缓冲液的琼脂将胶条封在 SDS-PAGE 胶上面,进行第二向电泳;c. 得到蛋白质的二维平面分布图

2-DE 分以下几种:①非变性 2D-PAGE:两向均在非变性条件下进行,这样分离的蛋白质点的等电点和表观分子量同生理条件下获得的这些蛋白的值是一样的;②非变性/SDS-2D-PAGE:第一向采用非变性 IEF,之后在 2%SDS 溶液中平衡;第二向也在 SDS 存在的条件下进行。适于分析非共价键连接的蛋白-蛋白间的相互作用。③非变性/还原/SDS-2D-PAGE:非变性条件下 IEF 聚焦,之后用 8M 尿素+5%β-ME+2%SDS 进行平衡,再进行第二向 SDS-PAG 电泳。此时分离的蛋白质点可进行点的切取、蛋白酶消化、MALDI-TOF-MS 分析鉴定,提供关于断裂二硫键连接的多肽的信息。④变性 2D-PAGE:样品先用 2%SDS+5%β-ME+95℃变性 5 分钟,IEF 在 8M 尿素+1%NP-40 条件下进行,之后胶条用 2%SDS+5%β-ME 平衡,然后进行 SDS-PAGE。该技术适于 DNA 序列和多肽结构的分析,或分析被碳氢键连接和其他翻译后修饰所引起的多肽结构微异质性,但此方式显示的大于 100kd 的蛋白质点少于第三种方式。

双向电泳第一向 IEF 可以使用 Ettan IPGphorⅡ等电聚焦系统。Ettan IPGphorⅡ有高通量、快速、可重复和高蛋白上样量等优点,并可以使用电脑控制。

二、操 作 流 程

第一维电泳是等电聚焦,在细管中(φ1~3 mm)中加入含有两性电解质、8M 的脲以及非离子型去污剂的聚丙烯酰胺凝胶进行等电聚焦,变性的蛋白质根据其等电点的不同进行分离。而后将凝胶从管中取出,用含有 SDS 的缓冲液处理 30 分钟,使 SDS 与蛋白质充分结合。

将处理过的凝胶条放在 SDS-聚丙烯酰胺凝胶电泳浓缩胶上,加入丙烯酰胺溶液或熔化的琼脂糖溶液使其固定并与浓缩胶连接。在第二维电泳过程中,结合 SDS 的蛋白质从等电聚焦凝胶中进入 SDS-聚丙烯酰胺凝胶,在浓缩胶中被浓缩,在分离胶中依据其分子量大小被分离。

这样各个蛋白质根据等电点和分子量的不同而被分离、分布在二维图谱上。细胞提取液的二维电泳可以分辨出 1000～2000 个蛋白质,有些报道可以分辨出 5000～10 000 个斑点,这与细胞中可能存在的蛋白质数量接近。由于二维电泳具有很高的分辨率,它可以直接从细胞提取液中检测某个蛋白。

三、优点和不足

2DE 的第一向电泳是等电聚焦电泳,蛋白质因等电点不同而被分离;然后通过 SDS-PAGE 对蛋白质进行第二向电泳,蛋白质因分子量的不同被分离开。2DE 同时利用了等电点和分子量这两个不相关的性质,达到分离蛋白质的目的,所以 2DE 的分离能力非常强大,成为唯一一种能同时分离上千种蛋白点的技术。在分离蛋白点的同时,2DE 可以提供蛋白质的等电点和分子量数值信息,有助于蛋白质的鉴定。而且双向凝胶电泳胶上常见的 isoform 多是蛋白质翻译后修饰的结果,对这些蛋白质点的分析有助于了解对蛋白质功能影响重大的翻译后修饰。

双向电泳结合银染、考马斯亮蓝染色,还有最新的荧光染料等,在显示蛋白质的存在的同时,还提供了其表达水平的信息。不同染料可以直接用于胶上的染色,或将蛋白转印至 PVDF(polyvinylidene difluoride)膜上后再进行分析。放射自显影和荧光图像摄影术是最灵敏的检测方法,灵敏度可达到 200fg;银染是一种非放射性方法,灵敏度为纳克级;考马斯亮蓝染色方法的灵敏度是 30～100ng,约为银染的百分之一;负染能专门提高 PAGE 胶上蛋白质的回收率,但不能用于膜上染色;胺基黑可专门用于 PVDF/硝酸纤维素膜上的染色。

对凝胶图像进行扫描,再经过计算机处理,就可以给出所有蛋白斑点的准确位置和强度,得到布满蛋白斑点的参考胶图谱。再结合质谱技术和数据库分析,就可进行蛋白鉴定。

但是传统双向凝胶电泳操作耗费较大,自动化程度不高,系统误差较难消除,不利于胶与胶之间的对比。而且它对蛋白质的分离受到蛋白质本身性质的限制。对于低拷贝蛋白质,可能会超出双向电泳技术的灵敏度范围;对于极大(MW＞200kDa)或极小蛋白质(MW＜10kDa)、极酸或极碱蛋白和一些难溶膜蛋白质,都难以进行有效分离分析。

四、改进的方向和途径

在传统双向电泳技术的基础上发展出来的荧光差异双向电泳技术(two-dimensional fluorescence difference gel electrophoresis, 2D-DIGE),使用特殊的高溶解性荧光染料 CyDye™ DIGE Fluor dyes,在同一块胶上可同时分离三种由不同荧光标记的样品(图 2-3)。并以荧光标记的样品混合物为内标,对每个蛋白质点和每个差异都可以进行分析,减小了传统 2DE 的系统差异,可检测到样品间小于 10%的蛋白表达差异,统计学可信度达到 95%以上。

CyDye 有两种标记染料:最少标记法染料和饱和标记法染料。2-D 常用的是最少标记法染料,用于样品量较充足时,饱和标记法染料用于较珍贵样品的染色。

最少标记法染料包括三种不同的染料:Cy2、Cy3 和 Cy5。这三种染料所带电荷与分子

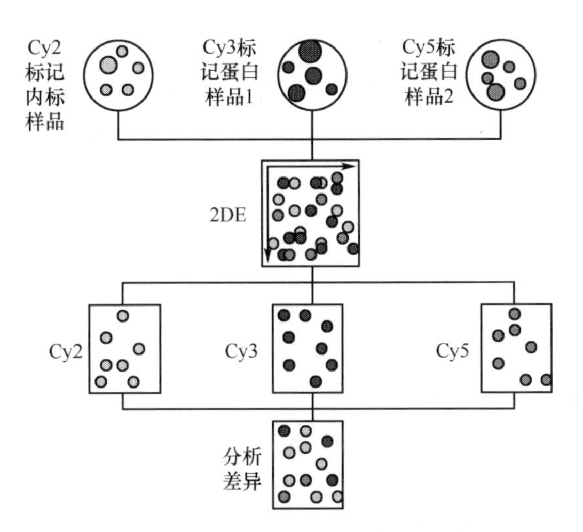

图 2-3 荧光差异双向电泳流程图

分别用 Cy2,Cy3,Cy5 染料标记对照组和实验组,将样品混合,在同一张胶上做双向电泳;用专门的扫描仪如 Typhoon 多功能扫描成像系统采集不同荧光的信号,得到三个组分的重叠图像;用 DeCyder 全自动差异分析软件进行图像分析和数据定量。

量匹配,即分子量相同,都带有一价正电荷,但光谱分开,有很高的敏感性,可以检测到皮克级的蛋白量,是银染敏感度的几十倍;DIGE 染料对 pH 不敏感,所以在进行 IEF 和 SDS-PAGE 时不会发生变化;对光不敏感,减少实验标记、分离和检测所带来的信号减弱。CyDye DIGE Fluor 最少标记法染料标记的是蛋白内部的赖氨酸 ε-氨基。2-D DIGE 中染料的用量一般能够标记 1%~2%的赖氨酸残基,也就是只标记样品的少部分,因此叫做最少标记法。赖氨酸本身带正电荷,与其共价结合时,用染料本身的一个正电荷代替赖氨酸的一个正电荷,因此不会改变蛋白的等电点。但是,染料与蛋白的结合会是蛋白分子量略微增加,与未标记的蛋白相比,迁移率会发生变化,这对小分子的蛋白影响更大些。Minimal labeling 由于只有少部分蛋白被标记,因此在进行蛋白点分析时,98%是未标记的,不会影响质谱分析。

饱和标记法染料包括两种颜色,Cy™3 和 Cy5。分子量匹配,分子为电中性,标记半胱氨酸的巯基。这种染色方法标记所有蛋白,因此灵敏度很高,蛋白样品起始量只有 5μg,达到皮克级灵敏度,特别适用于少量珍贵的样品,如临床的活检样品,或者从组织切片上激光捕获微切割的特定样品。

内标(internal standard)是荧光差异双向电泳的核心之一。为实验中的每张胶上的每个蛋白质都提供了一个参考点。理想的情况下,内标最好含有来源于所有样本的每一个蛋白质。最好的办法是将所有样品等量混合形成内标。用荧光染料标记内标,与样品一起电泳,样品的每一个蛋白点定量上取其与内标的比值。由于每块胶上都有相同的内标,这就为不同胶的匹配和定量建立内在联系,样品之间的比较可以用内标归一化,内标的使用可以区分开系统差异和诱导的生物学差异。

在传统双向电泳基础上发展起来的 2D-DIGE 设备有以下几个部分组成:①CyDyeTM DIGE fluors;②支持 DIGE 应用的扫描系统,如 Typhoon 多功能扫描系统,它有红、黄、蓝三个激光管,适合 2D-DIGE 的 Cy2、Cy3 和 Cy5 的检测,滤光片的波长专为 DIGE 的扫描优化过,扫描仪的灵敏度可达 Amol 级,适合 DIGE 高灵敏度要求,线性检测范围达 10^5,分辨率在 25～1000μm 内有多个可选择的波长；Ettan™ DIGE Imager 专用于 DIGE 扫描，灵敏度与 Typhoon 接近，但不兼容同位素与化学发光的扫描，因而更经济；③全自动差异分析 DeCyder™ 软件，可以全自动检测和分析一块胶内的多重样品，扣除背景，过滤干扰的杂点，并进行多块胶之间的匹配，可对几百组胶图同时分析，并对每个差异点进行全自动的差异检验。

采用 DIGE 技术，通过对不同类型，不同个体的细胞、组织、或经过不同处理和不同生长条件下蛋白质表达差异分析，在研究疾病的分子机理、分子诊断、药物作用机理、毒理学等方面都有广泛的应用。尤其是通过对各种疾病组织和正常组织进行比较，可以得到针对特定疾病(例如肿瘤)的一些标记蛋白质，得到的这些蛋白质可以用来作为疾病分子诊断的标记，或为进一步的疾病治疗以及药物开发提供有价值的信息。

执笔：陈凌懿
讨论与审核：陈凌懿
资料提供：陈凌懿

第六节 MALDI-TOF-MS 技术

一、基本原理

质谱技术(mass spectrometry，MS)的基本原理是样品分子离子化后，根据不同离子间的质量与电荷比值(mass/charge，m/z)的差异来分离并确定分子量。质谱仪主要由三部分组成：离子源(ion source)，质量分析器(mass analyzer)和检测器(ion detection system)。由于电离技术的制约，在相当长的一段时间内，MS 只能对小分子进行准确、灵敏的测定。20 世纪 80 年代后，由于两种软电离技术的问世，才使质谱的应用拓展到分析高极性、难挥发和热不稳的生物大分子的研究中。这两种软电离技术就是基质辅助激光解吸电离(matrix assisted laser desorption-ionization，MALDI)和电喷雾电离(electrospray ionization，ESI)。

二、操作流程

MALDI 离子源与飞行时间质量分析器(time of flight mass spectrometry，TOF-MS)进行组合，构成基质辅助激光解吸电离飞行时间质谱仪(MALDI-TOF-MS)。MALDI-TOF-MS 的基本原理是将待测的蛋白质样品溶液与过量的有机小分子基质[1∶(100～50000)]溶液混合，然后取微量混合液(通常为 0.5～1μl)点到样品靶上，经过加热或风吹烘干形成共结晶，放入离子源内；当激光照射到靶点上时，小分子基质吸收了激光的能量，转变为基质的电子激发能，该能量传递给待测的蛋白质样品，导致蛋白质电离和气化。使用小分子基质的主要目的是为了保护待分析的蛋白质样品不会因过强的激光能量而被破坏，因此被称为软离子化方式。另外，小分子基质还有分隔和悬浮待测样品、有效接收激光能量的功能。当样品分子被离子化后，即由高电压(20kV)将其转送到质量分析器——时间飞行质谱仪(TOF)内。在那里它们首先与基质分子分离，然后根据它们各自的质量与电荷比值(mass/charge，M/Z)被检测。离子的检测是根据不同质量的离子飞行到检测管的末端所需的时间不同，而且所需的时间正比于 M/Z 的平方根[1～3]。

三、优点和不足

已研究了从紫外(190nm)到红外(10.6μm)的各种不同波长的激光电离效果。实验结果表明,紫外激光实用性广,容易获得良好谱图,因此目前多数商品仪器采用价格较低的氮激光(337nm)。

MALDI-TOF-MS 克服了直接用激光解吸离子化的缺陷,为分析非挥发性、热不稳定的大分子提供了一种较好的离子化方式。它的最大优点是允许样品中含有几百毫摩尔的缓冲液及表面活性剂,且灵敏度比别的离子化方式高,可至 10^{-15} 摩尔级。MALDI-TOF-MS 适合分析绝大多数蛋白质,特别适合混合蛋白质、多肽类物质相对分子质量的精确测定,而且可以确定肽序列。MALDI-TOF-MS 操作简单,分析速度快,依仪器型号不同一次可分析十几个到几十个样品。MALDI-TOF-MS 还可以同许多蛋白分离方法相匹配,而且现有数据库中有充足的关于多肽 M/Z 值的数据,因此成为测定生物大分子尤其是蛋白质、多肽相对分子质量和一级结构的有效工具。

MALDI 谱图中单电荷分子离子峰占绝大多数,碎片离子极少,其谱图中的谱峰与样品各个组分的质量数有一一对应关系,因此特别适合分析蛋白质混合样品。用 MALDI-TOF-MS 测定一维或二维电泳分离后的蛋白质样品及它们酶解后产生的多肽混合物。将所获得的质谱图结合数据库搜索,就可以初步完成蛋白质的确认。目前使用较多的是 MS-fit 软件,其结果在 SWISS-PROT 数据库中进行检索。MALDI-TOF-MS 与羧肽酶酶解法相结合,可以进行蛋白质和多肽的 C 端序列测定[4]。

在医学中 MALDI-TOF-MS 被用来进行疾病的诊断、分析,以及疾病相关分子标记的查找确定。例如,Orvisky[5]等利用 MALDI-TOF 质谱技术初步比较了 20 位肝癌病人与 20 位相同年龄的健康人的血清成分,结果检测到有 45 个差异显著的峰。其中 34 个峰在病人的样品中增加,11 个峰在病人的样品中降低。他们进一步利用这些差异作为标准,检测出了 20 个肝癌病人中的 18 人,准确率达到了 90%。

Kim 等[6]使用 MALDI-TOF-MS 研究小蜜环菌产生的金属蛋白酶,得出其分子量为 18538.1508,N 端氨基酸序列为 XXYNGXTXSRQTILV。经数据库检索,没有一致的蛋白质,提示该蛋白质为一新发现蛋白,因此 MALDI-TOF-MS 在发现未知蛋白领域也有重要作用。

MALDI-TOF-MS 还可以用于详细研究蛋白质的翻译后修饰,如:磷酸化和糖基化等。由于特定类型的修饰会产生与理论质量数相差特定数值的肽段,如磷酸化会产生一个比理论分子质量数增加 80 的肽段,通过解析质谱测得肽段的质量数,或碎片离子谱图,便可识别蛋白质翻译后修饰信息。但是由于磷酸化肽段带负电荷,而 MALDI-TOF-MS 常用的检测模式为正离子模式,因此直接采用 MALDI-TOF-MS 检测磷酸化修饰位点比较困难。通常是采用 MALDI-TOF-MS 与碱性磷酸酶的去磷酸化作用相结合的方法来鉴定磷酸化肽段。由于肽上的一个磷酸基团(HP)的丢失,分子质量数便减少了 80,通过分析磷酸酶作用前后肽谱的差异,即可确定磷酸化肽段及磷酸化位点的数目[7]。

MALDI-TOF-MS 技术也可以用来研究蛋白质之间的相互作用。Kang 等[8]为了研究丙型肝炎病毒(HCV)核心蛋白与宿主细胞蛋白的相互作用,应用结合有核心蛋白的 Ni-氨基三乙酸树脂与宿主细胞蛋白结合,然后利用 2-DE/MALDI 质谱技术对结合蛋白进行分析,鉴定出 14 种与核心蛋白结合的宿主细胞蛋白,这些蛋白包括已知的 DEAD 盒多肽以及

13种新鉴定的蛋白，这其中包括细胞角蛋白和弹性蛋白。随后应用免疫印迹方法和免疫荧光显微技术对这两种蛋白和HCV核心蛋白的相互作用进行了证实。

四、改进的方向和途径

基质在MALDI-TOF-MS分析中起着重要的作用。它能从激光脉冲中吸收能量并使被测分子分离成单分子状态。前一个作用要求基质对激光有很强的吸收，因此到目前为止，文献报道的基质化合物均为含芳番环的有机化合物；后一个作用要求基质和被测分子具有很好的相容性，同时不能有分子间的相互作用。已有几百种应用于MALDI的基质被探讨，但适合用来分析生物大分子的基质仅有芥子酸、2,5-二羟基苯甲酸、2-氰基4-羟基肉桂酸，2-(4-羟基偶氮基)苯甲酸及菸酸等为数不多的几种。由于一种基质分子很难具备所有的要求，因此人们开始添加辅助基质。虽然，由于没有严格可循的理论依据，使得寻找合适的基质以及辅助剂的工作量很大，耗时、耗力，但是最近几年还是取得了很大的进展。研究表明在基质中添加氨盐(ammonium salt)能减少基质聚合物的形成，并且能提高MALDI对样品中残留的盐及其他污染物的耐受[9,10]。一些表面活性剂也被用来作为辅助基质，它们能去除有机基质的背景信号。另外科学家们近年来还尝试应用新型的基质。在2001年Armstrong等[11]开始应用液态的离子作为MALDI-TOF-MS基质。液态的基质结果重复性好，离子峰强度高，检测的极限等于甚至低于常规的固态基质。另外由于常规的有机基质在测定小分子(小于500Da)的样品时有很强的干扰，科学家们在研究中开始应用无机物作为基质。无机基质有以下几种：硅胶，活性炭，石墨和碳纳米管。在样品的预处理方面也有很大的改进。已有商业化的微型柱子可以快速的纯化样品，去除样品中的盐。

另外，仪器方面的进展也是巨大的。Brown等引入了离子反射器(ion reflection)和延迟提取(delayed ion extraction)技术，提高了MALDI-TOF-MS的分析精度，其用于多肽的MS分析时，所测分析物的分子质量准确度高达10^{-6}数量级。进样器方面，持续流基质辅助激光解吸离子化(continuous-flow matrix-assisted laser desorption ionization-time of flight-mass spectrometry，cf-MALDI)是一个重要的进展。而大气压MALDI(atmospheric pressure MALDI，AP-MALDI)的检测灵敏度更达到飞摩尔级(fmol)，而且分辨率也比较高。

第七节 LC-ESI-MS/MS技术

一、基本原理

LC-ESI-MS/MS(liquid chromatography- electrospray ionization-tandem mass spectrometry)技术将液相色谱和质谱技术结合起来，样品在进质谱仪以前的离子化技术采用电喷雾电离技术。从而可对经液相色谱纯化的生物分子直接进行质谱分析。液相色谱可以起到脱盐和浓缩样品的作用，通过减少盐或其他小分子对样品离子化的影响而降低样品的损耗和污染。电喷雾电离质谱(electrospray ionization mass spectrometry，ESI-MS)的基本原理是：样品溶液流出质谱仪进样端毛细管喷口后，在强电场(3～6kV)作用下迅速雾化，在雾化气中形成带电雾滴，随着溶剂的蒸发，电场增强，通过离子蒸发(离子向液滴表面移动并从表面挥发)等机制，产生单电荷或多电荷的气态离子，进入质量分析器。ESI也是一种软电离技术，它的特点是产生多电荷离子而不是像MALDI技术那样产生碎片离子，所形成的多电荷离子可直接用来灵敏准确地确定多肽与蛋白质的分子质量。液相色谱与质谱在线联用提高了检测的精确度和灵敏度，并且，快速流动的在线分离技术提高了检测的效率，可以快速的获得满意的结果[12]。例如，Link 等人应用 HPLC-ESI-MS/MS 鉴别酵母核糖体中的组分，在一次实验中鉴定了 80 个蛋白质。其中的 10 个在常规的 2D-PAGE 分离分析中未观察到。

二、操 作 流 程

1. 样品的预处理 通常在对样品进行分析之前要做纯化处理，去除可能的干扰物质，并对样品进行浓缩。常用的纯化样品的方法有以下几种[13,14]：

(1) 固相抽提法(solid-phase extraction，SPE)：用于固相抽提的材料为疏水性的硅胶材料。上样后，用适量的甲醇或是乙腈洗涤，从而去除样品中杂质。目前已有商业化的柱子提供，从而能快速、简便、有效的浓缩和净化样品。

(2) 液—液分配抽提法(liquid-liquid extraction，LLE)：液—液分配抽提法的原理是选择与水不相融的有机溶剂提取。依据是不同的物质在不同介质和有机溶剂中的分配系数不同。

(3) 亲和层析法：利用待测蛋白的特异抗体纯化样品。

2. 样品分离、检测及分析 LC-ESI-MS/MS 质谱仪主要由三部分组成：高效液相色谱(high performance liquid chromatography，HPLC)，电喷雾电离串联质谱(ESI-MS/MS)以及仪器控制和数据分析系统。一般采用毛细管高效液相色谱(micro-HPLC)对待测样品进行分离纯化。目前用质谱法测定多肽氨基酸序列的长度一般不超过 25 个氨基酸，太大的片段给质谱数据的解析带来困难。因此在对蛋白进行序列鉴定时，通常先用酶或化学方法将待测蛋白质样品降解，通过测定所得到的降解片段而获取完整蛋白的结构信息。为了避免流动相中难挥发成分或盐分对测定结果的影响，大多采用反相色谱法，以及应用挥发性的流动相(如乙腈-醋酸系统)[15]。

样品经 Micro-HPLC 分离后，通过金属毛细管进入质谱仪。在高电场的作用下(3～6kV)，位于毛细管针尖处的样品微滴被电离(charged)，溶剂成分被快速蒸发掉，伴随着蒸发作用，待测样品从溶剂中获得一个或多个质子，从而形成带电的离子。蒸发作用使得样品液滴逐步缩小，而样品液滴表面的电荷密度则不断增加，这样离子间的静电排斥作用就不断增强，导致样品离子不断从样品微滴中逃逸。但是，从荷电液滴产生的气相离子在进入质谱仪真空室前仍有可能还带有一个或数个溶剂分子，因此它们在逆向加热干燥气或加热毛细管等的作用下，以及质谱离子传输区温柔的碰撞诱导解离条件下被进一步去除溶剂分子，最终实现质子化或离子化，并被导向质谱仪的高真空区，质谱仪对样品离子的质量电荷比(m/z)进行测定。

离子化的蛋白质样品首先进入第一个质谱分析仪，在这里样品中各离子化组分被分离，并被测定出 m/z 值，以及离子丰度。可以通过质谱仪的控制系统预先设定 m/z 值的范围以及离子丰度的域值，只有满足条件的样品离子能继续进入碰撞室(collision cell)，因此第一个质谱仪起着(离子)质量过滤器的作用(mass filter)。被允许进入碰撞室的离子在碰撞室中与惰性气体发生碰撞，并被裂解成若干小分子量的碎片离子，这一过程称为碰撞诱导裂解(collision-induced decomposition，CID)[16]。碎片离子继而被送入第二个质谱分析仪，进行检测其 m/z 值以及离子丰度。由以上过程可以看出，在液相色谱仪中无法被区分开的两个或多个分子量不同的肽段，通过两极质谱后就能被分别检测出来。质谱仪的数据处理系统能够自动地算出样品及其产物离子的分子量，并按照设定的参数，自动地搜索蛋白质数据库。如果所测的蛋白质样品是已知的，则可以根据各个离子峰的分子量推知其氨基酸序列。

三、优点和不足

LC-ESI-MS/MS经过20多年的发展已趋向成熟，各种商品化仪器相继问世，应用日益广泛。它集液相色谱的高分离效能与质谱的强鉴定能力于一体，对研究对象不仅有足够的灵敏性，同时还能够给出一定的结构信息，分析快速方便。然而这种方法也是依赖于与其他蛋白质组学技术结合应用以及蛋白数据库数据的完善。

四、改进的方向和途径

首先，数据库的完善是色谱技术应用的基础，而且色谱技术各有优势和局限的特点，所以除了发展新方法，还要注重各种方法间的整合和互补，以适应不同蛋白质的不同特征。于是近来产生了一些串联质谱鉴定技术。

蛋白质质谱技术的引入是蛋白质组学发展中非常重要的技术突破，已经成为最有效的蛋白质鉴定工具。质谱仪主要由三部分组成：离子源（ion source），质量分析器（mass analyzer）和检测器（ion detection system）。其中，质量分析器是质谱仪的核心元件，决定着质谱仪的准确度、灵敏度和分辨率。目前共有四种质量分析器：离子阱（ion trap，IT）、飞行时间（time-of-flight，TOF）、四极杆（quadrupole，Q）、傅里叶变换离子回旋共振（fourier transformation cyclotron resonance，FTICR）。这几种质量分析器的设计原理和效果不同，并且各有自己的优点和缺点。

TOF分析器在第六节中已有介绍。

IT是在环形电极上接入变化的射频电压，当一组由电离源产生的离子进入阱中后，射频电压开始扫描，陷入阱中的离子的运行轨道则会由于m/z的不同依次发生变化，依次从底端离开环电极腔，从而被检测器检测[17]。IT分析器具有维护简单、灵敏度高、扫描速度快、性能价格比高等优点。但是IT质谱仪的质量准确度相对较低，其原因是离子在腔体内聚焦的过程中因电荷排斥作用而引起分布变形，导致质量准确度降低。

Q质量分析器是通过在双曲面的四极杆上接入射频信号，产生四极电场，离子在四极电场中受到强聚焦作用面向分析器的中心轴聚集[18]。由四根分别带有直流电压（DC）和叠加的射频电压（RF）的平行杆构成，相对的一对电极是等电位的，两对电极之间电位相反。当一组m/z不同的离子进入由DC和RF组成的电场时，只有满足特定条件的离子才能作稳定振荡通过四极杆，到达检测器而被检测。Q质量分析器结构简单，重量较轻，成本低，价格便宜。

FTICR是一种新型的质量分析器，它是在高真空和强磁场中捕获离子[19]。它的核心部件是带有傅里叶变换程序（FT程序）的计算机和捕获离子的分析室。分析室是一个置于强磁场中的立方体结构，离子的产生，分析和检测都在分析室进行。离子被引入分析室后，在强磁场作用下被迫以很小的轨道半径作圆周运动，离子的回旋频率与离子质量成反比，此时不产生可检出信号。如果在发射极上加一个快速扫频电压，当满足共振条件时，离子吸收射频能量，运动轨道半径逐渐增大，产生可检出信号。这种信号是一种正弦波，振幅与离子数目成正比。实际测得的信号是在同一时间内所对应的正弦波信号的叠加，这种信号输入计算机进行快速傅里叶变换，利用频率和质量的已知关系可得到质谱图。FTICR具有很高的灵敏度、质量准确度、分辨率和动态范围。

这些质量分析器可以独立使用，也可以串联起来使用。使用单个质谱进行蛋白质的鉴定时，由于蛋白质样品的复杂性，以及离子化时可能导致的样品降解，造成谱图的复杂化，难以辨别信号与背景。质量检测器的串联使用是提高检测性能的手段之一。串联质谱可以充分利用各种分析器的优点，提高生物质谱对蛋白质和多肽的鉴定能力。通常前一级质谱用于从普通谱图中获取前体离子的信息，对前体离子进行过滤。被允许进入下一步的离子进一步被裂解成若干碎片离子，由后级质谱对这些碎片离子（产物离子）进行鉴别。接口技术的发展使质谱串联使用成为可能。

不同的质量分析器和离子源间可进行多种组合，构成不同性能的质谱仪，如ESI-ion trap MS、MALDI-TOF-MS等。两种不同类型的质谱串接在一起可以形成二维串联质谱仪，串联质谱可分为空间串联和时间串联两种[20]。下面分别对两种串联方式进行介绍：

1. 空间串联质谱 空间串联是由两个或两个以上的质量分析器串联而成，两个分析器之间有一个碰撞室，目的是将前一级质谱仪筛选的离子进一步打碎，然后再由后一级质谱仪进行分析。基本原理是：首先，用一级质谱选出要研究的离子，使其进入碰撞室与惰性气体碰撞，经过碰撞诱导解离（CID）产生的产物由二级质谱进行分析。例如，四极杆质谱仪（Q-MS）与飞行时间质谱（TOF-MS）的串接（Q-TOF-MS）。另外，为了降低复杂样品的分析难度，可以将具有很好分离能力的毛细管高效液相色谱、毛细管电泳或毛细管电泳色谱与质谱联用，从而充分利用二者的优点，既能提高分离率、简化分析体系，又能保证分析的准确性，扩展了MS的应用范围。

串联质谱目前主要以三重四极杆串联质谱（TQ-MS）为主，它可以进行二级裂解。TQ-MS的一个显著的优点是可对未知化合物进行定量和定性分析，尤其是ESI电离技术与TQ-MS连接后，可以扩大TQ-MS的质量检测范围，但其缺点是分辨率比较低。

MALDI-Q-TOF-MS是将MALDI电离源，与四极杆（Q）和飞行时间（TOF）两个质量分析器串联，它既可以测定肽质量指纹图谱（PMF），又可以测定肽序列标签。

MALDI-TOF-TOF-MS则是将MALDI电离源与两个TOF质量分析器串联在一起，不但具有MALDI-Q-TOF-MS的优点，同时还具有高能碰撞诱导解离（CID）能力，使MS真正成为高通量的蛋白质测序工具。

2. 时间串联质谱 与空间串联质谱不同，时间串联质谱仪只有一个质量分析器，在前一个时刻选定离子，在分析器内打碎后，在后一个时刻再进行分析。时间串联质谱仪的典型代表是傅里叶变换离子回旋共振质谱仪和离子阱质谱仪。

傅里叶变换离子回旋共振质谱仪分辨率和准确度都比较高，并且具有多级MS的功能，而且可以直接与2-DE联用。此外傅里叶变换离子回旋共振质谱仪还具有一种新型的串联MS裂解方式——电子捕获解离（ECD）。其工作原理是：用一束亚热态的电子照射电喷雾电离所产生的磷酸化肽段或小分子蛋白，使其形成碎片。ECD特殊的裂解机制具有以下的优点：对蛋白质和多肽的主链裂解没有偏好；高裂解覆盖度；优先断裂二硫键；保留翻译后修饰基团；中性丢失少，可区分亮氨酸和异亮氨酸等。这些特点使其在蛋白质翻译后修饰方面的研究中具有广阔的应用前景，但ECD灵敏度低，仅适用于纯度较高的样品，费用也比较高。

离子阱质谱仪是通过改变阱里的射频场而达到多级 MS 裂解，最多可以达到 10 级 MS 裂解。

第八节　PMF 鉴定技术

一、基 本 原 理

肽质量指纹图谱(peptide mass finger printing，PMF)是指用特异性的酶解(最常用的是胰蛋白酶)或化学水解的方法将蛋白切成小的片段，然后用质谱(MALDI-TOF-MS，或为 ESI-MS)检测各产物肽的相对分子质量。由于每种蛋白质的氨基酸序列不同，蛋白质被酶水解后，产生的肽片段序列也各不相同，其肽混合物质量数亦具特征性，所以称为指纹图谱(finger printing)。将获取的肽质量指纹图谱在蛋白质数据库中检索，寻找具有相似 PMF 的蛋白质，就可以初步完成蛋白质的鉴定。近年来随着蛋白质数据库或由基因组数据库衍生的蛋白质数据库信息的快速增长和完善，PMF 技术已成为蛋白质组研究中较为常用的鉴定方法。由于这一方法不需要对所获得的质谱进行人工解析，只需将实验获得的 PMF 与数据库中蛋白质的理论 PMF 进行比较，就可以鉴定该蛋白质，因此它在蛋白质组学中最接近高通量。显而易见，分子质量的精准度是 PMF 的关键指标所在，但蛋白质的翻译后修饰可能会使 PMF 的质量数与理论值不符，这就需要与序列信息适当结合。在 PMF 鉴定蛋白质中，目前最常用的方法是，采用 2-DE 技术将酶切得到的肽段进行分离，再利用 MALDI-TOF-MS 进行分析。用 PMF 法鉴定蛋白质的成功离不开质谱技术的发展，仪器所测肽质量数越精确，检索结果越可靠。目前，约 50%～70%的蛋白可通过肽质量指纹分析得到识别[21]。如果质谱检测的结果足够精确，PMF 还能鉴定蛋白质的翻译后修饰[22]。

二、操 作 流 程

在构建 PMF 图谱时，常规的方法是：首先提取及纯化，获得高质量的蛋白质样品。采用 2-DE 技术将蛋白质样品进行分离，凝胶经染色后，在图谱上选取感兴趣的蛋白质点。然后用特异性的酶解(最常用的是胰蛋白酶)或化学水解的方法进行胶内酶切，将蛋白切成小的片段。提取酶切后获得的多肽片段，转移到基质辅助激光解吸电离飞行时间质谱仪(MALDI-TOF-MS)或者电喷雾电离质谱仪(ESI-MS)中进行分析鉴定。将获取的肽质量指纹图谱用相关的软件(Mascot 等)在蛋白质数据库中检索，寻找具有相似 PMF 的蛋白质，鉴定蛋白质的种类。需要注意的是 PMF 方法只有在 MALDI-TOF-MS 分析得到 4 个以上肽段的质量，且数据库中存在这种蛋白质的信息时才能正确鉴定。用 PMF 法鉴定蛋白质的成功离不开质谱技术的发展，仪器所测肽质量数越精确，检索结果越可靠。新一代的 MALDI-TOF-MS 分析肽混合物可达飞摩尔(fmol)的灵敏度和万分之一的质量精确度。这从技术上推进了蛋白质组的研究。

目前在一个设备完善的蛋白质组学平台上，已可以实现 2-DE 步骤后 PMF 其他步骤的自动化。已可以机械化的挑取 2-DE 上的蛋白点(picker)，在胶内进行蛋白质的消化(digester)，然后将消化物送入 MALDI 检测器中(spotter)[23]。

影响 PMF 鉴定结果的主要有以下几个因素：①PMF 方法主要是靠对肽段的分子质量

测定获得准确的检索结果，因此分子质量精确度是最重要的指标。这就依赖于质谱技术的发展；②PMF 对蛋白质的鉴定还依赖于蛋白质数据库对检测结果作出判断，因此数据库本身是否完善和准确也是关键因素；③样品制备是影响 PMF 法鉴定蛋白质结果的主要人为因素，虽然 MALDI 质谱对杂质的容忍度较好，但样品制备的好坏会直接影响到图谱的灵敏度、精确度和分辨率；④PMF 法还离不开检索方法和工具的发展。

如何对 PMF 的实验结果和理论图谱进行比较和评价，是将实验数据转换成具有生物学意义的结果的关键。目前许多与蛋白质组相关的软件可通过与 EXPASY 蛋白质组学服务器链接获得(http://www.expasy.ch)。常用的软件有 AAComplden，ASA、FINDER、AAC-pI、PROP-SEARCH 等，这些软件可用于鉴定蛋白质的种类，分析蛋白质的理化性质，预测可能的翻译后修饰以及蛋白质的三维结构。

三、优点和不足

PMF 鉴定技术可用于鉴别蛋白质。应用酶或化学降解、修饰及序列反应，并与液相色谱或串级质谱联用，可给出进一步的结构信息，从而可以测定蛋白质的组分、蛋白质的一级结构、表征序列以及蛋白质的修饰，可用于医疗诊断、蛋白质的功能分析和蛋白质组学研究。

在医学中通过比较病人和健康人的 PMF 找到疾病的分子标记，为早期诊断提供依据。例如，为了研究人肺腺癌细胞 A-549 和正常细胞 HBE 的蛋白质组差异，詹显全等[24]用固相 pH 梯度双向凝胶电泳分离人肺癌细胞系 A-549 和正常细胞 HBE 的总蛋白质，银染显色，用 PDQuest 2-DE 软件分析，对部分差异蛋白质点进行基质辅助激光解吸电离飞行时间质谱(MALDI-TOF-MS)测定其胶内酶解后的肽质指纹图谱，用 Peptldent 软件查询 SWISS-PROT 数据库。结果显示人肺癌细胞 A-549 和正常细胞 HBE 的蛋白质组具有差异。对 A-549 和 HBE 中的 18 个差异蛋白质点分别进行肽质量指纹分析，经数据库查询，初步确定它们是一些与物质代谢、细胞因子、信号转导有关的蛋白质。

PMF 鉴定技术还可用于生物进化的研究，测定某个蛋白质在不同物种间的保守性，从而推断分子的功能。Cordwell 等[25]用延伸因子比较不同物种的肽片段，检测分子的氨基酸序列同一性。在一个蛋白质的消化物中，PMF 分析可用来检测在化学或酶处理前后有差异的多肽，从而研究蛋白质的修饰。例如，用特殊的内/外糖苷酶分解糖蛋白，然后用质量指纹谱检测相对于假定的糖基化肽的质量位移，可检测出聚糖结构的位置和形式。

然而单靠 PMF 技术往往不能达到分析蛋白的目的，这种技术受样品的量、纯度、修饰方式、数据库完善程度等方面限制，所以一般需要与其他方法连用才能达到对蛋白的分析目的。

四、改进的方向和途径

与其他方法相连用是应用 PMF 解决问题的最好方法，高通量、高灵敏度的综合研究平台的建立可以大大方便蛋白质研究。

第九节　同位素标记定量分析质谱技术

一、基 本 原 理

蛋白质质谱技术为蛋白质组研究提供了一个必要的技术保障，它不仅可以用于蛋白质样品的定性检测,还能对蛋白质组进行定量分析。在蛋白质组的定量分析中常用的策略有两种:一种是同位素标记的定量分析质谱技术,另一种是无标记技术。前一种方法中用来进行标记的同位素是稳定性同位素。

在同位素标记的定量分析中,待测的几组样品分别用同一元素的不同质量的稳定性同位素标记,然后混合到一起,进行质谱分析。几组样品中的相同肽段,由于所标记的同位素的质量不同,而能明显的区分开来。从同位素离子峰的强度可以得到其所标记的肽的相对丰度,从而能对其在几组样品中的含量进行比较。这种方法使同时检测待比较的样品成为可能,从而避免了不同实验之间的误差,得到的结果更加准确、可靠。而在无标记技术中,待比较的样品是分别单独进行质谱分析,然后再对所得的结果进行比较,这样很容易因实验时间、样品加样量及所用试剂的偏差(variation)而造成误差[26,27]。利用同位素标记的质谱技术可以对蛋白质样品进行相对以及绝对的定量分析。

二、操作流程

1. 相对定量分析 如上所述,相对定量分析方法不用添加内标,直接检测同位素标记的样品,然后对样品中各个肽的丰度进行比较,得到的是相对的值。如将对照样品中某个肽的含量设为1,其他样品中该肽的含量与其进行比较。如果某一样品中该肽的含量是对照的50%,则其值为0.5;如果某一样品中该肽的含量为对照的200%,则其值为2。相对定量方法可以用来比较一个生物体在不同的生长条件下其蛋白质的表达情况。

在相对定量分析中,既可以对样品进行体外的标记(*in vitro*),也可以进行体内的标记(*in vivo*)。

用来进行体外同位素标记的方法有以下几种:

(1) 化学标记法:最常用的方法是ICAT法(isotope-coded affinity tags)。在这种方法中稳定性同位素与蛋白质的半胱氨酸残基偶联,然后通过亲和层析分离含半胱氨酸的肽。

(2) 蛋白水解法:在这种方法中蛋白质在^{18}O标记的水中被蛋白酶水解,从而使^{18}O结合到每个肽片段的碳端。

(3) 同量异位标记法:在这种标记策略中,每个标签(tag)的质量是一致的,但是每个标签中的同位素标记的位置不同,这样就能得到不同荷质比(mass-charge ratio)的标签。

在体的标记方法可以用来对悬浮培养的细胞进行标记。首先用稳定性的同位素标记的细胞必需的营养物质(通常是氨基酸),然后将细胞培养在含有该标记物的培养基中,这样在细胞的新陈代谢过程中,标记物就会被整合进细胞的蛋白质组。另外也可以通过饲喂同位素标记的营养物质给果蝇、小鼠、线虫等模式动物,通过新陈代谢标记它们的蛋白质组。

2. 绝对定量分析 绝对定量分析使比较不同实验,甚至是不同实验室的实验结果成为可能。在绝对定量分析中,将量已知的同位素标记的内参与同位素标记的待测样品混合,加样到质谱仪中进行检测。然后根据待测物与内参峰值的比值,计算出待测物的绝对含量。用于作内参的物质有人工合成的多肽或蛋白质。通常为了降低背景的干扰,提高检测的特异性,会添加多个同位素标记的多肽片段作为内参。例如,为了检测人血清中apolipoprotein的丰度,选择了三个多肽,分别用^{2}H和^{13}C进行标记,作为内参。但是由于多肽合成成本较高,以上的方法花费太大。利用重组大肠埃希菌表达蛋白质,标记后作为内参,则使成本降低。例如,Kippen等在定量比较正常人和糖尿病患者血清中胰岛素的含量时,就用了大肠埃希菌表达重组蛋白作为内参。

三、优点与不足

同位素标记定量分析质谱技术使定量蛋白质组分析技术更趋简单、准确和快速。但在进行同位素标记的时候，所有的化学标记方法都有一定的缺陷，而且许多标记试剂不易获得，从而限制了其使用。

四、改进的方向和途径

同位素标记定量分析质谱技术今后发展的方向之一是在开发操作简便、价格低廉、更灵敏、更准确、与质谱兼容性好的稳定化学同位素标记试剂的同时，在大规模分析蛋白差异时，在尽量准确的基础上，减少质谱分析的工作量。

执笔：门淑珍

讨论与审核：门淑珍

资料提供：门淑珍

参考文献

1. Stoerker PKJ. Accelerating discoveries in the proteome and genome with MALDI TOF MS. Pharmacogenomics, 2000, 1:359～366
2. 李永民. 生物质谱. 分析测试技术与仪器, 2002, 8:131～135
3. 陶露丝. 质谱技术的研究进展. 中国食品添加剂, 2007, 2:153～155
4. Patterson DH, Tarr GE, Regnier FE, et al. C-terminal ladder sequencing via matrix-assisted laser desorption mass spectrometry coupled with carboxypeptidase Y time-dependent and concentration-dependent digestions. Anal Chem, 1995, 67:3971～3978
5. Orvisky E, Drake SK, Martin BM, et al. Enrichment of low molecular weight fraction of serum for MS analysis of peptides associated with hepatocellular carcinoma. Proteomics, 2006, 6:2895～2902
6. Kim JH, Kim YS. A fibrinolytic metalloprotease from the fruiting bodies of an edible mushroom, Armillariella mellea. Biosci Biotechnol Biochem, 1999, 63:2130～2136
7. Bennett KL, Stensballe A, Podtelejnikov AV, et al. Phosphopeptide detection and sequencing by matrix-assisted laser desorption/ionization quadrupole time-of-flight tandem mass spectrometry. J Mass Spectrom, 2002, 37:179～190
8. Kang SM, Shin MJ, Kim JH, et al. Proteomic profiling of cellular proteins interacting with the hepatitis C virus core protein. Proteomics, 2005, 5:2227～2237
9. Smirnov IP, Zhu X, Taylor T, et al. Suppression of a-Cyano-4-hydroxycinnamic Acid Matrix Clusters and Reduction of Chemical Noise in MALDI-TOF Mass Spectrometry. Analytical Chemistry, 2004, 76:2958～2965
10. Oehlers LPPA, Walter RB. Matrix-assisted laser desorption/ionization time-of-flight mass spectrometry of 4-sulfophenyl isothiocyanate-derivatized peptides on AnchorChipTM sample supports using the sodium-tolerant matrix 2,4,6-trihydroxyacetophenone and diammonium citrate. Rapid Communications in Mass Spectrometry, 2005, 19:752～758
11. Armstrong DW, Zhang LK, He L, et al. Ionic Liquids as Matrices for Matrix-Assisted Laser Desorption Ionization Mass Spectrometry. Anal. Chem., 2001, 73:3679～3686
12. 郭寅龙，刘晗青，余翀天. 液相色谱/电喷雾质谱(LC/ESI/MS)在蛋白质分析鉴定中的应用. 分析测试技术与仪器, 2001, 7:129～133
13. John H, Walden M, Schafer S, et al. Analytical procedures for quantification of peptides in pharmaceutical research by liquid chromatography-mass spectrometry. Anal Bioanal Chem, 2004, 378, 883～897
14. Zwiener C, Frimmel FH. LC-MS analysis in the aquatic environment and in water treatment-a critical review. Part I:

Instrumentation and general aspects of analysis and detection. Anal Bioanal Chem,2004,378:851～861
15. 孙自勇,吴盛,王石泉等.液相色谱与串联质谱偶联在蛋白质序列分析中的应用.基础医学与临床,2003,23:126～131
16. Hunt DF,Yates JR 3rd,Shabanowitz J,et al. Protein sequencing by tandem mass spectrometry. Proc Natl Acad Sci U S A,1986,83:6233～6237
17. 李燕,梁汉东,韦妙等.离子阱质谱计的研究现状及其发展.质谱学报,2006,27:249～256
18. 方向,覃莉莉,白冈.四极杆质量分析器的研究现状及进展.质谱学报,2005,26:234～242
19. 应万涛,焦丽燕,钱小红.生物质谱与蛋白质组学.生物技术通讯,2004,15:259～262
20. 邹丽敏,李博,刘文英.生物质谱技术的发展及在蛋白质结构研究中的应用.药学进展,2008,32:49～55
21. 胡志远.蛋白质组的研究进展.生物化学与生物物理进展,1999,26:20～22
22. Emanuelsson CS,Boros S,Hjernoe K,et al. Screening for transglutaminase-catalyzed modifications by peptide mass finger printing using multipoint recalibration on recognized peaks for high mass accuracy. J Biomol Tech, 2005, 16:197～208
23. Canelle L, Pionneau C, Marie A, et al. Automating proteome analysis: improvements in throughput, quality and accuracy of protein identification by peptide mass fingerprinting. Rapid Commun Mass Spectrom,2004,18:2785～2794
24. 詹显全,关勇军,李萃等.人肺腺癌细胞 A-549 和正常细胞 HBE 的蛋白质组差异分析.生物化学与生物物理学报,2002,34:50～56
25. Cordwell SJ,Wasinger VC,Cerpa-Poljak A,et al. Conserved motifs as the basis for recognition of homologous proteins across species boundaries using peptide-mass fingerprinting. J Mass Spectrom,1997,32:370～378
26. Kito K IT. Mass spectrometry-based approaches toward absolute quantitative proteomics. Current Genomics,2008,9:263～274
27. Bantscheff M SM,Sweetman G,Rick J,et al. Quantitative mass spectrometry in proteomics:a critical review. Anal Bioanal Chem,2007,389:1017～1031

第十节　多维液相色谱技术

一、基 本 原 理

蛋白质组学研究中,需要对一个基因组表达产生的所有蛋白——即蛋白质组,进行分析。蛋白质组蛋白具有种类多,不同蛋白丰度差异大的特点。据估计,在一个给定的人体细胞中,某一时刻可能有 15 000 种以上的蛋白质表达,不同蛋白质丰度差异可达 10 个数量级。因此,高通量、高灵敏度的分离检测方法是蛋白质组学研究的必需基础。

色谱是一种有效的分离检测技术。普通的高效液相色谱,对于不是很复杂的体系能够充分发挥快速、灵敏和自动化的特色,但是对于蛋白质组就显得力不从心了。与普通高效液相色谱相比,多维液相色谱的分离能力明显提高,是蛋白质组学研究有力工具[1]。

多维液相色谱构建策略分为:

(1) 不连续多维液相色谱:最初的多维液相色谱是不连续的。样品经第一维色谱分离后的不同组分被分别收集浓缩,之后手工加到第二维色谱柱上。不连续多维液相色谱具有简单易行的优点,只要具有一般的高效液相色谱仪就可以手工开展多维液相色谱实验。另外,不连续多维液相色谱还具有不受时间限制的长处。第一维色谱收集的组分可以无限期地离线储存,并逐个进行第二维高效液相色谱分离。但是,不连续高效液相色谱存在费时费力和受人为因素影响大的缺点,限制了其进一步发展。

(2) 使用柱转换阀的连续多维液相色谱:将第一维色谱分离产物加到第二维色谱上的工作除了可以手工进行外,还可以通过装备自动的分部收集系统以及柱转换阀来解决[3](图 2-4)。第一次色谱洗脱过程中的组分被收集起来,通过转换阀按顺序直接进入第二次色谱分离程序。也有研究者将第一维色谱与平行排列的多个二维色谱柱相连,一维的洗脱产物按顺序进入多个二维柱,实现了更高通量的自动化分析。

(3) 使用双相柱的连续多维液相色谱:实现多维色谱的另一个策略是使用双相柱,即柱的末端和前端分别使用不同的填料填装。只要每一种填料的洗脱溶剂之间不会交叉反应,就可以分别在两种填料处进行不同机制的洗脱。色谱柱的末端经过特殊处理直接与质谱连接,减少了与质谱接口的死体积,无切换阀模式也进一步减小了系统的死体积,死体积的减少提高了系统的灵敏度。

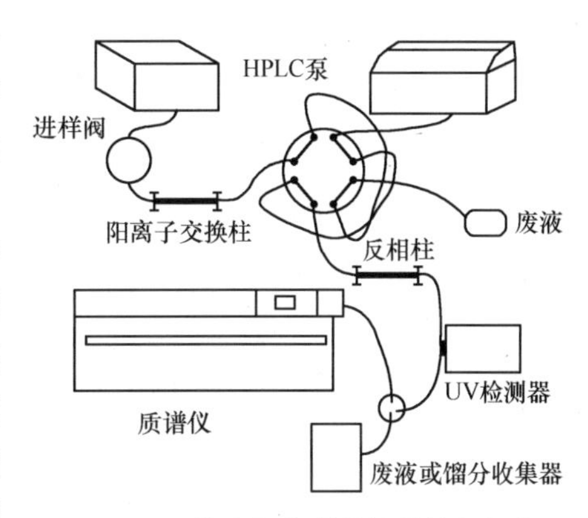

图 2-4　二维液相色谱的柱转换阀切换技术示意图

二、操作流程

多维液相色谱(multidimensional HPLC,MDLC)技术是指连续使用几种液相色谱分离模式以使复杂混合物中的成分得到更大程度分离的色谱技术,目前以二维液相色谱技术为主。其基本的操作流程是:样品在经过一次液相色谱分离后,把谱图中的某个色谱峰(混合组分峰)的一部分(或全部),采用一定策略切换到二维色谱柱上进行再次分离。样品中各个组分首先基于其性质上的差异,进行第一维色谱分离,分离后的产物再按照其他性质的差异进行第二维色谱分离[2]。

常采用的二维液相色谱分离模式有:离子交换色谱-反相液相色谱、色谱聚焦-反相液相色谱、分子排阻色谱-反相液相色谱、亲和色谱-反相液相色谱等。

三、优点和不足

与单维液相色谱、双向电泳等技术相比,多维液相色谱技术具有其自身的优点和缺点。

1. 高通量　根据 Giddings 建立的数学模型,多维液相色谱的总峰容量(P_{mD})等于每一维色谱峰容量(P_i)的乘积[4],即 $P_{mD}=P_1\times P_2\times P_3\cdots$

以二维液相色谱为例,如果每一维的峰容量均为 60,则它们组成的二维体系总峰容量为 3600。可见,与普通的一维色谱相比,二维色谱峰容量得到了明显提高。

2. 强大的分离能力　在双向电泳中,存在着对蛋白质的“歧视”现象。由于双向电泳分别是依据蛋白质的等电点和分子量对蛋白质进行区分,这就使得一些具有极端等电点和分子量的蛋白质不能被有效分离[5]。

相比之下,二维液相色谱可以根据所分离蛋白质的不同灵活选择不同原理的色谱相互搭配,对于两次液相色谱分离仍然无法分离的组分也可以进行更多维的液相色谱分离。多维液相色谱比双向电泳具有更强大的分离能力。

3. 实验结果相对不够直观　多维液相色谱的实验结果不能像双向电泳那样以直观的蛋白质斑点形式表现出来。现在,这个不足也可以通过一定的软件弥补。二维液相色谱的实验结果可以通过 Proteo Vue 和 Delta Vue 软件再现为直观的二维“lane and band”格式图,以灰度或彩码色调的强度反映蛋白色谱峰的大小,从而将色谱图形象化[6]。

四、改进的方向和途径

多维液相色谱具有灵敏、高效等优点，是一种最有潜力取代双向电泳的技术，在蛋白质组学研究中得到了广泛应用。本节简单列举一个相关研究的结果，供读者参考。彭艳[7]等人以肝癌细胞为实验对象，使用多维液相色谱分离其蛋白质组。首先使用色谱聚焦进行第一维分离（图 2-5）。

将图 2-5 中椭圆所示组分导入反相高效液相色谱，进行二维分离，如图 2-6 所示，该色谱峰可进一步被分离为若干色谱峰。

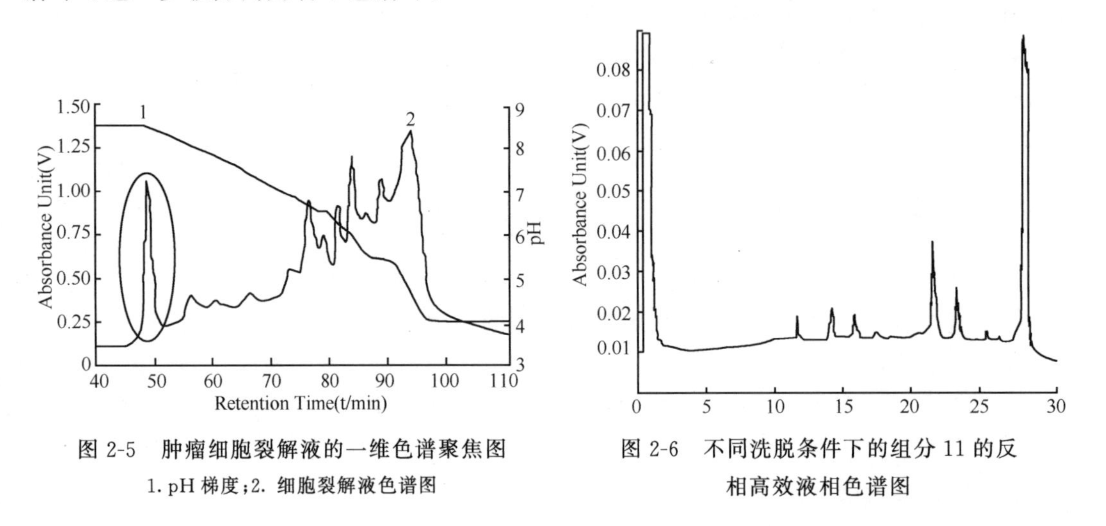

图 2-5　肿瘤细胞裂解液的一维色谱聚焦图

1. pH 梯度；2. 细胞裂解液色谱图

图 2-6　不同洗脱条件下的组分 11 的反相高效液相色谱图

在目前蛋白质组学研究所使用的多种高效液相色谱中，反相液相色谱逐渐兴起，它是最有效且分辨率最高的；其流动相中不含盐，有利于制备产物的后处理或与质谱联用。因而反相高效液相色谱常被作为二维分离体系中的最后一维。

反相高效液相色谱（reversed-phase high performance liquid chromatography，RP-HPLC）是分配色谱的一种。依据流动相和固定相的相对极性，分配色谱可分为正相色谱和反相色谱两种：流动相极性高于固定相的叫反相色谱，反之为正相色谱。

反相高效液相色谱的填料含有疏水性配基，例如从 C-4 到 C-18 的烷基链（图 2-7）；流动相使用极性溶剂。混合样品随流动相进入色谱柱中后，疏水组分倾向于和疏水性配基结合，而亲水性组分易于溶解在流动相中。这样，亲水性组分首先随流动相被洗脱下来首先出峰，而疏水性组分后出峰。蛋白质或多肽基于其疏水性的差异而实现分离。

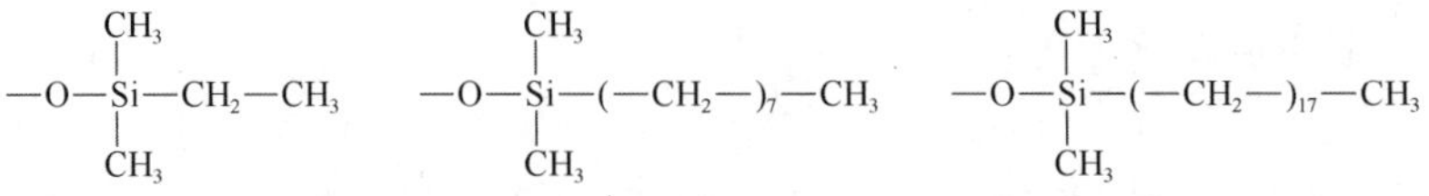

$$\text{a: } -O-Si(CH_3)_2-CH_2-CH_3 \qquad \text{b: } -O-Si(CH_3)_2-(-CH_2-)_7-CH_3 \qquad \text{c: } -O-Si(CH_3)_2-(-CH_2-)_{17}-CH_3$$

图 2-7　反相色谱填料上常用的 n-烷基配基

a. 二碳封端基团；b. 八碳封端基团；c. 十八碳封端基团

反相色谱法的流动相为有机溶剂的水溶液，洗脱能力与其极性相关。溶剂的极性越强，洗脱能力越弱；而弱极性溶剂具有较强的洗脱能力。水是极性最强的溶剂，也是反相色谱中洗脱能力最弱的溶剂。在蛋白质与多肽反相高效液相色谱中常用的有机溶剂有乙腈、乙醇、异丙醇、正丙醇和四氢呋喃等。乙腈具有黏度低、蛋白质溶解度高、易挥发去除等优点,是最常用的有机溶剂[8]。

反相高效液相色谱有等强度洗脱和梯度洗脱两种方式:等强度洗脱是在同一分析周期内流动相组成保持恒定,梯度洗脱在一个分析周期内程序控制流动相的组成。梯度洗脱可以缩短分析时间、提高分离度、改善峰形、提高灵敏度,但易引起基线漂移和重现性降低,常用于组分数目多,性质差异较大的复杂样品分离。

执笔:吴世安　吴　迪

讨论与审核:吴世安

资料提供:吴世安　吴　迪

参考文献

1. 廖杰,钱小红,董方霆等.色谱在生命科学中的应用.北京:化学工业出版社,2007
2. R.M.特怀曼著.蛋白质组学原理.王恒粱,袁静,刘先凯等译.北京:化学工业出版社,2007
3. 王智聪,张庆合,赵中一等.二维液相色谱切换技术及其应用.分析化学评述与进展.2003,33(5):722~728
4. Hong Wang, Hanash S. Multi-dimensional liquid phase based separations in proteomics. Journal of Chromatography B, 2003,787:11~18
5. 郭葆玉.药物蛋白质组学.北京:人民卫生出版社,2007
6. 邱宗荫,尹一冰.临床蛋白质组学.北京:科学出版社,2008
7. 彭艳,郑颖,蒋平等.肿瘤细胞蛋白质组的二维液相色谱分离.第二军医大学学报,2004,25(8):862~864
8. Hubert Rehm.蛋白质生物化学与蛋白质组学.北京:科学出版社,2007

第十一节　酵母双杂交技术

一、基本原理

酵母双杂交系统(yeast two-hybrid system,Y2H)是 Fields 和 Song 于 1989 年建立的,最初主要用于研究真核基因的转录调控[2]。现在已经发展为检测蛋白质相互作用的标准技术。它通过在酵母细胞内检测蛋白质之间互相作用的方法,可有效地分离与已知靶蛋白相互作用的蛋白质群,在蛋白质组学、病毒学、细胞信号转导和药物筛选等诸多领域得到了广泛应用。

酵母半乳糖苷酶基因的转录激活因子 GAL4 包含两个独立的结构域:N-端的 DNA 结合域(DNA-binding domain,BD)和 C-端的 DNA 转录激活域(transcription activation domain,AD)。这两个结构域相互独立但功能上又相互依赖,它们之间只有通过某种方式结合在一起才具有完整的转录激活因子的活性。酵母双杂交系统正是巧妙地利用了 GAL4 转录因子的这一特性,分别将待研究的目标蛋白与 BD 融合作为"诱饵"(bait-AD),全基因组蛋白与 AD 融合构建成表达文库作为"猎物"(prey-BD)。当同时把"诱饵"和"猎物"转化至含有报告基因的酵母细胞株后,如果文库中存在与目标蛋白相互作用的蛋白质时,BD 和 AD 因为这种作用而靠近,进而激活报告基因的表达。因此根据报告基因的表达与否,即可判断"诱饵"蛋白与"猎物"蛋白之间是否具有相互作用[3](图 2-8)。

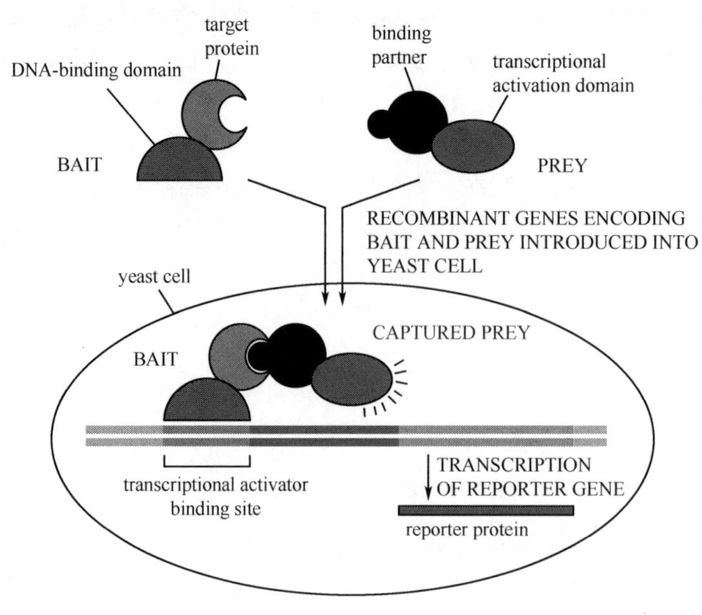

图 2-8 酵母双杂交基本原理

二、操作流程

酵母双杂交系统正是利用了 GAL4 的功能特点，通过两个杂交蛋白在酵母细胞中的相互结合及对报告基因的转录激活来捕获新的蛋白质，其大致步骤为：

(1) 视已知蛋白的 cDNA 序列为诱饵(bait)，将其与 DNA 结合域融合，构建成诱饵质粒。

(2) 将待筛选蛋白的 cDNA 序列与转录激活域融合，构建成文库质粒。

(3) 将这两个质粒共转化于酵母细胞中。

(4) 酵母细胞中，已分离的 DNA 结合域和转录激活域不会相互作用，但诱饵蛋白若能与待筛选的未知蛋白特异性地相互作用，则可激活报告基因的转录；反之，则不能。利用 4 种报告基因的表达，便可捕捉到新的蛋白质。

三、优点和不足

1. 酵母双杂交技术的优点 酵母双杂交系统非常灵敏，可检测蛋白质之间存在的微弱或暂时的相互作用。一方面这是由于系统能使融合蛋白过量表达，转录激活结构域和 DNA 结合结构域之间通过“诱饵”和“猎物”之间的相互作用形成复合物，之后又与启动子的上游调控序列结合，三元复合体使融合蛋白各组分间结合更趋于稳定；另一方面是由于检测结果是利用酵母表型的积累效应，易于观察。

同时，酵母双杂交系统可以在活体内分析多种蛋白质的相互作用。检测在活细胞内进行，作用条件与作用力无需模拟，在一定程度上代表了细胞内真实的生理状况。采用不同组织或器官、不同细胞类型或不同分化期的材料构建 cDNA 文库进行酵母双杂交，可以构建与某一特定蛋白相互作用的蛋白时空调控网络，也可以构建全基因组蛋白质之间相互作用的网络关系[4]。

2. 酵母双杂交技术的缺点 酵母双杂交技术也存在一定的局限性：①假阳性高。这主要是因为某些蛋白质具有自身激活转录的功能，可以绕过“诱饵”和“猎物”蛋白特异结合启动报告基因的表达；②相互作用需要发生在细胞核内，无法研究那些分泌型或只定位在细胞质与细胞膜上蛋白的相互作用。

四、改进的方向和途径

为了克服以上的局限性，科学家们通过改善报告基因，使报告基因多样化等来显著降低假阳性；另外，Aronheim 等将蛋白间的相互作用从核内转移到酵母细胞膜上进行，建立了 Sos 恢复系统(Sos recruitment system)用于酵母双杂交。它的原理如下：酵母温度敏感突变株 cdc25H 含有基因 cdc25 点突变，突变株在 37℃ 由于无法激活 Ras 信号通路而不能存活，但在 25℃时生长正常。如果在突变株中引入人的正常 Sos 蛋白(hSos，cdc25 在酵母中的同源蛋白)并能使 hSos 定位到细胞膜上，则酵母细胞在 37℃能恢复生长。Aronheim 等把目标蛋白 X 与 hSos 融合(X-hSos)，待筛选蛋白或蛋白质组 Y 与膜定位信号相连，如果 X 与 Y 具有蛋白相互作用，则 X-hSos 被定位到膜上从而激活 Ras 信号通路，恢复细胞在 37℃的生长特性。这一系统的构建克服了传统酵母双杂交所检测蛋白相互作用必须在核内完成的缺点，特别是对一些具有自身转录活性蛋白相互作用因子的鉴定提供了有力的手段，Aronheim 等利用该系统找到了 c-Jun 的两个新的作用蛋白 JDP1 和 JDP2[5]。

五、酵母双杂交在蛋白质组学中应用

酵母双杂交技术对鉴定蛋白质-蛋白质相互作用的研究十分有效，是蛋白质组学研究中最为广泛应用的技术手段之一。已有学者利用酵母双杂交技术对人类胃肠道病原菌 *Helicobacter pylor*、果蝇、线虫和人的大规模蛋白质相互作用网络进行了研究并成功绘制了相互作用图谱[1]。

Fmmont，Racine 等人以 10 种功能已知的与 mRNA 前体剪接有关的蛋白质作起始“诱饵”，从含有约 5×10^6 个克隆的酿酒酵母基因组文库中进行第一轮筛选(这些基因组 DNA 与 AD 的基因融合构成“猎物”表达载体)。经过对阳性克隆“猎物”DNA 的序列分析，他们把这些 DNA 分成两大类共 5 项：编码蛋白质的 DNA 和非编码蛋白质的 DNA，前一类分为四项：A1 是在序列上彼此有部分重叠的克隆群，这一项也是首先分析考虑的对象；A2 和 A3 分别是靠近 ORF 起始密码子的编码蛋白质 N_2 末端的片段和 ORF 内部的大编码片段，A4 是其他的编码序列。这四项优先考虑的顺序是：A1＞A2＞A3＞A4。根据分析把从中得到的 4 种靶蛋白做成新的“诱饵”进行第二轮筛选。再把从中得到的一种“猎物”做成“诱饵”进行第三轮筛选。经过三轮共十五次筛选，他们从中共得到约 700 个阳性克隆并且对大多数作了部分测序。这些筛选到的靶蛋白中，有 9 种是已知的 mRNA 前体剪接因子，5 种是新发现的剪接因子，8 种是与 RNA 其他加工过程有关的因子，还有 45 种与其他的功能有关。另外有 9 种是转录激活因子，这主要来自假阳性克隆。他们不仅发现已知剪接因子与其他因子的相互作用，鉴定了一些新的因子，且建立了这个剪接途径与其他代谢途径的联系[6]。

第十二节　免疫共沉淀技术

一、基本原理

免疫共沉淀(co-immunoprecipitation)技术是以抗体和抗原之间的专一性作用为基础的用于研究蛋白质相互作用的经典方法。其基本原理是:在细胞裂解物中加入抗体,这样可与已知抗原形成特异的免疫复合物;若存在与已知抗原相互作用的蛋白质,则免疫复合物中同时也包含这种蛋白质(图 2-9)。经过洗脱、免疫复合物收集、SDS-PAGE 分离和免疫印迹(Western blotting)或质谱分析,便可以检验抗原与其他已知蛋白质之间是否存在相互作用,或鉴定与已知抗原结合的新的蛋白质群[7,8]。基于芯片的染色质免疫共沉淀(chip-ChIP)也是在免疫共沉淀技术的基础上衍生而来的、用于检测蛋白质与染色质 DNA 相互作用的经典手段之一。

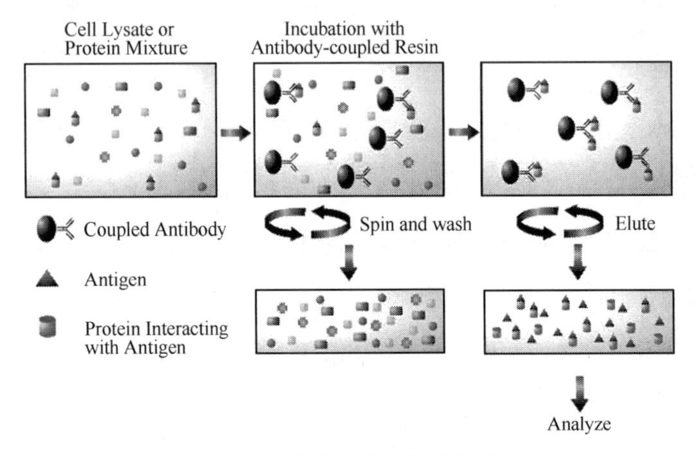

图 2-9　免疫共沉淀技术基本原理

二、操作流程

细胞裂解液中加入抗体,与抗原形成特异免疫复合物,经过洗脱,收集免疫复合物,然后进行 SDS-PAGE 及 Western blotting 分析。

三、优点和不足

免疫沉淀现象是在不添加任何成分的细胞裂解物中发生的,研究对象非常接近于生物体内的环境:检测的产物是蛋白质的粗提物而不是单纯表达几种蛋白的人工环境;蛋白质以与细胞中相类似的浓度存在,避免了过量表达所造成的人为效应;蛋白质以翻译后被修饰的天然状态存在。蛋白的相互作用在天然状态下进行,可以避免人为影响,分离得到天然状态下相互作用的蛋白复合体。

免疫共沉淀法也存在一定的局限性。首先,免疫共沉淀需要针对目标蛋白制备出一定量的多克隆或单克隆抗体,过程相对复杂。其次,目的蛋白质只有达到一定浓度才能与抗体结合形成沉淀,因而免疫共沉淀只适用于研究具有高表达量的目标蛋白,灵敏度不如亲和色谱高。第三,实验过程中会发生一系列清洗过程,因而该方法可能检测不到细胞内处于动态平衡的低亲和与瞬间的相互作用。最后,免疫共沉淀只能够检测可溶性的组分,对于构成巨大的、不溶性的大分子结构的蛋白质-蛋白质相互作用则可能不太适合[9]。

四、改进的方向和途径

在非变性条件下细胞被裂解时,细胞内存在的蛋白质-蛋白质间的结合被保持下来,因此通过免疫共沉淀技术,可以检测和确定生理条件下细胞内相关的蛋白质-蛋白质相互作用。免疫共沉淀技术不但可以用来检验两种或两种以上特定蛋白质之间是否存在相互作用,而且可以用来鉴定与特定蛋白之间存在相互作用的新蛋白质组,在蛋白质组学研究中应用广泛。以 GroEL 为例说明改进的方向:

GroEL 是大肠埃希菌唯一的伴侣分子,它对介导大肠埃希菌胞质蛋白的正常折叠是必需的,但在生理状态时,人们并不清楚究竟有多少蛋白质需要分子伴侣 GroEL 参与其正常的折叠过程。Houry 等[10]首先通过免疫沉淀的方法获得与 GroEL 结合的蛋白质,然后通过二维电泳和数据库比较等蛋白组学研究手段对结合蛋白进行鉴定,发现在大肠埃希菌 2500 多种蛋白质中有约 300 种蛋白需要 GroEL 帮助其正确折叠,从而实现了对大肠埃希菌中与 GroEL 相互作用的蛋白质群的全面分析,进而通过对其中 50 种与 GroEL 相互作用蛋白的鉴定,揭示了决定这些蛋白质与 GroEL 相互作用的关键结构特征。所以,免疫共沉淀技术与其他蛋白质分析技术相结合才能更好地对目标蛋白进行分析。

第十三节　细胞共定位技术

一、基 本 原 理

细胞共定位技术是针对蛋白质相互作用的一种辅助研究技术,能够对可能的蛋白质相互作用进行验证。

细胞共定位技术的基础是直接荧光和免疫荧光技术。直接荧光技术是把两种或几种目标蛋白与可发射不同荧光的荧光蛋白融合,共转染细胞后,利用荧光显微镜直接观察蛋白质的共定位情况;免疫荧光技术则是根据抗原抗体反应的原理,用结合了荧光素的抗体作为探针检测组织或细胞中的相应抗原,从而对组织中或细胞中的相应蛋白实现定位。在观察不同蛋白质的细胞内定位时,若两种或几种蛋白定位于细胞内同一位置,则它们就可能存在相互作用,这就是细胞共定位技术的基本原理(图 2-10)。

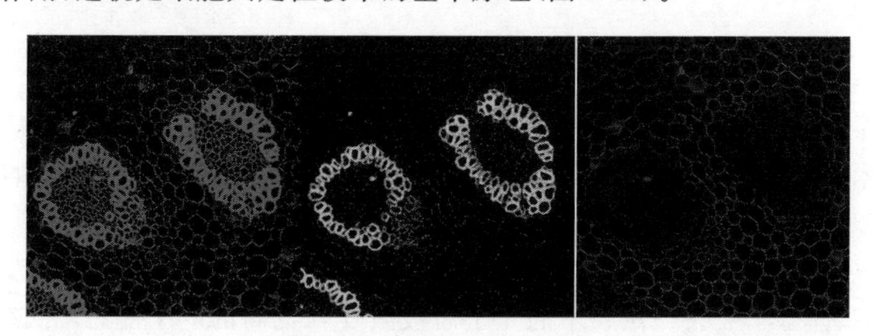

图 2-10　细胞共定位实验

二、操 作 流 程

细胞共定位主要包括荧光融合蛋白或荧光抗体的制备、标本的处理、免疫染色和观察记录等过程。标本处理有多种方法,组织切片、冷冻切片、整体细胞都可以应用,处理过程中要注意保持被检测蛋白的原位活性或抗原性。对于免疫染色则要设立严格的实验对照,观察时,比较观察抗体荧光素在激发光作用下所发出的荧光,完成对目标蛋白的共定位[11]。

三、优点和不足

这种技术可以直观的观察蛋白在细胞内的定位情况。但是在不同平面上的标记以及不同标记的同时显示方面还不是很完善。

四、改进的方向和途径

激光扫描共聚焦显微镜与活体细胞定位技术是解决上述不足的有力武器。

激光扫描共聚焦显微镜是 20 世纪 80 年代发展起来的显微镜产品,以激光为光源,在传统光学荧光显微镜基础上采用共轭聚焦原理和装置,并利用计算机对所观察的对象进行数字图像处理的一套观察、分析和输出系统。激光共聚焦显微镜已经成为细胞生物学、生物化学、遗传学、神经学、药理学等学科的重要研究工具。

来自光源的光通过照明针孔聚焦在样品焦平面的某个点上,该点所发射的荧光成像在探测针孔上,该点以外的任何发射光均被探测针孔阻挡。照明针孔与探测针孔对被照射点或被探测点来说是共轭的,因此被探测点即共焦点,被探测点所在的平面即共焦平面。计算机以像点的方式将被探测点显示在计算机屏幕上,为了产生一幅完整的图像,由光路中的扫描系统在样品焦平面上扫描,从而产生一幅完整的共焦图像。只要载物台沿着 Z 轴上下移动,将样品新的一个层面移动到共焦平面上,样品的新层面又成像在显示器上,随着 Z 轴的不断移动,就可得到样品不同层面连续的光切图像。

激光共聚焦显微镜的出现,实现了活体状态下对蛋白质的定位观察;利用计算机三维的重建功能,能够从三维空间的角度观察蛋白质在细胞内的定位:最大程度的真实再现了蛋白质在活细胞空间内的分布情况。

第十四节　荧光共振能量转移技术

一、基 本 原 理

荧光共振能量转移技术(fluorescence resonance energy transfer,FRET)是一种崭新的荧光成像技术。利用这种技术能够定时、定量、定位、无损伤检测活细胞内蛋白质-蛋白质间相互作用[12]。

荧光共振能量转移是一种非辐射的、偶极-偶极偶合的过程,指两个荧光发色基团在足够靠近时,当供体分子吸收一定频率的光子后被激发到更高的电子能态,在该电子回到基态前,通过偶极子相互作用,能量向邻近的受体分子转移,从而出现供体分子激发后导致受体分子受激发射的现象。两个发色基团之间的能量转换效率对空间位置的改变非常灵敏,与它们之间的空间距离的6次方成反比，典型距离在10nm以内（图2-11）。

CFP的发射光谱与YFP的吸收光谱有相当的重叠，当它们足够接近时，用CFP的吸收波长激发，CFP的发色基团将会把能量高效率地共振转移至YFP的发色基团上，所以CFP的发射荧光将减弱或消失，主要发射将是YFP的荧光。

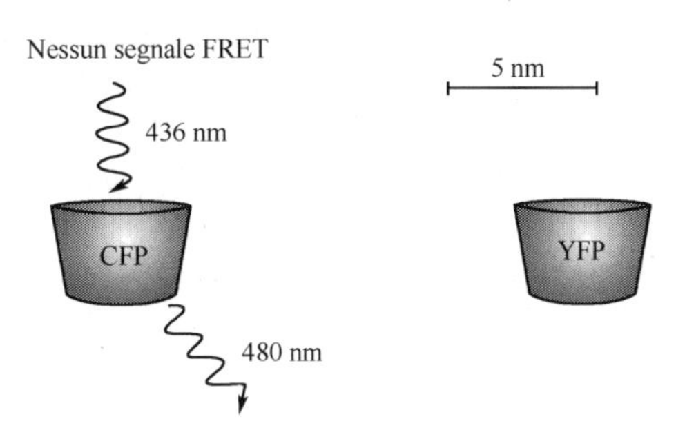

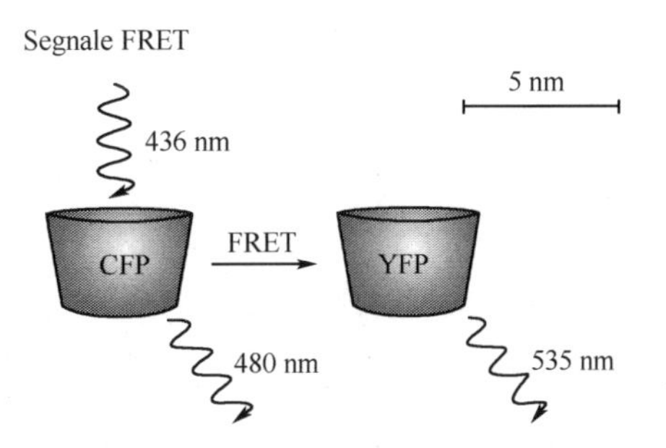

图2-11　荧光共振能量转移现象[13]

自从水母中发现并克隆了绿色荧光蛋白（green fluorescent protein，GFP）以来，GFP在蛋白质-蛋白质相互作用研究中得到了广泛应用。GFP受紫外线激发而发出绿色荧光，其发光基团是环状三肽，发光时无需辅助因子，无需作用底物；与GFP融合表达的蛋白质在细胞内仍能行使正常的功能：综合以上优点，GFP是一种极好的体内原位检测蛋白质-蛋白质间相互作用的报告分子。

近年来发展出了GFP多种突变体，通过引入各种点突变使发光基团的激发光谱和发射光谱均发生变化，而发出不同颜色的荧光，有黄色荧光蛋白（yellow fluorescent protein，YFP），青色荧光蛋白（cyan fluorescent protein，CFP）等。这些突变体使FRET方法用来研究活细胞内蛋白质-蛋白质间相互作用成为可能。

二、操作流程

如要研究两种蛋白质a和b间的相互作用，可以根据FRET原理构建一组融合蛋白，这组融合蛋白由两部分组成：CFP-蛋白质a、蛋白质b-YFP。用CFP吸收波长433nm作为激发波长，当蛋白质a与b没有发生相互作用时，CFP与YFP相距很远不能发生荧光共振能量转移，因而检测到的是发射波长476nm的CFP荧光；但当蛋白质a与b发生相互作用时，由于蛋白质b受蛋白质a作用而发生构象变化，使CFP与YFP充分靠近发生荧光共振能量转移，此时检测到的就是发射波长为527nm的YFP荧光（图2-12）。将编码这种融合蛋白的基因通过转基因技术使其在细胞内表达，就可以在活细胞生理条件下研究蛋白质-蛋白质间的相互作用[14]。

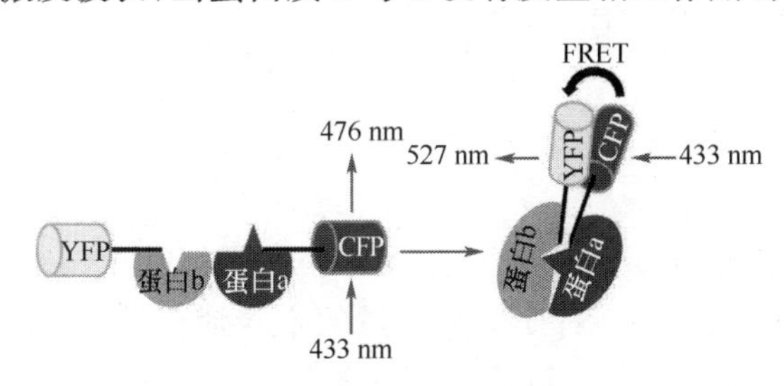

图2-12　荧光共振能量转移技术基本原理

三、优点和不足

FRET以它稳定、无生物毒性、不需任何外源反应底物及表达无种属和组织特异性的优点，成为检测蛋白——受体、蛋白——蛋白之间相互作用和相对空间位置的“分子尺”。

以FRET技术构建的生物传感器具有高灵敏度和高特异性，成为高通量筛选(high throughput screen，HTS)的最好系统之一。而FRET技术的应用效果有时会受荧光蛋白的性质限制，一些荧光素有低量子产率、低淬灭系数和短荧光寿命等缺点。

四、改进的方向和途径

对荧光素进行一些改进可以弥补这个缺陷，对一些荧光素进行特异位点的突变可以提高其量子产率、淬灭系数和荧光寿命。

第十五节　亲合捕获技术

一、基本原理

亲合捕获技术是一种体外研究蛋白质相互作用的技术。首先将检测用的亲合捕获试剂固定在基质上，之后将待分析样品和基质反应，能够和基质发生相互作用的组分就会与之结合；之后采用一定的方法对结合组分进行检测(图2-13)。

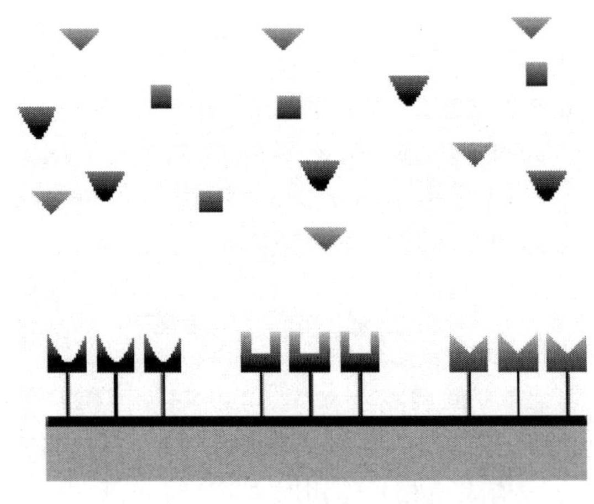

图2-13　亲合捕获技术原理示意图

二、操作流程

1. 亲合试剂的选择　单克隆抗体具有稳定和高效的优点，是最常用的亲合捕获试剂。近年来，已经分离了针对不同抗原的数千种单克隆抗体，提供了大量的亲合捕获试剂。单克隆抗体最大的缺点就是对杂交瘤的依赖，这种依赖限制了单克隆抗体数目的进一步增加；通过噬菌体文库可以缓解这种矛盾，同时其他的一些蛋白也可以用做亲合试剂研究蛋白质相互作用。

2. 亲合试剂的固定　亲合捕获试剂需要固定在一定的基质上发挥作用，固定是亲合捕获实验中至关重要的环节。固定有共价固定和非共价两类方法，各有利弊。共价固定指将亲合试剂通过共价交联固定在基质上，结合牢固，但有可能造成亲合试剂活性部位的失活；非共价固定对亲合试剂的活性影响很小，但结合不如非共价固定牢固。

3. 实验结果的检测　检测在亲合捕获技术中占有重要地位，准确、灵敏、高效的检测方法会提升整个实验效果。检测有两种类型,一种是在待测组分蛋白质上预先加上一定的标记,根据这些标记的性质检测;另一种是不预先加标记,采用质谱等相关技术直接进行检测[15]。

三、优点和不足

亲和捕获具有准确、灵敏、高效的优点。但是蛋白一级序列结构出发很难预测出其是否为具有高亲和力的捕捉分子。这是因为蛋白的高级结构是多样的,与捕捉分子有多种可能的相互作用模式,而且蛋白与捕捉分子的相互作用是通过蛋白质的高级结构的静电力、氢键、疏水的范德华力,以及这三种力的联合作用而产生的。此外,蛋白质可以同时和不同分子结合发生作用,形成复合物,加之胞内转录后动态的修饰过程(如:糖基化和磷酸化)可对蛋白相互作用产生重大影响使得蛋白质芯片的制作就更难了。制作蛋白质捕获基质时很难达到快速,低成本地大量地制备出高度专一性和高亲和力的蛋白捕捉分子。此外还要保证被固定的蛋白分子的功能保持不变,这个问题也并不容易解决。把蛋白分子固定在片基上而不损坏它们的高级结构,这比把寡核苷酸或 DNA 片段固定在片基上要困难得多。

四、改进的方向和途径

在制作捕获分子的时候,每一种蛋白捕捉分子必须单独制备出来,所获得的捕捉分子不仅需要具有亲和力强的特点还需要有选择性强且交叉反应性低的特点。通过优化固体片基的表面,改进蛋白标记技术,可以使具有功能状态的蛋白质被固定;通过重组蛋白及捕捉分子的大量生产制备有效地拓宽了高度专一性和选择性捕捉分子的获取瓶颈。

执笔:吴世安　吴　迪
讨论与审核:吴世安
资料提供:吴世安　吴　迪

参考文献

1. 关薇,王建,贺福初.大规模蛋白质相互作用研究方法进展.生命科学,2006,18(5):507～512
2. Fields S,Song O. A novel genetic system to detect protein-protein interactions. Nature,1989,340:245～246
3. Alberts B,Johnson A,Lewis J,et al. Molecular Biology of the Cell. 4th ed. New York:Garland,2008
4. R. M. 特怀曼著.蛋白质组学原理.王恒粱,袁静,刘先凯等译,北京:化学工业出版社,2007
5. 陈天艳,成军,张树林.酵母双杂交系统的原理及应用.世界华人消化杂志,2003,11(4):451～455
6. 陆辉,王健.酵母双杂交系统的应用与改进.农林科技,2008,37(5):75～77
7. 任军,孙宇,贾凌云.蛋白质相互作用的研究方法.分析化学评述与进展,2007.35(5):760～766
8. http://www.piercenet.com/Proteomics/browse.cfm? fldID=9C471132-0F72-4F39-8DF0-455FB515718F
9. 邱宗荫,尹一冰.临床蛋白质组学.北京:科学出版社,2008
10. Houry WA,Identification of in vivo substrates of the chaperonin GroEL. Nature,1999,402:147～154
11. 翟中和,王喜忠,丁明孝.细胞生物学.北京:高等教育出版社,2000
12. 郭葆玉.药物蛋白质组学.北京:人民卫生出版社,2007
13. http://commons.wikimedia.org/wiki/File:FRET.PNG
14. 王进军,陈小川,刑达.FRET 技术及其在蛋白质-蛋白质分子相互作用研究中的应用.生物化学与生物物理进展,2003,30(6):980～984
15. Giuliano E,Michela S,Simone S,et al. Affinity-capture reagents for protein arrays. Trends in Biotechnology,2002,Vol.20 No.12 (Suppl.) 19～22

第十六节　核酸微阵列及其分析技术

一、基 本 原 理

生物芯片技术通过微加工和微电子技术在固相基质表面构建微型生物化学分析系统，以实现对细胞、蛋白质、核酸以及其他生物分子等进行准确、快速、高通量的检测。根据固定在载体上的物质成分，生物芯片可以分为基因芯片、蛋白质芯片、细胞芯片、组织芯片等[1]。

20 世纪 70 年代，Southern 等发现被标记的核酸分子能够与另一被固化的核酸分子进行配对杂交，由此建立了现在普遍应用的 Southern Blotting 技术[2]。Southern Blotting 可以看作最早的生物芯片。1988 年 Bains 等人将短的 DNA 片段固定到支持物上，借助杂交方式进行序列测定。随后，探针固相原位合成技术和照相平板印刷技术的有机结合以及激光共聚焦显微技术的引入使基因芯片开始从实验室走向工业化。它使得合成、固定高密度的数以万计的探针分子切实可行，而且借助激光共聚焦显微扫描技术，可以对杂交信号进行实时、灵敏、准确的检测和分析。人类基因组计划和现代分子生物学的发展也为基因芯片技术的出现和发展提供了有利条件。

大量基因的协调表达是正常生长发育与健康维持的分子基础。多种危害人类健康的疾病都伴有显著的基因表达的扰动和改变。对这些扰动和改变的全面分析，不仅能增进我们对疾病产生机理的了解，更能促进与疾病相关的新基因与新信号途径的发现。

随着后基因组时代的到来，越来越多的物种基因组序列测定的完成，一种能够同时分析测定数以千计的基因表达谱的高通量技术应运而生，这就是核酸微阵列，或基因芯片(microarray)技术[1]。早期的基因阵列与 Southern blotting 类似，是将 cDNA 点在滤纸上并进行杂交与检测分析的。1992 年，Affymetrix 公司运用半导体照相平板技术，对原位合成制备的 DNA 芯片作了首次报道，这是世界上第一块基因芯片[3]。1995 年，显微尺度的芯片首次被应用于基因表达分析[4]；1997 年出现了首张全基因组(啤酒酵母)芯片[5]。与传统的 Northern 杂交、RT-PCR 等单基因表达分析技术相比，基因芯片技术在信息量和信息获取效率方面具有明显的优势。在基础研究领域，基因芯片已经得到广泛应用，包括基因组表达谱的分析、单核苷酸多态性的检测、基因型分析与基因组序列测定等。基因芯片技术并开始被应用于癌症等疾病的临床诊断。

典型的基因芯片以显微镜载玻片或硅晶片为载体。载体经过表面化学处理，以共价键连接数千个显微水平的 DNA 寡核苷酸点组成的微阵列。每一个称为探针(probe)的点含有皮摩尔水平的一个特定基因片段，或是其他种类的核酸分子。探针被设计为能够非常特异地与某一个目的 cDNA 或 cRNA 样本进行杂交，从而能够准确地报告目的基因的表达情况，或目的片段的存在或缺失。对目的核酸混合物群进行荧光或化学发光等方法标记，与芯片上的微阵列杂交，杂交结束后以高分辨率的激光扫描仪检测芯片上的所有标记，然后以软件识别每一个探针的信号强度，作为采集到的数据。对全部数据进行充分、合理的统计处理，即可获得目的核酸混合物群中每一个 cDNA 的相对表达丰度，或每一个基因片段的拷贝数。

二、操 作 流 程

1. 核酸微阵列实验平台　基本的 DNA 微阵列芯片实验平台主要用于比较检测两个不

同样本中 mRNA 的丰度。目的核酸混合物群含有两个来源的，以不同荧光标记的样本，一个来自对照，另一个则来自待测样本。将这两种样本混合并与同一芯片进行杂交，荧光标记的核酸分子就与芯片上特定某一点样区的互补探针序列进行杂交反应。一段时间之后，洗涤去除芯片上非特异性结合的分子，再用激光进行激发扫描便可以测定芯片上各点的荧光强度。每个点两种荧光的相对强度与每一检测样本中特定的基因的 mRNA 的量成正相关，由此可以获得对照和待测样本中基因的相对表达水平[6]。

另一种由 Affymetrix 公司首创的芯片则是通过化学合成方法将寡核苷酸以特定的顺序固定在载体上。Affymetrix 公司主要采用平板技术和固相 DNA 合成技术，通过光导合成法制备高密度 DNA 芯片。合成接头通过光化学去保护基团的修饰，固定在玻片载体上，然后通过一个照相平板掩膜将光照到芯片表面的特定区域上，在照射的区域便产生光脱保护作用。将化学结构单体，即羟基保护的脱氧核糖核酸加到芯片表面，在光脱保护的区域即发生化学连接反应，连上一个核苷酸分子。下一步使用另一新的掩膜，使光照在芯片上不同的区域使其发生光脱保护作用，并重复 DNA 的化学偶联反应。这样，使用很少的几步化学合成反应便可以在芯片表面以高度特异的方式合成随机的多聚核苷酸分子[6]。

其他商品化的寡核苷酸芯片技术平台来自 Amersham 公司、Agilent 公司等。

2. 微阵列探针的制备 根据来源，DNA 探针主要包括 cDNA 探针，基因组 DNA 探针，以及合成的寡核苷酸 DNA 探针。cDNA 探针的主要来源是：①已知的 cDNA 序列，通过搜集已知的基因或 EST 序列，PCR 扩增后印制芯片；②从细胞中提取 mRNA 经逆转录后构建成 cDNA 文库，然后随机挑取克隆和进行大规模基因测序，根据测序结果来选择所需要克隆进行芯片探针的制备。基因组 DNA 探针的制备则由实验目的决定，如要检测 DNA-蛋白质相互作用或潜在启动子所在的序列，可将所有的候选序列以 PCR 的方法扩增成适合长度的片段，再将产物印至玻片上；如以监测点突变为目的，则可将被检测的基因组经 PCR 扩增各种不同的片段后转移至玻片上固定，也可直接在芯片上以热化学或光化学方法合成寡核苷酸[7]。

3. 杂交探针及标记 基因芯片检测应用的是杂交原理，而核酸分子杂交则需要制备核酸混合物群，直接用于检测靶基因或者检测外源病原体靶基因。核酸混合物的质量是决定微阵列数据质量的关键因素。目前，除了荧光标记以外还有其他多种标记检测方法，但应用最广泛的仍然是荧光标记核酸混合物。

目前探针制备分为两种方法：直接标记和间接标记法。直接标记法是采用酶学或化学手段将荧光素共价连接到核酸分子上，而间接标记法是利用桥连分子(如生物素、寡聚核苷酸)将荧光素共价连接到核酸分子上，这两种方法都可以制备出高质量的标记核酸，并且各有其优缺点。

在探针的制备过程中可以使用 tyramide 信号放大技术(TSA)。TSA 是一种微阵列标记方法，用酶催化荧光试剂并将其沉降，达到放大荧光信号的目的。TSA 法标记具有比较好的空间分辨率，信号不会发生扩散，因此 TSA 标记法可以被用于高分辨率的微阵列试验中。TSA 可以进行多种颜色荧光标记。因为 TSA 标记法可以不用增加核酸分子数量就可以对信号进行放大，所以可以避免微阵列表面的探针饱和现象，并且可以实现多数量级的线性放大。TSA 的主要缺点是，和直接标记法相比，这种方法比较繁琐费时[8]。

另一种新型标记技术称为树状聚合物技术。与直接标记相比，树状聚合物技术能在不进行酶催化放应或增加核酸分子数量的情况下将信号放大 300 倍。

4. 分子杂交 核酸微阵列实验利用了靶标和探针分子的杂交反应，单链靶标和探针分子之间的杂交反应是通过互补核苷酸碱基之间的氢键形成而进行的。在杂交反应中，序列组成、靶标和探针的长度、杂交温度、二级结构、同源性、盐浓度、pH 和其他一些因素会影响杂交效率和强度。一般来说，选择的条件是要使这个反应体系中的绝大多数杂交反应处于最佳条件下，从而使所有的真阳性反应尽可能的体现而假阳性尽可能地减少[7]。

例如：在杂交体系中，芯片上的靶分子约 10 倍于探针浓度时，杂交反应符合一级动力学方程式，此时的杂交效率主要取决于探针浓度，探针浓度每提高一倍，信号将增强一倍。当靶分子的浓度与探针的浓度比偏离这个数值，但是仍然高于探针浓度时，则杂交反应为假一级反应。当靶分子浓度低于探针的浓度时，杂交反应符合二级动力学方程式，此时固定于芯片上的靶分子数的细微差异将对杂交速率和信号强度产生较大的影响。选择一级或假一级反应的杂交条件可以减少和消除系统误差。

芯片杂交流程的很多细节会因实验室的不同而有所不同，每一个试验者都应根据具体情况，优化流程以便获得最佳实验效果。

5. 图像采集和处理 基因芯片信号是通过检测芯片所用的标记物含量得到的。以最常用的荧光染料为例，当荧光染料被激光激发后，便会产生荧光光子，荧光的强弱直接反映荧光化合物的含量，因此可以用光探测器对产生的荧光进行定量检测，以确定荧光化合物的含量，从而计算出 DNA 或 RNA 的含量。严格配对的杂交分子，其热力学稳定性较高，荧光强；不完全杂交的双键分子热力学稳定性低，荧光信号弱；不杂交的无荧光。不同位点信号被仪器检测采集后，由软件处理荧光信号，对每个点的荧光强度数字化后进行分析，这就是基因芯片图像采集和处理过程[8]。

所有的核酸微阵列上的荧光需要经荧光从扫描装置来分析其上的荧光强度和分布，因此又称基因芯片扫描仪。目前专门与荧光扫描的扫描仪根据原理不同分为两类：一类是根据激光共聚焦显微镜的原理，是基于光电倍增管（PMT）的检测系统；另一类是根据电荷耦合装置（CCD）摄像原理检测光子。激光共聚焦扫描仪是在激光共聚焦显微镜原理的基础上发展起来的专用于生物芯片的配套采集和检测系统，具有优越的性能，能获取高质量的图像和数据。目前，芯片图像采集和检测多用激光共聚焦扫描仪。

杂交试验后的所有原始信息都储存在芯片图像中，芯片图像通常都是 16 位或 24 位的 TIFF、RAW 等格式的图像，显现的是灰度值，每个像素的灰度值在 0～65 535 的范围内，每个灰度值都反映了图像所对应芯片位置的荧光分子相对强度信息。在芯片图像中，每个点的像素强度总和就对应这相应核苷酸序列的杂交量。芯片图像处理的目的是定位每个点，将每个点所对应的不同形状和强度的杂交量化，并将得到一系列数值形成表格。一般来说，芯片图像的处理分为三个步骤。一是化格，目的是将事先根据芯片型号定义好行列数的各自覆盖到芯片上，确定样点的为位置。化格的计算机自动化是处理海量芯片图像的关键；二是分割，这一步是将杂交的荧光信号像素与背景像素分开。三是信息提取，包括计算荧光信号强度和背景强度，还要将背景扣除，用一定的统计量衡量样点的质量以及对结果进行校正。

6. 核酸微阵列数据分析方法 目前应用于核酸微阵列数据分析方法包括散点图、主成分分析、平行坐标平面和聚类分析等[8]。

在散点图中，每个点代表了某个基因在两个实验中的表达值，一个画在 X 轴，另一个画在 Y 轴。在这样的图中，表达值相等的基因将排列在对角线上，其中较高表达值的离原点较远。对角线以下的点代表在绘于 X 轴的实验中有较高表达的基因。类似地，对角线以上

的点代表了在绘于 Y 轴上的实验中有较高的表达基因。离对角线越远的点，其在一个实验中与另一个实验中的表达差异越大。

主成分分析可以减少维数，将数据压缩到二维或者三维，而保留原始数据集中大多数或全部的变异。这个多变量技术经常被用来为大量的数据提供一种简洁的表示方法，因为它可以找到代表数据变化最大的主成分。在主成分分析中，可以通过下面的方法选择变量的系数：第一主成分解释数据中变异的最大值；第二种主成分垂直于第一个并且解释剩余变异的最大值；第三个成分垂直于前两个并解释仍剩余的变异的最大值。一般而言，主成分分析为数据压缩可视化和确定行为异常点的基因提供了一个相当实用的方法。

二维和三维的散点图和主成分分析图对于检测在一系列实验中显著的上行或下行调节的基因来说是理想的。然而，这些方法并没有为在数次实验中可视化基因表达的进程提供简单的方式。使用平行坐标平面，实验被绘在 X 轴，表达值被绘在 Y 轴。某个实验中所有基因都绘制在 X 轴的相同位，只有其 Y 位置变化。另一个实验被绘制在平面中的另一个 X 位置。例如，对应细胞周期的基因表达图式的变化可以用平行坐标平面来实现。

通过聚类分析方法，我们可以掌握多个实验之间，以及实验内部大量基因表达的内在联系。聚类分析方法一般以数据的相似性或者距离量度，如相关性、欧几里得、平方的欧几里得距离等的大小为依据。为了标示两个实验中的两个基因表达值之间的距离，将两个实验所得的表达值分别绘在 X 轴和 Y 轴上。当在 X-Y 平面上绘图时，两个实验中同一个基因的表达值将作为点“基因 1”。点“基因 2”也类似地产生。基因 1 和基因 2 两个点之间的欧几里得距离很容易算出。这是二维距离，但是很容易扩展到 N 维（N 是某一研究的实验数目）。对数据的相关矩阵进行计算，其计算量甚至比对欧几里得距离的计算量更小。

三、优点和不足

核酸微阵列技术在基础研究和临床医学中都有广泛应用：

1. 基因表达分析 以高通量分析基因表达水平为研究目的的芯片称为表达芯片。在基因表达分析中，每一个探针识别代表一个特定基因的 cDNA。通过比较实验条件（如药物处理的细胞、病理组织或某一发育阶段）的 cDNA 样本与对照条件（如未经处理的细胞、健康组织或另一发育阶段）的 cDNA 样本量的相对（或绝对）量的差异，可以同时获得所有基因在实验与对照条件下的表达谱，找到具有明显表达差异的基因，分析基因表达差异与特定生理病理变化的相关性。

在确定某种疾病特异的基因表达谱之后，还可设计对应的表达芯片用于该疾病的诊断。将从病人样品中获得的 cDNA 与表达芯片杂交，将表达谱对比已知的特异表达谱，就能作出诊断。对于复杂起源的疾病如癌症、免疫系统疾病与神经系统病变的早期准确诊断，该方法的优势十分明显。

表达芯片还可以应用于新药开发。例如，若通过芯片分析发现某种新药能够逆转某种疾病特异的基因表达谱，使其回到正常（对照）范围内，则可对该种新药的临床表现作出积极的预测。

2. 基因组变化分析 癌症的发生与基因突变密切相关，因此 DNA 修复基因的重要性是不言自明的。此类基因的突变常常带来基因组片段的断裂和缺失。多项研究已经证明，某些断裂和缺失与癌症的进程不可分割，并可应用于临床诊断。基因芯片能快速准确地报告肿瘤细胞中所有基因组区域的拷贝数相对于正常细胞的变化，因此，通过合理的数学建模与计算,可以预测哪些染色体区域包含有肿瘤发生的关键基因。

例如,在比较基因组杂交(comparative genomic hybridization,CGH)芯片上,每一DNA探针对应一个确定的染色体位点。将来自正常(对照)与疾病(样本)的大块的基因组DNA分别进行荧光标记,作为目的核酸混合物群,与CGH芯片杂交,则可通过确定不同荧光通道的强度比值,找到所有与该疾病相关的基因组DNA数目的变化。

3. DNA突变分析 自人类基因组测序完成以来,已有上百万的单核苷酸多态性(single nucleotide polymorphism,SNP)在不同的个体中被发现,其中多种SNP被确认为与多种疾病的发生有密切关系。一类经过特殊设计的DNA芯片被用于检测与疾病相关的SNP。在这种芯片上,多个探针对应于一个基因。它们之间的差异很小,通常只有一个或几个核苷酸的不同。与上文提到的CGH芯片不同,用于杂交的核酸混合物群仅来自正常的被试者。杂交结果将明确地显示出被试者的SNP类型,由此预测被试者是否有发生某种疾病的危险,以及危险的大小。

核酸微阵列技术的其他应用包括被用于蛋白的染色体免疫沉淀(ChIP-on-chip),以系统研究组蛋白修饰,转录全图,及其他表观遗传学现象,以及Tiling芯片,以全面记录基因组的转录特征,发现基因预测程序可能遗漏的转录本等[1]。

尽管基因芯片技术目前已经取得了很大的进展,受到世人的瞩目,但仍然存在着许多难以解决的问题,例如技术成本昂贵、复杂、检测灵敏度较低、重复性差、分析范围较狭窄等问题。这些问题主要表现在样品的制备、探针合成与固定、分子的标记、数据的读取与分析等几个方面。

四、改进的方向和途径

纵观当前基因芯片的研究趋势,基因芯片可能的发展方向,可能有这几个方面:①进一步提高探针阵列的集成度。②提高检测的灵敏度和特异性。③高自动化、方法趋于标准化、简单化,成本降低。④高稳定性。寡核苷酸探针、RNA均不稳定,易受破坏。而肽核酸(PNA)有望取代普通RNA/DNA探针,可以确保探针的高稳定性。

第十七节 蛋白质芯片及分析技术

一、基本原理

蛋白质芯片,又称蛋白质微阵列,是采用原位合成、机械点样或共价结合的方法将多肽、蛋白、酶、抗原、抗体等固定在硅片、玻璃片、塑料片、凝胶、尼龙膜等固相介质上形成的生物分子矩阵,适用于蛋白质功能研究及相互作用分析[7]。在待分析样品中的生物分子与蛋白质芯片的探针分子发生杂交或相互作用或其他分离方式后,利用激光共聚焦显微镜扫描仪对杂交信号进行高通量检测和分析,将整个蛋白质水平的相关生化分析过程集中成于芯片表面,从而实现对多肽、蛋白以及其他生物成分的高通量检测。蛋白质芯片和基因芯片检测方法基本相同,但是两者存在着很大的差异。

二、操作流程

1. 蛋白质芯片的制备 常规的方法是先在一种固相载体上按照预先设计的方式固定

大量蛋白质(抗原或抗体),形成蛋白质的微阵列,即蛋白质芯片。实验时,往芯片上加入带有特殊标记的蛋白质分子(抗体或抗原),两者结合后,通过对标记物的检测来实现对抗原或抗体的互检[7]。

固相载片基呈薄片状,外观可做成长条状、圆形或椭圆形等不同形状,经特殊处理后承载吸附有关的生物制剂。常用的材质有硅、云母、各种膜片等。各公司制作芯片采用的载体材料基本相差不大。

蛋白质芯片的靶分子包括特定蛋白质的抗体或受体,结合某些阳离子或阴离子的化学基团、亲水或疏水物质、酶、免疫复合物等,用化学固定技术固定在载体表面上,形成一个个点状芯池。制备蛋白质芯片时采用直接点样法,以尽量避免蛋白质空间结构改变,保持它们与样品的特异结合能力。现已有预制好已知靶分子的多种芯片系统出售,如微阵式、微孔板式、凝胶块状等类型。使用时先将需要检测的含有蛋白质的标本按一定程序完成层析、电泳、色谱等前处理,然后在每个芯池内点入需要的种类。一般样品量只要 2～10μl 的微量即可,根据测定目的的不同,可选用含有不同靶分子的芯片。让标本在每个芯池中与特定的探针结合或与其中含有的生物制剂相互作用一段时间,然后洗涤去未结合的或多余的物质,将样品固定,即可检测。

2. 探针与探针标记物 以肿瘤研究为例,比较正常组织和肿瘤组织的蛋白质表达谱差异。首先用显微切割术获取纯的肿瘤与正常组织,提取组织中的蛋白质,与蛋白质芯片反应,洗脱掉未结合上的蛋白质,利用配套的分析系统检测芯片,作出蛋白质表达谱。显微切割技术能够提供同一的组织,非常适合于样品量要求不多的芯片分析与质谱分析,这是二维电泳无法满足的,因为二维电泳所需的样本量比较大。

探针的标记有酶标记法、荧光物标记法和化学发光物质标记法等。

常用的标记酶有辣根过氧化物酶(HRP)、碱性磷酸酶(AP)、葡萄糖-6-磷酸脱氢酶(G6PD),β-*D*-半乳糖苷酶等。其中 HRP 由于比活性高、价廉易得,因而是酶标记最常用的酶。荧光免疫分析中常用的荧光物质有异硫氰酸荧光素、丹磺酰氯、罗丹明 B-异硫氰脂等。目前在蛋白质芯片的检测中常用的荧光物质是 Cy3 和 Cy5 两种物质。常用的化学发光物质有吖啶酯,吖啶酯可共价结合与抗原或抗体上,标记好的抗原或抗体与对应物结合后,用起动发光试剂 $NaOH+H_2O_2$ 与吖啶酯作用,从而产生可检测的光信号[1]。

3. 蛋白质芯片的检测 化学发光是最为敏感的蛋白质检测方法,这是因为检测信号已通过酶转换而大大增强。化学发光的主要局限性是在检测一个信号时的短窗现象和只有单一的信号通道。

荧光是最常用的蛋白质检测方法。荧光剂可直接标记在蛋白质分子上,也可结合于其他检测分子内。鉴于玻片荧光背景低,人们通常在玻片上制备蛋白质芯片。在直接标记蛋白质的情况下,荧光测定的一个主要问题是难以获得均一的效率和可能出现标记蛋白高级结构的改变。

同位素标记已经在蛋白质芯片中用于检测蛋白质间相互作用、蛋白质-核酸的相互作用以及蛋白质修饰作用。同位素标记蛋白保持了蛋白质的天然构象,并具有极高的敏感性,提取浓缩时,操作同位素需格外小心,这在很大程度上限制了这一技术的广泛应用[1]。

质谱也可以用于检测低密度蛋白质微阵列,这一系列已经成为从不同的样品中鉴定蛋白表达图谱的很好的工具。

三、优点和不足

目前已经可以成功地制出具有高通量分析平台作用的蛋白芯片，通过适当的技术处理使点样蛋白保持天然的构象和生物学活性。但是，利用蛋白芯片技术对于蛋白质功能的研究仍然存在着种种问题[9]。例如，目前大多数来自于cDNA文库的克隆体系不能通过正确的阅读框架编码蛋白质；或者不能正确表达产生具有氨基酸全序列的蛋白分子；通过细菌表达的蛋白质不能形成正常的空间构象等，都将直接影响有关蛋白质功能的研究。另外，为了方便种类繁多的蛋白质的功能检测和分析，通过不同途径或方式获取并用于制作蛋白芯片的蛋白质必须首先经过纯化。正常和异常情况下蛋白-蛋白的相互作用的差别都需要我们进一步去探索。

高通量分析平台蛋白芯片技术的建立将为蛋白质功能及其相关的研究提供快速、高信息量和更为直接的研究方法，与其他的分子生物学分析方法相比，蛋白芯片技术具有快速、平行的优越性。该方法的建立和应用将有助于人类揭示疾病发生的分子水平的机制及寻找更为合理有效的治疗手段和途径。

蛋白质芯片的特点为：①高通量、高效率；②蛋白质芯片是一个动态的技术流程概念，不局限于某个固相有形物；③适用于包括组织、细胞系、体液在内的多种生物样品；④芯片上的样品包含针对信号转导、癌症、细胞周期调控、细胞结构、凋亡和神经生物学等广泛的生物功能的相关蛋白，跨度大、适用范围广；⑤芯片上的结合物分别经过不同方法检测，灵敏度高达pg/ml；⑥芯片平台采用开放设计，可以用各种型号的DNA样品荧光扫描仪进行检测。

核酸生物芯片的微型化大大增加了筛选与分析的通量，降低了生物试剂的耗费，并产生了高度平行的数据收集过程。与之相比，由于蛋白质自身结构和功能的多样性，蛋白质芯片的发展面临着更多的困难和挑战。但是蛋白质是基因表达的最终产物，因此蛋白质研究是在一个更深入和更贴近生命本质的层面上去探讨和发现生命活动的规律，揭示重要生理、病理现象的本质。比较而言，基因芯片技术已经比较完善，在生物医学研究领域获得了广泛的应用，它也只能检测DNA和RNA，这种以核酸为基础的芯片只能间接提供蛋白质的信息；而蛋白质芯片尚处于发展阶段，许多技术问题尚待完善，但应用范围广泛，具有很好的发展前景。

四、改进的方向和途径

由于蛋白质芯片的广泛应用前景，这一技术仍是目前研发的热点之一。蛋白质芯片现在还存在一些问题，从蛋白质的制备角度来看，防止蛋白质变性仍是一个有待解决的问题；从检测的角度看，开发高灵敏度、简便快速的检测方法是目前的发展趋势。将多元光学编码技术用于蛋白质芯片的研究可以简化芯片制备流程，降低其成本，同时提高其应用性能。

执笔：龚清秋　周景峰
讨论与审核：龚清秋
资料提供：龚清秋

参考文献

1. 陈仲斌. 生物芯片技术. 北京：化学工业出版社，2005

2. Maskos U, Southern EM. Oligonucleotide hybridizations on glass supports: a novel linker for oligonucleotide synthesis and hybridization properties of oligonucleotides synthesised in situ. Nucleic Acids Research, 1992, 20(7): 1679～1684
3. Pease AC, Solas D, Sullivan EJ, et al. Light-generated oligonucleotide arrays for rapid DNA sequence analysis. The Proceedings of the National Academy of Sciences USA, 1994, 91(11): 5022～5026
4. Schena M, Shalon D, Davis RW, et al. Quantitative monitoring of gene expression patterns with a complementary DNA microarray. Science, 1995, 270(5235): 467～470
5. DeRisi JL, Iyer VR, Brown PO. Exploring the metabolic and genetic control of gene expression on a genomic scale. Science, 1997, 278(5338): 680～686
6. G. 哈德曼著. 生物芯片技术与应用详解. 陈仲斌，王升启主译. 北京：化学工业出版社，2006
7. 丁金凤，杨渝珍，张先恩. 基因分析和生物芯片技术. 武汉：湖北科学技术出版社，2004
8. M. 谢纳著. 生物芯片分析. 张亮译. 北京：科学出版社，2004
9. 李瑶. 基因芯片数据分析与处理. 北京：化学工业出版社，2006

第十八节　蛋白质N端和C端测序技术

一、基 本 原 理

蛋白质占生命体平均干重的50%，是各种生命活动的载体，可以说，没有蛋白质就没有今天地球上多姿多彩的有机生命。蛋白质是如此重要，以至于在最近的几十年里人们一直在寻找能够"看清"蛋白质的办法。在对蛋白质的研究中人们首先想要了解以下几个指标：蛋白质的分子量，蛋白质的等电点，蛋白质的氨基酸序列组成。氨基酸序列测定是了解蛋白质性质和功能的重要途径。但是在1945年以前，人们对此束手无策。随后的十年中，随着质谱技术和标记技术的快速发展，使胰岛素的序列终于展现在世人面前。以后蛋白质测序技术愈加发展，截止到1980年，已经约有1500段蛋白质序列被测定，这在1945年是无法想象的。

最初，蛋白质测序只能采取手工的Edman降解法(Edman degradation)[1]和环甲基化法。手工测序的方法不仅速度慢，而且灵敏度低。这一状况在自动测序仪开始应用以后得到很大改善，1980年开始使用的自动测序仪的灵敏度是1967年方法的一万倍。由此蛋白质测序工作得到快速进展。到今天，蛋白质测序技术已经有很大发展，比如质谱技术中的间接肽序列测定技术，化学标记结合质谱，经典的Edman降解法也有很大的飞跃。

蛋白质序列测定技术是蛋白质化学中十分关键的一项技术，包括N端和C端测序两种策略。下面对目前常用的蛋白质序列测定技术进行介绍。

在蛋白质各种测序技术中，N端测序技术比较重要。这是因为蛋白质和多肽的N端区域是非常重要的结构和功能部位[2]。所有蛋白质的合成都是从N端开始的，其序列组成对蛋白质的生物学功能有着巨大的影响：蛋白质的半衰期与N端氨基酸的特异性有关，或者说N端氨基酸残基对蛋白质的寿命有控制作用[3]；N端序列与蛋白质的亚细胞器定位有密切关系，例如，某些特殊的氨基酸序列可以作为蛋白质分选标记影响蛋白质定位；蛋白质的N端会发生翻译后修饰，影响其结构和功能。如在新生肽链的成熟过程中，2/3的叶绿体蛋白质会发生起始甲硫氨酸残基的剪切和前导肽的去除。因此，N端肽段的鉴定具有非常重要的意义，通过对蛋白质N端序列的研究有利于分析蛋白质的高级结构，揭示蛋白质的生物学功能。而且由于蛋白质的N端序列特异性很高，通过N端的少数几个氨基酸残基就可以对大多数蛋白质进行鉴定。N端测序还可以确定二硫键的位置,糖基化或磷酸化修饰的位点。

相比于C端测序技术,蛋白质N端测序技术也更为成熟,应用也更为广泛。比如,基于Edman法的蛋白质N端自动测序仪在灵敏度和精确度上都要好于基于(异)硫氰酸法的蛋白质C端自动测序仪。下面对蛋白质N端测序技术进行介绍。

对蛋白质与多肽进行测序的方法到目前已经经历了半个世纪的发展。在Edman降解法的基础上,依据样品处理方式和试剂输送方式的不同而出现了液相,固相和气相蛋白质序列测定方法[4]。目前大多采用固相和气相序列测定方法。蛋白质与多肽的固相序列分析技术是Laursen[5]首次提出的,他在随后又推出了固相蛋白质自动测序仪。固相测序是首先将蛋白质或多肽样品共价耦联到惰性载体如聚苯乙烯膜,微孔玻璃珠或PVDF(polyvinylidine difluoride)膜上,再进行序列分析的方法。此方法可避免因冲洗而使样品损失,从而可以在序列降解及冲洗步骤采取比较剧烈的条件。

随着蛋白质组学研究的快速发展,人们希望能对电泳分离后的蛋白质或多肽样品进行直接的序列测定。较早期的尝试是采用对二异硫氰酸苯酯玻璃纤维膜片(DITC glass fiber)[6,7]。通过印迹转移把电泳分离后凝胶上的蛋白质转移到膜上,然后用考马斯亮蓝显色,将需要的带切下来进行测序。这一方法中DITC-GF的制备比较麻烦。Pappin等[8]利用PVDF膜进行电泳后的直接测序,首先把凝胶上的蛋白质转印到PVDF膜上,晾干后浸入20%的甲醇溶液中数秒钟,这样PVDF膜没有吸附蛋白质的部分会颜色较深,有蛋白质的部分则显出浅色的条带。也可以用二氢荧光素喷洒PVDF膜,在紫外灯下观察蛋白质条带,剪下感兴趣条带的膜片,在其上先后加入DITC和聚乙烯胺溶液,经过45℃保温使之发生偶联反应。蛋白质分子则通过DITC偶联到聚乙烯胺上,在PVDF膜上形成一个通透性的薄层,然后即可进行固相序列分析。此方法的优点是不用对PVDF膜进行事先的衍生处理,操作简单,不足之处是印迹转移过程中不同蛋白质的回收率相差较大。

与N端一样,C端也是蛋白质和多肽的重要结构与功能部位,对蛋白质的生物功能甚至起决定性的作用,C端隐藏着许多蛋白质的活性位点,另外,C端剪切也是蛋白质重要的翻译后修饰之一[9,10]。目前以Edman降解法为基础的N端测序技术已十分完善,并且实现了仪器自动化。但是自然界中存在的蛋白质,尤其是哺乳动物及一些高等植物中的蛋白质,其N端由于被修饰(如甲酰化,乙酰化等)而处于封闭状态,故从N端得到序列信息有一定的困难。因此很多蛋白质化学家期望研究出类似Edman降解N端测序法的方法,从C端对蛋白质进行氨基酸残基的逐一降解而测定其序列。但由于蛋白质C端羧基的化学活泼性差等原因,这一方面的研究一直进展缓慢[11]。

测定C端氨基酸序列时,需要的样品量约100pmol,只要测定出C端的3～5个氨基酸残基,即可鉴定蛋白质。当前,采用的C端序列分析方法主要有:羧肽酶法、化学法和串联质谱法。这三种方法每种都有一定的局限性。随着质谱技术的不断发展,羧肽酶法和串联质谱法应用的越来越广泛。羧肽酶法是用羧肽酶从蛋白质或多肽的C端逐个切下氨基酸残基,通过检测释放氨基酸的顺序来判断蛋白质的C端序列。化学法是用一定的,可以专一性裂解蛋白质或多肽的C端氨基酸残基的化学试剂与所要分析的序列反应,然后分析氨基酸残基以得到序列信息的方法。串联质谱法是将蛋白质经胰蛋白酶或其他酶酶切后,直接用串联质谱测定酶切肽段混合物,然后通过串联质谱分析而得到C端序列的方法[10]。

二、操作流程

1. Edman 法　瑞典有机化学家 Edman[1]提出了蛋白质的 N 端序列测定方法——Edman 降解法。Edman 法是用化学方法从蛋白质的 N 端依次切下氨基酸残基，进行蛋白质序列测定的方法。Edman 法的反应原理并不复杂，是一个循环式的化学反应过程。包括 3 个主要的化学步骤：

(1) 偶联(coupling)：异硫氰酸苯脂(PITC)(即 Edman 试剂)与待分析的蛋白质和多肽的 N-端残基在碱性条件下反应，生成苯氨基硫代甲酰胺(PTC)的衍生物。

(2) 环化裂解(cleavage)：在偶联反应后，后用酸处理，环化，肽链 N-端被选择性地切断，得到 N-端氨基酸残基的噻唑啉酮苯胺衍生物。

(3) 转化：用有机溶剂将上一步反应中得到的衍生物萃取出来，在酸的作用下，该衍生物不稳定，会继续反应，形成一个稳定的苯基乙内酰硫脲(PTH)衍生物，余下肽链中的酰胺键不受影响。

通过用 HPLC 或电泳法分析生成的苯乙内酰硫脲(PTH-氨基酸)，可以鉴定出是哪一个氨基酸。每反应一次，结果是得到一个去掉 N-端氨基酸残基的多肽，剩下的肽链可以进入下一个循环，继续发生降解。

反应过程简图如(图 2-14)：

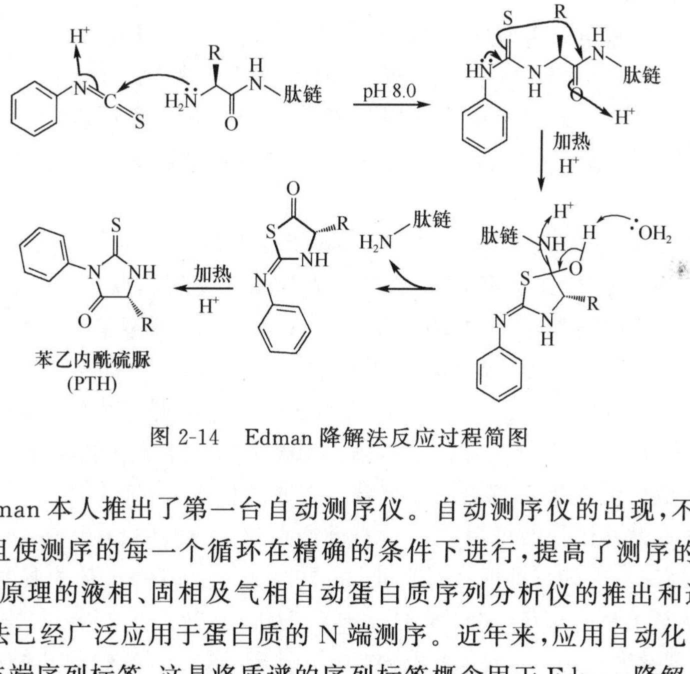

图 2-14　Edman 降解法反应过程简图

1967 年 Edman 本人推出了第一台自动测序仪。自动测序仪的出现，不仅减少了繁琐的手工操作，而且使测序的每一个循环在精确的条件下进行，提高了测序的可重复性。之后随着基于以上原理的液相、固相及气相自动蛋白质序列分析仪的推出和逐步完善，经典的 Edman 降解法已经广泛应用于蛋白质的 N 端测序。近年来，应用自动化的 Edman 降解可产生短的 N-末端序列标签，这是将质谱的序列标签概念用于 Edman 降解，业已成为一种强有力的蛋白质鉴定策略。对 Edman 的硬件进行简单改进，可以迅速产生 N-末端序列标签，达 10～20 个/d，序列标签适于在较小的蛋白质组中进行鉴定。

2. C 端测序法

(1) 羧肽酶法：羧肽酶(carboxypeptidase，CP)法是近年来广泛应用于蛋白质及多肽 C 端序列测定的方法。羧肽酶是可以专一性地从肽链的 C 端开始逐个降解，释放出游离氨基酸的一类肽链外切酶。羧肽酶总共有四种：羧肽酶 A(CPA)，羧肽酶 B(CPB)，羧肽酶 P (CPP)和羧肽酶 Y(CPY)。在蛋白质的 C 端序列分析中常用的羧肽酶是 CPY 和 CPP。羧肽酶 A 来自动物的胰脏，易于水解具有芳香族氨基酸和脂肪族氨基酸残基的 C 末端[12]。CPA 释放非极性氨基酸残基的速度比较快，释放极性氨基酸残基的速度较慢，对脯氨酸、精氨酸基本上不起作用。羧肽酶 B 也是来自动物胰脏，是一种只水解以碱性氨基酸(如精氨酸和赖氨酸)为 C 末端残基的肽键的消化酶[13,14]。其酶活力在 pH 8 左右时最大，偏酸性和偏碱性的条件下酶活力受到影响，当 pH≥12 时，酶活力完全丧失。羧肽酶 P 来自柑橘叶，是一种酸性羧肽酶，它可被 Ca^{2+} 活化，但是 Zn^{2+}、Cu^{2+} 及 Ag^{+} 强烈抑制 CPP 的活性[15]。羧肽酶 Y 具有比较广泛的识别能力，能裂解 C 末端包括脯氨酸在内的各种氨基酸残基，而且能水解乙酰化等翻译后修饰的氨基酸残基[16]。因此该酶已成为蛋白质及多肽链 C 末端分析中常用的工具酶[17]。与 CPA 和 CPB 不一样，它是一种不含金属离子的酸性蛋白，具有肽酶和脂酶的活性。

用羧肽酶法进行 C 端测序，可以使用以下两种方法来检测酶切释放的氨基酸残基。①色谱法：在不同的时间点，用高效液相色谱等方法直接检测所释放的氨基酸，从而推断出 C 端的序列。此方法由于不同的氨基酸被酶切下来的速度不同，不容易掌握确切的检测时间，因此为了得到准确的结果，就需要选择很多个测定的时间点，比较费时、费力。因此，色谱法现在很少有人使用。②质谱法：利用质谱仪检测蛋白质或多肽的原分子量，通过与释放一个氨基酸以后分子量的差值来推断所释放氨基酸残基的种类，依次类推，得到 C 端的序列。这里通常采用的质谱仪是 MALDI-TOF-MS(见本章第六节)。

(2) 化学法：根据所用化学试剂的不同，可将化学法分为(异)硫氰酸法，过氟酸酐法，肼解法、还原法等。其中，肼解法和还原法因不易连续测序并不常用。(异)硫氰酸法反应机理与 Edman 降解类似，是最有希望成为常规的 C 端序列测定的方法。因此以下只对(异)硫氰酸法进行介绍。

(异)硫氰酸法是 Schlack 和 Kumpf 在 1926 年提出的，因此(异)硫氰酸法又称 Schlack-Kumpf 降解。其基本原理是：异硫氰酸与蛋白或多肽的 α-羧基反应，形成蛋白质或多肽乙内酰硫脲，再用裂解试剂切下 C 末端的氨基酸残基，形成氨基酸乙内酰酸脲，然后利用 HPLC 进行分离、分析游离的氨基酸乙内酰酸脲[18~20]。由于不同氨基酸的乙内酰酸脲在 HPLC 上的保留时间不同，因此可以对它们进行区分。(异)硫氰酸法降解一般包括羧基活化、偶联反应、环化反应和裂解反应四个步骤。其中第二步反应(偶联反应)的效率一直是制约异硫氰酸法成为蛋白质 C 端测序常规技术的主要因素。

根据(异)硫氰酸法设计的蛋白质 C 端自动测序仪，当样品量在 10pmol 水平时，只能测到 4～5 个氨基酸残基序列。即使经过优化，如果要测得更多的氨基酸残基序列，样品量也必须达到几十甚至上百 pmol。这和基于 Edman 法的蛋白质 N 端自动测序仪自然不可同日而语，后者的灵敏度可在 10pmol 下检测 50 个循环。此外，蛋白质的结构会对这个过程有一些影响，因此能测定多大的序列还要视具体的蛋白质片断而定。

(3) 串联质谱法：应用串联质谱法测定蛋白质 C 末端序列的原理如下：首先用胰蛋白酶或者其他的特异性的酶或试剂(例如溴化氢)对蛋白质进行降解，然后用串联质谱对降解后的多肽混合物进行分析。在分析过程中，通过串联质谱的第一级质谱选择 C 端肽段离子，进入碰撞室进一步诱导解离，然后进入第二级质谱检测分析得到 C 端的序列信息。串联质谱法还常用来与上述化学法中的羧肽酶法结合，测定蛋白质的 C 端序列。利用串联质谱技术，测定羧肽酶消化蛋白质和多肽所产生的缩短肽片段的质量，得到各个不同酶切时间所形成的肽质量梯度，然后根据图谱中相邻两个肽峰的质量差，得到所切去的氨基酸的信息，从而读出C端氨基酸序列[21]。

三、优点和不足

传统的Edman化学降解测序法是一种可靠、有效的蛋白质测序方法。迄今为止，所完成的绝大部分蛋白质直接序列测定，几乎都是通过Edman降解取得的。但是Edman法也存在不足，常规的Edman降解法，需要的蛋白质或多肽的量较多，对样品纯度要求很高，反应时间也较长，序列以每个氨基酸40分钟的速率产生，另外，Edman降解法不能解决N端封闭肽的测序问题。

四、改进的方向和途径

在1989年Laursen的研究组推出了第二代固相序列分析仪，即美国MilliGen公司的6600型固相微量蛋白质序列分析仪。该仪器由一台微机控制，数据处理有自动背景衰减程序。与第一代测序仪相比，该仪器在灵敏性，分析速度和数据处理上都有很大的改进。具有以下的优点：①采用了适当强化的Edman降解条件，环化裂解和转化分别在60℃和80℃下进行，每一个循环仅需35分钟；②采用微型螺杆泵推动注射器输送试剂和溶剂，用量准确，重复性好；③采用连机HPLC对苯基乙内酰硫脲(PTH)进行分析，用269nm和313nm双波长检测，增加了对丝氨酸残基、苏氨酸残基和半胱氨酸残基检测的准确性；④对反应中的副产物和多余的试剂用含有环己胺(PITC的清除剂)的甲醇和乙酸乙酯交替洗涤，从而降低了HPLC分析的背景，提高了检测的灵敏度。但是第二代固相测序仪同样对样品的固相化处理较复杂，要求操作人员有一定的经验。

最初的固相蛋白质序列测定技术使用聚苯乙烯和多孔玻璃珠为载体，样品固相化操作过程比较烦琐，而且在固相化操作中易造成样品的机械损失。为了适应测定微量样品的要求，并简化固相化操作步骤，近年来研制出了衍生PVDF膜载体。PVDF膜的稳定性和机械强度很好，最初用于蛋白质的印迹转移。美国波士顿大学和MilliGen公司的研究人员在PVDF膜上引入活性基团，制成了不同类型的膜载体。目前用于固相测序仪的有两种，一种是对二异硫氰酸苯酯PVDF膜(DITC-PVDF)，另一种是氨基苯基PVDF膜(AP-PVDF)。这些衍生的PVDF膜有很好的通透性，可以进行充分的洗涤，从而降低背景的干扰，提高测序的灵敏度。

在对蛋白质或较长的肽段进行序列测定时，当降解进行到数十个循环以后，各个循环残留的杂质将超出新产生的PTH-氨基酸。产生背景杂质的一个主要原因是降解过程中多肽的断裂，从而出现新的N端。对此较好的解决办法是加入三硝基苯磺酸(TNBS)。由于TNBS能与氨基反应而不与脯氨酸中的亚氨基(NH)反应，因而在序列测定中遇到末端是脯氨酸残基时，加入TNBS，可以封闭反应物中带有氨基的杂质，从而使PTH-氨基酸的分析重新出现清晰的背景，该方法可以有效地延长一个样品降解的循环数。

在蛋白质的序列分析中，通常很难确定发生转录后磷酸化修饰的氨基酸残基。Aebersold等[22]的研究表明，蛋白质中磷酸化的酪氨酸在序列测定中与其他氨基酸残基一样可以被降解，但是得到的PTH-衍生物(PTH-PY)，是一个极性很高的化合物。该化合物在气相测序仪中，因为不能被非极性的溶剂有效转移而很容易丢失。而固相测序技术则可以对之进行有效的抽提和转移，PTH-PY 可以像其他 PTH-氨基酸一样进行分析。

执笔：张　磊

讨论与审核：门淑珍

资料提供：张　磊

参考文献

1. Edman P. A method for the determination of amino acid sequence in peptides. Arch Biochem，1949，22：475
2. 赵丽艳，张养军，钱小红. 蛋白质和多肽的 N 端测序技术研究进展. 中国医药生物技术，2008，3：214～216
3. Bachmair A，Finley D，Varshavsky A. In vivo half-life of a protein is a function of its amino-terminal residue. Science，1986，234：179～186
4. 梁宋平. 蛋白质固相序列分析技术新进展. 生物化字与生物物理进展，1992，19：181～185
5. Laursen RA，Westheimer FH. The active site of cetoacetate decarboxylase. J Am Chem Soc，1966，88：3426～3430
6. Walsh MJ，McDougall J，Wittmann-Liebold B. Extended N-terminal sequencing of proteins of archaebacterial ribosomes blotted from two-dimensional gels onto glass fiber and poly(vinylidene difluoride) membrane. Biochemistry，1988，27：6867～6876
7. Aebersold RH，Pipes GD，Nika H，et al. Covalent immobilization of proteins for high-sensitivity sequence analysis：electroblotting onto chemically activated glass from sodium dodecyl sulfate-polyacrylamide gels. Biochemistry，1988，27：6860～6867
8. Pappin DJ，Coull JM，Koster H. Solid-phase sequence analysis of proteins electroblotted or spotted onto polyvinylidene difluoride membranes. Anal Biochem，1990，187：10～19
9. Scrittori L，Skoufias DA，Hans F，et al. A small C-terminal sequence of Aurora B is responsible for localization and function. Mol Biol Cell，2005，16：292～305
10. 高彦飞，王红霞. 蛋白质及多肽 C 端测序的研究进展. 分析化学评述与进展，2007，35：1820～1826
11. 梁宋平. 世纪之交的蛋白质序列测定技术. 生命科学，1999，11：31～34
12. Vallee BL，Riordan JF，Coleman JE. Carboxypeptidase A：approaches to the chemical nature of the active center and the mechanisms of action. Proc Natl Acad Sci USA，1963，49：109～116
13. Boffa MB，Reid TS，Joo E，et al. Characterization of the gene encoding human TAFI (thrombin-activable fibrinolysis inhibitor; plasma procarboxypeptidase B). Biochemistry，1999，38：6547～6558
14. Wolff EC，Schirmer EW，Folk JE. The kinetics of carboxypeptidase B activity. J Biol Chem，1962，237：3094～3099
15. Lu HS，Klein ML，Lai PH. Narrow-bore high-performance liquid chromatography of phenylthiocarbamyl amino acids and carboxypeptidase P digestion for protein C-terminal sequence analysis. J Chromatogr，1988，447：351～364
16. Hayashi R. Carboxypeptidase Y. Methods Enzymol，1976，45：568～587
17. Hayashi R. Carboxypeptidase Y in sequence determination of peptides. Methods Enzymol，1977，47：84～93
18. Stark GR. Sequential degradation of peptides from their carboxyl termini with ammonium thiocyanate and acetic anhydride. Biochemistry，1968，7：1796～1807
19. Bailey JM. Chemical methods of protein sequence analysis. J Chromatogr A，1995，705：47～65
20. 莫碧兰，李江，梁宋平. 蛋白质 C 端(异)硫氰酸法序列测定反应机理及进展. 生物化学与生物物理进展，1999，26：219～223
21. 陈平，梁宋平. 一种优化的 MALDI-TOF 质谱分析多肽 C 端序列的方法. 中国生物化学与分子生物学报，2001，17：656～660
22. Aebersold R，Watts JD，Morrison HD，et al. Determination of the site of tyrosine phosphorylation at the low picomole level by automated solid-phase sequence analysis. Anal Biochem，1991，51～60

第十九节　蛋白质X射线衍射技术

一、基 本 原 理

物质结构的分析尽管可以采用中子衍射、电子衍射、红外光谱、穆斯堡尔谱等方法，但是X射线衍射是人类用来研究物质微观结构的第一种方法，也是最有效的、应用最广泛的手段。X射线衍射的应用范围非常广泛，现已渗透到物理、化学、地球科学、材料科学以及各种工程技术科学中，成为一种重要的实验方法和结构分析手段[1,2]。

由于X射线是波长在0.01～100Å之间的一种电磁辐射，常用X射线波长约在0.5～2.5Å之间，与晶体中的原子间距(1Å)数量级相同，因此可以用晶体作为X射线的天然衍射光栅，这就使得用X射线衍射进行晶体结构分析成为可能。

当X射线沿某方向入射某一晶体的时候，晶体中每个原子的核外电子产生的相干波彼此发生干涉。当每两个相邻波源在某一方向的光程差(Δ)等于波长λ的整数倍时，它们的波峰与波峰将互相叠加而得到最大限度的加强，这种波的加强叫做衍射，相应的方向叫做衍射方向，在衍射方向前进的波叫做衍射波。$\Delta=0$的衍射叫零级衍射，$\Delta=\lambda$的衍射叫一级衍射，$\Delta=n\lambda$的衍射叫n级衍射。n不同，衍射方向也不同。

在晶体的点阵结构中，具有周期性排列的原子或电子散射的次生X射线间相互干涉的结果，决定了X射线在晶体中衍射的方向，所以通过对衍射方向的测定，可以得到晶体的点阵结构、晶胞大小和形状等信息[3]。

晶体结构＝点阵＋结构基元，点阵又包括直线点阵，平面点阵和空间点阵。空间点阵可以看成是互不平行的三组直线点阵的组合，也可以看作是由互相平行且间距相等的一系列平面点阵所组成。劳厄和布拉格就是分别从这两个角度出发，研究衍射方向与晶胞参数之间的关系，从而提出了著名的劳厄方程和布拉格方程。

继1895年伦琴发现X射线之后，1912年德国物理学家劳厄首先根据X射线的波长和晶体空间点阵的各共振体间距的量级，理论预见到X射线与晶体相遇会产生衍射现象，并且他成功地验证了这一预见，并由此推出了著名的劳厄定律(式2-1)，其中h、k、$l=0$、±1、±2等[4]。

$$\begin{cases} a(\cos\alpha-\cos\alpha_0)=h\lambda \\ b(\cos\beta-\cos\beta_0)=k\lambda \\ c(\cos\gamma-\cos\gamma_0)=l\lambda \end{cases} \tag{2-1}$$

其中λ为波长a、b、c衍射方向长度，其余为夹角

劳厄等的重大发现引起了英国物理学家布拉格父子的关注，此后不久布拉格父子在劳厄实验的基础上，导出了著名的布拉格定律(式2-2)[5]，其中，θ称为布拉格角或半衍射角，d为晶面间距，这一定律表明了X射线在晶体中产生衍射的条件。

$$2d_{h\cdot k\cdot l\cdot}\sin\theta_{nh\cdot nk\cdot nl\cdot}=n\lambda \tag{2-2}$$

晶体X射线衍射实验的成功，一方面揭示了X射线的本质，说明它和普通光波一样，都是一种电磁波，只是它的波长较短而已；另一方面证实了晶体构造的点阵理论，解决了自然科学中的两个重大课题，更重要的是劳厄、布拉格等人的发现打开了进入物质微观世界的大门，提供了直接分析晶体微观结构的锐利武器，开辟了晶体结构X射线分析的新领域。

奠定了X射线衍射学的基础。

X射线的主要应用领域有:X射线照相术;X射线衍射结构分析;X射线光谱分析;X射线吸收谱分析;X射线漫散射及广角非相干和小角相干,非相干散射;X光电子能谱分析;X射线衍射貌相术等。其中对于生命科学研究最重要的就是X射线衍射结构分析,特别是X射线衍射单晶结构分析。

二、操作流程

与可见光被二维光栅散射类似,晶体能在许多方向上使X射线衍射。从溶菌酶的X射线衍射实验中可以得知X射线的衍射可被理解为来自虚拟格子即倒易格子和Ewald球面的交点。从衍射线的方向,可以得到晶胞的大小。当然,我们更感兴趣的是晶胞内的内容,即蛋白质分子的结构。分子的结构和晶胞中分子的排列方式决定了衍射线的强度。因此,我们必须找到衍射强度与晶体结构之间的关系。事实上,这就是衍射数据与晶体结构中的电子密度分布之间的关系,因为X射线唯一地被原子中的电子散射而不是被原子核散射。

散射是X射线作为电磁波与电子间的相互作用。如果一束电磁波入射到一电子体系中,电磁波中的电分量和磁分量向电子施加了作用力。这使得电子以与入射电磁波相同的频率做振荡。振荡中的电子作为辐射源会发出与入射波相同频率的辐射。入射波的能量被电子吸收然后再被辐射出。虽然由于电子与原子核之间的吸引作用,原子中电子还存在一个电回复力的作用,不过,作为近似,在X射线衍射中我们可以将原子中的电子作为自由电子来看待。

晶体的散射波可以被描述为许多子波叠加的结果。一个电子就有一个散射波。而蛋白质晶体中每一个晶胞就含有大约10 000或更多的电子。所有这些电子的散射波必须都得加起来,因此,我们需要一种方便的方法来叠加这些波。首先将提出一种方法,熟悉这个技术将揭示它如何简化整个过程。然后,导出一个表达式。以显示出晶体每一散射波(强度)与晶体中或晶胞中电子密度分布的关系。下一步是将表达式逆转从而导出电子密度分布作为散射信息的函数。

经过一系列的推证,从单电子系统,二电子系统,原子的散射,晶胞的散射,晶体散射等过程的分析,得到结论[6~9]:

衍射线(hkl)的强度正比于结构因子$F(hkl)$振幅的平方。$I(hkl)\propto|F(hkl)^2|$结构因子是晶胞中电子密度分布的函数:

$$F(S)=\sum_j f_j \exp[2\pi\, ir_j\cdot S]$$

j对晶胞中所有的原子求和。对所有分立原子的求和可以用对晶胞中所有电子的积分来代替:

$$F(S)=\int_{cell}\rho(r)\exp[2\pi\, ir\cdot S]\mathrm{d}v$$

这里$\rho(r)$是晶胞中位于r处的电子密度。设x,y,z是晶胞中的分数坐标$(0\leqslant x<1,0\leqslant y<1,0\leqslant z<1)$,$V$是晶胞的体积,我们有,

$$\mathrm{d}v=V\cdot \mathrm{d}x\mathrm{d}y\mathrm{d}z$$

且

$$r\cdot S=(a\cdot x+b\cdot y+c\cdot z)\cdot S=a\cdot S\cdot x+b\cdot S\cdot y+c\cdot S\cdot z=hx+ky+lz$$

因此，$F(S)$也能写成为 $F(hkl)$，

$$F(hkl) = V\int_{x=0}^{1}\int_{y=0}^{1}\int_{z=0}^{1}\rho\quad(x\ y\ z)\ \exp[2\pi\, i(hx+ky+lz)]\mathrm{d}x\mathrm{d}y\mathrm{d}z$$

然而，蛋白质晶体学的目标不是计算衍射图样，而是计算晶单胞中每一点 x,y,z 的电子密度ρ。怎样做到呢？回答是通过 Fourier 变换。$F(hkl)$是$\rho(xyz)$的 Fourier 变换，反之亦然，$\rho(xyz)$是 $F(hkl)$的 Fourier 变换，因此$\rho(xyz)$可以写为所有 $F(hkl)$的函数：

$$\rho(xyz) = \frac{1}{V}\sum_{h}\sum_{k}\sum_{l}F(hkl)\exp[-2\pi\, i(hx+ky+lz)]$$

Laue 条件告诉我们，衍射仅发生在分立的方向上，因此以上方程中的积分被求和取代了。又因为 $F=|F|\exp[i\alpha]$我们也可以写成下面的形式：

$$\rho(x\ y\ z) = \frac{1}{V}\sum_{hkl}\ |\ F(hkl)\ |\ \exp[-2\pi i(hx+ky+lz)+i\alpha(hkl)]$$

其中$|F(hkl)|$是反射(hkl)的结构因子大小振幅，它包含了温度因子；$\alpha(hkl)$是相角；x,y,z 是晶胞中的坐标。

这是 X 射线衍射方法最重要和基础的概念。通过 Fourier 加和可将电子密度ρ与可以通过实验得到的结构振幅$|F(hkl)|$相关联，使得计算晶胞中每点(xyz)的电子密度$\rho(xyz)$变得很容易，进而得到蛋白质结构的电子密度图形。不过，这里还有问题。虽然$|F(hkl)|$能从强度$I(hkl)$得到，但相角$\alpha(hkl)$却不能直接从衍射图样中得到。必须通过其他方法得到，这就产生了“相位”的问题。现在已经发展了一些间接的方法，成功地解决了相位问题，使 X 射线晶体学取得了迅速的发展。

在蛋白质 X 射线晶体学中已有四种方法可以解决相位问题，关于它们的原理和方法有许多论文及综述，这里不再细述[9]。

(1) 同晶置换法(IR)：该法需将重原子(原子序数大的原子)加入晶体中的蛋白质分子内。

(2) 反常散射法(AD)：该法只对蛋白质结构中存在足够强的反常散射的原子的适用。当原子中的电子不能被认为是自由电子时，就会发生反常散射。有多波长(MAD)和单波长(SAD)反常散射法。

(3) 分子置换法(MR)：该法需要待求蛋白质结构与一个已知结构相似。

(4) 直接法：这是未来的方法，对蛋白质来说仍处在向实际应用的发展阶段。

这些方法中，分子置换法是测定蛋白质结构最快最简单的方法。但是它要求有一个已知的模型结构，即同源蛋白质的结构，而且有不可避免的结构偏差。同晶置换法要求晶胞不能发生太大变化。反常散射法除对蛋白质中的甲硫氨酸进行硒代之外通常使用同步辐射装置采集数据。

目前较常用的是反常散射法和分子置换法。在应用 X 射线衍射技术时，还要注意以下几个问题：

1) 波长的选择：波长对晶体衍射射线强度有明显的影响。使用较长的波长有利于产生较强的散射强度，但吸收也高。对蛋白质晶体学的最佳选择是 Cu 的 $K\alpha$ 射线，波长为 1.5418Å。当然，如果可以使用高强度的同步辐射，更短一点的波长(如 1Å 左右)有吸收较小的优点。对使用荧光屏的 X 射线探测器，最佳波长也可以低于 1.5Å，因为在这种波长下，会有更多的可见光被 X 射线光子打出来。但是，对较短波长的 X 射线部分就不会被荧

光层吸收；而且，这也增加了衍射线彼此覆盖的可能性。如果在确定蛋白质相角中要最适宜地使用反常散射，波长的选择有特别的要求。

2）晶胞大小对衍射强度的影响：若晶体越大，其衍射（包括吸收）也就越强。在蛋白质晶体学中，晶体理想的大小被认为是 0.3～0.5mm。蛋白质晶体的散射相对较弱，原因有两个。第一个原因是晶体所含的仅为或主要为轻原子：C、N 和 O。第二个更重要的原因是它们的晶胞大。

3）强度测量值的校正：经过一系列的推证，已知测量强度为

$$I(\text{int.},hkl)=\frac{\lambda^3}{\omega\cdot V^2}\times\left(\frac{e^2}{mc^2}\right)^2\times V_{cr}\times I_0\times L\times P\times A\times|F(hkl)|^2$$

式中，$(\lambda^3/\omega V^2)\times(e^2/mc^2)^2\times V_{cr}\times I_0$ 对给定的实验为常量。通过计算 $I(\text{int.},hkl)/(L\times P\times A)$ 可以得到相对标度的强度 $|F(hkl)|^2$。这称为测量强度对 L，P 和 A 的“校正”。以后，最终的强度是指

$$I(hkl)=|F(hkl)|^2$$

校正因子 L 和 P 通常是并入到那些处理强度数据的软件包中的。是否对吸收进行校正依赖于晶体的形状，波长和衍射技术。对旋进或回摆照片，晶体中基本射线束和次级射线束之间的路径差对图像板或胶片中的所有衍射点来说差别不大。因此，对所有衍射点的吸收近似相同。吸收校正被放入对曝光的比例因子中。需要注意的是，安装在毛细管中晶体周围的非均匀分布的母液也会产生可观的吸收效应。如果要考虑吸收校正，通常是以经验的方式将吸收和消光同时考虑。对面探测器，人们可以测量对称性相关的衍射点强度，但这些衍射点在晶体中路径是不同的。晶体周围的溶液不仅对吸收有影响，而且也会在衍射图样中引起相对强但非常弥散的环，晶体里的无序溶剂也对此环有贡献。这些环处在 3～4Å 分辨率的区域里，有时这个值还会比在纯水中发现的大一些，最大值约为 3Å。

三、优点和不足

X 射线衍射技术可以让我们更“直观”的了解一个蛋白的性质、观察蛋白的结构，而且对于蛋白大小的要求没有太多的限制。

X 射线衍射数据的收集质量对于结构的解析至关重要。一套高质量的数据往往会使随后的结构解析工作达到事半功倍的效果。但由于蛋白质晶体内部含有大量的溶剂，热损伤和辐射损伤的影响，室温时蛋白质分子非常容易失去其三维结构。辐射损伤使数据收集受到干扰，使得测量产生实验误差。早些时候，收集一套完整的数据需要几颗甚至十几颗晶体才能完成，这需要数据套之间的良好整合，为结构解析带来了非常不利的影响。快速冷却至低温(flash-cooling)收集数据的方法非常好地解决了这个问题，同时这一技术也使捕捉存在时间很短的中间态成为可能。

众所周知，晶体受热则会产生衰减，因此 X 射线照射晶体必然会产生热诱导的衰减。热诱导衰减多发生于高电子流量的同步辐射 X 射线光源上，而实验室中的 X 射线光源上可以忽略不计，然而衰减最主要的原因是化学辐射[10～12]。辐射损伤主要来源于由 X 射线所产生的光化学自由基[13,14]，自由基与蛋白质发生随意方式的反应，从而破坏了点阵的秩序[15,16]。与自由基的光化学产物不同，以非光化学过程（依赖于扩散的传播）与大分子反应而产生的自由基的产率是依赖于时间的。在冷冻温度（一般－180～－150℃）下，晶体内部的自由基的扩散与反应速率大大地减慢了。在很多情况下，用冷冻低温技术可以最终消灭

辐射损伤[17,18]。但自由基的光化学产物不能在冷冻温度被阻断，只有在接近决度零度的非常低的温度下才能阻止。

在冷冻技术中，蛋白质晶体放入冷冻温度的方法往往决定其冷冻的成功与否。缓慢降至冷冻温度的方法会造成晶体点阵中或点阵周围冰晶的形成。冰晶的形成降低了蛋白质点阵的衍射能力。而快速冷却的首要目的是克服辐射损伤问题，同时避免在缓慢冷却方法中冰晶形成[19~21]。也有一些文献报道了其他低温方法的应用[22~25]。

快速低温冷却是指使样品迅速地由非低温条件到达低温条件。蛋白晶体进入冷冻温度会造成晶体内和周围的液态溶剂像玻璃那样，在被称为玻璃状化的过程中被无定形地冷冻[15,26]。理论上，玻璃化不会改变蛋白晶体的完成性和溶液结构。但实际上，快速冷却会影响晶体的点阵格子[27~29]。因此，晶体点阵的有序度会发生改变(镶嵌度增大)。大多数情况下，快速冷却后，镶嵌度会增大，但是相反效果的现象也有发生[30,31]。这种行为被溶液组成所大大影响。为了提高快速冷却的成功率，要在母液中加入添加剂，即防冻液。"防冻液"指的是一种或几种化学物质，它/它们可以使蛋白晶体的镶嵌度在冷却后不发生变化或变化很小[19,26,32~35]。这些化学物质，迄今是一些醇类，糖类或硫磺酸类物质，用来在晶体冷却时减慢冰的成核作用，提高溶液的黏度(因此提高玻璃过渡态的温度)并且破坏母液中冰的形成。那些添加剂加入的体积比从2%～30%不等。

其他影响冷冻过程的参数是晶体本身的性质，如大小和形状，机械稳定性和密度。当经历速冷时，晶体悬浮于被液体溶剂包围的支撑(loop)上。这个支撑的性质及晶体周围溶剂的量是冷冻过程中另一些重要的参数。在设计支撑时，要考虑晶体的机械强度和残留母液的最少化。

一旦晶体被冷冻，它不可能再从冷冻条件下取出而不失去大部分的衍射。随着溶剂或快或慢的变暖，它将经历几个相变过程，晶体内部和周围的冰晶会形成，破坏了点阵。因此，在低温下储存快速冷冻的晶体是必要的。

四、改进的方向和途径

1. 成功的晶体速冷 要考虑下几个方面：

(1) 选择合适的晶体：一般来讲，应该是高质量的晶体，晶体质量的好坏要靠具体的实验来甄别。低质量的晶体可用于初始的测试。对于有些体系，小晶体比大晶体的冷却效果好，光滑的比粗糙的好。重要的是没有裂缝，因为冷冻会使裂缝变大。

(2) 选择合适的防冻液：寻找防冻液，首先要考虑母液的成分[32,36]。例如沉淀剂是2-甲基-2,4-戊二醇(MPD)，往往不需要其他防冻液。因此可以测试原始母液。另一方面，从盐里长出来的晶体则需要在有防冻液的溶液中蘸洗，或者需要将母液完全替换成为有防冻液的溶液以便速冷到冷冻温度。一般地，除非母液是盐溶液，否则最好的防冻液是与母液成分最相近的。如果晶体是在PEG中长出，则乙二醇(PEG的单体)是个非常好的首选。然后可以试试甘油或低分子量的PEG(如PEG 400)。如果晶体是在低浓度的MPD中长出，则高浓度的MPD是防冻液的首选等。此外，还可以使用二甲基亚砜(DMSO)，糖类，xylitol，erythritol，(2R,3R)-(-)-butan 2,3-diol等。另外，还有其他的防冻液[34,37,38]。研究就是试差的方法，一些晶体会在一种防冻液中比在另一种中更敏感，因此需要尝试不同的成分和浓度，以得到合适的防冻液组成。

(3) 溶剂交换：在快速冷却中，晶体周围的溶液情况非常重要，有些情况下，需要对溶液进行处理。基本原则与所有蛋白质晶体的洗涤和浸泡类似,但每种的细节又因其特性而不同。大多数情况下,在防冻液中快蘸一下(洗几秒)就可以了,而其他情况下,则需要长时间的浸泡。有些晶体不能忍受溶剂条件的巨大变化,则需通过系列浸泡或透析来缓慢改变溶剂的组成。对于防冻液不能进入其天然构型的晶体,则需要在使用防冻液之前,用戊二醛(glutaraldehyde)进行交联才可以。也可以人为地将晶体从其溶液环境中转移到油中,从而密封晶体并尽量减少多余的溶剂[17,35]。

使用晶体前,需要测试防冻液以确定玻璃化状态的最小的浓度。先用一个空白上样器(其上样环的尺寸要与晶体大小匹配),在母液中蘸一下后迅速放在有低温氮气流的X射线衍射仪的测角头上,在显微镜或屏幕上进行观察,如果液滴变为不透明(乳白色),则说明单纯的母液不能在低温冷却时使用,需要使用防冻剂。选择不同的防冻液和浓度直到被冷冻的溶液仍然澄清,则这个浓度的防冻液就是你所需要的低温冷却条件。随后便可以用晶体进行测试了。选择一颗合适的晶体,在所确定的防冻液中蘸一下迅速放在有低温氮气流的X射线衍射仪的测角头上,测试其衍射情况。由于晶体会与单纯的母液对低温冷却的反应不同,因此还需要进行一系列的测试,以找到合适的条件,以使晶体在低温氮气中仍为透明的颜色。同时,还可以采用系列浸泡,透析和交联等方法得到衍射较好,且镶嵌度小的晶体用于数据的收集。

(4) 上样器的选择:它有三个部分:上样环,插头和基座[18,34,35,39]。在科学家和公司(主要是美国的Hampton Research,日本的Rigaku公司和德国的MAR公司等)的共同开发研制和不断改进之下,目前不仅已经有统一标准的上样器和与之配套的测角头。而且还有不同规格和大小,以满足不同使用者的需要,这些都已经非常成熟和完善。

(5) 上样环的选择:早先,结构生物学实验室需要根据本实验室的要求制作上样环,例如用polyamide nylon 66,其直径仅有0.025mm,对衍射图案的背景作用很小,而且结实耐用,柔软性较好。还要使用各种胶(多用cyanoacrylate adhesive)使上样环牢固地与金属pin粘合等。后来有了商业化的产品,大大地方便了实验室的使用,提高了工作效率。近年来,还有商业化的,适用于同步辐射装置的多孔金属或塑料环,一次可捞出多颗晶体进行衍射数据的收集。

(6) 速冷技术和转移到衍射仪上的方法:目前主要有3种方法。直接将晶体暴露于衍射仪的低温氮气的气流中;先将晶体放置于液氮中,再转移到衍射仪的低温氮气的气流中;先将晶体放置于液态丙烷中,再转移到衍射仪的低温氮气的气流中。

各个方法各有利弊,根据使用者的喜好而不同,但都要求速度快,动作轻,放置准确,从而使晶体内部和周围的水分呈无定形固化。近年来,随着数据收集过程自动化程度的提高,可以用机械手臂将已储存于液氮罐中的晶体转移至测角上,并自动进行晶体衍射的测试,大大提高了效率。

衍射数据的收集和处理与一般的收集和处理方法非常相似,只是如果由于各种原因导致防冻液使用不当,产生"冰环",则需要在数据处理时删除环上的衍射点,以免对结构解析带来不利影响。

同步辐射技术的应用有助于弥补X射线衍射的一些缺陷。同步辐射是接近光速运动的荷电粒子在磁场中改变运动方向时放出的电磁辐射。它是1947年在GE公司的Schenectady实验室里发现的,当时它被认为是一种妨碍得到高能量粒子的"祸害"。1965年发明了储存环,它由一系列二极磁铁(使电子作圆周轨道运动)、四极磁铁(使电子束聚焦)、直线节和补充能量的高频腔组成，可以把电子束（或正电子束）储存在环内长时期运行，于是在每一个弯转磁铁处都会产生同步辐射，同步辐射才开始走向实用。

同步辐射的主要设备，包括储存环、光束线和实验站。储存环使高能电子在其中持续运转，是产生同步辐射的光源；光束线利用各种光学元件将同步辐射引出到实验大厅，并“裁剪”成所需的状态，如单色、聚焦等；实验站则是各种同步辐射实验开展的场所。

虽然目前X射线单晶衍射技术是，测定生物大分子的结构最主要、最有效的方法。但由于同步辐射X光源比常规X射线源有许多优点，所以用同步辐射光源测定生物大分子的结构更有无比的优越性[40]。

从生物分子结构研究的里程碑上，我们可以看到同步辐射在其中起到的重要作用。

1912 Laue 在 $CuSO_4 \cdot 5H_2O$ 晶体上得出X射线衍射；

1913 Bragg 方法，开始用这个方法进行晶体学研究；

1914 Bragg 用 Laue 花样研究卤化碱晶体；

1938 Pereutz 开始研究血红蛋白；

1960 Pereutz 解出血红蛋白结构(用了22年)；

1962 Pereutz 及 Kendrew 获诺贝尔化学奖；Watson，Crick，Wilkins 获诺贝尔生物学/医学奖；

1974 白光首次用于材料科学；

1976 白光首次用于结构生物学(胶原蛋白的结构因子振幅)；

1988 由 Laue 数据解得小分子结构；

1990 观测到 ras 致癌基因晶体中笼蔽 GTP 在光化学释放 GTP 后的酶反应；

1994 在 50ps 内得到溶菌酶蛋白的 Laue 照片；

在已解出的生物大分子结构中，利用同步辐射技术解出的约占55%；每年解出的生物大分子晶体结构中，同步辐射解出的结构为60%～100%；世界上现有同步辐射生物大分子实验线站有50余个；生物大分子实验线站在各国同步辐射实验室中均占重要地位，用户需求量大，成果比重大。而且通过对结构的动态研究可以得出结构改变与功能实现方面的重要知识。

2. 同步辐射X射线单晶衍射技术的特点

(1) 同步辐射产生高强度的X射线，使在晶体因受到X射线辐射损伤之前的短时间内，就能收集到所需的实验数据，也就是说用同步辐射光源可以大大缩短数据收集时间。Hajdu 等用实验室X光源[41]，为收集到糖原磷酸化酶 b2.7Å 分辨率的衍射数据(约10 000个)，总曝光时间约一周的时间；而以后用同步辐射X射线，只花了25分钟就收集到全部衍射数据。对于蛋白质晶体，X射线损伤的限速过程是照射产生的OH自由基的扩散，常温下该扩散的时间尺度为数小时。因而，用同步辐射X射线测量时，在此时间范围内即可收集到全部数据，而且晶体不受损伤或损伤极小。

(2) 利用同步辐射波长可以调节的特性，进行多波长反常散射技术(MAD)和劳埃衍射的研究。因为在劳埃衍射中需要用到较广的波长范围。而几种现代的X射线辐射探测器有荧光物质作为X射线敏感组分，它对于短波辐射更敏感，如用1Å代替通常铜靶的1.5Å。因此在蛋白质X射线衍射实验中，同步辐射光源被调至1甚至更短的波长。短的波长另一个优点是在其光程和晶体中有着较低的吸收。而且对蛋白质晶体的辐射损伤减少，往往一个晶体就能收集所有的衍射数据，特别是用硒代替甲硫氨酸中的硫，以及应用溴化脲嘧啶等标记，可方便地分别用于蛋白质和核酸结构中相位参数的测定[42]。

(3) 由于同步辐射的高强度，就有可能用衍射能力较弱的晶体(如非常小的晶体或晶胞极大的晶体)进行结构分析。蛋白质晶体的培养，目前还找不到通用的内在的规律性，常常难以得到供实验室 X 射线源做高分辨率测量用的大晶体。但是对于同步辐射 X 射线源，则用尺度上比常规小几个数量级的晶体即可。例如对 20kDa 左右大小的蛋白质分子，用一般实验室 X 射线源时，晶体必须大于 0.3μm×0.3mm×0.13mm。若用 215GeV 同步辐射装置产生的单色 X 射线，其强度提高了 1000 倍，此时晶体大小为 0.03mm×0.03mm×0.03mm。因此同步辐射往往是收集膜蛋白晶体和病毒中蛋白晶体的衍射数据的"不二之选"。

(4) 由于同步辐射的高强度使弱衍射可以测出，这对于总结出正确的系统消光规律，避免得出错误的空间群有决定性的作用。Schomaker 和 Kassner 等有过专门的研究[43,44]，对弱衍射与晶体是否有对称中心的关系进行了研究，他们认为弱反射在决定有无对称中心时起到了决定性作用。

(5) 同步辐射光源结合劳厄实验方法，可以在微秒的时间尺度进行时间分辨的三维结构研究，由此将传统的静态结构分析提高到动态结构的新高度，这是目前用其他方法不能达到的。

同步辐射 X 射线衍射装置与一般的装置非常相近，都是由 X 射线光源、测角器、探测器与记录系统，以及数据处理计算机系统等几部分构成，只是在硬件上有所差别。如同步辐射 X 射线是由加速器储存环所引出的硬 X 射线，波长范围为 $10\sim1^{-2}$nm。光束线能量范围为 5～18keV 或更高。光束线经过狭缝、准直镜、狭缝，使光束聚焦和准直，光斑变小；光束在经过双晶单色器，实现单色化后被利用。而这些方面的技术和原理，不少专门从事高能物理研究和同步辐射 X 射线衍射研究的学者已经进行了大量的研究与综述[45,46]。由于这与我们所从事蛋白质晶体学的具体实验距离较远，只要有个基本了解即可。

3. 同步 X 射线衍射的实验方法 主要有 4 种：

(1) 回摆法：使用单色 X 射线入射单晶体样品，在垂直入射线样品的后方放置 IP 潜像板或 CCD 作为探测器。摄谱时，样品绕垂直于入射 X 射线的轴做几度地来回摆动，摄完一张谱后，需将晶体转动几度再摄一张，为得到一套完整的衍射数据需要摄取很多张谱图。这是目前蛋白质晶体学研究所用的方法。当然还有其他的附属装置，如低温冷却系统，调节系统等。

(2) 劳厄法：使用入射光为白光，测角器可用通用的测角器，探测器为 IP 潜像板，与入射线成垂直，放在样品的后面，单晶体样品不回摆。由于使用白色光，不同波长的入射光同时产生衍射，信息丰富，适用于动力学研究。

(3) 粉末法：实验的样品为多晶或粉末，入射光为单色光，可用通用测角器。样品可以转动，也可以不动，IP 探测器垂直于入射 X 射线，放在样品的后面。

(4) 魏森堡法：使用微小单晶体为样品，入射 X 射线为单色光，测角器是特殊的。单晶的一个晶轴与晶体转轴相一致，所以衍射线必然落在以转轴为轴心的若干圆锥面上，探测器 IP 板以圆筒状围在晶体外面，在样品与探测器 IP 之间有一层线屏，层线屏上有一狭缝。当狭缝位于某一圆锥面通过的位置时，位于圆锥面上的衍射线则可通过狭缝进入探测器。摄谱时，晶体绕轴做大角度回摆，同时使 IP 板筒做平行转轴的同步来回移动，从而使得在不同时间穿过层线屏的衍射落在 IP 板的不同位置上，而互不重叠。

同步辐射光源自 1947 年诞生以来，已有近 60 年的历史，随着应用研究工作不断深入，应用范围不断拓展,对同步辐射光源的要求也不断提高,并经历了三代的快速历史发展阶段。第一代同步辐射光源是寄生于高能物理实验专用的高能对撞机的兼用机,如北京光源(BSR)就是寄生于北京正负电子对撞机(BEPC)的典型第一代同步辐射光源;第二代同步辐射光源是基于同步辐射专用储存环的专用机,如合肥国家同步辐射实验室(HLS);第三代同步辐射光源是基于性能更高的同步辐射专用储存环的专用机,如上海光源(SSRF)。现在每天都有上万名科学家和工程师同时使用这些同步辐射光源,从事前沿学科研究和高新技术开发。目前全球三大第三代同步辐射光源中心分别是在法国的欧洲同步加速器,Argonne 国家实验室的 APS 和日本的 Spring-8。近两年建成使用的英国牛津大学附近的英国同步辐射(DIAMOND)虽是一个后起之秀,但其设备自动化程度至高,生命科学线站之多,是前几个同步辐射所无法匹及的。

第一代、第二代、第三代同步辐射光源之间的最主要的区别,是在于作为发光光源的电子束斑尺寸或电子发射度的迥异。如第二代的合肥同步辐射光源,其电子束发射度约 150nm 弧度,而第三代的上海光源,其电子束发射度约 4nm 弧度,二者相差近 40 倍,结果得到的光亮度差 1600 倍,近三个量级。另一显著差别是可使用的插入件的数量悬殊,第二代光源仅能安装几个插入件,而第三代光源可有十几个到几十个插入件。由于插入件产生的光较之弯转磁铁产生的光具有更高的亮度和更好的性能,可见插入件数量的多寡可直观地表征光源的性能的优劣。

众所周知细胞中几乎所有发生的事件都有一种或几种蛋白质的参与,结构生物学研究的最主要内容就是蛋白质,以及他们独特功能和三维结构关系。蛋白质三维结构数据收集和解析技术的迅速发展,特别是同步辐射光源的应用,使得很多有重要生物学意义的蛋白质结构已经被解出,这为研究生物大分子结构及其功能的关系打下非常好的基础。其中,最引人注目的成果有:

1) 细胞膜通道的研究:人们早就认识到水和其他物质如 K^+、Na^+、Ca^{2+} 和 Cl^- 等多种离子能够经过一些孔道通过细胞壁,但是细胞膜是如何选择性转运离子的,以及离子的运动又是如何受调控却一直不为人所知。2000 年 P. Agre 和他的同事[47]应用场发射电子源的电子衍射方法得到分辨率为 3.8Å 的 AQPl 水通道电子密度图。同时,Robert 等在美国 Lawrence Berkeley 国家实验室的 ALS[48],用同步辐射 X 射线衍射方法得到一种和水通道具有相似结构的甘油通道 GlpF,分辨率为 2.2Å 的电子密度图。美国科学家 R. Mackinnon 和他的同事们[49]在 1998 年首次得到膜蛋白离子通道的结构,他们在 Cornel 大学高能同步光源(CHESS)通过 X 射线衍射解析出一种称为 KcsA 的钾离子通道的原子结构,分辨率为 3.2Å。这些年来他们仍旧一直致力于 K^+ 通道的结构、特性、功能等方面的研究[50,51]。P. Agre 和 R. Mackinnon 因为对膜蛋白分子和离子通道开创性的研究,而共同分享 2003 年的诺贝尔化学奖。

2) 光合作用机制的研究:植物光合作用机制的阐明一向是人们梦寐以求的,长期以来进展不大[2]。1985 年德国 Deisenhofer 和他的同事测定了紫色光合细菌光合膜中光合反应中心复合体的晶体结构[52]。他们的研究成果引起很大的轰动,因为这是第一个真正原子水平上的膜蛋白结构,该结构的分辨率为 2.3Å,光合反应中心由 4 个蛋白质亚基和 14 个非蛋白质辅基构成,复合体的分子量为 145kDa。为此他们荣获 1988 年诺贝尔化学奖。2006 年,中国科学院生物物理所的 Zhengfeng Liu 等[53]在中国科学院高能物理所同步辐射国家实验室的同步 X 射线衍射生物大分子实验站,用同步辐射 X 射线衍射完成了菠菜主要捕光复合体(LHC-Ⅱ)2.72Å分辨率的晶体结构测定。

3）能量转换的研究：能量转换的一个关键是跨膜质子电化学梯度的建立，这都是由膜蛋白介导完成的，由于膜蛋白结晶的困难，长期以来对此过程的分子机制了解甚少。20世纪末日本学者Tsukihara等成功地结晶牛心细胞色素 *c* 氧化酶[54]，得到分辨率为2.8Å的结构模型。他们从酶的几种状态的晶体结构比较，提出质子泵的机理。随后他们又进一步用光子工厂同步辐射得到2.30Å分辨率的该晶体结构，并提出质子泵过程中的间接偶联机制。英国科学家J. Walker在Daresbury实验室与同事们一起利用同步辐射X射线衍射技术[55]，得到分辨率为2.80Å的F1-ATPase晶体的三维结构。此结构与美国科学家P. Boyer提出的旋转催化的结合政变机理所预期的结构非常相似，为P. Boyer的设想提供最有力的结构基础。J. Walker和P. Boyer因为对细胞能量产生的一种核心酶-ATP合酶所进行的开创性研究工作而共同分享1997年诺贝尔化学奖。

4）信号转导的研究：外界信号大多是通过细胞质膜上的特殊蛋白及其他多种蛋白质的接连反应最终传至细胞内的细胞核等靶区。如细胞质膜内表面的一种G蛋白，它在信号受体蛋白和效应器(酶、离子通道等)之间起中介体作用。Larbright等[56]报道了异三聚体G蛋白的结构模型，该结构的分辨率为2.0Å。Tesmer等[57]在美国Cornel大学高能同步辐射源上测定了腺苷酸化酶复合物2.3分辨率的晶体结构。该结果是第一个有关两个信号蛋白分子在质膜上相互"交谈"的三维图像，并提出该G蛋白α亚基激活腺苷酸环化酶的分子机制。

5）基因转录的研究：生物基因转录它涉及DNA与蛋白质的相互作用，同时往往数种乃至十几种蛋白质起作用，这样就必须测定超分子复合体的晶体结构。Geiger等得到TFI-IA/TBP/TATA box复合体[58]、TFIIA/TFIIB/TBP/TATA box复合体的晶体结构。晶体结构表明，TFIIA和TFIIB这两个转录因子分别位于DNA两侧，因而它们无直接的相互作用。并且TFIIB和TATA box的上游及下游区都有作用，而TFIIA只位于TBP/TATA复合体的上游区。

6）病毒生物大分子结构的研究：小RNA病毒是一种正链RNA动物病毒，其中的鼻病毒能引起人们常见的感冒。这种病毒的分子量约为250×10^4Da，蛋白壳体为20面体对称结构，由60个原体组成。每个原体则由VP1、VP2、VP3三个表面蛋白质亚基及一个和RNA核心紧密结合的VP4F蛋白质亚基构成。1985年，用同步辐射X射线成功地测定称为鼻病毒14的超分子复合体的三维结构，这是第一个在2.8Å分辨率水平上被阐明结构的动物病毒[59]。2004年春天在中国大陆、中国香港、中国台湾、新加坡、加拿大等地先后发生21世纪第一个流行性传染病——SARS。它严重地危害着人民的生命和健康。美国科学家和新加坡科学家合作，利用美国DOE's国家实验室的Advanced Photon Source(APS)的同步辐射X射线衍射技术，测定SARS冠状病毒蛋白酶，得到1.86Å分辨率的晶体结构模型。在中国，清华大学的科学家与中国科学院高能物理研究所的科学家合作在同步辐射国家实验室，利用多波长反常散射实验技术，完成SARS冠状病毒主蛋白酶复合物晶体结构的测定[60]。这为治疗SARS新药的设计、研制和开发，提供最有力的依据。

近年来，利用同步辐射研究重要蛋白质及其复合物而得到的最新科研成果更是不胜枚举。虽然在一些药物研发和蛋白质功能研究过程中，研究者只是把同步辐射蛋白质晶体结构测定作为一种重要数据的获取手段来解释或者解决所研究的问题，但是对那些难度高并且意义重大的蛋白质结构和功能研究(一般也是生物学的基础科学问题)，则往往需要长期的、旷日持久的反复实验，来尝试、摸索并不断修正、完善实验条件，才能最后获得理想结果。因此对于生命科学研究领域，同步辐射装置不仅仅是测试中心，更是一个重要的研究中心。

执笔：周卫红
讨论与审核：周卫红
资料提供：周卫红

参考文献

1. 吴旻. X射线衍射及应用. 沈阳大学学报(自然科学版)，1995，(4)：7～12
2. 郭灵虹，钟辉. X射线及在冶金和材料科学中的应用. 四川有色金属，1994，(4)：19～22
3. 潘道皑，赵成大，郑载兴. 物质结构. 北京：高等教育出版社，1998，570～573
4. Von LaueM，FriedrichW，Knipp ing P. Mthchener Sitzungsberichte，1912，303
5. Bragg W L. The diffraction of short electromagnetic waves by a crystal. Proc. Camb. Phil. Soc，1913，17：43～57
6. 梁栋材. X射线晶体学基础. 北京：科学出版社，2006
7. Guinier A. X-Ray Diffraction：In Crystals，Imperfect Crystals，and Amorphous Bodies. Dover Publications，1994，12：178～186
8. Donald ES. Introduction to Crystallography. Dover Publications，1994，6：29～42
9. Jan Drenth. Principles of Protein X-Ray Crystallography. 3rd ed. London：Springer press，2006
10. Hendrickson WA. Radiation Damage in Protein Crystallography. J. Mol. Biol，1976，106：889～893
11. Talmon Y. Electron Beam Radiation Damage to Organic and Biological Cryospecimen. In：Steinbrecht RA，Zierold K. Cryotechniques in Biological Electron Microscopy. Berlin：Springer Verlag，1987
12. Henderson R. Cryo-Protection of Protein Crystals Against Radiation Damage in Electron and X-ray Diffraction. Proc. R. Soc. Lond，1990，B241：6～8
13. Coggle JE. Biological Effects of Radiation. London：Wykeham Publications，1973
14. Davies KJA. Protein Damadge and Degradation by Oxygen Radicals. I. General Aspects. J. Biol. Chem，1987，262：9895～9901
15. Mayer E. Vitrification of Pure Liquid Water. J. Microsc，1985，140：1～15
16. Bachman L，Mayer E. Physics of Water and Ice：Implications for Cryofixation. In：Steinbrecht RA，Zierold K. Cryotechniques in Biological Electron Microscopy. Berlin：Springer Verlag，1987
17. Hope H. Cryocrystallography of Biological Macromolecules：a Generally Applicable Method. Acta Cryst，1988，B44：22～26
18. Hope H. Crystallography of Biological Macromolecules at Ultra-Low Temperature. Annu. Rev. Biophys. Chem，1990，19：107～126
19. Haas D. J，Rossmann M. Crystallographic Studies on Lactate Dehydrogenase at －75℃. Acta Cryst，1970，B26：998～1004
20. Parak F，Frolov EN，Mossbauer RL，et al. Dynamics of Metmyoglobin Crystals Investigated by Nuclear Resonance Absorpition. J. Mol. Biol，1981，145：825～833
21. Hartmann H，Parak F，Steigemann W，et al. Conformational Substates in a Protein：Structure and Dyunamics of Metmyoglobin at 80K. Proc. Natl. Acad. Sci，1982，79：4967～4971
22. Alber T，Petsko GA，Tsernoglou D. Crystal Structure of Elastase-Substrate Complex at -55deg. C. Nature，1976，263：297～300
23. Earnest T，Fauman E，Craik CS，et al. 1.59Å Structure of Trypsin at 120K：Comparison of Low Temperature and Room Temperature Structures. Proteins，1991，10：171～187
24. Watenpaugh KD. Macromolecular Crystallography at Cryogenic Temperatures. Curr. Opin. in Struct. Biol，1991，1：1012～1015
25. Tilton RF，Dewan JC，Petsko GA，Effects of Temperature on Protein Structure and Dynamics：X-ray Crystallographic Studies of the Protein Ribonuclease-A at Nine different Temperatures from 98 to 320 K. Biochemistry，1992，31：2469～2481

26. Dubochet J, Schultz P. Cryo-Electron Microscopy of Vitrified Specimens. Q. Rev. Biophys, 1988, 21:129～228
27. Low BW, Chen CCH, Berger JE, et al. Studies of Insulin Crystals at Low Temperature: Effects on Mosaic Character and Radiation Sensetivity. Proc. Natl. Acad. Sci, 1966, 56:1746～1749
28. Singh TP, Bode W, Huber R. Low-Temperature Protein Crystallography Effect on Flexibility, Temperature Factor, Mosaic Spread, Extinction and Diffuse Scattering in Two Examples: Bovine Trypsin and Fc Fragment. Acta Cryst, 1980, B36:621～627
29. Kellenberger E. The Response of Biological Macromolecules and Supramolecular Structures to the Physics of Specimen Cryopreparation. In: Steinbrecht RA, Zierold K. Cryotechniques in Biological Electron Microscopy. Berlin: Springer Verlag, 1987
30. Zalonga G, Sarma R. New Method for Extending the Diffraction Pattern from Protein Crystals and Preventing their Radiation Damage. Nature, 1974, 251:551～552
31. Young ACM, Dewan JC, Thompson AW, et al. Enhancement in Resolution and Lack of Radiation Damage in a Rapidly Frozen Lysozyme Crystal Subjected to High-Intensity Synchrotron Radiation. J. Appl. Cryst, 1990, 23:215～218
32. Petsko GA. Protein Crystallography at Sub-Zero Temperatures: Cryo-Protective Mother Liquors for Protein Crystals, J. Mol. Biol, 1975, 96:381～392
33. Casico D, Williams R, McPherson A. The Reduction of Radiation damage in Protein Crystals by Polyethylene Glycol. J. Appl. Cryst, 1984, 17:209～211
34. Dewan JC, Tilton RF. Greatly Reduced Radiation Damage in Ribonuclease Crystals Mounted on Glass Fibers. J. Appl. Cryst, 1987, 20:130～132
35. Hope H, Frolow F, Bohlen KV, et al. Crystallography of Ribosomal Particles. Acta Cryst, 1989, B45:190～199
36. Sutton RL. Critical Cooling Rates to Avoid Ice Crystallization in Solution of Cryoprotective Agents. J. Chem. Soc. Faraday Trans, 1991, 1(87):101～105
37. Ray WJJ, Bolin JT, Puvathingal JM, et al. Removal of Salt from a Salt-Induced Protein Crystal Without Cross-Linking. Preliminary Examination of Desalted Crystals of Phosphoglucomutase by X-Ray Crystallography at Low Temperature. Biochemistrym, 1991, 30:6866～6875
38. Wierenga RK, Zeelen JP, Noble MEM. Crystal Transfer Experiments Carried Out with Crystals of Trypanosomal Triosephosphate Isomerase (TIM). J. Cryst. Growth, 1992, 122:231～234
39. Teng TY. Mounting Crystals for Macromolecular Crystallography in a Free-Standing Thin Film. J. Appl. Cryst, 1990, 23:387～391
40. 马礼敦，杨家福. 同步辐射应用概论. 上海：复旦大学出版社，2000
41. Hajdu J, Anderson J. Fast crystallography and time-resolved structures. Annu Rev Biophys Biomol Struct, 1993, 22: 467～498
42. Shapiro L, Fannon AM, Kwong PD, et al. Structural basis of cell -cell adhesion by cadherins. Nature, 1995, 374:327～339
43. Schomaker V, March RE. Some comments on refinement in a space group of unnecessarily low symmetry1. Acta Cryst, 1979, B35:1933～1934
44. Kassner D, Baur WH, Joswig W, et al. A Test of the importance of weak reflections in resolving a space-group ambiguity involving the presence or absence of an inversion centre. Acta Cryst, 1993, B49:646～654
45. 杨瑞瑛，刘鹏. 同步辐射在生物大分子结构研究中的应用. 现代仪器，2004，6:5～9
46. Jan Drenth. Principles of Protein X-Ray Crystallography. 3rd ed. London: Springer press, 2006
47. Murata K, Mitsuoka K, Hiral T, et al. Structural determinants of water permeation through aquaporin-1. Nature, 2000, 407(6804):599～605
48. Fu D, Lobson A, Mierke LJ, et al. Structure of a glycerol-conducting and the basis for its selectivity. Science, 2000, 290 (5491):481～486
49. Doyle DA, Cabral JM, Pfuetzner RA, et al. The structure of the potassium channel: molecular basis of K^+ conduction and selectivity. Science, 1998, 280(5360):69～77
50. Jiang YX, Lee A, Chen JY, et al. Crystal structure and mechanism of a calcium-gat potassium channel. Nature, 2002,

417(6888):515～522
51. Jiang YX, Lee A, Chen JY, et al. The open pore conformation of potassium channels. Nature, 2002, 417(6888):523～526
52. Deisenhofer J, Epp O, Miki K, et al. Structure of the protein subunits in the photosynthetie reaction centre of rhodopseu domonas viridis at 3Å resolution. Nature, 1985, 318:618～624
53. Liu Z, Yan H, Wang K, et al. Crystal structure of spinach major light-harvesting complex at 2. 72Å resolution. Nature, 2004, 428(6980):287～292
54. Tsukihara T, Aoyama H, Yamashita E, et al. The whole structure of the 13-subunit oxidized cytochrome c oxidose at 2. 8Å. Scinece, 1996, 272(5262):1136～1144
55. Abrahams JP, Leslie AG, Lutter R, et al. Structure at 2. 8Å resolution of F1-ATPase from bovine heart mitochondria. Nature, 1994, 370:621～628
56. Lambright DG, Sondek J, Bohm A, et al. The 2. 0Å crystal structure of a heterotrimeric Gprotein. Nature, 1996, 379:311～319
57. Tesmer JJG, Sunahara RK, Gilman AG, et al. Crystal structure of the catalytic domains of adenylyl cyclase in a complex with GsαGTPγs. Science, 1997, 278(5435):1907～1916
58. Geiger JH, Hahn S, Lee S, et al. Crystal structure of the yearst TFIIA/ TBP/ DNA complex, Science, 1996, 272(5263):830～836
59. Structural Genomix, Inc. Crystal structure of SARA coronavirus protease determined using department of Energy's advanced photon source. APS news, 2003, 7
60. Yang H, Yang M, Ding Y, et al. The crystal structures of severe acute respiratory syndrome virus main protease and its complex with an inhibitor. PNAS, 2003, 100 (23):13190～13195

第二十节　蛋白质核磁共振及其样品制备和结构测定技术

一、基本原理

（一）二维 NMR 技术

常规的氢谱和碳谱是由脉冲自由衰减信号经傅里叶变换成频率与峰强度的函数。这种只有一个频率变量的 NMR 图，通称为一维 NMR 谱。一维核磁共振实验被局限于描绘信号强度和观测频率的函数关系。与之相区别，二维核磁共振实验引入第二个频率域，将化学位移、偶合常数等参数在二维平面上展开，从而将在一般核磁共振谱（一维谱）中重叠在一个频率坐标轴上的信号分别以两个独立的频率坐标上展开，构成二维核磁共振图谱。相应地，其核磁共振谱中的信号强度是两个频率的函数，因而大大增加了二维核磁共振谱的信息量。这样，由于二维核磁谱是将化学位移和偶合常数等核磁参数对核磁信号作二维展开，所以与一维谱相比有很多优越性，能使一些重要共振信号相互分离开，容易检出和确认共振信号之间的自旋相互作用关系。二维 NMR 谱的产生是利用多脉冲序列对自旋系统进行激发，在多脉冲序列作用下的核自旋系统演化得到时间域上的信号，经过两次傅里叶变换给出二维核磁共振信号[1]。为解决不同的化学结构问题，可采用不同的多脉冲序列，得到不同的二维核磁共振谱。二维 NMR 有不同的作图方法，分别为堆积图和等高线图。

二维 NMR 以两个独立的时间域函数采集数据，给出一个时间域的数据组。实验的脉冲序列一般可分为四个部分：即预备期、演化期、混合期和检测期。预备期：为二维 NMR 实验的起始条件，对每一个傅里叶变换核磁共振实验而言都是必不可少的。对一个简单的单脉冲实验，预备期统称为“脉冲时间延迟”，主要目的在于通过脉冲使核自旋体系被激发；演化期:核自旋体系被激发后,一般在旋转坐标系的 XY 平面内进动,该过程称为演化。演化期提供的信息被记忆到第二个时间域,所记忆的信息可以是同核或异核标量偶合常数,其弛豫延迟相当于一维谱实验中的等待时间;混合期:在这段时间内,自旋体系将在脉冲序列或样品内部相互作用的影响下产生或计划转移其他相关干涉。它一方面要求自旋能"记忆"以前的信息,另一方面要求自旋能通过相关干涉以及滤波等方法选择有用的相关信息。若相关干涉已经存在,也可取消混合期和检测期,这段时间的长短取决于被观察核的谱宽和数字化水平[2]。尽管在每一个二维 NMR 实验中检测期是相同的,但每一个检测期所检测到的信息却不同,它是在演化期内所引进的变量的函数,包括同核或异核标量偶合信息、同核或异核化学位移。由此可见,2D-NMR 实验是通过间接观察检测多量子相关信息和有关同核或异核的偶极弛豫来获得分子结构中碳核与氢核的相关信息。

有两类二维 NMR 谱:

(1) 无混合期的二维 NMR 谱—二维分解谱。二维分解谱反映了磁性核之间的耦合关系。与一维谱相比,二维分解谱不增加信息,仅仅把一维谱的信号按一定规律在二维空间展开,使原来重叠的谱线扩展分离得到原来无法或难以得到的化学位移及耦合常数值。二维分解谱的两轴分别为化学位移以及耦合常数,因此可用于检测核的自旋裂分情况及耦合常数[3]。

(2) 有混合期的二维 NMR 谱——二维相关谱。二维相关谱得到的是较一维谱更为复杂的谱图。信息量是一维 NMR 谱的 n^2 倍。它是通过彼此耦合的自旋核之间在特定条件下产生极化转移,所得信号在二维空间展开[3]。它并不表示化学位移之间有什么相关,而是表示具有一定化学位移的核信号之间的联系。二维相关谱的两个频率轴均表示化学位移。

1) 由耦合传递得到的相关谱——二维位移相关谱

a. 二维^{1}H-^{1}H 相关 COSY(correlated two-dimensional spectroscopy)谱,同核化学位移相关谱。COSY 谱是二维 NMR 技术中最重要的一种,可以解决相互耦合的氢之间的相关关系[4]。在二维^{1}H-^{1}H 相关谱中,两维均为^{1}H 的化学位移,对角线外的峰为分子中 H 原子的相关交叉峰。COSY 谱是正方形的。在二维^{1}H-^{1}H 相关谱中有两种类型的峰,其中对角线上的吸收峰称为对角峰,它与一维^{1}H NMR 谱相对应;而^{1}H-^{1}H 耦合信号对称分布于对角线的两侧,称为交叉峰,它给出邻近或远程的^{1}H-^{1}H 耦合关系。在其基础上进行简单的改变即可获得 R COSY 谱(Relayed COSY)或 SECSY(Spin-echo COSY)。

b. 二维^{13}C-^{1}H 相关 HETCOR 谱,异核位移相关谱。异核位移相关谱中最常见的是^{13}C-^{1}H COSY。^{13}C-^{1}H COSY 谱是^{1}H 的化学位移与^{13}C 的化学位移相关联的二维谱图,它与^{1}H-^{1}H COSY 谱是结构解析中最重要的两种二维实验方法[4]。它反映了^{13}C 和^{1}H 核之间的关系。它又分为直接相关谱和远程相关谱,直接相关谱是把直接相连的^{13}C 和^{1}H 核关联起来,矩形的二维谱中间的峰称为交叉峰(cross peak)或相关峰(correlated peak),反映了直接相连的^{13}C 和^{1}H 核,在此图谱中季碳无相关峰。而远程相关谱则是将相隔两至三根化学键的^{13}C 和^{1}H 核关联起来,甚至能跨越季碳、杂原子等,交叉峰或相关峰比直接相关谱中多得多,它给出分子中碳原子骨架及连接氢的数目和近邻基团的关系等重要结构信息,因而对于帮助推测和确定化合物的结构非常有用。与^{1}H-^{1}H COSY 谱相比,由于^{13}C 谱的位移宽,在^{13}C-^{1}H COSY 谱中很少出现峰的重叠,因此很容易识别在 H 谱中重叠峰的信号。

c. 远程^{13}C-^{1}H 相关 Coloc(correlated spectroscopy via long range coupling)谱。Coloc 谱与 HETCOR 谱识谱方法相同,区别在于 HETCOR 谱表示的是^{13}C-^{1}H 的直接耦合关系,而 Coloc 谱表示的是^{13}C-^{1}H 的远程耦合关系,即^{13}C-^{1}H 之间相隔两个键的耦合[5]。

d. 总相关 TOCSY(total correlation spectroscopy)谱。TOCSY 是对 COSY 的延伸,从任一氢的峰组可以找到与该氢核在同一耦合体系的所有氢核的相关峰。这对于研究包含几个自旋耦合体系的化合物特别有用,TOCSY 的外形与 COSY 相似,但交叉峰的数目大大增加[6]。

e. TROSY(Transverse Relaxation Optimized Spectroscopy)谱是核磁技术手段中一个比较重要的发展,主要应用于大型蛋白分子(分子量大于 20kDa)的核磁测定。随着蛋白分子的增大,旋转相关时间(rotational correlation time)上升,使得谱线展宽严重,分辨率急剧下降。一般的异核相关谱已经不适用于如此大的蛋白分子核磁测定。TROSY 技术应用了异核之间的自旋耦合,对于每个 H-X 组合,在谱图上以 4 个峰代替了原来去耦合情况下的单峰。由于还存在着偶极相互作用和化学位移各向异性,4 个峰的展宽情况不均一,有的变宽,有的变窄。通过相干转移路径的选择,可以使得磁化被尽量转移到最窄的那一个峰,从而实现分辨率的提高。TROSY 的效果在高磁场中比较低磁场明显。

2) 由交叉弛豫传递得到的二维谱——二维 NOE 谱

a. 二维^{1}H-^{1}H 相关 NOESY(nuclear overhauser effect spectroscopy)谱。NOESY 谱的识谱方法和 COSY 谱相同,两维也均为^{1}H 的化学位移,NOESY 谱也是正方形的。与二维 COSY 类似,对角峰与一维^{1}H NMR 谱相对应;但交叉峰给出的是在空间距离上邻近(<0.5nm)的^{1}H-^{1}H 之间的相互关系,而不是耦合关系,可以观察空间相近质子间的 NOE,所以 NOESY 谱可以解决蛋白质分子的构象问题[7]。

b. HOESY(two-dimensional heteronuclear NOE spectoscopy)。HOESY 是在 NOE 差谱,选择性^{13}C-{^{1}H}NOE 差谱以及二维 NOESY 等技术的基础上发展的一种新的脉冲序列,使得去耦核(如^{1}H)和观察核(如^{13}C)相关。所得波谱即为 HOESY 谱[8]。

c. ROESY(rotating frame NOE enhancement spectroscopy)。若采用一个弱自旋锁场,则在旋转坐标系中产生交叉弛域 NOE,得到 ROESY 谱及自旋坐标系中 NOE 增强谱,它类似于 NOESY 谱,能提供空间相近核的相关信息。基本脉冲序列与 TOCSY 相同,采用低功率自旋锁定,可有连续波照射或由一系列小脉冲的硬脉冲组成混合[8]。

d. HMQC(heteronuclear multiple quantum coherence)和 HSQC(heteronuclear single quantum correlation)。HMQC 即利用脉冲技术,将^{1}H 信号的振幅及相关位移分别依^{13}C 化学位移及^{1}H 间的同核标量耦合信息调制,并通过直接检测调制后的^{1}H 信号,来获得有关数据。它所提供的信息与^{1}H-^{13}C COSY 完全相同,即图上两个轴分别为^{1}H 及^{13}C 的化学位移,直接相连的^{13}C 与^{1}H 将在对应的^{13}C 化学位移与^{1}H 化学位移的交叉点出给出相关信号。因而如同^{1}H-^{13}C COSY 一样,有相关信号分别沿两轴平行线,即可将相连^{13}C 及^{1}H 信号以直接归属。它只提供直接相连的^{13}C 及^{1}H 间的相关信号,不能得到季碳的相关信息。但 HMQC 的 F1(碳)维分辨率差是其较大的缺点。此外,在 HMQC 谱的 F2 方向还会显示^{1}H,^{1}H 之间的耦合裂分,它进一步降低 F1 维的分辨率,也使灵敏度下降。由于这个原因,HSQC 常用来代替 HMQC,它不会显示 F1 方向^{1}H,^{1}H 之间的耦合裂分[9]。HMQC 和 HSQC 除在 F1 维可能有微小的差别之外,二者外观是很近似的。HMQC 和 HSQC,尤其是 HSQC 由于测试要求的样品量相应减少,是目前获得碳氢直接连接信息最主要的手段[10]。

(二) 蛋白质同位素标记技术

核磁共振测定蛋白质三维结构不需获得蛋白质晶体,并且在接近生理条件的溶液中进行,所获取的结构信息更接近于生物体内情况。但是,用 NMR 技术测定蛋白质的空间结构,对样品的要求则是比较严格的。在结构生物学的研究中,制备能满足多维核磁共振长时间实验要求的高稳定的蛋白质 NMR 样品是开展蛋白质分子空间结构测定工作的首要前提。

蛋白质同位素标记技术可以提高 NMR 谱的灵敏度和分辨率,减小谱线线宽,从而减少谱峰重叠,简单谱图,而且能提高用 NMR 技术测定溶液构象的蛋白质的分子量上限。一般分子量小于 8kDa 的蛋白质可以不需进行同位素标记,使用^{1}H-^{1}H 同核 2D NMR 技术;分子量在 8~25kDa 需进行$^{15}N/^{13}C$ 同位素标记,使用异核多维 NMR 技术;分子量在 25kDa 以上的蛋白质还需进行$^{15}N/^{13}C/^{2}H$ 同位素标记。同位素标记可分为均匀标记、片段标记、选择性标记、化学标记等[11]。

同位素标记有几种不同方法:

(1) 均匀同位素标记:均匀同位素标记使异核多维 NMR 实验得以实现,同时简化 NMR 谱峰指认工作。同位素标记使用的^{15}N 源主要有 NH_4Cl 和$(NH_4)_2SO_4$,^{13}C 源主要有葡萄糖、甘油和醋酸盐等,^{2}H 源为 D_2O。由于^{15}N 化合物价格是^{13}C 化合物价格的 10%~20%,进行蛋白质结构测定时往往先制备单标记(^{15}N)的蛋白质样品,优化 NMR 缓冲液和 NMR 实验温度,使得蛋白质的稳定性最佳,谱峰的离散性最好;然后再制备双标记($^{15}N/^{13}C$)或三标记($^{15}N/^{13}C/^{2}H$)的蛋白质样品。制备单标记或双标记样品时可以直接在 H_2O 培养基中进行扩增表达;制备三标记样品时必须分步在不同含量的 D_2O 培养基中进行表达,如 50%、75%、90%和 100%。非交换质子的 100%氘代可提高多维 NMR 谱的灵敏度和分辨率,但减少了所能获得的 NOE 距离约束数据,极不利于空间结构的计算,所以一般采用 50%~70%的氘代度[11]。

(2) 选择性同位素标记

1) 氘代(deuteration):在^{15}N、^{13}C 均匀标记的蛋白质的异核三共振实验中,对于完全质子化的蛋白质,^{1}H-^{1}H 偶极弛豫以及由同位素标记引起的异核^{1}H-X(X=^{15}N,^{13}C)弛豫依旧会影响异核多维实验中磁化矢量转移的效率,降低核磁共振实验的灵敏度和分辨率,尤其对于分子量在 2×10^{4} 以上的蛋白质来说这个问题更为严重。由于^{2}H 具有较低的旋磁比(^{1}H 是^{2}H 的 6.7 倍),通过氘代与碳原子相连的质子可以减小上述弛豫的影响,从而使得^{15}N,^{13}C,^{2}H 三标记样品的实验灵敏度得到了有效地提高[12]。对样品进行部分氘代对 NOESY 实验也是十分有利的。氘代 NOESY 实验中线宽将会随之变窄,实验的灵敏度和分辨率将得到大大的改善,同时由于自旋-扩散途径的减少也使得实验时可以采用较长的混合时间。

另外,随机氘代技术在一些蛋白质的结构研究中也已经得到了应用,氘代的程度主要取决于谱图质量、所研究的体系的大小及所进行的实验类型[13]。一旦得到初级结构框架后,再用完全质子化的样品来确定大量的空间约束[14]。高水平地氘代对于 TROSY 实验也是有利的,因为完全氘代的分子中^{1}H-^{1}H 自旋反转速率的降低可以减少缓慢弛豫的 TROSY 组分与快速衰减的抗 TROSY 组分之间的互变。尽管完全氘代非常有利于蛋白质主链指认,但是蛋白质(尤其是含有疏水核心的蛋白质)的空间结构的最终确定还需要获得严格的侧链空间约束。

当然,氘代技术也存在一些不足之处,如对于与碳原子直接相连的质子进行氘标记时的条件优化很困难;随机氘代时产生的多种不同标记程度的混合产物将给出不同的化学位移致使信号的强度减弱;完全氘代使碳原子上的质子减少而损失大量的 NOE 信号等[15]。

2) 选择性地甲基质子化(selective methyl protonation)。完全氘代有助于主链骨架中^{1}HN、^{15}N、^{13}C 和侧链^{13}C 化学位移的归属,但是蛋白质样品中存在的 H-D 交换现象使得传统的NOE方法在结构计算中面临了很严峻的挑战。由此，Rosen等人发展了在氘代样品中选择性地进行甲基质子化的方法，即在^{15}N、^{13}C、^{2}H标记的蛋白质样品中，使丙氨酸(alanine)、缬氨酸(valine)、亮氨酸(leucine)的甲基和异亮氨酸(isoleucine)γ2位上的甲基基团仍保持质子化[16]。这些甲基的核磁共振特性将有助于归属$^{13}C—^{1}N$相关。值得一提的是，这些可特异性质子化的甲基基团通常富集于蛋白质的疏水核心区[17]，使得选择性地甲基质子化具有更多的应用价值。

近期Goto KN等又报道了对亮氨酸δ位、缬氨酸γ位和异亮氨酸δ1位的甲基基团进行质子化的方法。他们将3-^{2}H，^{13}C，α-酮异戊酸作为添加剂加入到含有^{13}C，^{2}H-葡萄糖、^{15}N-氯化铵和重水的细菌培养基中，从而获得在亮氨酸、缬氨酸的甲基基团上具有选择性质子化的^{15}N、^{13}C、^{2}H标记的蛋白质样品。通过这种方法，亮氨酸、缬氨酸的甲基基团可以得到高效地质子化(～90%)，同时不会产生$^{13}CH_2D$和$^{13}CHD_2$两种标记产物。另外3-$^{2}H_2$，^{13}C，α-酮丁酸也可作为细菌培养基的添加剂，用于获得在异亮氨酸的δ1甲基基团上选择性质子化的^{15}N、^{13}C、^{2}H标记的蛋白质样品[19]。

3) 其他选择性同位素标记策略。芳香族氨基酸中的苯丙氨酸和酪氨酸常常位于蛋白质的疏水核心，并且也常位于配基结合的界面上，因此这些残基侧链上空间约束的确定对于蛋白质空间结构的研究具有重要的价值。Bax工作小组发展了一种同位素反向标记法，在这种方法中，将非标记的苯丙氨酸和酪氨酸加入到^{13}C均匀标记的蛋白质样品中。那么，只要在一维^{1}H NMR谱图上观察到这些氨基酸芳香基团上的质子谱峰，就可以分别利用^{13}C双滤波实验和^{13}C-滤波/编辑实验归属蛋白质中残基间的NOE信号和苯丙氨酸/酪氨酸与其空间上相邻的质子间的NOE信号。这种方法在分子量小于3×10^4并且苯丙氨酸和酪氨酸的含量相对较少的蛋白质的研究中有很好的应用[15]。

随着蛋白质中所含的芳香族残基数目的增多，芳香族氨基酸侧链氢的归属难度也会随之而增加。Fesik研究小组设计出了一种标记方法，该方法通过合成仅在ε位进行^{13}C标记的苯丙氨酸以减少芳环谱图的重叠。由于ε-^{13}C苯丙氨酸中δ和ζ位均没有标记，所以^{1}H-^{13}C相关谱中的谱峰重叠现象会得到缓解。并且苯丙氨酸中普遍存在的较强的^{13}C-^{13}C耦合效应也会随之消失，从而使得谱图的分辨率和灵敏度都得到了很好的改善。这种标记方法已经成功地应用于2.1×10^4 Dbl同源结构域的研究中，而该结构域中含有7个苯丙氨酸残基，利用传统的方法很难进行完全的归属[15]。

(3) 片段同位素标记：蛋白质氘代、^{15}N和^{13}C标记技术的应用和TROSY技术的发展有效地提高了NMR可研究的蛋白质分子量的上限。但是随着蛋白质分子量的增加，谱图中交叉峰的数目的增加加剧了谱峰的重叠。因此，目前人们对于高分子量系统的研究大多数集中在具有对称性的系统中的寡聚体蛋白的研究。对于含有两个或两个以上不同分子的复合体，则需要通过对其中一个蛋白组分进行标记进行间接研究。目前发展了一种片段同位素标记法，用于高分子量的单链蛋白研究。这一方法是将一段标记的蛋白片段和一段非标记的蛋白片段进行连接后来进行分段研究，两个蛋白片段的连接是在非常温和的反应条件下通过内蛋白子(inteins)结构域的自催化剪切反应来实现的。在内蛋白子剪切多肽链的过程中，内蛋白子侧翼的区域(被称为外蛋白子，exteins，它是待研究的蛋白质片段)将通过天然的肽键连接。内蛋白子对氨基酸种类没有特殊的要求，但是C端外蛋白子片段的N端残基需要是半胱氨酸、苏氨酸或丝氨酸，它们是内蛋白子的剪切识别位点，用来满足外蛋白子间连接的需要。Yamazaki等人将一种内蛋白子蛋白人为分割成两段，并分别与目标蛋白的N片段和C片段进行融合表达。两个融合蛋白在变性条件下混合后，内蛋白子蛋白在复性条件下重新折叠而恢复生物活性，从而催化剪切反应把目的蛋白片段连接起来。此方法已经用于MBP同片段的^{15}N，^{13}C选择性标记，也已用于RNA聚合酶α亚基C结构域的选择性标记。此外，利用不同的内蛋白子蛋白，还可以得到两端为非同位素标记而中间是选择性标记的MBP蛋白。对不同的蛋白质系统的复性和连接反应条件进行具体的优化后，内蛋白子介导的连接反应的产物得率可以高达90%。在具体应用中，最好将内蛋白子识别剪切的位点设计在蛋白质的loop区，因为这一结构具有一定的柔韧性，可以允许插入多个甘氨酸残基[15]。

改进后的蛋白质分段同位素标记技术不需要变性或外源残基的插入。具体方法是表达蛋白质的N片段时，在该片段的C端融合表达一个内蛋白子，并且在整个融合蛋白的C端还需含有一个缺少半胱氨酸的几丁质结合结构域(chitin binding domain，CBD)，可以用来完成剪切反应。在外源亲核试剂的攻击下，蛋白质发生硫酯反应(这个反应可以在由CBD介导连接的亲和介质上进行)，然后用含有少量硫醇试剂(如DTT、巯基乙醇或半胱氨酸)的溶液将目的蛋白从内蛋白子上释放，获得的蛋白质的C端还带有一个稳定的硫酯基团。将该反应产物与具有N端半胱氨酸残基的片段进行混合后，最终可得到产率约70%的部分标记蛋白。这一方法可用来连接两段独立的折叠结构域，并且反应可在有机溶剂或变性剂(如盐酸胍)的存在下进行。另外，还可利用固相合成技术直接合成具有C端硫酯的多肽链。虽然这将提高多肽合成的成本，但这的确将使蛋白质特定残基的同位素标记成为可能[15]。

(4) 化学标记：化学合成法也可以实现蛋白质的同位素标记。固相合成法是应用最为广泛的化学合成法。据文献报道，目前已经可以合成含100个氨基酸残基的蛋白质。如果再结合前面所述的化学连接方法还可以得到更大的同位素标记的蛋白质。还可以通过化学修饰特定的氨基酸侧链，例如对半胱氨酸、甲硫氨酸、赖氨酸和色氨酸侧链进行同位素标记[11]。

二、操作流程

(1) 样品之备制：将样品溶解于溶剂中，这些溶剂不含氢，因为会干扰分析，通常使用的溶剂有：tetrachloride(CCl_4)、deuterochloroform($CDCl_3$)、deuterium oxide(D_2O)。

(2) 进行NMR分析收集数据。

(3) 根据数据考虑各种参数加以分析。

(4) 利用NOE(nuclear overhauser effect)及其他数学分析方式来推算原子间距离及键结角度。

(5) 根据上列数据解出结构加以验证反推：进行NMR分析时，各个原子本身核的特性不同，加上和周围环境之影响，所以原子有各自的光谱，由于生物物质构造中以碳原子(C)及氢原子(H)组合居多，故通常都会就碳原子(C)及氢原子(H)进行^{13}C及^{1}H之分析。

三、优点和不足

由X射线衍射法所得到的结构，并非都可正确的表现出蛋白质于活性状态下的构形，因此用核磁共振光谱法对蛋白质结构的研究带来很大的帮助。

在用NMR方法确定蛋白质溶液的结构方面已经取得了巨大的成就。现在有可能获得小于100个残基的小蛋白的溶液结构。但在解析大蛋白的结构面对一个严峻的挑战。首先是化学位移的重叠简并，使得在二维 NMR 方法中所使用的自旋系统识别和序列识别方法不再有效，其次是随着分子量增加，谱线变宽，因而使得较难利用建立在小的同核耦合之上的一些位移相关试验。

四、改进的方向和途径

解析大蛋白的结构问题的解决在于提高谱的分辨率。我们可以利用增加谱的维数来提高分辨率。由于这一方法将大的单键异核耦合用于磁化转移，借助同核三维和异核三维、四维实验，可将 NMR 确定蛋白质结构溶液构象的方法扩展到分子量 30 000～40 000Da 的蛋白[20]。

任何二维 NMR 实验的脉冲序列都可由四个部分组成，即准备期、演化期、混合期和检测期。一个三维谱脉冲序列简单由两个二维序列结合而成，但必须去掉第一个实验的检测期和第二个实验的准备期。类似地，一个四维谱脉冲序列由三个二维序列结合而成，但去掉第一个和第二个实验的检测期和第二个实验与第三个实验的准备期。多维核磁共振种类包括同核三维谱、异核三维谱、异核四维谱[21]。

1. 同核三维谱 同核三维谱中目前最常用的是三维 NOESY-TOCSY、三维 TOCSY-NOESY 和三维 NOESY-NOESY。三维 NOESY-NOESY 的分析应更仔细、谨慎。因此每一步磁化矢量传递。都可传至同一残基或是其他任何残基。其三维交叉峰峰强。三维 TOCSY-NOESY 相对于三维 NOESY-TOCSY 具有两个显著优点。①蛋白质的 NOESY 谱通常比 TOCSY 谱更拥挤，而三维谱的 F3 维只要存储空间允许可获得较高的数字分辨率，因此将 NOESY 放在三维可获得 NOESY 的较好的分辨。另外，由于 TOCSY 的相关转移只发生在残基内，TOCSY 谱的识别更为简单。因此 TOCSY 即使在较低数字分辨率下也能获得较好的解析。②在三维 TOCSY-NOESY 中 NOESY 单元在后比在 TOCSY 单元之前，可获得更好的大水峰抑制。因为预饱和与 NOESY 混合期的饱和照射使得一些交叉峰的强度发生变化，而且这种强度的变化是不可预测的。因此可在 NOESY 单元后施加二项式脉冲以抑制水峰。当然脉冲也会使谱峰强度发生变化，但这种变化是可预测和补偿的。另外如果放宽对强度变化的要求，那么在三维 TOCSY-NOESY 实验的后半段中的 NOESY 的混合期的预饱和照射也能更有效的抑制水峰[22]。

2. 异核三维谱 由于异核耦合常数远大于 H-H 耦合常数，有较强的磁化矢量转移，异核三维谱可有效地解析较大分子的三维空间构象，异核三维谱有双共振和三共振之分。双共振的异核三维谱指的是只激发两种不同的核的共振，三共振的三维谱则激发三种不同的核的共振。它们将被用于自选系统识别和序列识别中。

一般异核编辑谱由同核 NOESY 或 TOCSY 同 HSQC 或 HMQC 串接成，提供的信息类似同核谱，但是谱峰在与 ^{1}H 核相关的 ^{13}C 或 ^{15}N 核的化学位移上展开以解决同核谱重叠的问题。其中异核编辑的 NOESY 谱是最后结构计算所需 NOE 的主要来源。三维 NOESY-HSQC 谱适合于单标记的蛋白质样品。^{15}N 维由于 N 核数目不多，而且一般化学位移重叠不很严重，取几十点即可，^{1}H 维应该取得大一些，当然要考虑到实验时间的限制。由于 NOESY 谱的重要性，信噪比要求比较高，经常要采样 3～4 天甚至更长。而三维 TOCSY-HSQC 类似地，可以将 TOCSY 同 HSQC 串接起来，所得三维 TOCSY-HSQC 脉冲序列及所用相循环与三维 NOESY-HSQC 完全类似，区别只是 NOESY 中的混合期改成 TOCSY 中的 isotropic mixing pulse(通常用 DIPSI 一类的混合脉冲)。这种实验可以提供残基内部自旋系统的信息。要注意的是，这种实验一般用于^{15}N 标记样品，当然混合时间原则上大一些信号可以传递远一些，不过对于大蛋白质，由于弛豫的缘故，可能信号反而减弱。对于^{13}C 标记样品，类似信息可以由^{13}C-^{13}C 相关谱获得。

三共振实验现在最常用于测定高分子量蛋白质的实验。它的优点是光谱图简单，易辨识，介由键结传递磁化讯号，较为精确。缺点是价格昂贵，需要^{13}C，^{15}N 双标记。三维和四维三共振实验对于大蛋白质的核磁研究具有特别的意义，因为这些实验提供了蛋白质主链以及部分侧链原子的明确无误的谱峰认证手段。由于多肽链的结构特点，一个氨基酸残基的^{1}H 自旋由一个或多个自旋体系组成，而一个自旋体系必定属于同一个残基。而同一个残基及相邻残基的^{1}H 之间距离可能比较近，但由于蛋白质空间折叠的缘故，蛋白质一级序列上相隔甚远的残基的^{1}H 也可能距离比较近。^{13}C，^{15}N 双标记蛋白质的异核三共振谱利用单键和两键 J 耦合建立主链原子和部分侧链原子间的关联，既可提供残基内的，也可提供相邻残基的$^{1}H^{N}$，^{15}N，$^{1}H^{\alpha}$，$^{13}C^{\alpha}$，^{13}CO 等原子间的关联信息，即完成序列认证，由于主要信息来自 J 耦合，在结构计算前即可完成大部分，至少主链部分的所有原子的谱峰认证。既提高认证的可靠性，又加快认证的速度。而且从获得的主链原子的化学位移还可判定残基的类型以及所处的二级结构类型。

三共振实验的命名方式为在间接维或采样维标记的自旋用 HN，N，HA，CA，CO，HB，CB 等表示，分别代表$^{1}H^{N}$，^{15}N，$^{1}H^{\alpha}$，$^{13}C^{\alpha}$，^{13}CO，$^{1}H^{\beta}$，$^{13}C^{\beta}$，不会引起误解时还可进一步简化；信号传递过程中经过并起重要作用，但没有频率标记的自旋用类似符号，但放在括号内以示区别。一般称为(HN)N(CO)CA(CO)(N)NH 实验，这个实验属于“out and back”类型，有相当一部分三共振实验属于此类型，由于事实上这类实验激发与检测均是^{1}H 核，因此可以将回传部分略去而不会导致误解，即省略成(HN)N(CO)CA，由于同 N 相连的^{1}H 只能是 HN，所以可以简化成(H)，而最后检测的正是这个 H，故实际上用的名称为 HN(CO)CA。三共振实验包 HNCA、HN(CO)CA、HNCO、HN(CA)CO、HNCACB、HN(CO)CACO、CBCANH、CBCA(CO)NH、HBHANH、HBHA(CO)NH。用于主链证认的三共振实验有 HNCO、HN(CA)CO、HCACO、HCA(CO)N[22]。

已经讨论过的三共振实验涉及主链上的连接关系，而 HCCH 类型的实验提供了氨基酸侧链上的连接，将二者结合起来可以获得完整的认证信息。虽然二者的连接点在$^{1}H^{\alpha}$或$^{13}C^{\alpha}$，但由于这两种核的化学位移分布范围不大，不利于谱峰的解析，更好的是利用$^{1}H^{N}$及^{15}N。因此产生出两类实验：一类利用 COSY 原理将信号传递至$^{13}C^{\alpha}$，再进一步传递至^{15}N 及$^{1}H^{N}$，这类实验有 CBCA(CO)NH，CBCANH，HBHA(CBCACO)NH，HBHA(CBCA)NH；另一类实验利用 TOCSY 将信号传递至$^{13}C^{\alpha}$，再进一步传递至^{15}N 及$^{1}H^{N}$，这类实验有 C(CO)NH-TOCSY，H(C)(CO)NH-TOCSY。由于这些实验涉及侧链，侧链碳骨架的形式对信号的传递效率有很大影响。另一方面所得信息也可提供侧链类型即残基类型的信息。

HCCH-COSY 及 HCCH-TOCSY 用于认证^{13}C 标记蛋白质的脂肪链^{1}H 及^{13}C，信号传递是从^{1}H 开始，经过单键 J 耦合到^{13}C，再通过类似同核 COSY 及 TOCSY 的机制传递到其他^{13}C，最后通过单键 J 耦合回传到^{1}H。所以这类实验可以看作^{1}H 同核 COSY 及 TOCSY 在^{13}C 上的推广。除了可以获得^{13}C 的信息，也可得到^{1}H 的信息，对于大蛋白质而言，效果比^{1}H 同核 COSY 及 TOCSY 更好，因为在^{1}H 同核 COSY 及 TOCSY 中起作用的是比较小的^{1}H 同核 J 耦合(一般小于 10Hz)，而这里虽有三步传递，却均是比较大的 J 耦合。因此这类实验对于大蛋白质的侧链^{1}H，^{13}C 的认证非常重要。三共振实验也可以通过互补方式比较结果。常用互补为

HNCACB 和 CACB(CO)NH 互补;HBHA(CBCACO)NH 和 NH(CA)HA 互补。

3. 异核四维谱 三维蛋白质结构测定的关键不在于简单地获得共振的识别,而在于识别尽可能获得短距离的质子间 NOE。特别重要的是要获得序列上相隔较远,但在空间上相距较近的残基间的 NOE,因为这种 NOE 能提供确定多肽的折叠的决定性信息。蛋白质在三维 ^{15}N 或 ^{13}C 分立的 NOESY-HSQC 实验能用于识别一些长程 NOE,但由于谱峰重叠,还是有较大数目的峰难以准确的指定,这一问题可由将 NMR 谱得维数进一步扩展到四维而解决。相比之下,四维谱提供的信息较三维谱更多,由于谱峰重叠大大减少,特别适合于图谱的自动分析。但由于数据分辨率低,不适合于化学位移的精确测量[23]。

执笔:龙加福
讨论与审核:龙加福 王 铮 贾 敏 邹庆薇 刁文涛 谢兴巧 田 然
资料提供:王 铮 贾 敏 邹庆薇 刁文涛 谢兴巧 田 然

参考文献

1. 尹冬冬. 有机化学(上). 北京:高等教育出版社,2003,226
2. 谭仁祥. 植物成分分析. 北京:科学出版社,2002,255
3. 盛龙生. 药物分析. 北京:化学工业出版社,2003,611
4. H·杜德克,W·笛特里克. 近代核磁共振谱阐明结构 工作手册. 于德泉译. 北京:北京医科大学、中国协和医科大学联合出版社,1991. 13~19
5. 马广慈. 药物分析方法与应用. 北京:科学出版社,2000,434
6. 王敬尊,瞿慧生. 复杂样品的综合分析 剖析技术概论. 北京:化学工业出版社,2000. 213
7. 马广慈. 药物分析方法与应用. 北京:科学出版社,2000,433
8. 苏克曼等. 波谱解析法. 上海:华东理工大学出版社,2002,210
9. 钱小红,谢剑炜. 现代仪器分析在生物医学研究中的应用. 北京:化学工业出版社,2003. 290
10. 苏克曼. 波谱解析法. 上海:华东理工大学出版社,2002,207
11. Shi Y,Guo C,Lin D. 蛋白质 NMR 样品制备技术. Chemistry of Life,2006,26(2):166~168
12. Grzesiek S,Anglister J,Ren H,et al. ^{13}C line narrowing by ^{2}H decoupling in $^{2}H/^{13}C/^{15}N$-enriched proteins application to triple-resonance 4D J-connectivity of sequential amides. J. AM. Chem. Soc,1993,115(4):369~370
13. Gardner K,kay L. The use of ^{2}H,^{13}C,^{15}N multidimensional NMR to study the structure and dynamics of protein. Annu. Rev. Bioph. Biom. Struct,1998,27:357~406
14. Yu L,Petros A,Schnuchel A,et al. Solution structure of an rRNA methyltransferase (ErmAM) that confers macrolide-lincos amide strep to gramin antibiotic resistance. Nat. Struct. Biol,1997,4:483~489
15. Xuan J,Wang J. Novel Isotope Labeling Strategies for Protein Solution NMR Spectroscopy: A Review. Chinese J. Magn. Reson,2008,25(3):435~445
16. Rosen M,Gardner K,Willis R,et al. Selective met hyl group protonation of perdeuterated proteins. J. Mol. Biol,1996,263: 627~636
17. Janin J,Miller S,Chothia C. Surface,subunit interfaces and interior of oligomeric proteins. J. Mol. Biol,1988,204:155~164
18. Goto N,Gardner K,Mueller G,et al. A robust and cost-effective method for the production of Val,Leu,Ile(δ_1) methyl-protonated ^{15}N-,^{13}C-,^{2}H-labeled proteins. J. Biomol. NMR,1999,13:369~374
19. Gardner K,Kay L. Production and incorporation of ^{15}N,^{13}C,^{2}H(^{1}H-dl methyl) isoleucine into proteins for multidimensional NMR studies. J. Am. Chem. Soc,1997,119(7):599~600
20. 夏佑林,吴季辉,刘琴等. 生物大分子多维核磁共振. 合肥:中国科技大学出版社,1996
21. 华庆新. 蛋白质分子的溶液三维结构测定-多维核磁共振方法. 长沙:湖南师范大学出版社,1995
22. 阎隆飞,孙之荣. 蛋白质分子结构. 北京: 清华大学出版社,1999
23. John C,Wayne J,Arthur G,et al. Protein NMR Spectroscopy. Principles and Practice,2006,16(3):79~85

第二十一节 单分子技术

一、基本原理

单分子技术是在单分子水平上对生物分子的行为(包括定位、构象变化和相互作用)的实时、动态检测,以及在此基础上的操作和调控。近20年以来,单分子技术由无到有,并在生物学中的应用得到了迅猛的发展。

单分子技术是基于高分辨率和高灵敏度的显微技术,从而达到对单一分子进行观测的目的。单分子技术主要包括荧光显微技术、光镊(optical tweezers)、磁镊(magnetic tweezer)和原子力显微镜(atomic force microscopy,AFM)技术。其中,荧光显微技术主要用于研究单分子的定位和分子构象的动态变化。而光镊、磁镊和原子力显微镜技术可应用于测量分子间和分子内部的相互作用力。

荧光显微技术是用荧光基团来标记生物分子,然后检测荧光信号来定位和追踪所标记分子。该技术所面临的最大挑战就是低信噪比(low signal-to-noise ratio)。现在,已有几种不同方法可提高信噪比。首先,显微技术的改进有效地限制了激发光照明的深度或区域,从而大大降低了背景荧光。例如,全内反射荧光显微镜(total internal reflection fluorescence microscopy,TIRF)利用全内反射产生的隐失波激发样品,在低折射率介质中隐失波的典型渗透深度一般在100nm量级,且平行于界面传播,因此,只有这个小范围内的荧光分子将被激发,而在这个范围以外的荧光分子则完全不受影响。所以,全内反射荧光显微术具有高信噪比,较低的细胞光损伤和光漂白等优点。此外,共聚焦显微镜通过屏蔽物镜焦点外的光信号以提高信噪比,而双光子显微镜只激活物镜焦点上的荧光基团,从而降低了背景信号,达到提高信噪比的目的。其次,荧光技术的发展提供了高亮度和高稳定性的荧光基团。现今适合单分子研究的荧光基团有以下几种:荧光有机染料分子、量子点(quantum dot)、荧光蛋白、荧光微球(fluorescent microsphere)和金纳米颗粒。再次,检测手段的创新,如电荷耦合器件(cooled charge-coupled devices)的在检测光信号中的应用,不仅提高了灵敏度,还达到了微秒级的时间分辨率。最后,物镜和激光光源的改善,也促进了单分子显微技术的应用。

在检测单荧光分子的基础上,其他实验技术也可与单分子技术结合起来。例如,荧光共振能量转移(fluorescence resonance energy transfer,FRET)被广泛应用于单分子水平上监测分子内部的构象变化和分子间的相互结合。荧光共振能量转移是一种荧光能量转移的现象。当供体荧光分子的发射光谱与受体荧光分子的吸收光谱相重叠,且两个分子相互靠近时,供体荧光分子的激发能诱发受体分子发出荧光,同时供体荧光分子自身的荧光强度减弱。由于FRET对于荧光基团之间的距离和空间取向高度敏感,可以通过FRET效率的测量,观察生物分子的构象变化和生物分子间相互作用的改变情况。

单分子技术还可应用于检测分子内部和分子之间相互的作用力。最常用的力学显微技术包括光镊、磁镊和原子力显微技术。表2-4总结了这几个单分子力学技术的特性。

表2-4 几种单分子力学技术特性的比较

	光镊	磁镊	原子力显微镜
力量程(pN)	0.1～100	10^{-3}～10^{2}	10～10^{4}
空间分辨率(nm)	0.1～2	5～10	0.5～1
时间分辨率(s)	10^{-4}	10^{-2}～10^{-1}	10^{-3}
探针大小(μm)	0.25～5	0.5～5	100～250

光镊，也叫光阱(optical trap)，是建立在光辐射压的原理上的(图 2-15a)。在一个简单的光镊实验中，生物分子的一端固定于一固体表面，另一端用纳米到微米量级的聚苯乙烯微粒或硅珠标记，通过稳定的激光光源和高数值孔径的物镜得到高度聚焦的激光以抓住标记颗粒。标记微粒被光镊抓住后，如有外力拉伸生物分子或者由于生物分子的构象变化而产生拉力，就会引起标记微粒偏离光镊的中心，由标记微粒的偏离距离可推算出施加在生物分子上的力的大小。

磁镊的原理与光镊相类似，不同的是标记微粒是带有磁性的微粒，通过移动或转动磁铁就可控制磁性微粒的移动或转动(图 2-15b)。磁镊力的大小与磁场的强度和梯度相关。磁场的强度可通过控制电磁铁的电流来调节，而与磁极的相对位置影响磁场的梯度。因此，磁镊可测量 0.001～100pN 量级的力。

(1) 一个光镊实验的实例：在该实验中，一个 RNA 聚合酶(紫色)耦联到激光固定的微粒(绿色)上，而 DNA 的一端则固定在固体表面上。当转录开始时，RNA 聚合酶带动微粒沿着 DNA 移动。通过移动载物台来弥补 RNA 聚合酶的移动，从而保持微粒在光镊中的位置不变。这样，在固定的拉力下，可以监测 RNA 聚合酶在 DNA 上长距离的转录活动。

(2) 一个磁镊实验的图示：DNA 的两端分别连接到固体表面和一个顺磁性微粒上。一对磁极(蓝色和红色)产生的磁场力作用于顺磁性微粒，可以通过上下移动磁极来拉伸 DNA 分子，也可以旋转磁极从而引起顺磁性微粒的旋转，进而带动 DNA 的旋转。顺磁性微粒可由连接到电荷耦合器件的显微镜物镜(灰色)来准确测量。

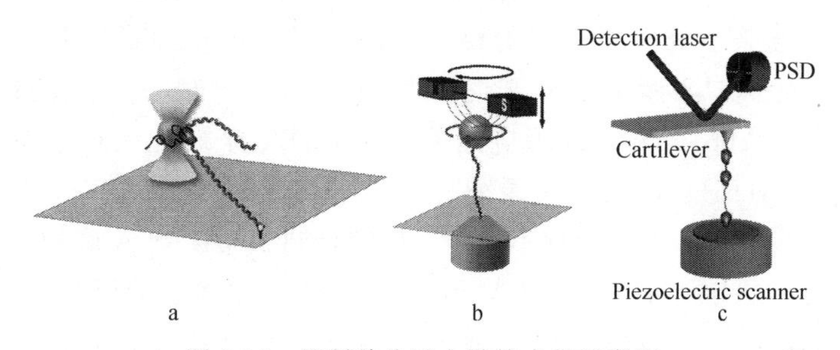

图 2-15　机制单分子力学技术的示意图

(3) 原子力显微镜的示意图：一个尖锐的悬臂探针(黄色，cantilever)处于压电扫描仪(灰色，piezoelectric scanner)上方。在一个典型的原子力显微镜拉伸实验中，一个多蛋白分子(polyprotein molecule)的两端分别结合到悬臂探针和样品台表面(橘黄色)。通过移动压电扫描仪来拉伸多蛋白分子，而因此产生的悬臂探针的变形由检测激光(红色)和位置敏感的检测仪(蓝色，position-sensitive detector，PSD)来测量，进而可推算出施加在该多蛋白分子上的拉力。

原子力显微技术通过机械弹簧(探针)的变形来测量力的大小(图 2-15c)。待测的生物分子一端固定于一固体表面，另一端耦联到探针尖端。移动固体表面以拉伸生物分子，同时探针的变形通过激光的反射准确测量，并可转化为力的大小。所以，在拉伸生物分子时，两个重要的参数-生物分子两端固定点的距离和拉力的大小-可被同时测量。

二、操作流程

近十几年来，单分子技术已在生物学领域得到了广泛的应用，例如，检测 DNA、RNA 和蛋白质分子的折叠和构象变化，测量分子间的相互作用，以及研究酶催化反应的动力学和机制等等。下面，我们将举几个具体例子来说明单分子技术的应用操作。

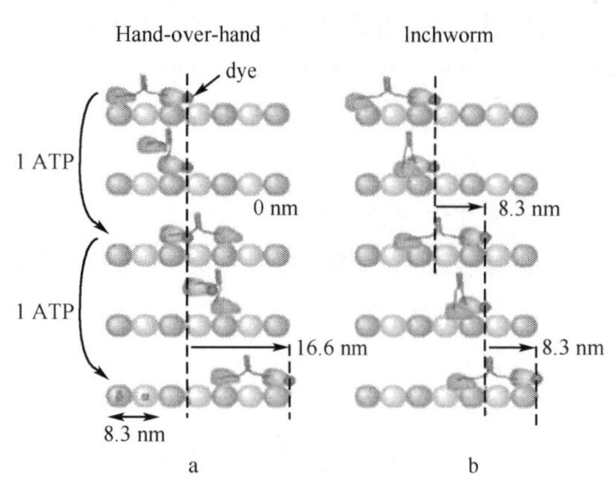

图 2-16　运动蛋白的“手到手” 模式

a. 或“尺蠖”模式；b. 移动

运动蛋白的一头（绿色）用荧光基团（红色）标记。在“手到手” 模式中，荧光基团以 16.6nm—0nm—16.6nm 的步骤移动；而在“尺蠖”模式中，荧光基团则每次移动 8.3nm

1. 单分子荧光显微技术监测生物分子的运动　运动蛋白 Kinesin 在微管上移动时，每消耗一个 ATP，运动蛋白的中心移动 8.3nm。然而，很长时间以来，无法确定运动蛋白是以“手到手”（hand over hand）或“尺蠖”（inchworm）模式移动（图 2-16）。Yildiz 等用 Cy3 荧光基团标记运动蛋白 Kinesin 双体中的一头，然后准确监测 Cy3 荧光基团在运动蛋白移动时的位置。他们观察到运动蛋白每次移动的距离为（17.3±3.3）nm，从而证明了运动蛋白是以“手到手”模式移动[1]。

单分子荧光显微技术不仅可应用于观测生物分子在体外的运动和分布，还可观察生物分子/细胞器在细胞内的运动。Kural 等用绿色荧光蛋白来标记过氧物酶体（peroxisome），结合纳米级荧光成像（fluorescence imaging with one nanometer accuracy，FIONA）技术，观察到动力蛋白 dynein 和运动蛋白 kinesin 协同作用，一起运送过氧物酶体[2]。

2. 单分子技术监测生物分子之间的相互作用　荧光共振能量转移（FRET）可监测两个荧光基团之间的距离。当两个荧光基团分别在两个分子上时，FRET 的信号就反映了两个分子的相互作用。Abbondanzieri 等应用单分子 FRET 来研究人免疫缺陷病毒（human immunodeficiency virus，HIV）的逆转录酶（reverse transcriptase，RT）与 DNA、RNA 底物的相互作用。他们发现 RT 可以两种不同的方向结合到 DNA/RNA 底物上（图 2-17），而这两种不同的结合方向决定了 RT 的 DNA 聚合酶或 RNA 水解酶的活性[3]。而 Liu 等应用类似的实验体系，观测到 RT 在核酸复合物的两个末端之间快速来回移动（sliding）（图 2-18）。当移动到 DNA 的 3′端，RT 可迅速翻转从而处于适于 DNA 聚合反应的构象[4]。

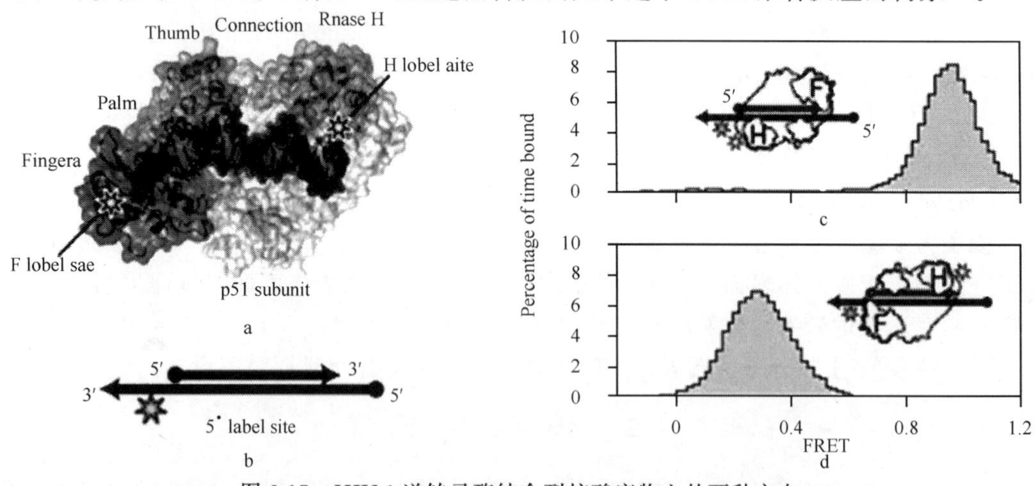

图 2-17　HIV-1 逆转录酶结合到核酸底物上的两种方向

a. HIV-1 RT 与 DNA-DNA 底物结合的结构图。荧光供体分子 Cy3（绿色星号）标记在 Rnase H 结构域或 fingers 结构域上；b. 由 19-21-nt 和 50-nt 的 DNA 链组成的核酸底物，荧光受体分子 Cy5（红色星号）位于长链 DNA 的 3′端；c. 两种不同结合构象的 FRET 信号分布图

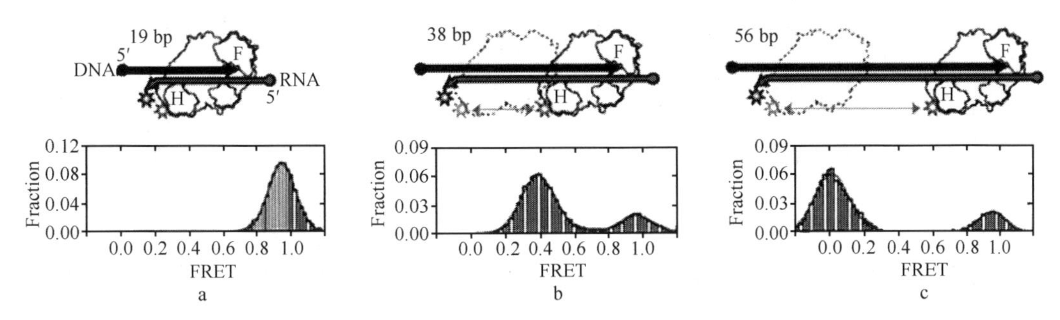

图 2-18 HIV-1 逆转录酶在核酸底物上的移动

HIV-1 RT 与不同长度的核酸底物(a:19 bp; b:38 bp; c:56 bp)结合后的 FRET 分布图。绿色和红色星号分别代表荧光供体分子 Cy3 和荧光受体分子 Cy5

3. 应用光镊技术观测生物分子的运动状态 Herbert 等用单分子光镊技术来监测细菌 RNA 多聚酶在转录过程中的运动情况。由于单分子技术的高分辨率以及对单一分子的监测,他们成功地观察到了 RNA 多聚酶在转录延伸阶段会在某些 DNA 特异序列上暂时停止延伸[5]。

4. 应用磁镊技术研究 DNA 分子的超螺旋 Koster 等应用单分子磁镊技术研究一种抗癌药物—拓扑替康(topotecan)对人 DNA 拓扑异构酶解旋 DNA 的影响。他们首先通过旋转磁镊,在 DNA 中引入超螺旋结构(plectoneme),然后,DNA 拓扑异构酶解旋 DNA 从而改变 DNA 的长度,这样,就可间接观察到 DNA 拓扑异构酶解旋 DNA 的过程。他们发现了在没有拓扑替康时,DNA 很快被解旋;而拓扑替康存在时,DNA 分子是被缓慢地、逐渐地解旋的(图 2-19)[6]。

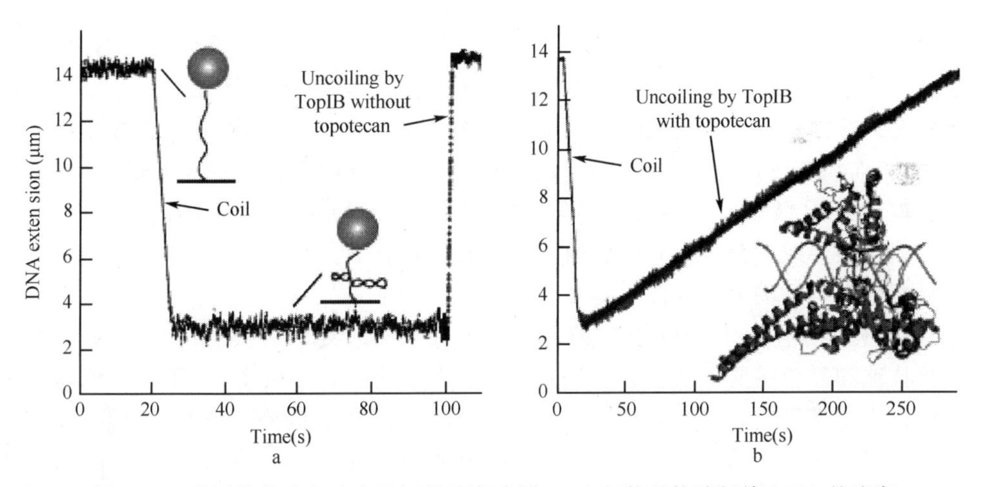

图 2-19 磁镊单分子实验表明拓扑替康减缓 DNA 拓扑异构酶解旋 DNA 的速度

a. 不加拓扑替康时,DNA 快速被解旋(在 100 s,红色的点);b. 加入拓扑替康,DNA 的解旋速度大大降低;b. 70kDa 的 DNA 拓扑异构酶碳端(蓝色)和 DNA(黄色)的复合物的结构

5. 用原子力显微技术监控蛋白的去折叠 原子力显微技术已被广泛应用于研究蛋白的折叠和去折叠。Wiita 等利用原子力显微技术研究硫氧还蛋白(thioredoxin)的催化反应。他们首先拉伸含有二硫键的蛋白底物,观察到至少有 6 个结构域被去折叠。然后,在加入硫氧还蛋白,此时,拉伸蛋白底物可检测到 7 个去折叠步骤,且每次去折叠可延伸蛋白

13.2nm(图 2-20)。此外,还检测到催化反应中的两个不同构象:①重新定向二硫键,引起底物多肽的缩短约 0.79Å;②延伸二硫键,使其长度增加约 0.17Å[7]。

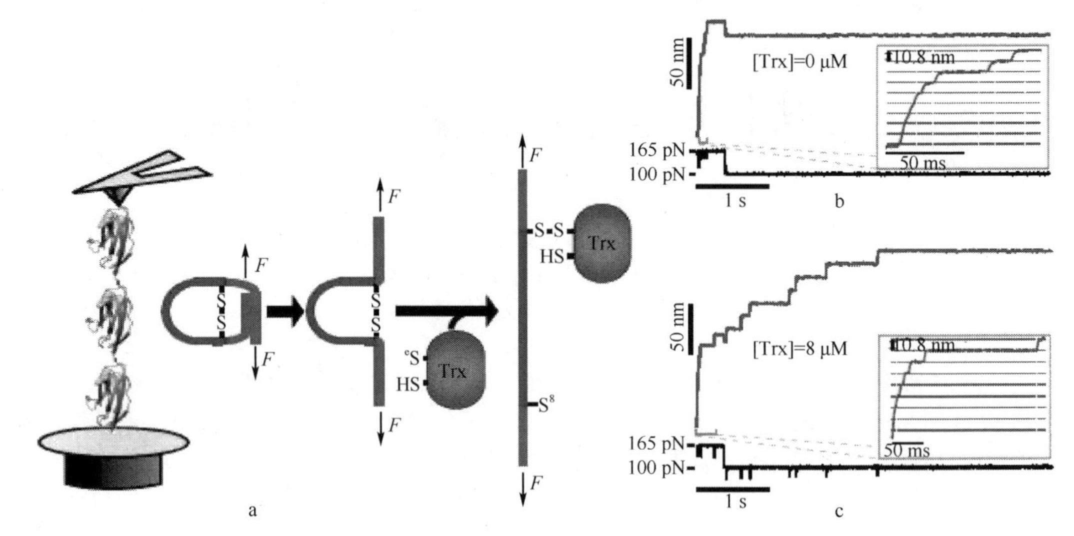

图 2-20 原子力显微技术监测单一的硫氧还蛋白的催化反应

a. 用原子力显微技术拉伸含有二硫键的蛋白底物。当红色的氨基酸残基被拉伸开时,二硫键就暴露出来了;在硫氧还蛋白的催化下,二硫键被打开,蓝色的氨基酸残基也可被拉伸开;b. 没有硫氧还蛋白,且以 165pN 的力拉伸蛋白底物时,至少有六个结构域被去折叠;而再以 100pN 的力拉伸蛋白底物时,没有进一步地去折叠;c. 在硫氧还蛋白的催化下,可检测到 7 个去折叠步骤,每步延长大约 13.2nm

三、优点和不足

单分子技术是基于对单一分子行为的观察的实验技术,有别于传统的对一个群体的分子观测并得到群体平均值的实验方法。单分子技术的优点有:①能够检测到样品中的不均一性;②能够准确定位,并可测量出分子的空间分布;③对样品数量的要求低,省略了烦琐的纯化富集步骤;④无需将复杂的反应同步化,就可以定量地测量反应的动力学;⑤能够检测到某些数量很少或者存在时间较短的反应中间产物;⑥可直接定量地测量单一的生物多聚体和它们的复合物的力学特性[8]。

尽管单分子技术有着许多优点,但是进行单分子实验要求昂贵的仪器设备,且对操作者的实验技能和经验的要求很高。其次,现有的单分子技术手段丰富,要广泛地将单分子技术应用在生物学研究上,必须根据实际需求,选择最适合的单分子技术。再次,各种单分子技术也有其自身特有的局限性。例如,光镊的刚度(stiffness)与光场的梯度相关,而任何影响光场强度和分布的因素都会降低光镊的精度。要进行高分辨率的测量,就要求光学特性均一和高纯的样品。而且,光镊缺乏选择性和特异性:任何介电颗粒(dielectric particle)靠近激光的焦点时都会被光镊捕获。光镊激光的焦点附近的高光强,还容易产热,而破坏样品。而对磁镊而言,由于使用的是基于视频的检测系统,无法检测到快速或者微小的位移。原子力显微技术的主要缺点就是悬臂探针的大体积和高刚度,这样,限制了测量力的范围。与光镊类似,原子力显微技术也缺乏选择性,无法确定探针尖端与所研究的分子是特异地,还是非特异地结合。探针和所研究的分子的末端或者是中部结合,得到的实验结果以及对结果的解释就有不同[9]。

四、改进的方向和途径

单分子技术在研究生物复杂反应体系中有着一定的优点，也有一定的局限性。我们在应用单分子技术研究生物问题时，要根据实际需求，选取合适的单分子技术。

执笔：陈凌懿

讨论与审核：陈凌懿

资料提供：陈凌懿

参考文献

1. Yildiz A, Tomishige M, Vale R D, et al. Kinesin walks hand-over-hand. Science, 2004, 303: 676～678
2. Kural C. Kim H, Syed S, et al. Kinesin and dynein move a peroxisome in vivo: a tug-of-war or coordinated movement? Science, 2005, 308: 1469～1472
3. Abbondanzieri EA, Bokinsky G, Rausch J W, et al. Dynamic binding orientations direct activity of HIV reverse transcriptase. Nature, 2008, 453: 184～189
4. Liu S, Abbondanzieri E A, Rausch J W, et al. Slide into action: dynamic shuttling of HIV reverse transcriptase on nucleic acid substrates. Science, 2008, 322: 1092～1097
5. Herbert KM, La Porta A, Wong B J, et al., Sequence-resolved detection of pausing by single RNA polymerase molecules. Cell, 2006, 125: 1083～1094
6. Koster DA, Palle K, Bot E S, et al. Antitumour drugs impede DNA uncoiling by topoisomerase I. Nature, 2007, 448: 213～217
7. Wiita A P, Perez-Jimenez R, Walther K A, et al. Probing the chemistry of thioredoxin catalysis with force. Nature, 2007, 450: 124～127
8. Roy R, Hohng S, Ha T. A practical guide to single-molecule FRET. Nat Methods, 2008, 5: 507～516
9. Neuman K C, Nagy A. Single-molecule force spectroscopy: optical tweezers, magnetic tweezers and atomic force microscopy. Nat Methods, 2008, 5: 491～505

第二十二节　电镜负染观测技术

一、基本原理

我们要观察生物大分子完整清晰的三级结构，首先要进行样本的制备，普通的染色方法称为正染色。正染色又称阳性反差染色，是用某些染色剂增强样品的电子密度，使其在图像中呈现黑色，而背景呈现光亮。但由于样品对电子的散射能力很弱，通常会使观察到的图像不清晰。负染色又称为阴性反差染色，是用重金属盐等高密度物质包围在样品周围，使背景呈现黑色，而样品呈现光亮（图 2-21）。这一方法是在 1955 年由 Hall 提出的，并在 1959 年由 Brenner 和 Horne 首次使用[1]。由于操作相对简单，负染色技术得到了越来越广泛的应用，有时也用作冷冻电镜的样品检测和前期筛选。负染色法虽然有较高的对比度，但其分辨度较低，且只能看到外形和表面结构，无法看到内部的精细结构，因此适用于病毒颗粒等较大结构的外形观测。

二、操作流程

常用的负染色剂通常具有以下特征：第一，具有较高的电子密度和较强的电子辐射能

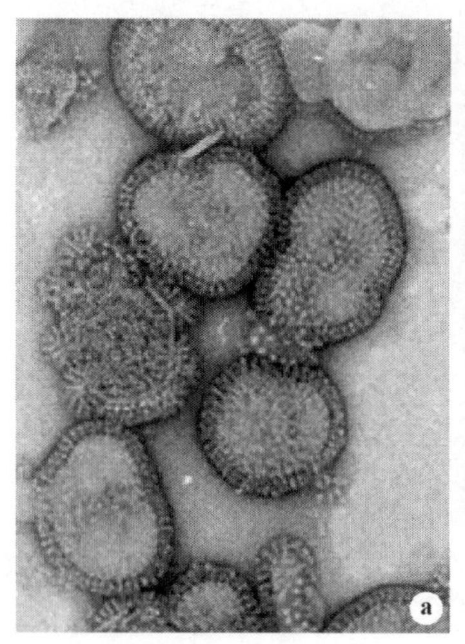

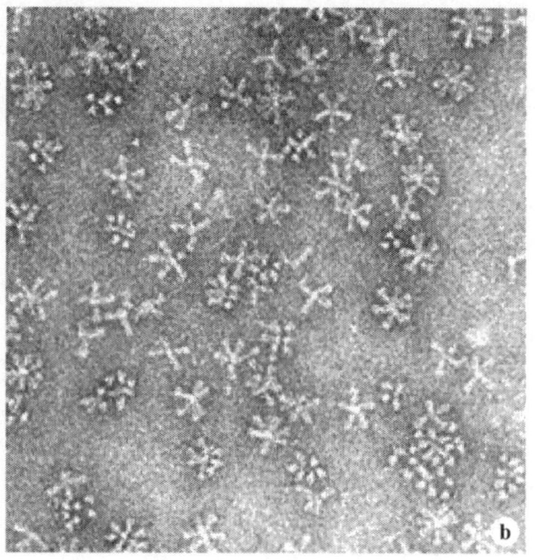

图 2-21　流感病毒(a)及其融合蛋白(b)的负染色电镜图

力,已形成足够的反差;第二,具有较高的熔点,在电子束的轰击下不易升华;第三,具有较高的溶解度,不易析出沉淀;第四,染色剂本身颗粒细小,电镜下不呈现可见结构;第五,染色剂分子要小,易在不规则的样品表面渗透;第六,化学性质要稳定,不能与样品发生反应,且可起到保护样品的作用。

可以作为负染色剂的重金属盐有铀盐类(醋酸铀,甲酸铀)、钨盐类(磷酸钨,硅酸钨)钼盐类(钼酸铵)等。其中铀盐类的使用最为普遍。

常用的负染色方法有以下三种:首先是滴染法,用细滴管吸取适当浓度的样品悬浮液,滴在有膜的铜网上,静置片刻,用滤纸吸取铜网边缘的多余液体,滴上负染色液染色 1～2 分钟,并用滤纸吸取边缘多余染液,干后即可在镜下观察。若样品浓度较低,可在铜网中部滴一小滴样品悬浮液。在其未干时,再加滴一滴,干后即可。然后是漂浮法,将带有支持膜的铜网膜面朝下漂浮在样品悬浮液上,待样品被膜吸附后,用滤纸吸取铜网边缘的多余液体,趁未干时放入负染色液中悬浮,1～2 分钟后拿出放干即可。常用的负染色方法还有喷雾法,即将样品与负染色液的混合物放到特制显微镜中,均匀地喷洒到有膜的铜网上,干燥后即可。喷雾法的优点是可以使样品分布均匀,不易结成凝块。但在混合时易产生沉淀,需要较多的样品和负染色液。如当样品为病毒时还会造成病毒扩散,故而不常使用[2]。

三、优点和不足

(1) 优点:这种方法快速简易、对比度高、图像清晰。

(2) 不足:敏感性低、要求样品量大、所有样品必须悬浮。

四、改进的方向和途径

影响染色的因素首先是样品悬浮液的纯度,样品悬浮液中的杂质会影响观察,因此要保持一定纯度,特别是糖类在电子束轰击下会碳化阻碍观察,另外细胞碎片,培养基残渣,以及各种盐类结晶也要尽量避免。然后是样品悬浮液的浓度,样品浓度若太高会造成堆积影响观察,若太低则会对找寻样品造成困难,所以要采取适当的样品浓度。第三个重要因素是样品悬浮液与染色剂的 pH,样品悬浮液的 pH 应保持在 6.0～7.0 之间,若偏碱性会使其与染液形成团块阻碍观察。可用一些缓冲液稀释,保持其 pH 稳定。染色剂的 pH 不仅会影响染色剂的扩散,而且还会影响病毒的形态。负染色剂 pH 的微小的变化就可能会产生不同的现象,有时不仅不能获得良好的负染色效果,相反会出现正染色的现象。一般来讲,偏酸性的染色剂效果较好,但具体操作中的 pH 还要视情况而定[3]。第四个是样品与染色剂的均匀分布。样品若分布不均也会影响观察,这时可适当的选取分散剂。如牛血清白蛋白(BSA),杆菌肽等。染色时机也是影响染色的重要因素,染色要在用滤纸吸去多余水分之后再稍等片刻,当看不到有残留液体,而又没有完全干燥时效果最好。

第二十三节　蛋白质电子衍射及其二维晶体生长技术

一、基本原理

蛋白质电子衍射及其二维晶体生长技术,既可应用于水溶性蛋白质,又可以应用于膜蛋白的研究。

电子衍射是在 20 世纪 30 年代,由 Pinsker 和 Vainstein 首先应用于结构分析的[4]。指当电子波落到晶体上时,被晶体中原子散射,各散射电子波之间产生的互相干涉现象(图 2-21)。如今随着蛋白质的二维晶体生长技术,电子显微镜技术,图像处理技术的发展,电子衍射技术已经越来越多的应用于蛋白质结构的分析。

二、操作流程

1. 天然膜中蛋白的二维结晶化　某些膜蛋白含量很高的生物膜中,可以用适当的物理和化学方法促使其二维结晶化。例如,低温[5,6]、添加矾酸盐[7]、提高离子浓度(如钙离子)等[8]。

天然膜中蛋白的二维结晶化,既维持了膜蛋白的不对称性,又可以保证蛋白质的稳定性(图 2-22)。但是结晶程度不高,不易分析,而且不适于所有膜蛋白,故此种方法不经常使用。

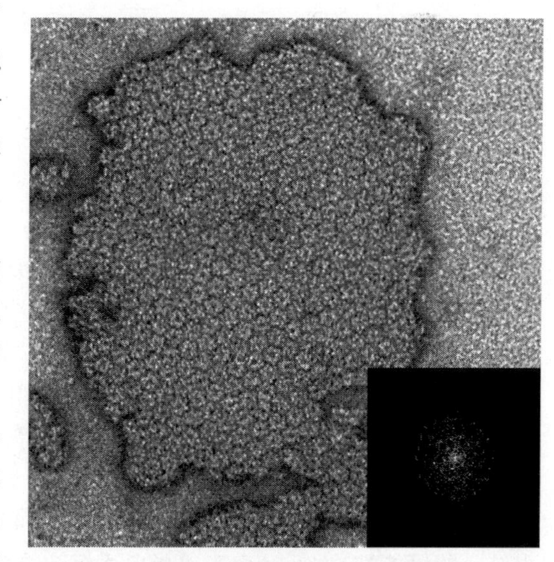

图 2-22　Urothelial plaque 的天然二维晶体及电子衍射图

2. 脂单层表面蛋白质的二维结晶化　脂单层(LB)膜是兼性有机分子在水面上铺展而形成的单分子层,与生物膜中的磷脂双分子层相似,故可以利用它来进行膜蛋白的二维结晶化。

要使膜蛋白在 LB 膜上形成二维结晶,必须使其结合在膜上并可以自由移动。LB 膜本身具有很好的流动性,只要使其连上一个可以与膜蛋白特异性结合的配体,就可以促使膜蛋白自组装成二维晶体。而我们最容易想到的可特异性结合的物质就是抗原和抗体。

R. D. Kornberg 首先利用了 2,4-二硝基苯的单克隆抗体 IgG 与抗原 DNP 的结合得到了二维网状结构。然后又用表面含有单唾液酰神经节苷脂(GM1)的霍乱病毒进行了实验(GM1 为天然脂质受体,省去了人工合成配体的过程),成功的计算出了其 A、B 亚基间的位置关系。最后又得到了水溶性蛋白质核苷酸还原酶的二维晶体,证实了 LB 膜技术的普遍性,为蛋白质的二维晶体生长技术做出了重要的贡献[9]。

3. 脂质体中的蛋白质二维晶体化 脂质体中的蛋白质二维晶体化就是利用去垢剂,使膜蛋白在重组脂质体中形成二维结晶。常用的方法是先在蛋白质加入去垢剂,再加入到含有磷脂-去垢剂微囊泡的悬浊液中,最后用透析或吸附的方法去除去垢剂,从而使蛋白结晶(图 2-23)。

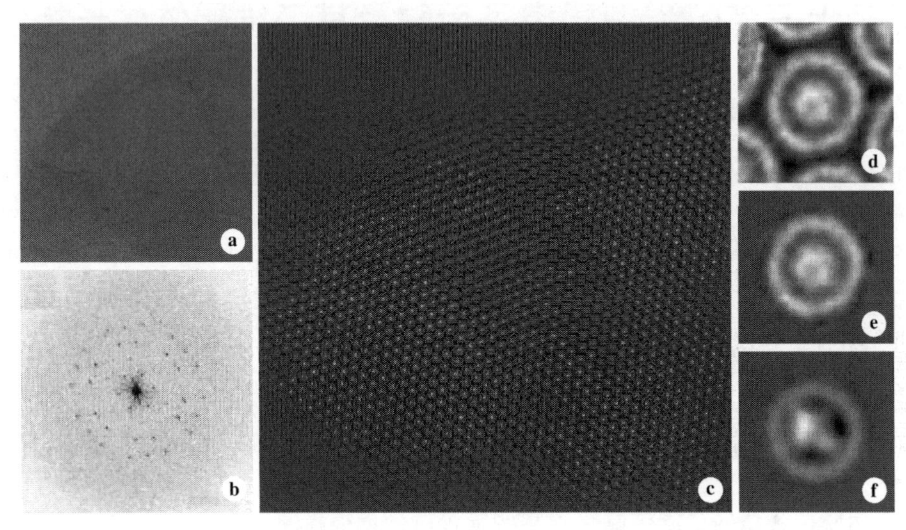

图 2-23 RC-LH1 蛋白的二维晶体以及利用电子衍射解析单颗粒结构的示意图

三、优点和不足

利用此方法可以直观的观察蛋白的结构,但是晶体生长经常成为这种方法的限速步骤。

四、改进的方向和途径

影响晶体形成的条件有蛋白质的纯度和性质、脂与蛋白质的比例、去垢剂、温度、溶液的离子强度与 pH 等因素。蛋白质的纯度和性质是影响结晶效果的重要因素,纯度越高,结晶的效果越好,因为其中的杂质会破坏晶格,干扰晶体的形成。静电作用和空间位阻越小的蛋白质越易结晶,对于静电作用和空间位阻大的蛋白质,在结晶时可加入一些能中和静电力的试剂,如 *N*-羟基琥珀酰胺、异硫氰酸等,它们可以中和氨基酸上的部分电荷,减小静电力。

脂与蛋白质的比例会直接影响能否结晶和结晶的效果,脂的比例太高会减小蛋白质自由结合的可能性,太低又会造成蛋白质沉淀。每种蛋白质结晶时的最适脂与蛋白质的比例不同,需要进行反复的实验来确定,但一般都在 1～100 之间。

去垢剂的临界胶团浓度(CMC)决定了晶体的生长速度,CMC 是指开始形成胶团时去垢剂的浓度，是去垢剂的一种固有属性。透析时，只有去垢剂单体能通过透析膜，而微团则不能通过。因此CMC值小的去垢剂较难达到透析平衡，将其缓慢去除有利于二维晶体的形成[10]。

随着温度的升高，疏水的相互作用会加强[11]，同时会增加脂的扩散性，从而有利于蛋白质的二维结晶，但温度过高会造成蛋白质的变性，而且会影响去垢剂胶团的相互作用[12]，因此二维晶体的生长一般在室温或高于室温的条件下进行。生长好的晶体一般比较稳定，可在低温下保存一段时间。另外，二维晶体的还形成需要较高离子强度与偏酸或偏碱 pH[13]。

第二十四节　冷冻电镜观测及其样品制备和三维重构技术

一、基本原理

冷冻电镜的本质还是电子显微镜，特殊的地方在于对样品的处理方式。已知，水在缓慢冷冻的过程中，会形成晶体，对所需要观察的组织、细胞、分子等的结构产生微小的影响(图 2-24)，但是，在电镜下观察到的结果，就会和实际的活样品有一定的差别。而水在迅速冷冻的处理后，来不及结晶，就会形成无序的玻璃态，生物样品被固定在这种玻璃态的载体中，就保持了某种天然状态。由于样品必须处于冷冻状态，所以在观察的时候，仍要用低温处理，如液态乙烷(约－170℃)[14]。

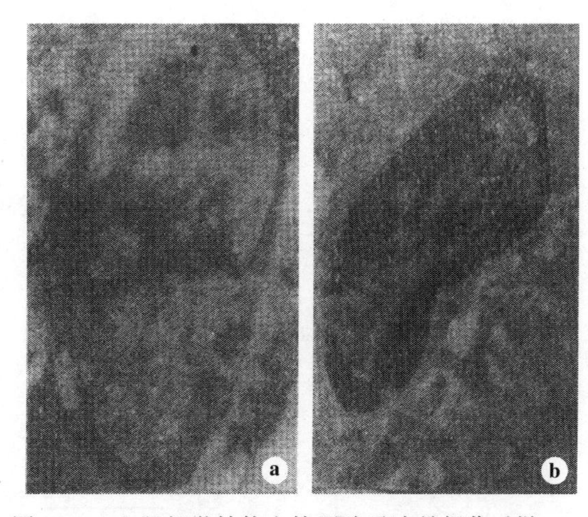

图 2-24　心肌超微结构电镜照片示冰晶损伤对样品超微结构的影响

a. 结构存在冰晶损伤；b. 结构相对完好(俞国新、张江等提供)[15]

冷冻电镜的研究对象范围包括病毒、膜蛋白、肌丝、蛋白-核苷酸复合体、亚细胞器等等，非常广泛。这些生物样品可以是具有二维晶体结构的，也可以是非晶体的，并且对于分子量没有限制。X射线晶体学只能研究三维晶体样品，核磁共振波谱学只能研究分子量小于 40kDa 的样品，相对于此，冷冻电镜技术支持的蛋白质电子晶体学有了新的突破。此外，生物样品的快速冷冻处理，有效避免了因为化学固定、染色、金属镀膜等造成的样品构象扭曲失真[16,17]。

在蛋白质晶体学研究中，很薄的生物物体可以近似地看作是弱相位物体，因而它们的密度函数与它们的电子衍射图谱和电子显微像之间存在着傅里叶变换的关系。通过对一个物体的像进行傅里叶变换，即可获得该物体三维重构所必需的振幅和相位信息。另外，中心截面定理指出："一物体二维投影的二维傅里叶变换与该物体三维傅里叶变换中过原点的截面相等"。若均匀取样该物体各种取向的电子显微像(即投影)，经二维傅里叶变换即可获得填充傅里叶空间的均匀分布的中心截面，通过傅里叶逆变换即可获得该物体的三维像重构[17]。这就是蛋白质电子晶体学、结构学等有关三维重构技术的理论基础。

冷冻电子显微镜技术(cryoelectron microscopy)是自 20 世纪 70 年代提出，在 80 年代发展并趋于成熟的一种显微技术。通过对样品的特殊处理和观察方法,记录到观察晶体的图像,这种图像实际是分子二维的投影,不是分子三维结构,通过计算机图像处理,得到分子三维结构,这也就是通过计算机软件辅助的三维重构技术。

二、操 作 流 程

1. 冷冻电镜样品的制备 常规的样品制备方法和电镜的高真空环境,会造成蛋白质由于脱水而使结构被破坏,而化学固定法更是使蛋白质变性。随后,样品的处理方法出现了很多,包埋剂也有了很多尝试,如葡萄糖(R. Henderson,P. N. T. Unwin,1975)、海藻糖、亚金硫代葡萄糖(B. K. Jap,P. J. Walian,K. Gehring,1991)还有单宁酸(W. Kuhlbrandt,S. P. Tolly,C. P. Hill,E. J. Dodson,G. Dodson,P. C. E. Moaty,1995)等[17]。

此后,20 世纪 80 年代中期,又出现了一种新技术,冷冻含水低温电镜技术,又称冷包埋技术,也就是冷冻电镜技术[16]。

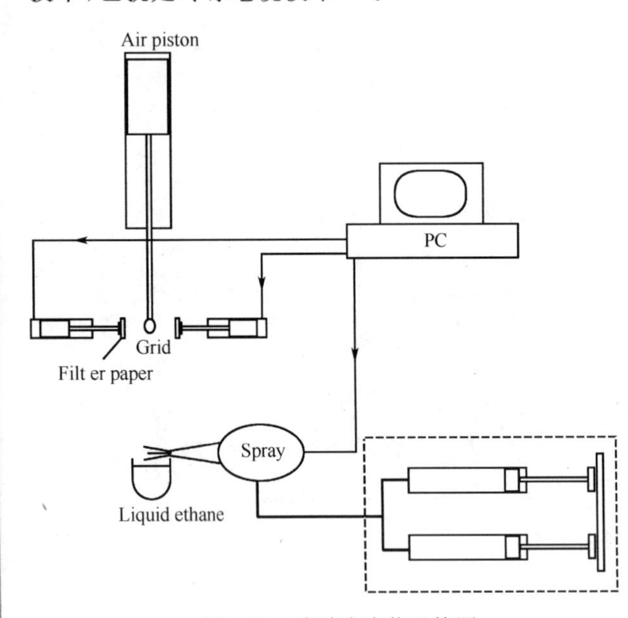

图 2-25 喷雾冷冻装置简图

气动活塞由螺线管操纵阀控制着空气供应来驱动(图中未显示)。样品溶液(点框图中所示)在喷雾前迅速预混。例如,要得到 A. M. ADP. Pi 状态的 acto-S1 复合物,S1 可以同 ATP 预混 1s 水解,然后进行喷雾冷冻(White HD,Walker ML,Trinick J 提供)

用于冷冻电镜研究的生物大分子样品必须非常纯净。生物样品是在高真空的条件下成像的,所以样品的制备既要能够保持本身的结构,又能抗脱水、电子辐射[15]。一种方法是通过快速冷冻,在亲水的支持膜上将含水样品包埋在一层较样品略高的薄冰内。首先要将样品在载网上形成一薄层水膜然后将第一步获得的含水薄膜样品快速冷冻。在多数情况下,用手工将载网迅速浸入液氮内可使水冷冻成为玻璃态。其优点在于将样品保持在接近“生活”状态,不会因脱水而变形;减少辐射损伤;而且通过快速冷冻捕捉不同状态下的分子结构信息,了解分子功能循环中的构象变化[18]。另一种方法是通过喷雾冷冻装置(spray-freezing equipment),利用结合底物混合冰冻技术,可以把两种溶液(如酶和底物)在 ms 量级的时间内混合起来,然后快速冷冻,将其固定在某种反应中间状态,这样能对生物大分子在结合底物时或其他生化反应中的快速结构变化进行测定,深入了解生物大分子的功能(图 2-25,图 2-26)[14]。

2. 三维重构技术 1968 年,Derosier 和 Klug 在开创性的工作中,首先阐明了傅里叶变换的数学方法对电子显微图像进行三维重构,得到了 T4 噬菌体尾部(bacteriophage T4)的分辨率为 3.5nm 的显微像和重构后的立体模型(图 2-27)[19]。

1975 年,Henderson 和 Unwim 发表了紫膜中 bacteriorhodopsin 的天然二维晶体的投影密度图和三维结构模型。他们用蛋白质二维晶体的电子衍射图样代替从电子显微像测定结构因子的振幅,而从电子显微像测定结构因子的相位,这就不仅将结构测定的精确度提高到0.7nm分辨率，而且提供了更多的结构信息，例如有序蛋白质的二级结构信息[20,21]。

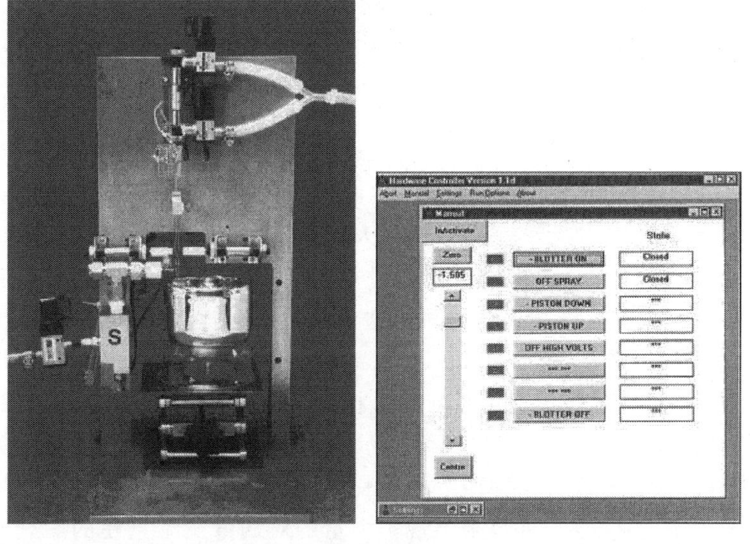

图 2-26　左侧为冷冻喷雾装置图，右侧为电脑控制界面（White HD，Walker ML，Trinick J 提供）

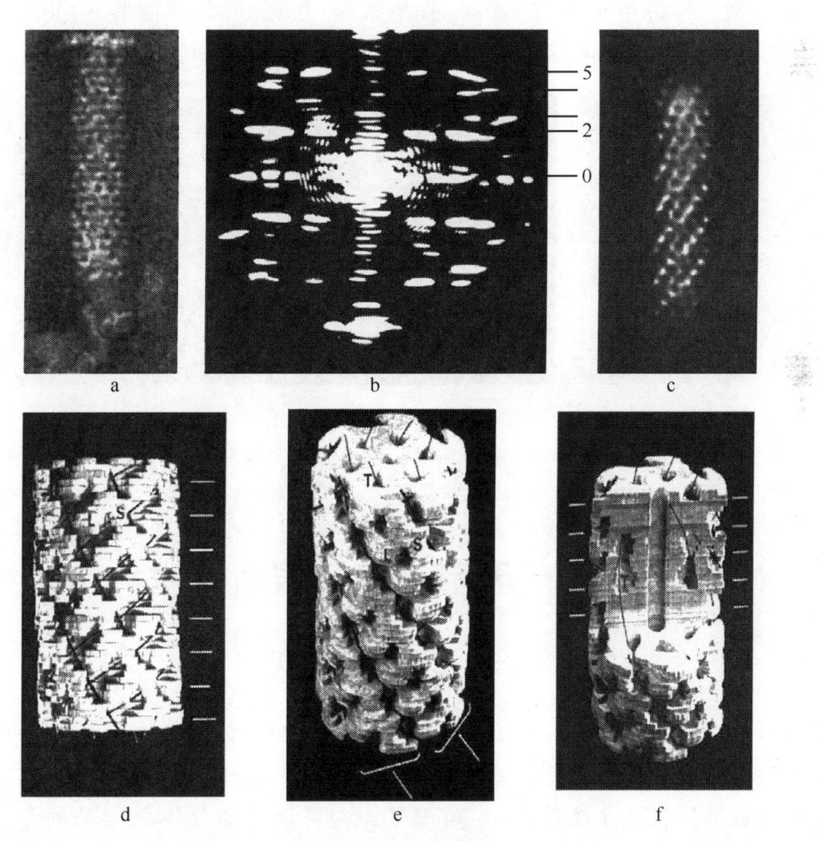

图 2-27　T4 噬菌体图

图中 a、b 分别为 T4 噬菌体尾部的电镜负染图、衍射图；c 为 a 的光滤过图；d、e、f 均为 T4 噬菌体尾部经过傅里叶变换的三维重构图（Derosier & Klug 提供）

三、优点和不足

通过这种方法可以得到有关大分子及复合体或者是病毒单颗粒的三维重构图，但是缺陷就是分辨率不高，不能进行更精细的研究。

四、改进的方向和途径

在此后的技术改进中，为了提高分辨率，人们提出了各种方法，例如，用计算机控制技术把电子束聚成 300～600nm 的束斑对样品进行曝光扫描，有效减少电子束引起的样品漂移，降低样品温度，有效减少样品损伤。采用这些措施后，细菌视紫红质的二维晶体像的分辨率提高到了 0.35nm[20,22]。

此外，用傅里叶-贝塞尔合成法进行三维重构包括样品制备、冷冻电镜成像和数据采集、数据处理、三维结构显示和解释，其中三维显示和解释是整个过程的结果和关键步骤。在重构过程中，多种因素会造成背景噪声等的不良影响，如果不进行噪声消除，就会重构计算出许多伪结构。为了消除噪声，近年来出现了大量的对病毒三维重建的后处理研究。采用合适的滤波器是解决这个问题的主要手段。

总的来说，通过冷冻电镜制样、观察、收集数据、数据处理、消除噪声和三维重构，最后能够得到有关大分子及复合体或者是病毒单颗粒的三维重构图（图 2-28）。

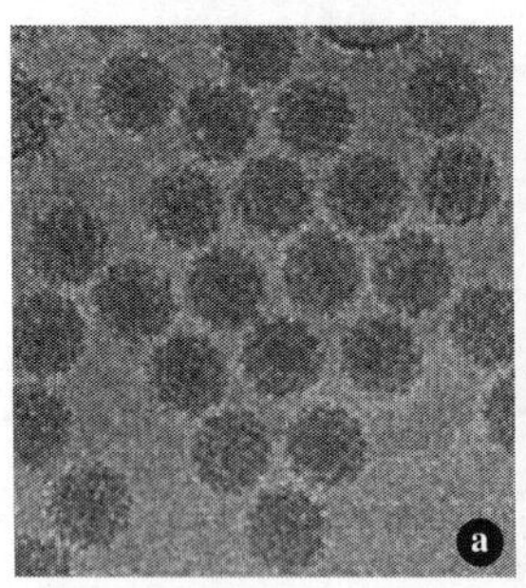

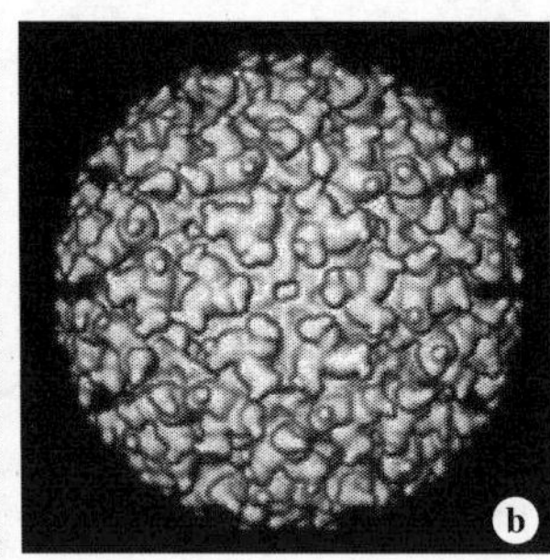

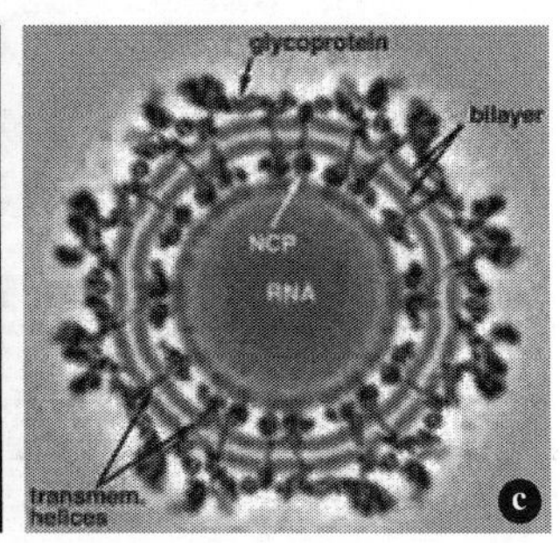

图 2-28　新德华斯病毒图

a. 玻璃态水中的新德华斯病毒纯净物的冷冻电镜图像；b. 经过三维重构技术处理的分辨率为 2nm 的新德华斯病毒冷冻电镜图像所示的结构；c. 新德华斯病毒 1.1nm 分辨率截面图示糖蛋白、脂双层、蛋白衣壳

第二十五节　电子层析技术

一、基本原理

电子层析技术（electron tomography，ET）是以亚细胞结构的大分子作为研究对象，获得其详细的三维结构的断层构图技术。ET 是传统投射电子显微镜的衍生技术，并且利用投射电镜获得数据信息。在操作中，一束电子以与样品中心呈不断增长的角度转动，穿透样品。这些收集到的信息用来合成样品的三维构象。

对于光学显微镜，即便是共聚焦成像，分辨率也限制在约 250～400nm，这并不能提供关于细胞更多的信息。而在另一极，X 射线晶体衍射、NMR 检测以及单粒子冷冻电镜和二维晶体等技术已经弄清很多蛋白质的结构或达到近原子分辨率。

现在的 ET 系统分辨率在 5～20nm 之间，填补了全细胞的分辨和分子的三维细微结构的分辨之间的空白，尽管不能达到分析特定蛋白或肽链的二级、三级结构，但是这种方法足以分析超分子多聚蛋白的结构，显示出在真实分子分辨率下的细胞内容物定位和形状。同时，也能反映特定蛋白或者是蛋白复合物同其他胞内物质如 DNA 和膜的相互作用[23]。

二、操作流程

根据电子层析技术的定义，这项技术也是一种三维重构技术。早期的三维重构技术是在傅里叶空间进行的变换计算。1988 年，Radermacher 在此基础上，发展出了实空间背投影技术（real-space back-projection technique），也即加权背投影（weighted back projection，WBP）。是将每个二维投影图像背向其记录时的倾斜角方向投影到三维空间中，很多背投影图像在三维空间中叠加形成样品的三维结构[24]。

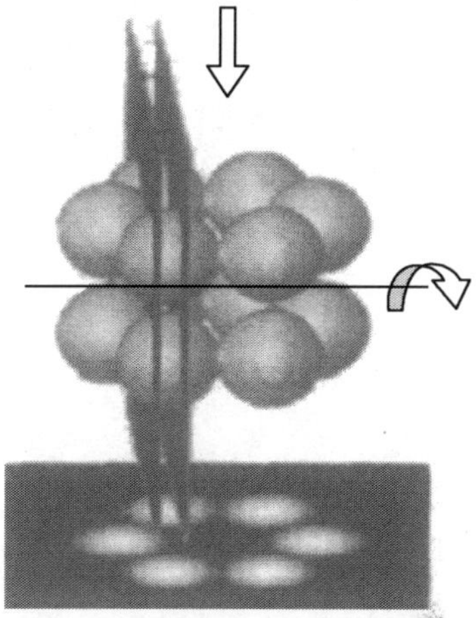

另外一种三维重构方法是在 20 世纪 70 年代早期发表的迭代重构方法，其应用也在逐步扩展。它基于一个前提：重构样品背着起始投影角的重投影应该与原图像一致。这类方法包括：代数重建法（algebraic reconstruction technique，ART）和同步迭代重建法（simultaneous iterative reconstruction technique，SIRT）[25]。

对于复杂生物样品的 ET 成像，是用单轴倾斜来进行投影数据的获取（图 2-29）。

图 2-29 单轴在倾斜范围（一般±60 或±70）内逐步增加 1°～2°，从而获得在不同倾斜角下的序列投影图像，用 CCD 或照相对进行图像的收集。有时为了对样品整体进行成像，将样品旋转 90°再进行一次上述的成像获得另一个角度的序列图像。一般 ET 的投影图像的数量为 60～280 张，由于分辨率的要求，投影图像大小为 1024×1024 到 2048×2048 像素

WBP 方法以下述方式进行：它假设投影图像表示了投射光线所遇到的所有物质密度的总和。这个方法简单地分配样品的量以表示计算的背投影光线，样品的量背投影到重构体中。当这个过程对一系列从不同倾斜角度记录下来的投影图像重复运用时，从不同图像上来的背投影光线彼此交叉增强，得出样品三维空间量的结构。因此，样品我们从二维投影图像上重构出了样品三维的量的结构[25]（图 2-30）。

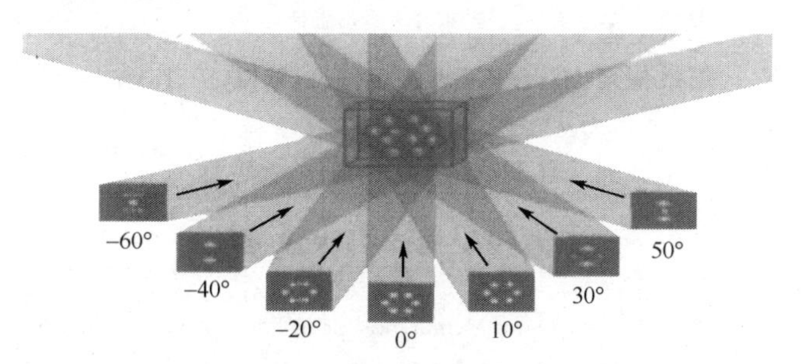

图 2-30 投影图像反向背投影到样品三维空间中形成样品的三维结构

如在研究细胞胞膜小窝（caveolae）的结构和功能时，可以不仅仅通过常规投射电镜观察其二维结构，更是可以利用电子层析三维重构技术，获得更多的三维图像信息。中国科

学院生物物理研究所以猪动脉内皮细胞(porcine aorta endothelial cell,PAE cell)胞膜小窝作为研究对象,就利用了这种新型三维重构技术[26](图 2-31)。

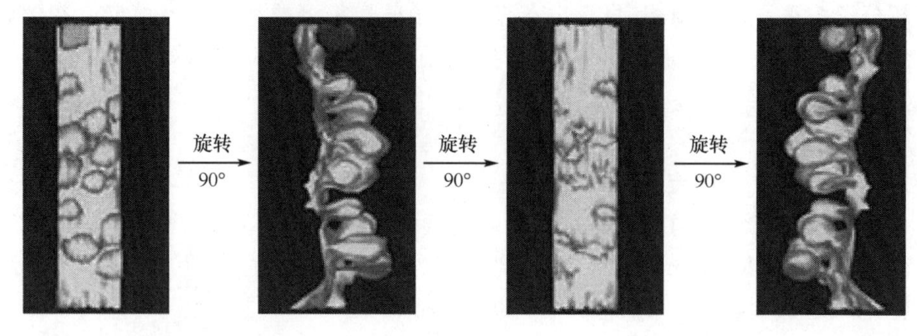

图 2-31 从不同视角观察 PAE 细胞的胞膜小窝束的三维重构模型(孙书锋、张凯等提供)

三、优点和不足

利用这种电子层析技术和三维重构技术可以使我们获得更多研究对象的结构信息,但是目前对数据的处理方面还需要很大的完善。

四、改进的方向和途径

要克服此方法的主要缺陷,就需要研发一系列数据处理软件,一些数据平台的建立也有助于此方法的推广利用。

执笔:胡俊杰
讨论与审核:胡俊杰
资料提供:胡俊杰

参考文献

1. Wingfield P, Arad T. Membrane Crystals of Ubiquinone ;Cyochrome Creductase from Neurospora Mitochondris. Nature, 1979, (280):696~697
2. 阎隆飞,孙之荣. 蛋白质分子结构. 北京:清华大学出版社,1995
3. 张丰德,吕宪禹. 现代生物学技术. 第 3 版. 天津:南开大学出版社,1996
4. Vainstein B K, Klug A. Reconstruction of Three Dimensional Structure from Electron Micrographs. Nature, 1968, (217):130~134
5. Ntoddpm A, Unwin P N T. Tubular Crystals of Acetylcholine Receptor. Journal of Cell Biology, 1984, (99):1202~1211
6. Brisson A, Unwin P N T Quaternary Structure of the Acetylcholine Receptor. Nature, 1985, (315):474~477
7. Taylor K A, Dux L. Analysis of Two-dimensional Crystals of Ca^{2+}-ATPase in Sarcoplasmic Reticule. Methods Enzymol, 1988, (157):271~289
8. Mannella C. A Fusion of the Mitochondria Outer Membrane: Use in Forming Large, Two-dimensional Crystsals of the Voltage-dependent, Anionselective Channel Protein. Biochim. Biopsy. Acta, 1989, (981):15~20
9. Uzgiris EE, Kornberg RD. Two-dimensional Crystallization Technique for Imaging Macromolules, with Application to Antigen-antibody-complement Complexes. Nature, 1983, (301):125~129
10. Weiss H, Keonard K. Preparation of Membrane Crystals of Mitochondria NADH: Ubiquinone Reductase and Ubiquinol: Cytochrome Creductase and Structure Analysis by Electron Microscopy, chapther Ⅱ. In: MiChel H ed. Crystallization of

Membrane Proteins. Boca Raton:CRC Press,1990
11. Tanford C. The Hydrophobic Effect:Formation of Micelles and Biological Membranes. New York:John Wiley & Sons Inc,1980
12. Zulauf M. Detergent Phenomena in Membrane Protein Crystallization. In:MiChel H ed. Crystallization of Membne Proteins,chapter Ⅱ. Boca. Raton:CRC Press,1990
13. 阎隆飞,孙之荣．蛋白质分子结构．北京:清华大学出版社,1995
14. White HD,Walker ML,Trinick J. A computer-controlled spraying-freezing apparatus for millisecond time-resolution electron cryomicroscopy. Journal of Structural Biology,1998,121(3):306～313
15. 俞国新,张江．电镜生物样品预冷过程的理论分析与实验研究．上海机械学院学报,1992,14(1):67
16. 汪国良．冷冻电子显微镜技术在生物大分子的三维结构研究中的应用．2010
17. 徐伟．蛋白质电子晶体学．电子显微学报,1996,15(2～4):283～290
18. Moffat K,Henderson R. Freeze trapping of reaction intermediates. Current Opinion in Structural Biology,1995,5(5):656～663
19. DeRosier DJ,Klug A. Reconstruction of Three Dimensional Structures from Electron Micrographs. Nature,1968 217:130
20. 阳世新．直接法应用于蛋白质二维晶体的电子晶体学图像处理．物理学报,2000,49(10):1982～1987
21. Henderson R,Unwin PN. Three-dimensional model of purple membrane obtained by electron microscopy. Nature,1975,257(5521):28～32
22. Unwin P N,Henderson R. Molecular structure determination by electron microscopy of unstained crystalline specimens. J Mol Biol,1975,94(3):425～440
23. Kenneth H. Downing,Haixin Sui,Manfred Auer. Electron Tomography:A 3D View of the Subcellular World. American Chemical Society,2007,1:7949～7957
24. Randermacher M. Three-dimensional reconstruction of single particles from random and nonrandom tilt series. Journal of Electron Microscopy Technique,1988,9(4):359～394
25. 李晶,阮兴云,徐志荣等．电子断层三维重构方法．医疗卫生装备,2006,27(11):53～55
26. 孙书锋,张凯．猪动脉内皮细胞胞膜小窝的电子断层三维结构分析．生物化学与生物物理进展,2009,36(6):729～735

第二十六节　荧光光谱技术

一、基本原理

某些物质受一定波长的光激发后,在极短时间内会发射出波长大于激发波长的光,这种光称为荧光。这一发光现象在各方面的应用及有关的方法称为荧光技术。如果把荧光的能量-波长关系图作出来,那么这个关系图就是荧光光谱。物质能否产生荧光,主要和物质本身的结构及周围介质环境(如溶剂极性、pH、温度等)有关。

激发光谱用于固定发射波长,用不同波长的激发光激发样品,记录下相应的荧光发射强度,即得激发光谱;发射光谱用于固定激发波长,记录在不同波长所发射的荧光的相对强度,即得发射光谱;荧光强度,荧光的相对强弱,与很多因素有关,可用下式表示:

$$F=KfI_0(1-\exp(-ebc)) \quad (1)$$

式中 F 表示荧光强度;K 是仪器常数;f 为荧光量子产率;I_0 是激发光强度;e 是样品的克分子消光系数;b 为样品池的光径长度;c 为样品浓度。当浓度很稀时(1)式可近似为下式:

$$F=KfI_0 \quad (2)$$

从此式可知,在低浓度条件下,样品浓度和荧光强度呈线性关系。

二、操作流程

荧光光谱学主要是通过研究分析生物大分子本身具有的荧光发色团(称为内源荧光探针)或通过标记的外源荧光发色团(称为外源荧光探针),结合各种有关的荧光方法和技术来获得生物大分子结构、功能、相互作用等信息。

生物大分子有三类,蛋白质、核酸、生物膜。核酸里面有些核苷酸是有荧光的,但是其荧光非常非常弱,所以,一般不去做核酸的荧光。生物膜也是如此。在蛋白质分子中,能发射荧光的氨基酸有色氨酸(Trp)、酪氨酸(Tyr)以及苯丙氨酸(Phe)[1~3]。个别蛋白质分子含有的黄素腺嘌呤二核苷酸(FAD)也能发射荧光。色氨酸、酪氨酸以及苯丙氨酸由于其侧链生色基团的不同而有不同的荧光激发和发射光谱。因为蛋白质的荧光通常在280nm或更长的波长被激发,而苯丙氨酸在绝大多数实验条件下不被激发,所以很少能观察到苯丙氨酸的发射。这样蛋白质的内源荧光主要来自色氨酸和酪氨酸残基。在这些内源荧光团中,色氨酸的摩尔消光系数最高,可作为能量转移的受体,可被大于295nm的长波长激发。另外,色氨酸的量子产率和最大发射波长对吲哚环周围的微环境很敏感。暴露于溶剂中的色氨酸的最大发射波长为352nm,埋藏于蛋白质内部的色氨酸的最大发射波长变化较大,从307~352nm都可。量子产率的变化也很大,从0.01~0.4。也就是说色氨酸残基周围的微环境非极性越强,其荧光光谱越蓝移。

与色氨酸相比,蛋白质中的酪氨酸和苯丙氨酸残基在蛋白质构象研究中使用并不多,这主要是因为它们的量子产率较低,而且对环境变化比较不敏感。我们通常采用295nm或更长的波长来激发蛋白质,在这样的条件下酪氨酸和苯丙氨酸残基没有光吸收,此时我们可以获得仅来自色氨酸残基的荧光,而没有来自酪氨酸和苯丙氨酸残基的干扰。

当研究对象本身不能发射荧光时,只有通过非共价吸附或共价作用连接有荧光特性的物质进行研究,这种具有荧光特性的物质就是外源荧光探针。

三、优点和不足

荧光光谱的应用范围广泛,可以被用于:

(1) 物质的定性:不同的荧光物质有不同的激发光谱和发射光谱,因此可用荧光进行物质的鉴别。与吸收光谱法相比,荧光法具有更高的选择性。

(2) 定量测定:利用在较低浓度下荧光强度与样品浓度成正比这一关系可以定量分析样品中荧光组分的含量,常用于测定氨基酸、蛋白质、核酸的含量。

(3) 研究生物大分子的物理化学特性及其分子的结构和构象:荧光的激发光谱、发射光谱、量子产率和荧光寿命等参数不仅和分子内荧光发色基团的本身结构有关,而且还强烈地依赖于发色团周围的环境,即对周围环境十分敏感。利用此特点可通过测定上述有关荧光参数的变化来研究荧光发色团所在部位的微环境的特征及其变化。在此研究中,可以利用生物大分子本身具有的内源荧光和外源"荧光探针"。

(4) 利用荧光寿命、量子产率等参数可以研究生物大分子中的能量转移现象。通过该现象的研究,可以获得生物大分子内部的许多信息,如分子内两基团之间的临界距离可根据弗尔斯特公式来测定,弗尔斯特公式如下:

$$K_{DA}=8.71\times10^{23}J\cdot K^{2}n^{-1}\lambda_{d}\cdot R_{0}^{-6}$$

即是两荧光发色团之间的能量传递的速率 K_{DA} 和它们之间的临界距离 R_0 的六次方成反比。式中的 K_{DA}、K、J 等均可由荧光寿命、量子产率及荧光强度的测定来推算，从而可以得知两基团之间的距离。

(5) 荧光光谱技术在测量相互作用力(Kd;解离常数)亦有广泛的应用。要是蛋白质与其他物质(如蛋白质、多肽、核酸和小分子等)的相互作用所引起的构象变化能影响到荧光探针(内源或外源)周围化学环境的改变[4]，这时可以利用化学滴定的方法来得到它们之间相互作用的解离常数(Kd)。

荧光光谱法同其他分析技术一样，不是完美无缺的。在物质成分分析中，它对一些最轻元素($Z \leqslant 8$)的测定还不完全成熟，只能是属于初期应用的阶段。常规分析中某些元素的测定灵敏度不如原子发射光谱法高(采用同步辐射和质子激发的 X 射线荧光分析除外)，根据各个工业部门生产自动化的要求(例如，选矿流程中的自动控制分析)，X 射线荧光分析法正在不断完善中。某些新发展起来的激发、色散和探测新技术还未能得到普遍的推广应用，仪器的自动化和计算机化水平尚待进一步提高。

四、改进的方向和途径

在仪器技术的改进方面，对于常规的 X 射线荧光光谱法来说，为提高分析灵敏度，这种改进主要仍决定于激发、色散和探测等三个基本环节。在激发源方面，改进靶的种类有助于提高效率。新型的、强大的同步辐射源在分析上的应用研究也已开始。在色散元件方面，随着一些新型晶体的发展，有助于提高衍射效率。在探测器方面，具有优良能量分辨本领的探测器也正在开发之中。可以说，以上仪器三个基本环节的突破，以及仪器结构的不断改进，对于提高仪器的使用水平，必将有很大的促进。基体效应的数学校正法正在通过校正模型的更深入研究和计算机软件的进一步开发，制样技术的逐步自动化，各种物理化学前处理方法的改进，对于扩大分析含量范围，包括进一步开展痕量元素测定等工作，在各应用部门中仍然有着发展的前景。

第二十七节　圆二色谱技术

一、基本原理

光是横电磁波，是一种在各个方向上振动的射线。其电场矢量与磁场矢量相互垂直，且与光波传播方向垂直。由于产生感光作用的主要是电场矢量，一般就将电场矢量作为光波的振动矢量。光波电场矢量与传播方向所组成的平面称为光波的振动面。若此振动面不随时间变化，这束光就称为平面偏振光，其振动面即称为偏振面。平面偏振光可分解为振幅、频率相同，旋转方向相反的两圆偏振光。其中电矢量以顺时针方向旋转的称为右旋圆偏振光(R 圆偏振光)，以逆时针方向旋转的称为左旋圆偏振光(L 圆偏振光)。两束振幅、频率相同，旋转方向相反的偏振光也可以合成为一束平面偏振光。如果两束偏振光的振幅(强度)不相同，则合成的将是一束椭圆偏振光。一束平面偏振光通过光学活性分子后，由于左、右圆偏振光的折射率不同，会形成两个幅度相等，但相位不一致的圆偏振光，偏振面将旋转一定的角度，这种现象称为该物质的旋光效应，偏振面旋转的角度称为旋光度。朝光源看，偏振面按顺时针方向旋转的，称为右旋，用"＋"号表示；偏振面按逆时针方向旋转的，称为左旋，用"－"号表示。如果旋光物质对特定波长的入射光有吸收，而且对左旋和右旋圆偏振光的吸收能力不同，则一个平面偏振光通过该物质后，不仅左旋和右旋圆偏振光的传播速度不同，而且振幅也不同，随着时间的推移，左右旋圆偏振光的合成光振动矢量的末端将循一个椭圆的轨迹移动，即由速度不同振幅也不同的左右旋圆偏振光叠加所产生的不再是线偏振光，而是椭圆偏振光，这种现象称为该物质的圆二色(circular dichroism，CD)效应。具有旋光效应或圆二色效应的物质称为光学活性物质，简称活性物质。这类物质具有不对称结构，可分为两种类型：一是客观上的各向异性，如晶格分子空间排列的不对称性而形成左旋和右旋两个异构体；另一是分子本身的不对称性结构，这类结构不仅存在于具有手性的小分子中，也存在于具有α螺旋和β折叠构象的生物大分子中，如多肽、蛋白质、聚核苷酸和多糖。有机化学中常以分子中是否存在连接4个不同基团的非对称性碳原子作为判断活性物质的依据。分子内部存在的内消旋结构或外消旋结构导致对称面的出现，这时含有非对称碳原子的物质未必是活性物质。温度、溶质和溶剂等都影响物质的光学活性。某些本身不具有光学活性的物质在不对称的环境中由于溶解的诱导也可能表现出活性特征[5~10]。

二、操作流程

蛋白质或多肽是由氨基酸通过肽键连接而成的具有特定结构的生物大分子，主要的光学活性生色基团是肽链骨架中的肽键、芳香氨基酸残基及二硫桥键，另外，有的蛋白质辅基对蛋白质的圆二色性有影响。蛋白质一般有一级结构、二级结构、超二级结构、结构域、三级结构和四级结构几个结构层次，相同的氨基酸序列，因蛋白质的折叠结构不同，影响了其光学活性生色基团的光学活性，其圆二色性也有较大的差异。蛋白质的圆二色性主要由活性生色基团及折叠结构两方面圆二色性的总和。根据电子跃迁能级能量的大小，蛋白质的CD光谱分为三个波长范围：①250nm以下的远紫外光谱区，圆二色性主要由肽键的$n \to \pi^*$电子跃迁引起；②250～300nm的近紫外光谱区，主要由侧链芳香基团的$\pi \to \pi^*$电子跃迁引起；③300～700nm的紫外-可见光光谱区，主要由蛋白质辅基等外在生色基团引起。蛋白质的CD光谱已经应用于预测蛋白质的折叠结构；药物小分子结合蛋白质所引起的二级结构和构象的变化；蛋白质折叠的动态过程和折叠类型的识别；周围环境的改变对蛋白质结构的影响；以及膜蛋白的二级和超二级结构的研究等[11,12]。

(1) 远紫外CD预测蛋白质二级结构：利用圆二色光谱仪获得蛋白质CD主要的工作包括：溶剂体系的选择，蛋白质溶液样品的制备，圆二色光谱仪实验参数的选择与调整等。正确的蛋白质CD图谱是预测蛋白质结构的基础与关键。在正确获得蛋白质CD后，主要的工作是如何从CD图谱解析蛋白质的结构信息。远紫外CD预测蛋白质的二级结构的方法，主要运用计算机采用一定的拟合算法，对CD数据进行加工处理，进而解析蛋白质二级结构。

远紫外区CD光谱主要反映肽键的圆二色性。在蛋白质或多肽的规则二级结构中，肽键是高度有规律排列的，其排列的方向性决定了肽键能级跃迁的分裂情况。具有不同二级结构的蛋白质或多肽所产生CD谱带的位置、吸收的强弱都不相同。因此，根据所测得蛋白质或多肽的远紫外CD谱，能反映出蛋白质或多肽链二级结构的信息，从而揭示蛋白质或多肽的二级结构。α-螺旋结构在靠近192nm有一正的谱带，在222nm和208nm处表现出两个负的特征肩峰谱带；β-折叠的CD光谱在216nm有一负谱带，在185～200nm有一正谱带；β-转角在 206nm 附近有一正 CD 谱带，而左手螺旋 P2 结构在相应的位置有负的 CD 谱带。

单一波长常用于测定蛋白质或多肽由动力学或热力学引起的二级结构的变化。α-螺旋结构在 208 及 222nm 有特征吸收峰，可以利用这两处的摩尔椭圆度$[\theta]208$或$[\theta]222$来简单估计 α-螺旋的含量。这种方法的优点是能够快速地获取这两点的实验数据，反映瞬时的动力学和热力学信息，可作为光谱探针对 α-螺旋的变化作简单的推算；但缺点是忽略了蛋白质中其他二级结构及芳香基团对$[\theta]$的贡献，分析结果具有误差性。对于非 α-螺旋结构含量的估算，由于 α-螺旋的 CD 值对其他螺旋结构的干扰很大，难于得到理想的估算值。

利用一定波长范围的蛋白质远紫外 CD 光谱来表征蛋白质的二级结构的方法，能够得到更加完全及可靠的二级结构信息。CD 数据拟合计算蛋白质的二级结构的方法基本原理是：假设蛋白质在波长 λ 处的 CD 信号 $\theta(\lambda)$是蛋白质中或多肽各种二级结构组分及由芳香基团引起的噪音的线性加，$\theta(\lambda)=\Sigma fi\theta(\lambda)i+\text{noise}$。$\theta(\lambda)i$ 是第 i 个二级结构成分的 CD 信号值，fi 为第 i 个二级结构成分的含量分数，Σfi 规定值为 1；通过已知蛋白（或称参考蛋白）二级结构的圆二色数据库，曲线拟合未知蛋白或多肽的圆二色数据，估算未知蛋白或多肽的二级结构。

(2) 蛋白质近紫外 CD 表征三级结构信息：蛋白质中芳香氨基酸残基，如色氨酸（Trp）、酪氨酸（Tyr）、苯丙氨酸（Phe）及二硫键处于不对称微环境时，在近紫外区 250～320nm，表现出 CD 信号。研究表明：色氨酸在 290nm 及 305nm 处有精细的特征 CD 峰；酪氨酸在 275nm 及 282nm 有 CD 峰；苯丙氨酸在 255nm、260nm 及 270nm 有弱的但比较尖锐的峰带；另外芳香氨基酸残基的在远紫外光谱区也有 CD 信号；二硫键的变化信息反映在整个近紫外 CD 谱上。实际的近紫外 CD 光谱形状与大小受蛋白质中芳香氨基酸的种类、所处环境（包括氢键、极性基团及极化率等）及空间位置结构（空间位置小于 1nm 的基团形成偶极子，虽然这对 CD 光谱的贡献不是很明显）的影响。近紫外 CD 光谱可作为一种灵敏的光谱探针，反映 Trp、Tyr 和 Phe 及二硫键所处微环境的扰动，能应用于研究蛋白质三级结构的精细变化。总之，在 250～280nm 之间，由于芳香氨基酸残基的侧链谱峰常因微区特征的不同而改变，不同谱峰之间可能产生重叠。

三、优点和不足

圆二色谱是研究溶液中蛋白质构象的一种快速、简单、较准确的方法，远紫外 CD 数据能快速地计算出溶液中蛋白质的二级结构；近紫外 CD 光谱可灵敏地反映出芳香氨基酸残基、二硫键的微环境变化，蕴含着丰富的蛋白质三级结构信息。

很多 CD 谱将样品放在低温（<77K）的磁场中，利用法拉第效应，在外加磁场作用下，许多原来没有光学活性的物质也具有了光学活性，原来可测出 CD 谱的在磁场中 CD 信号将增大几个量级。这种条件下即可测得磁圆二色谱（MCD 谱）。很多例子中的蛋白质都很复杂以至于无法完全解释，但对于金属蛋白来说，MCD 技术可以有效地确定配基和金属离子。

CD 和 MCD 是特殊的吸收谱，它们比一般的吸收谱弱几个量级，但它们对分子结构十分敏感，已成为研究分子构型和分子间相互作用的最重要的光谱实验之一。随着现代分析仪器的飞速发展，高压液相色谱、停流技术、电化学及荧光等附加装置与 CD 光谱仪器联用技术的应用，CD 已经广泛地用于了解蛋白质-配体的相互作用，监测蛋白质分子在外界条件诱导下发生的结构变化，探索蛋白质折叠、失活过程中的热力学与动力学等多方面的信息。

但此项技术是以可见及近紫外作为入射光源，这就要求被研究的手性分子要具有发色基团，通过对发色基团的研究来获得分子结构信息，因此它只能提供分子局部的结构信息。这一缺点大大地限制了此项技术的应用范围。

四、改进的方向和途径

针对圆二色谱的缺陷，这种方法需要与其他方法结合来研究分子结构。

第二十八节　拉曼光谱技术

一、基本原理

拉曼光谱是由印度科学家拉曼(Raman C. V.)于1928年发现的，与此同时前苏联学者兰斯伯格也独立地发现了这一效应。生物大分子的拉曼光谱可以使我们得到很多结构方面的信息。例如，蛋白质主链和侧链的构象，DNA有序结构的类型(A,B,C型)以及DNA、RNA的磷酸骨架、核糖或脱氧核糖和碱基的信息，各种构型的碳水化合物，不同状态的膜蛋白和类脂的结构等信息。在对染色质、病毒和活细胞的结构的描述中也有独到之处[13]。在此基础上展开的结构与功能关系的研究由于拉曼光谱的使用而获得更加准确和全面的结果，当蛋白质、核酸和染色质等与金属离子结合或分离，当它们被高能质子和γ射线照射，或在它们之中加入药物，以及对它们进行加热、改变pH或加入酶激活剂等物理或化学的处理以后，从它们的拉曼光谱可以得知发生变化的基团，相互作用的位置与模式等。从而能够从分子水平较深入的研究它们的构象变化和相互作用的过程。这有助于我们探讨某些药物治疗疾病的机理、搞清各种物理、化学因素对生物大分子的影响与原因，并进一步为某些重要理论的发现提供可靠的依据。特别是显微拉曼光谱技术的应用，使原位、实时的观察活细胞中生物大分子的变化成为可能，其中包括一些信息分子和调控因子的结构，这对细胞间通讯、胚胎发育、肿瘤发生机制的理解是十分重要和有益的[14]。

从蛋白质的拉曼光谱可以同时得到很多可贵的信息。不但能够得到有关它的芳香族组成氨基酸的信息，还能进一步得到二级结构的信息，例如，α-螺旋，β-折叠，β-回折和无规卷曲方面的信息，包括定量估计。不但能够得知它的主链构象，特别是酰胺Ⅰ、Ⅲ，C—C，C—N伸缩振动，还可得知它的侧链构象，如苯丙氨酸的单基取代苯基环，色氨酸的吲哚环和酪氨酸的对羟基苯环的信息，以及后二者存在形式随其微环境而变化的信息。还可以研究构象灵敏的基团——电离化的羧基、巯基、S—S键、C—S键构象的变化。对于残基内氢键的变化也能提供一些信息。

20世纪60年代以来，具有高功率，单色性和相干性好，偏振特性好的激光出现，为光散射实验提供了空前优异的光源。激光技术的出现拯救了一度陷于停滞的拉曼光谱学，使其获得新生并取得了革命性进展，形成一个十分活跃的光谱学分支。因而拉曼光谱冠以激光二字称之为“激光拉曼光谱学”。20世纪80年代以来，随着激光技术、计算机技术、光电技术的迅速发展，拉曼光谱技术也随之有了飞速的发展。激光拉曼散射光谱测量的拉曼频移是表征物质分子振动-转动能级特性的一个物理量。现有的常规方法往往难于检测多肽及蛋白质的结构，或者是方法过于复杂，不易操作。过去十年中电感耦合器件(charge-coupled device，CCD)检测器和光纤过滤器的广泛应用显著地提高了拉曼光谱的信噪比，这使得数字式拉曼差谱(Raman difference spectroscopy)能够应用到蛋白质稀溶液中。拉曼差谱技术已成为一种检测微观结构、构象变化的不可或缺的工具。拉曼光谱研究蛋白质构象为人们了解生物分子反应过程的机制、自组装等现象提供了渠道[13~17]。

二、操作流程

(1) 天然非折叠蛋白质结构:一直以来蛋白质结构给人的印象都是确定的线性多肽链在空间折叠成特定的三维空间结构。然而,在过去十年的研究中发现,在细胞中许多缺乏独特卷曲、折叠的天然非折叠蛋白质同样发挥着重要生理功能[17]。这类蛋白质由于缺乏独特结构,采用其他分析方法难以进行特征描述,而拉曼光谱分析则能够弥补这方面的缺陷。卷曲、折叠很好的蛋白质二级结构可以采用球蛋白的氨基化合物Ⅰ(amide Ⅰ)和氨基化合物Ⅲ(amide Ⅲ)振动参考光谱位置确定。由于天然非折叠蛋白不具有球蛋白的构型,套用球形蛋白质而得来的拉曼经验常数到天然去折叠蛋白质将导致错误的结果。因此,有必要建立适合天然非折叠蛋白质的拉曼标记。

(2) 单晶中的蛋白质结构:拉曼能实时监控蛋白质单晶里的化学事件,包括决定酶-抑制剂或酶-底物络合物相互作用的化学性,定量检测晶体中的配位体数量,实时追踪活性位置的化学反应[18]。拉曼晶体学(Raman crystallography)优于传统拉曼差谱方法(溶液中)的原因就在于晶体的高浓度使信噪比显著提高,并可得到低而稳定的基线背景。拉曼晶体学能确认并跟踪单晶中反应中间物。例如,青霉素(penicillin)和它的衍生物可以通过干扰细胞壁合成杀死细菌,而细菌则可通过产生β-内酰胺酶水解青霉素从而导致抗药性的发生。因此,标准的治疗方法就是合用第二种药物配合青霉素阻隔β-内酰胺酶的活性位置。然而,细菌又产生不能被抑制剂药物阻拦的β-内酰胺酶变异形式,这就是抗药性的主要根源。Helfand等用拉曼晶体学方法对单晶中β-内酰胺变异酶E166A和三种常用于β-内酰胺酶的抑制剂他唑巴坦(tazobactam),舒巴坦(sulbactam),和克拉维酸(clavulanic acid)的反应中间物进行研究,并因此阐明抗药性的分子构型。拉曼晶体学的另一应用是把活性酶的单晶用于抑制剂筛选。类胰岛素丝氨酸蛋白酶人尿激素作为一种酶抑制剂,能减缓肿瘤转移和初始肿瘤长大。应用中把等当量的抑制剂加入母液,让他们在与肿瘤细胞牢固相连的丝氨酸蛋白酶尿激素晶体中竞争吸附位点。系统达到平衡后,晶体转入新鲜母液,过量的没有吸附或弱吸附抑制剂被洗刷掉。应用拉曼光谱分析冲洗过的晶体能够辨识被拉曼标记的强吸附的抑制剂。当配位基吸入晶体并结合到活性位点,拉曼结晶学能够跟踪晶体内的结构变化。

(3) 蛋白质装配:病毒颗粒主要由核酸和蛋白质组成,蛋白质衣壳可保护病毒核酸免受外界因素影响破坏,并可介导病毒核酸进入细胞内部,病毒衣壳是由病毒结构蛋白装配形成的。核磁共振(nuclear magnetic resonace,NMR)和X射线结晶学(受弱衍射和大单元细胞晶体的无序限制)难以研究这些蛋白装配。拉曼光谱学由于其特有的高分辨技术可用于此类研究。通常拉曼差谱应用与尺寸大小和散射性质无关,同时拉曼差谱技术在检测大分子络合物的微小结构变化时特别灵敏。这些优点使应用拉曼光谱分辨蛋白质、脂肪和核苷酸成为可能[18]。拉曼光谱分析可以提供丰富的关于蛋白质结构的信息,使得研究人员在X射线晶体衍射分析、核磁共振技术之外有了新的手段对蛋白质结构进行研究。相信随着激光技术、检测技术的发展以及新的拉曼光谱技术和方法的提出,激光拉曼光谱技术必将得到更广泛的应用,促进蛋白质等生物大分子的研究进展。

三、优点和不足

拉曼光谱可以提供快速、简单、可重复且更重要的是无损伤的定性定量分析，它无需样品准备，样品可直接通过光纤探头或者通过玻璃、石英和光纤测量。此外：

（1）由于水的拉曼散射很微弱，拉曼光谱是研究水溶液中的生物样品和化学化合物的理想工具。

（2）拉曼一次可以同时覆盖 50～4000 波数的区间，可对有机物及无机物进行分析。

（3）拉曼光谱谱峰清晰尖锐，更适合定量研究、数据库搜索以及运用差异分析进行定性研究。

（4）因为激光束的直径在它的聚焦部位通常只有 0.2～2mm，常规拉曼光谱只需要少量的样品就可以得到。

（5）共振拉曼效应可以用来有选择性地增强大生物分子特个发色基团的振动，这些发色基团的拉曼光强能被选择性地增强 1000～10 000 倍。

传统的光栅分光拉曼光谱仪，采用逐点扫描，单道记录的方法，十分浪费时间。而且激光拉曼光谱仪所用的激光很容易激发出荧光来，影响测定。

四、改进的方向和途径

为避免传统激光光谱仪的弊端近来研制出了两种新型的光谱仪：傅里叶变换近红外激光拉曼光谱仪和共焦激光光谱仪。傅里叶拉曼光谱仪由激光光源、试样室、迈克尔逊干淑仪、特殊滤光器、检测器组成。傅里叶拉曼光谱仪和光路与傅里叶红外光谱仪的光路比较相像。检测到的信号经放大器由计算机收集处理。

执笔：龙加福
讨论与审核：龙加福　周　浩　夏渝东　郝　越　张金秀
资料提供：周　浩　夏渝东　郝　越　张金秀

参考文献

1. Demchenko A P. Ultraviolet spectroscopy of proteins. New York：Springer-Verlag，1981

2. Longworth J W. Luminescence of polypeptides and proteins：In Excited states of proteins and nucleic acids. J Biol Chem，1971，12(1)：319～484

3. Permyakov E A. Luminescent spectroscopy of proteins. London：CRC Press，1993

4. Lakowicz J R. Principles of FluorescenceSpectroscopy. New York：Plenum Press，1983

5. 杨铭．结构生物学与药学研究．北京：科学出版社，2008

6. Morrisett J D，David J S，Pownall H J. Interaction of an apolipoprotein(apoLP-alanine) with phosphatidylcholine. Biochem，1973，12：1290～1299

7. Krell T，Horsburgh M J. Cooper A J. Localization of the active site of type Ⅱ dehydroquinases，Biol. Chem，1996，271：24 492～24 497

8. Whitford D. 蛋白质结构与功能．魏群译．北京：科学出版社，2008

9. Freskgård P O，Mårtensson L G，Jonasson P. Assignment of the contribution of the tryptophan residues to circular dichroism spectrum of human carbonic anhydrase Ⅱ. Biochemistry，1994，33：14281～14288

10. Woody A Y，Woody R W. Individual tyrosine side-chain contributions to circular dichroism of ribonuclease. Biopolymer，2003，72：500～513

11. 鲁子贤,崔涛,施庆洛. 圆二色性和旋光色散在分子生物学中的应用. 北京:科学出版社,1987
12. 王渭,李崇慈,赵南生. BSRF园二色谱研究进展. 光谱学与光谱分析,1996,16(1):25～28
13. 许以明. 激光拉曼光谱. 北京:清华大学出版社,1999. 171～177
14. Thomas G J Jr,Kyogoku Y. Biolobical Science. In Infrared and Raman Spectroscopies,Part C,Bram E G Jr,Grasselli J G,New York and Besel:Marcel Dekeker Inc,1997. 778～872
15. Benevidres J M,Juuti J T,Thomas G J,et al. Characterization of subunit-specific interactions in a double-stranded RNA virus:Raman difference spectroscopy of the phi6 procapsid. Biochemistry,2002,41(40):11946～11953
16. Dunker A K,Lawson J D,Brown C J,et al. Intrinsically Disordered Protein. J Mol Graph Model,2001,19(1):26～59
17. Altosem D,Zheng Y,Carey P R,et al,Comparing protein-ligand interactions in solution and single crystals by Raman spectroscopy. Proc Natl Acad Sci,2001,98(6):3006～3011
18. Cockburn J J,Abrescia N G,Stuartd I,et al. Membrane Structure and Interactions with Protein and DNA in Bacteriophage PRD1. Nature,2004,432(7013):122～125

第二十九节 等温滴定量热技术

一、基本原理

等温滴定量热技术是指在原位、在线和无损伤条件下,通过高灵敏度、高自动化的等温滴定量热仪连续、准确地监测和记录一个变化过程的量热曲线,从而提供此过程的热力学和动力学信息。ITC成为近年发展起来的一种研究生物热力学与生物动力学的重要方法[1~3]。

分子识别是一个复杂的过程,也是生命活动的基础之一。结合反应的热力学参数对了解生物分子识别过程具有重要的参考价值。ITC技术可以测定结合反应过程中的热量变化,通过结合常数(KB)、结合计量比(n)、反应焓变(ΔH)、熵变(ΔS)等化学热力学参数来描述结合反应,从而体现或表征生物分子间的相互作用。因此,ITC已成为研究生物大分子结合反应的有力工具。虽然在分子水平上将这些参数与物理过程进行直接联系非常困难,但借助分子的结构信息,ITC在一定程度上能达到此目的。

任何涉及焓变的化学和生化结合反应等复杂过程(如酶动力学)都可以应用ITC进行测定。与其他研究方法相比,在不需要作任何的化学修饰或固定的条件下ITC可以直接地测量结合焓。ITC对被研究体系的溶剂性质、光谱性质和电学性质等也没有任何限制条件。样品用量小、方法灵敏、精确度高,实验时间较短(典型的ITC实验只需30～60分钟),操作简单(在使用者输入实验的参数,如温度、注射次数、注射量等之后完全可以由计算机来完成整个实验,并通过Origin软件分析由ITC得到的数据)。测量所用溶液不需要透明清澈。由于量热实验完毕的样品未遭破坏,因此可进行后续生化分析。微量热法缺乏特异性但生物体系本身具有特异性,因此由微量热法这种非特异性方法有时可以得到用特异方法得不到的结果,有助于发现新现象和新规律,特别适应于研究生物体系中的各种特异过程。

可以用以下的两个简图来描述等温滴定量热技术工作原理。在图2-32中,样品池和参比池的外在条件相同。当反应发生时,在样品池和参比池之间产生温差,而这些细微的温差将会被ITC检测到。为维持温度的恒定,在放热反应将激发负反馈,而吸热反应则激发正反馈。在滴定过程中,模块上每滴加一滴溶液,样品池的温度就会有所变化并被ITC记录,依据温度的变化可以绘制出如图2-33所示的曲线。

图2-33的上部分,横坐标为时间;纵坐标为热功率。峰底与峰尖之间的峰面积为每次

滴定时释放或吸收的总热量。图 2-33 的下部分横坐标为滴定物与样品溶液的摩尔比;纵坐标为滴定产生的总热量。从中可看出每次滴定都引起热功率的变化并出现突跃。突跃点的热功率变化最大;在突跃点前后热量的变化速率并不大。

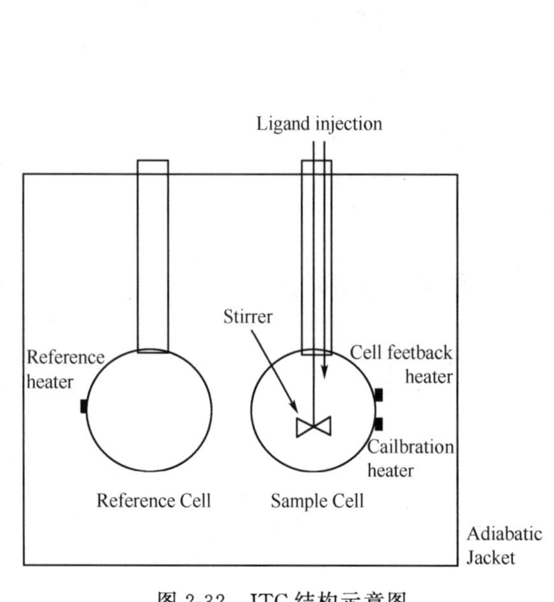

图 2-32　ITC 结构示意图

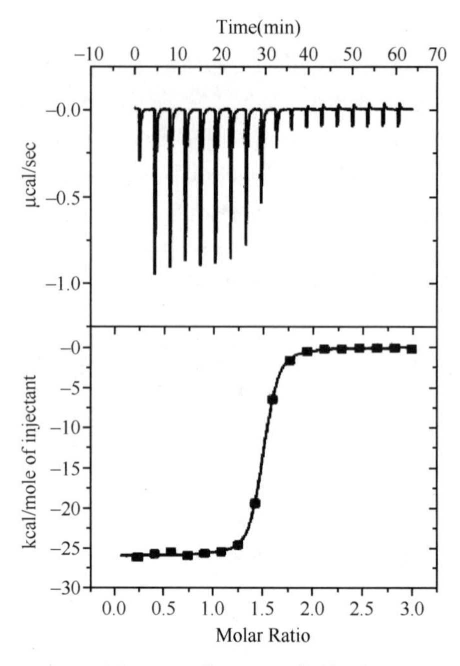

图 2-33　典型 ITC 曲线图

二、操作流程

通过对生物分子相互作用的完整热力学参数(结合常数、结合位点数、摩尔结合焓、摩尔结合熵、摩尔恒压热容和动力学参数)等的获得,结合其他常数(如酶活力、酶促反应米氏常数和酶转换数)等,ITC 在生命科学的许多领域得到应用。蛋白质-蛋白质相互作用(包括抗原-抗体相互作用和分子伴侣-底物相互作用);蛋白质折叠/去折叠;蛋白质-小分子相互作用以及酶-抑制剂相互作用;酶促反应动力学;药物-DNA/RNA 相互作用;RNA 折叠;蛋白质-核酸相互作用;核酸-小分子相互作用;核酸-核酸相互作用;生物分子-细胞相互作用等。例如,ITC 被应用于研究易曲的胰岛素蛋白酶抑制剂、人奶低聚糖和铜绿假单胞菌菌素的 PA-IIL 的相互作用的结构基础、利什曼原虫的 peroxin5 和 peroxin14 两种蛋白之间的相互作用等。

三、优点和不足

ITC 具有灵敏度高、响应速度快、需要样品量少、操作简单等优点

虽然 ITC 以其突出的优点被越来越多的应用于研究大分子之间的相互作用,但还是由于仪器的昂贵、与其他仪器缺乏结合应用而失去它更多的应用价值。

四、改进的方向和途径

针对以上的不足,怎样更好的应用它的特性,开发多技术连用平台是改进的方向。

第三十节　扫描隧道显微镜技术

一、基 本 原 理

扫描隧道显微镜(scanning tunneling microscopy,STM)是利用量子力学中的隧道效应即两金属层之间放置绝缘层而形成一个隧道结。当电子穿过隧道结时将产生隧道电流，从而形成电子的隧道效应。隧道电流的变化可以间接观测金属表面单个原子甚至远小于单个原子的面积，从而分辨出金属表面原子结构的细微特征[4~7]。

二、操 作 流 程

在生物学上，STM可以对单个的蛋白质分子或DNA分子进行研究，对样品表面进行的是无损探测，避免样品发生变化，也无需使样品受破坏性的高能辐射作用。与其他光学手段(如聚焦显微镜)受到的限制即光的衍射现象(物体的尺寸应不小于光波长一半，否则被观测物体的细节在显微镜下将变得模糊)，STM则完全不受此限制，因而可获得原子级的高分辨率。

扫描隧道显微镜的工作原理是基于隧道电流强度与针尖和样品之间的距离存在着反向指数依赖关系，即当距离减小0.1nm时隧道电流则增加约一个数量级。因此，隧道电流的变化反映出样品表面微小的高低起伏变化。依据对 x，y 方向进行扫描所得到的隧道电流强度变化可以直接得到样品表面的三维形貌图。

扫描隧道显微镜如图2-34所示，有两种扫描模式即恒电流模式和恒高度模式。

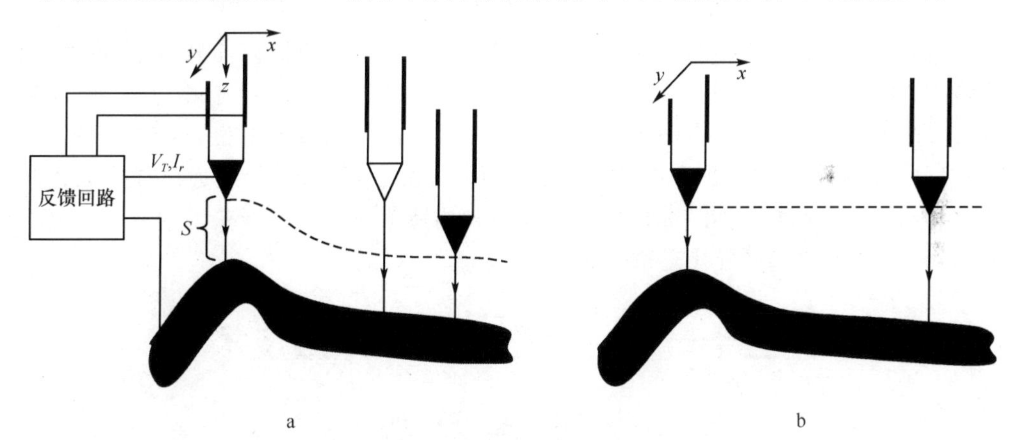

图2-34　扫描隧道显微镜示意图

a. 恒电流模式 $V_z(V_x,V_y)\rightarrow z(x,y)$；b. 恒高度模式 $\mathrm{InI}(V_x,V_y)\rightarrow\sqrt{\Phi}z(x,y)$

(1) 恒电流模式：如图2～34a所示，即针尖随样品表面凸凹的变化而移动，保持针尖与样品表面距离恒定，从而保持隧道电流的恒定。具体而言，通过对 x、y 方向进行扫描，在 z 方向加上电子反馈系统，初始隧道电流为一恒定值，当样品表面凸起时，针尖就向后退；反之，样品表面凹进时，反馈系统就使针尖向前移动，以控制隧道电流的恒定。将针尖在样品表面扫描时的运动轨迹在记录纸或荧光屏上显示出来，从而得到样品表面密度的分布或原子排列的图像。恒电流模式可用在表面形貌起伏较大的样品，通过加在 z 方向上驱动的电压值推算表面起伏高度的数值。

(2) 恒高度模式:如图 2-34b 所示,在扫描过程中保持针尖的高度不变,通过记录隧道电流的变化来得到样品的表面形貌信息。与恒电流模式相比,恒高度模式通常用来测量表面形貌起伏不大的样品。

三、优点和不足

扫描隧道显微镜具有原子级的分辨率,并能实时地观测表面的三维图像,适合研究表面现象。STM 不用高能电子束,样品不会因电子轰击而受伤,STM 可以在空气中使用并允许样品表面覆盖水层,从而使生物样品始终处于活的状态,这使得 STM 在生命科学中有广阔的应用前景。通过 STM 人们可以直接观察 DNA 分子的变异结构,对 DNA 直接进行研究。自 STM 发明后,世界上便诞生了一门以 0.01～100nm 的尺度为研究对象的前沿科学即纳米科技。

尽管 STM 有着诸多优点,但由于仪器本身的工作方式所造成的局限性也是显而易见的。这主要表现在以下两个方面:①STM 的恒电流工作模式下,有时它对样品表面微粒之间的某些沟槽不能够准确探测,与此相关的分辨率较差。在恒高度工作方式下,从原理上这种局限性会有所改善。但只有采用非常尖锐的探针,其针尖半径应远小于粒子之间的距离,才能避免这种缺陷。②STM 所观察的样品必须具有一定程度的导电性,对于半导体,观测的效果就差于导体;对于绝缘体则根本无法直接观察。如果在样品表面覆盖导电层,则由于导电层的粒度和均匀性等问题又限制了图像对真实表面的分辨率。

四、改进的方向和途径

在扫描隧道显微镜出现以后,又陆续发展了一系列新型的扫描探针显微镜,例如,原子力显微镜(AFM)、激光力显微镜(LFM)、磁力显微镜(MFM)、弹道电子发射显微镜(BEEM)、扫描离子电导显微镜(SICM)、扫描热显微镜和扫描隧道电位仪(STP)等。这些新型的显微镜,都利用了反馈回路控制探针在距离样品表面 1nm 处或远离样品表面扫描(或样品相对于探针扫描)的工作方式,用来获得扫描隧道显微镜不能获得的有关表面的各种信息,对 STM 的功能有所补充和扩展。

第三十一节 表面等离子共振技术

一、基 本 原 理

表面等离子共振技术(surface plasmon resonance technology,SPR)是 20 世纪 90 年代基于 SPR 检测生物传感芯片(biosensor chip)上配位体与分析物作用而发展起来的一种生物分子检测技术[8～13]。20 世纪初 Wood 观测到连续光谱的偏振光照射金属光栅时出现了反常的衍射现象。Fano 在 1941 年用金属与空气界面的表面电磁波激发模型并对这一现象进行解释。1957 年 Ritchie 发现当电子穿过金属薄片时存在数量消失峰并称之为“能量降低”的等离子模式,指出了这种模式和薄膜边界的关系,提出了用于描述金属内部电子密度纵向波动的“金属等离子体”的概念。随后,Stem 和 Farrell 给出了这种等离子体模式的共振条件,称之为“表面等离子共振技术”。此后,SPR 技术获得了进一步的发展。1990 年,瑞典 Biocore 公司生产出国际上第一台商业生物传感器。SPR 传感器与传统检测手段比较,具有无需对样品进行标记、实时监测、灵敏度高等优点。在医学诊断,生物监测,生物技术,药品研制和食品安全检测等领域具有广阔的应用前景。

表面等离子体共振是一种物理光学现象。光在玻璃与金属薄膜界面处发生全内反射时渗透到金属薄膜内的消失波,引发金属中的自由电子产生表面等离子体。在入射角或波长为某一适当值的条件下,表面等离子体与消失波的频率和波数相等,二者将发生共振,入射光被吸收,使反射光能量急剧下降,在反射光谱上出现反射强度最低值,此即为共振峰。紧靠在金属薄膜表面的介质折射率不同时,共振峰位置(共振角或共振波长)将不同。从而对待测物进行测定。共振的产生与入射光的波长和入射角、金属薄膜的介电常数及介质的折射率有关。当介质不同时,共振角或共振波长将改变。因此,SPR 谱的改变将反映与金属膜表面接触的体系(介质)的变化(图 2-35)。

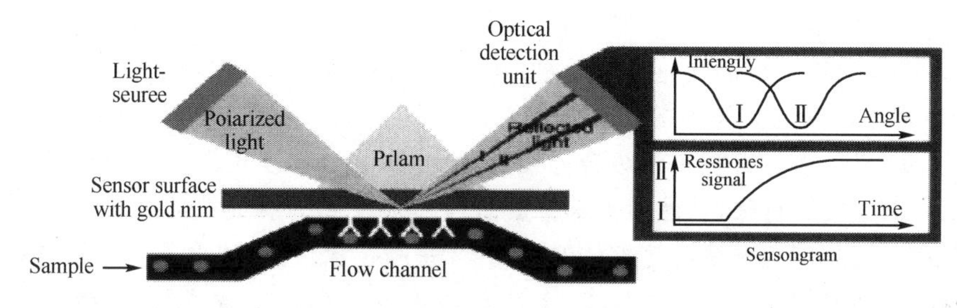

图 2-35 SPR 检测原理

二、操 作 流 程

SPR 传感系统是由光学系统、传统系统和检测系统这 3 部分组成的。光学系统用于产生合乎性能要求的入射光;传感系统将待测信息转换为敏感膜的折射率的变化,并通过光学耦合转换为共振角或共振波长的变化;检测系统检测反射光的发光强度,记录共振吸收峰的位置,当入射波以某一角度或某一波长入射,近场波矢 K 和 SPW 的波矢相等,发生谐振,入射光能量耦合到 SPW 波,反射光强度出现一个凹陷。此时的入射光角度称为 SPR 角。SPR 角随金表面折射率的变化而变化,而折射率的变化又与金表面结合的分子质量成正比。

三、优点和不足

SPR 技术具有显著的优点

(1) 免标记:SPR 对样品的折射率敏感,因此待测物无需标记,消除了标记物对待测物结构的影响和对检测反应造成干扰的可能性;

(2) 实时、连续检测:反应过程中 SPR 感应图可以直接和连续记录,并且根据 SPR 感应图还可以进行热力学和动力学参数的计算。

(3) 无损伤检测:SPR 是光学技术,光线不与待测物接触,也不穿透样品,因此也适用于混浊、不透明或有色溶液的检测。

(4) 在蛋白质组学中有广泛应用:采用二维电泳分离复杂的蛋白质并采用质谱法鉴定蛋白质。在获得丰富的数据同时也对进一步研究蛋白质结构与功能的关系提出了许多问题。解决这些问题需要有研究生物分子识别及相互作用的高特异性方法。SPR-BIA(bio-

molecular interaction analysis)技术和 MALDI-TOF-MS(matrix-assisted laser desorption/ionization time-of-flight mass spectrometry)技术已成为分析蛋白质结构与功能特性的主要手段。

蛋白质组学(proteomics)研究的主要目的是揭示各种细胞和组织中蛋白质的种类、三维结构及其形成的蛋白质网络。SPR 技术因其高效灵敏、无需额外标记等优势，广泛应用于蛋白检测和蛋白间相互作用等蛋白质组学研究，它能在保持蛋白质天然状态的情况下实时提供靶蛋白的细胞器分布、结合动力学及浓度变化等功能信息，为蛋白质组学研究开辟了全新的模式。

肽库与抗体库的出现给人们进行药物和配体等物质的筛选提供了极大的方便。一般是将肽或抗体片段以融合蛋白的形式表达在噬菌体表面衣壳蛋白上。通常的筛选是：首先将靶蛋白固定在固相支持物表面，加入肽库或抗体库，利用靶蛋白与表达的肽或抗体的特异性亲和力进行筛选。经过几轮筛选后，得到阳性克隆，进行 DNA 测序确定肽或抗体的序列。SPR 技术在肽库与抗体库的筛选方面具有非常大的优越性，不仅可以给出结合与否的信息，还可以给出动力学数据进行结合力大小的比较，结合物还可以回收进行下一步研究。利用 SPR 技术直接进行筛选，然后测定靶蛋白与筛选得到的肽或抗体结合的动力学参数。Schie 等在利用抗体库筛选抗肿瘤抗体时使用了 SPR 技术，他们测定了利用 ELISA 筛选得到的阳性克隆与特定抗原的亲和力，SPR 法与传统方法相比节省了时间，减轻了工作量。Houshmand 等利用 BIAcore 的 SPR 技术从 T7 噬菌体肽库中筛选单克隆抗体的抗原结合位点。他们使用的是表达在衣壳蛋白上的七肽库，测定抗鼠多瘤病毒 T2 抗原的克隆抗体 F4，F5，L T1 的抗原结合部位在多肽链上的位置。利用包被了单抗的培养板筛选得到阳性噬菌体克隆，根据 DNA 测定结果确定并合成了相应的七肽。将抗体固定在传感片表面，测定与阳性噬菌体克隆及合成肽结合的动力学参数。用 SPR 传感技术进行蛋白质分子之间相互作用的研究还有大量的文献报道，在确定蛋白质分子之间作用机理，监测其结构变化等方面都取得了有价值的研究结果。

不足：①使固定在芯片上的反应物保持其固有构象，表面反应和可定位特征的均一性，以及表面非特异性结合的排除问题等会影响此方法的应用；②许多生物大分子随浓度增加的折射率增加相对较小，意味着在传感器芯片表面结合位点上需要被固定的蛋白浓度较高；③流动相中反应物依赖于传感器表面有效的运输，因此大分子结合过程曲线受许多与化学反应速度无关的因子的影响。

四、改进的方向和途径

在应用这种技术时与结合过程曲线相关，结合与解离参数的模拟以及合适的对照实验是获得合理结论的最重要保障之一；同时将研究生物分子之间互作的其他方法结合起来分析才能获得理想实验结果。

第三十二节　小角散射结构分析技术

一、基 本 原 理

小角散射(small angle X-ray scattering，SAXS)作为一种新的生物大分子结构解析方法以其独特的优点在近年来受到了越来越多的关注[14~16]。利用小角散射方法，人们可以对处于溶液状态下分子量范围广泛的样品进行研究，并得到其尺寸大小和其低分辨的三维结构信息，从而为研究蛋白分子在生理状态下的性质、蛋白分子在物理条件下(如温度、pH、压力等)的构象变化以及蛋白分子与其他底物的结合提供了有力工具。结合蛋白分子其他方面的信息，利用小角散射方法甚至可以达到对蛋白分子在原子分辨率水平上的结构解析。小角散射利用传统的转靶 X 射线机、同步辐射源或者中子源等作为光源，特别是同步辐射源，由于其亮度高、准确性好等特点，成为小角散射最理想的光源。

20 世纪 20 年代末期 Krishnamurti 在观察无定形态物质(胶体溶液和液体的混合物)时首次观察到小角散射现象。以后的 40 年里，Kratky、Guinier、Hossemann 和 Porod 等相继研究了许多体系的 SAXS 现象，建立和发展了 SAXS 理论和应用方法。在此时期，小角散射方法主要应用在理想的两相体系的定性讨论和求解散射体的平均回转半径上，因此称之为“一般小角散射理论”(general SAXS theory)。

二、操作流程

小角中子散射是通过分析长波长中子(0.2～2nm 左右)在小角度范围(大约在 2°以下)内的散射强度来研究大小在几到几百纳米范围内的物质结构的一种专门的测量技术。小角中子散射技术可对聚合物、生物大分子及胶体溶液等做原位检测。此技术在被测试样品不具有晶型结构条件下可提供溶液中被分析物的形状、大小以及粒子间的相互作用。

当 X 射线照射到试样上，当样品内部存在几个至几百纳米尺寸的微颗粒或密度不均匀区则会在入射 X 射线束周围 2°～5°的小角度范围内出现散射 X 射线，这种现象称为 X 射线小角散射，或称小角 X 射线散射。

SAXS 可获得有关蛋白质等生物大分子溶液散射的低分辨数据，包括实时大分子尺寸和形状、分子构象、聚集体尺寸和形状、分子间相互作用等生物过程的直接信息，进而构造大分子聚集体的原子模型或晶体数据的定相。考察不同条件(缓冲溶液、醇、添加剂、表面活性剂、浓度、水、pH、温度、时间、压力、电场等)下生物大分子稳定、变性、伸展、折叠、聚合的动力学机制，研究各个因素对生物组分稳定性和活性的影响及其机制。SAXS 可用于生物过程中间相互识别，如在肌血球素和溶解酵素的复活过程中的中间体，也可用于疾病诊断，如乳腺癌中的胶原质、白内障中的晶状体球蛋白、疯牛病中蛋白质构象转化信息。

三、优点和不足

优点：①当研究生物体的微结构时，小角散射可以对活体或动态过程进行研究；②某些高分子材料可以给出足够强的 X 射线小角散射信号，但是电镜得不到清晰有效的信息；③小角散射可以研究高聚物的动态过程，如熔体到晶体的演变过程；④小角散射可以得到样品的统计平均信息；小角散射可以准确的确定两相间比内表面和体积百分数等参数，而电镜的方法很难得到这些参量的准确结果，因为不是全部的颗粒都可以由电镜观察到，即使在一个视场范围内也有未被显示出的颗粒存在。

当然，小角散射也有自身无法克服的缺点。它信号比较弱，信息量少，所以想要得到三维的结构信息很困难，只能得到一些粗略的，低分辨率的信息，如样品的形状，大小。

四、改进的方向和途径

由于小角散射技术的不足是受其自身技术特性限制，所以在解析蛋白结构的过程中，各种方法如 X 射线衍射方法、NMR 等互相补充，结合起来使用有助于我们更好的解析结构。

第三十三节　动态光散射技术

一、基 本 原 理

动态光散射技术(dynamic light scattering，DLS)是指通过测量样品散射光强度起伏的变化来得出样品颗粒大小信息的一种技术[17~20]。样品中的分子不停地做布朗运动或称之为“动态”，这种运动使散射光产生多普勒频移。利用动态光散射技术通过以下原理得到分子量的大小：首先根据散射光的变化，即多普勒频移测得溶液中分子的扩散系数 D，再由 $D=KT/6\pi\eta r$ 可求出分子的流体动力学半径 r(式中 K 为玻尔兹曼常数，T 为绝对温度，η 为溶液的黏滞系数)，根据已有的分子半径-分子量模型，就可以算出分子量的大小。

在光的传播中，由于物体的颗粒存在，一部分光会被吸收，一部分会被散射掉。对于静止的分子，散射光发生弹性散射时其能量频率均不变。但由于分子始终处于不停的杂乱无章的布朗运动，因此，当产生散射光的分子朝向监测器运动时，相当于把散射的光子往监测器送了一段距离，使光子较分子静止时产生的散射光要早到达监测器，也就是在监测器看来散射光的频率增高了；如果产生散射的分子逆向监测器运动，相当于把散射光子往远离监测器的方向拉了一把，结果使散射光的频率降低。日常生活中，但我们听到救护车由远而近时，声音的频率越来越高，也是同样的道理，并可以通过声音频率变化的快慢来判断救护车运动的速度。

光散射技术基于微小的频率变化来测量溶液中分子的扩散速度。从 $D=KT/6\pi\eta r$ 可以看出，在一定的扩散速度时，由于实验时溶剂与温度是确定的，因此，扩散的快慢只与流体动力学半径有关。蛋白质多方面的性质都直接和它的大小相关。因此，光散射广泛应用在蛋白质及其他大分子的理化性质研究。

二、操 作 流 程

动态光散射或准弹性光散射的实验安排有：①自拍频方法。在检测器上，散射光同本身混频。②外差拍频方法。在非线性检测器上，入射光和散射光进行混频。③滤波方法。是在散射池和检测器之间用干涉仪或衍射光栅。而检测和处理散射光强度自相关函数的方法也可分为三种：①光电流谱分析；②光电流相关；③光子相关。

在应用上，溶液中的颗粒物质(如生物大分子、高分子聚合物、胶束等)，其颗粒大小的变化往往可以反映出某些性质方面的变化。由于光散射实际上是首先通过测量大分子物质的扩散系数，进而推导出其他参数。所以，光散射不仅可以用来进行静态测量，还可以检测一些动态过程的变化。因此，在生物学上，光散射技术可以应用在以下蛋白质测定上：

(1) 测定蛋白质分子的均一性：蛋白质均一性是生长晶体的前提条件，在无法直接观察蛋白质在溶液中状态的情况下，生长晶体是一个需要经验和运气的过程。但利用光散射技术则在数分钟内就可确定样品是否有长出晶体的可能性。通过测定蛋白在不同溶液中的状态,可以确定最适合生长晶体的溶液。

(2) 测定蛋白质分子的pH稳定性:蛋白质分子在不同的pH条件下,会有不同的构型(如形成聚合态或变性)。构型的变化则体现在大小的变化并可以被光散射技术所捕捉。因此,光散射技术可以用来测定蛋白质分子的pH稳定性。

(3) 测定蛋白质分子的热稳定性:热不稳定的蛋白随温度的改变会产生分子变性聚合和分子半径增大。利用光散射技术来研究蛋白质分子的热稳定性。

(4) 蛋白质变复性及折叠的研究:蛋白质变性时往往是以聚合形式或较松散的状态存在,复性后,蛋白质折叠成天然状态,会发生结构的变化,这一变化可以导致流体动力学半径的变化,所以光散射技术可以用来检测这一动态变化的过程。

(5) 临界胶束浓度的测定:一定浓度的表面活性剂分子加到溶液中会形成微胶束,但浓度不同会影响胶束的大小以及是否能够形成胶束。如果浓度增加到一定程度,胶束就会形成,胶束的大小和单分子大小会有明显区别,利用光散射就可以确定胶束形成的临界浓度。

三、优点和不足

基于物理的特性,动态光散射技术具有以下明显的优点:①样品制备简单,无需特殊处理。测量过程对样品本身的性质不产生干扰,能准确反映溶液中样品分子的真实状态;②测量过程迅速且样品可以回收利用;③检测灵敏度高:对于分子量为10kDa左右的蛋白质,浓度只需0.1mg/ml,体积只需20～50μl;④能实时检测样品的动态变化。

动态光散射的理论和实验技术研究均取得了很大的进展,但尚有待进一步研究的问题:如对各种结构不同的光纤式动态光散射系统的空间相干性计算没有一个统一的理论公式,显得比较零乱;再者对于光纤式动态光散射实验所测得的外差振子光束与散射光组成的混合信号,使用纯外差或纯自差理论分析都不是很恰当。

四、改进的方向和途径

需要寻找一种能够准确地分析这种混合信号的理论和测量技术,还有能在多角度同时进行静态和动态光散射测量的系统地研制与开发几乎还是空白。还有很多相关的问题需要进一步的研究。

第三十四节 噬菌体表面展示抗体技术

一、基本原理

噬菌体表面展示抗体技术(phage display technology,PDT)是一种基因表达产物和亲和选择相结合的技术,以改构的噬菌体为载体,将待选基因片段定向插入噬菌体外壳蛋白质基因区,使外源多肽或蛋白质表达并展示于噬菌体表面,进而通过亲和富集法表达有特异肽或蛋白质的噬菌体[21~23]。具体方法如下:①在pⅢ和pⅧ衣壳蛋白的N端插入外源基因,形成的融合蛋白表达在噬菌体颗粒的表面但不影响或干扰噬菌体的生活周期,同时保持的外源基因天然构象,从而能被相应的抗体或受体所识别;②利用固定与固相支持物的靶分子,采用适当的洗脱方法去除非特异结合的噬菌体,筛选出目的噬菌体;③外源多肽或蛋白质表达在噬菌体的表面，而其编码基因作为病毒基因组中的一部分可通过分泌型噬菌体的单链 DNA 测序推导出来。

二、操 作 流 程

噬菌体展示技术实现了基因型和表型的转换。噬菌体展示系统包括丝状噬菌体展示系统、噬菌体展示系统、T4 噬菌体展示系统和细菌展示系统。

1. 单链丝状噬菌体展示系统

(1) pⅢ展示系统及噬菌体抗体：丝状噬菌体为单链 DNA 病毒，pⅢ是该病毒的次要外壳蛋白(minor oatprotein)并位于病毒颗粒的一端。每个病毒颗粒都有 3～5 个拷贝的 pⅢ蛋白。pⅢ有两个位点可供外源序列插入即 N 端和近 N 端可伸屈胃内。当抗体片段或蛋白质融合到 pⅢ的 N 端时，噬菌体仍有感染性，但若融合到后一位点则会切去 N 端而丧失感染性，此时需要有辅助噬菌体提供野生型 pⅢ蛋白。pⅢ很容易为蛋白水解酶所水解。所以有辅助噬菌体超感染时.可以使每个噬菌体平均显示不到一个融合蛋白，即所谓“单价”噬菌体，从而使抗体部分最大限度地保持原构型而功能完好。

pⅢ展示系统的主要用途是制备噬菌体抗体，其突出优点是模拟自然免疫选择系统。自然免疫系统中抗原结合于 B 细胞表面受体而使其活化并分裂增殖、分化成有抗体分泌功能的浆细胞。这个过程可以从约 5×10^{9} 个鼠细胞和约 10^{12} 人细胞中选出一个至几个特异 B 细胞，并有选择性地富集特异性 B 细胞，通过多轮突变和选择使抗体亲和力成熟。pⅢ展示系统完全模拟了自然选择系统；噬菌体展示的抗体片段可以由抗原包被的板、柱等选择，或者用生物素标记的抗原从液相中捕获。结合在固相抗原的噬菌体抗体经洗涤后可用可溶性半抗原、酸、碱等洗脱，然后感染大肠埃希菌培养扩增，再经下一轮的“吸附—洗脱—扩增”筛选。首轮筛选可使特异性噬菌体富集 20～1000 倍，一般经 4 轮筛选，可富集 10^{7} 倍。对初步筛选的抗体，可以用错构酶及 PCR 锗配技术等实行多轮突变或采用链置换法使其亲和力成熟。

pⅢ系统制备抗体的基本程序：从经免疫或未免疫者获取淋巴细胞(外周血淋巴细胞或脾、淋巴结、骨髓等的淋巴细胞)，提取细胞 mRNA(或细胞基因组 DNA)，逆转录成 cDNA，用 PCR 方法扩增抗体重链和轻链基因，若制备 ScFv 抗体片段，还需设计接头 Linker，如(Gly4-Ser)，做成 VH—Linker—VL 连接。将扩增的抗体基因克隆到丝状噬菌体载体中，若制备 Fab 抗体、则可将 VHCHl 基因克隆入菌体载体，轻链基因克隆入 PASK22 类型载体中，在大肠埃希菌共表达，或将二者克隆入同一噬菌体载体中进行表达。

与杂交瘤技术相比，pⅢ展示系统筛选范围从几千扩增到几百万甚至几亿，而时间可以从几个月缩短到几周，它不但绕过了繁琐的杂交瘤技术.甚至可以绕过免疫，可以直接获取人源性抗体，解决了鼠单抗应用于人体免疫原性问题。

(2) pⅧ及其他展示系统：pⅧ是丝状噬菌体主要衣壳蛋白(major coat protein)，每个病毒颗粒有 3000 拷贝 pⅧ蛋白。pⅧ的 N 端附近可融合五或六肽，但不能融合更长的肽链，因为较大的多聚蛋白会造成空间障碍，影响噬菌体装配与感染力。

2. 噬菌体展示系统

(1) pⅤ展示系统：由噬菌体基因Ⅴ编码的主要尾部蛋白形成管状结构，由 32 个盘状结构组成，每个盘状结构又由 6 个 pⅤ亚单位组成。pⅤ有两个折叠区(folding domain)，C 端的折叠区是病毒的非功能区，可供外源序列插入或替换。插入的外源序列在 λ 噬菌体中表达并在细胞质中完成折叠，无需分泌，因此可难以展示或分泌的肽与蛋白质。

(2) D蛋白展示系统：D蛋白是噬菌体头部组装必需蛋白（分子量约11kDa）。噬菌体颗粒的两个结构单位头部和尾部是分别组装的。在头部组装过程中先形成支架状前头，然后水解加工成前头，当DNA进入头部以后，D蛋白附着于病毒衣壳的外侧、将噬菌体头部锁住，使之围绕DNA就位。正常情况下，D蛋白在噬菌体头部形态发生上是必需的。但当噬菌体基因组小于野生型基因组的82%时，则可以在缺少D蛋白的情况下完成组装，因此，D蛋白可作为外源序列融合的载体。融合可在体内、外进行。体外组装是将D融合蛋白结合到λD——噬菌体表面；体内组装是将含D融合基因的质粒转化入D——溶源的*E. Coli*菌株中从而补偿溶源菌所缺的D蛋白，通过热诱导而被组装，或利用噬菌体P1的Cre-loxP定点重组系统将外源基因整合进入噬菌体基因组中。另外，D蛋白展示系统还可以用于cDNA文库的构建，抗原位点分析等工具。

D蛋白展示系统的特点：因在病毒细胞内组装，因此，无需将外源肽或蛋白分泌到细菌细胞膜，可以展示对细胞有毒性的蛋白。

3. T4噬菌体展示系统　T4噬菌体展示系统是将外源肽或蛋白质与T4噬菌体的小外衣壳蛋白（small outer capsidprotein SOC）C端融合而被展示。SOC是一个分子量为9kDa的小蛋白，但并非T4衣壳组装所必需。不论体内外，SOC都具有与成熟衣壳表面特定位点高亲和力地专一结合的能力。T4噬菌体是在宿主细胞内组装而不必通过分泌途径，因此可以展示的蛋白质范围广，尤其适合于展示不能被*E. coli*所分泌的复杂蛋白质。

三、优点和不足

噬菌体展示技术作为一种新兴的研究方法和工具，在研究蛋白质结构上已被广泛应用。它具有很多显著的优点：①高通量的筛选；②可用于模拟表位的筛选；③易于纯化。

尽管如此，在噬菌体展示技术中仍然存在一些不足。首先，目前所建的肽库容量只能达到10^9，要想构建大片段的肽库很困难。其次，需要解决肽库的多样性问题。第三，少数多肽由于疏水性过强，或由于影响外膜蛋白的折叠而不能展示在噬菌体表面。

四、改进的方向和途径

在噬菌体展示库构建中，怎样获得容量大、并有更多具有生物药意义的序列从而能展示更多有意义的构象；怎样获得高亲和力的抗体库以及如何使表面展示多肽与溶液中多肽构象基本相同或相近是此方法改进的重点。

执笔：韩际宏
讨论与审核：韩际宏
资料提供：韩际宏

参考文献

1. 温德才．量热技术在生命科学中的应用．自然杂志，1999，21(1)：37～41
2. 吕卓远，常莹，李蒙萌等．微量量热技术．2007
3. Privalov P L，Dragan A L. Microcalorimetry of biological macromolecules. Biophysical Chemistry，2007，126：16～24
4. 柴立全，杨乐．描隧道显微镜的技术研究．实验室科学，2008，4：68～72

5. 周小明,胡跃辉.扫描隧道显微镜.现代物理知识,2000,12(4):102～106
6. 尹世忠,朵丽华.扫描隧道显微镜及其应用.邢台学院学报,2006,21(2):153～159
7. 张善涛,洪毅,朱宏达等.扫描隧道显微镜的原理和应用.自然杂志,1999,21(6):99～103
8. 段媛媛,刘德立.SPR生物传感器的特点及其在生物特异性相互分析中的应用.生物技术通讯,2002,13:72～75
9. 王海明,钱凯先.表面等离子共振技术在生物分子相互作用研究中的应用,浙江大学学报(工学版),2003,37:354～361
10. 刘国华,常露,张维等.SPR传感器技术的发展与应用.仪表技术与传感器,2005,11:1～5
11. 程慧,黄朝峰.SPR生物传感器及其应用进展.中国生物工程杂志,2003,23:465～495
12. Eduardo F,Hector D D,David D,et al. Surface plasmon resonance on a single mode optical fiber. IEEE Transactions on Instrumentation and Measurement,1998,47:168～173
13. Weiss M N,Srivastava R,Groger H. Experimental investigation of a surface plasmon-based integrated-optic humidity sensor. Electron Lett,1996,32:842～843
14. 朱育平.小角X射线散射——理论、测试、计算及应用.北京:化学工业出版社,2008
15. 李志宏,柳义.用小角X射线散射法研究溶胶结构.物理学报,2000,49(4):172～176
16. 冯健,陈丰.利用小角X射线散射仪测定超滤膜孔径大小及分布.膜科学与技术,1994,14(1):53～59
17. 李连之,周永治.激光散射及其在蛋白质溶液研究中的应用.大学化学,1998,13(3):98～102
18. 董朝霞,林梅钦.光散射技术在研究高分子溶液和凝胶方面的应用.高分子通报,2001,5:99～102
19. 申晋,郑刚,柏雪源等.基于动态光散射信号分形的颗粒测量技术研究.仪器仪表学报,2004,25(1):89～95
20. 郑刚,申晋.对动态光散射颗粒测量技术中几个问题的讨论.上海理工大学学报,2002,24(4):101～103
21. 王长军.噬菌体表面展示技术进展.国外医学:免疫学分册,2001,24(4):58～62
22. 成军.噬菌体表面展示技术的新发展及在病毒性肝炎研究中的应用.解放据医学杂志,2004,29(1):25～29
23. 丁淑燕,苗向阳,朱瑞良等.噬菌体表面展示技术.中国生物工程杂志,2002,23(7):98～102

第三章

分学科创新方法改进的发展策略和途径

第一节 我国该学科方法创新的研究基础

一、优势单位和研究设施

1994年，澳大利亚Macquarie大学的Wilkins和Williams首先提出了蛋白质组(proteome)的概念[1]，它源于蛋白质(protein)与基因组(genome)两个词的杂合，其定义为在一种细胞内存在的全部蛋白质。蛋白质组学以复杂的生物系统为研究对象，利用双相电泳(2-DE)、新型质谱(MS)技术、数据库设置与检索系统等研究手段，并结合大规模样品处理机器人，对生物系统中的重要节点进行分析和研究。整个研究过程一般包括：样品处理、蛋白质的分离、蛋白质丰度分析、蛋白质鉴定等步骤。蛋白质组学研究不仅是探索生命奥秘的必须工作，也能为人类健康事业带来巨大的利益[2]。

随着人类基因组全序列测定的完成，人类基因的注释与确认已成为生命科学面临的最重要任务之一。人类基因组中绝大部分基因及其功能有待于在蛋白质水平上加以揭示与阐述。蛋白质科学是研究生物体蛋白质的表达、修饰、定位、结构、功能及其相互作用方式的科学，旨在揭示生命活动的本质和规律。蛋白质科学与技术已经成为21世纪生命科学与生物技术的重要战略前沿，是生命科学突破与生物技术创新的必由之路，是生命科学与生物技术引领自然科学与技术的龙头。

由于蛋白质组学的研究对象复杂，所需大型仪器设备较多，在中国目前仍以中国科学院、军事医学科学院、各综合性大学等为研究主体。随着自动化技术的发展，也有部分搭建的产学研平台开始逐步开展相应的研究。

1. 中国科学院下属各相关研究所 中国科学院是中国为发展科学事业而采取的重大举措，经过50多年的努力，中国科学院已发展成为国家在科学技术方面的最高学术机构和全国自然科学与高新技术的综合研究与发展中心，具备了完整的科研体系和支撑平台，为蛋白质组学的发展奠定了良好的基础。

到目前为止，中国科学院共有10余个研究所的实验室参与到蛋白质组学的研究中。

(1) 中国科学院生物物理所：中国科学院生物物理研究所是国家生命科学基础研究所，主要研究方向集中在蛋白质科学和脑与认知科学两大领域，拥有“生物大分子国家重点实验室”和“脑与认知科学国家重点实验室”。2006年12月，经科技部批准，研究所正在筹建蛋白质科学国家实验室。蛋白质科学研究领域包括蛋白质三维结构与功能、生物膜和膜蛋白、蛋白质翻译与折叠、蛋白质相互作用网络、感染与免疫的分子基础、感知觉的分子基础、蛋白质与多肽药物、蛋白质研究新技术新方法等八个重点研究方向。脑与认知科学研究领域包括复杂认知过程及其脑机制、视知觉和注意的基本表达、感知觉信息加工的脑机制、脑与认知功能障碍等四个重点研究方向。蛋白质组学平台是中国科学院蛋白质科学研究平台的一个组成部分，2005 年 5 月完成一期建设，同年完成调试验收并开始运行。

(2) 中国科学院上海生命科学研究院：中国科学院上海生命科学研究院是由中国科学院原上海生物化学研究所、上海细胞生物学研究所、上海生理研究所、上海脑研究所、上海药物研究所、上海植物生理研究所、上海昆虫研究所和上海生物工程研究中心等 8 个生命科学研究机构经过结构调整、体制创新而组建成的。现有 8 个研究所和 3 个支撑单元，分别是生物化学与细胞生物学研究所、神经科学研究所、药物研究所、植物生理生态研究所、健康科学研究所、营养科学研究所、上海巴斯德研究所和中科院－马普计算生物学伙伴研究所，以及上海生命科学信息中心、上海中科伍佰豪生物工程研究发展有限公司、上海实验动物中心。重点研究领域主要有：功能基因组、蛋白质组和生物信息学，生物大分子的结构、相互作用及功能，细胞活动的分子网络调控，脑发育与脑功能的分子与细胞机制研究，防治重要疾病的新药研究开发、中药现代化研究以及药物研究的理论和方法，植物分子生理和植物与环境的相互作用，生物技术的创新和应用，生物医学转化型研究，现代营养科学研究，病毒学与免疫学研究，计算生物学研究，以及生命科学与其他学科的交叉研究。上海生科院根据国家重大战略需求和世界科技发展前沿，围绕建设以人口健康与医药为主线的生命科学创新基地的战略目标，将科技创新活动聚焦于生命现象本质的前沿探索和基础研究，人口健康重大问题的转化型研究，生物资源、农业和环境的关键问题等三大方向，努力在蛋白质科学和表观遗传调控研究、信号转导和细胞活动分子网络研究、脑与认知、神经系统疾病、创新药物、干细胞、肿瘤、糖尿病机制、营养与代谢、传染性疾病、生物质能源、转基因作物等研究中作出重大原始创新的工作。上海生科院是在建的蛋白质科学研究南方设施项目法人单位。蛋白质科学研究南方设施的建立将提升我国生物技术高科技公司的核心竞争力，为我国打造出一个具有重大国际影响的国家级综合性生命科学研究中心，使蛋白质科学成为创新型国家的重要标志；并带动生命科学的整体发展和医药、农业、工业、环境等方面的生物技术进入国际先进行列。

(3) 中科院北京基因组研究所：华大基因的蛋白组学技术平台是将先进的蛋白组学研究系统与华大的蛋白质研究技术人才、华大的生物信息学平台、华大的基因组学技术平台有机地结合在一起，不仅在研究水平上而且在规模上进行蛋白组学的研究，拟成为世界蛋白组学研究的一支重要力量。

(4) 遗传与发育生物学研究所：中国科学院遗传与发育生物学研究所(遗传发育所)最早成立于 1959 年，目前共有 58 个创新研究组。遗传发育所主要瞄准农业可持续发展和人口健康的国家重大战略需求，针对重要农艺性状分子机理、细胞分化与器官发育、生物分子网络、动植物品种设计以及农业资源高效利用等领域的关键科学问题，开展原始创新和集成创新研究，提出和发展具有重大影响的科学理论和概念；建立和完善动植物品种分子设计和培育的方法、重要遗传疾病研发以及农业资源高效利用的技术体系。

遗传发育所下设 5 个研究中心(植物基因研究中心、分子农业生物学研究中心、发育生物学研究中心、分子系统生物学研究中心和农业资源研究中心)和研究资源中心以及河北栾城农田生态系统国家野外观测试验站等网络平台支撑系统；拥有植物基因组学国家重点实验室、植物细胞与染色体工程国家重点实验室、中国科学院分子发育生物学重点实验室和河北省节水农业重点实验室；是国家植物基因研究中心(北京)的依托单位。

(5) 中国科学院微生物研究所：中国科学院微生物研究所是目前中国微生物学研究领域中学科齐全、水平最高的国家级研究机构。该研究所以微生物资源、工业与应用微生物、病原微生物与免疫为主要研究领域，拥有微生物资源前期开发国家重点实验室、植物基因组学国家重点实验室(与遗传与发育生物学研究所共建)、中国科学院真菌、地衣系统学重点实验室和中国科学院病原微生物与免疫学重点实验室。拥有亚洲最大的具有40万号标本的菌物标本馆和一个国内最大的具有17 000多株菌种的微生物菌种保藏中心，是世界知识产权组织批准的布达佩斯条约国际保藏单位。

(6) 中国科学院植物研究所：中国科学院植物研究所是我国植物基础科学的综合研究中心，围绕与植物学发展密切相关的生态环境、现代农业、植物资源和系统进化等领域，利用实验生物学(包括“组学”)、生物信息学等最新技术和手段，通过植物系统本身不同组织层次(分子、亚细胞、细胞、组织、器官、个体、群体和生态系统)以及植物科学与相关学科和技术的交叉融合进行整合研究。目前拥有系统与进化植物学研究中心、植物生态学研究中心、分子发育生物学研究中心、光合作用研究中心、信号转导和代谢组学研究中心和植物园、系统与进化植物学国家重点实验室、植被与环境变化国家重点实验室、中国科学院光合作用与环境分子生理学重点实验室等。

(7) 中国科学院上海药物研究所：中国科学院上海药物研究所是以创新药物的基础研究、应用基础和应用开发研究为主的综合性研究所，设有新药研究国家重点实验室、国家新药筛选中心两个国家级研究中心，五个研究室，以及一系列新药研发技术平台。通过生物学和化学两大学科的密切合作，阐明生物活性物质的结构、活性及其相互关系；探索药物作用的新机理、新靶点；完成新药临床前综合评价及研究。通过各个学科领域的综合研究，重点研究治疗严重危害我国人民健康的恶性肿瘤、神经退行性疾病、代谢性疾病的新药；同时对严重影响公共卫生和社会安全的感染性及突发性疾病等开展新药研发。

(8) 中国科学院海洋研究所：中国科学院海洋研究所是从事海洋科学基础研究与应用基础研究、高新技术研发的综合性海洋科研机构。重点在蓝色(海洋)农业优质、高效、持续发展的理论基础与关键技术，海洋环境与生态系统动力过程，海洋环流与浅海动力过程，以及大陆边缘地质演化与资源环境效应等领域开展了许多开创性和奠基性工作。

(9) 中国科学院华南植物园：华南植物园是我国最重要的植物学与生态学研究基地之一，围绕退化生态系统的恢复与重建、环境与生态安全、物种的演化形成与维持、生物多样性保育、植物资源储备与可持续利用等领域进行研究，设置了全球变化与生态系统服务功能、环境退化与生态恢复、植物系统与进化生物学、生物多样性保育与可持续利用、农业及食品质量安全与植物化学资源、种质资源创新与基因发掘利用等6大学科领域。

(10) 中国科学院昆明动物研究所：中国科学院昆明动物研究所位于中国云南，具有我国动物资源最丰富、最独特和最复杂的东喜马拉雅、东亚和东南亚大陆交汇地带的区域的资源优势，设立了系统动物学研究室、遗传与进化研究室、灵长类生物学研究室、动物毒素研究室、保护生物学中心、中国科学院典型培养物保藏委员会昆明细胞库等6个研究机构和有中国科学院“细胞与分子进化研究重点实验室”。

(11) 中国科学院上海巴斯德研究所：上海巴斯德所是由中国科学院与法国巴斯德研究所建立的合作研究所，与中国密切相关的疾病，如艾滋病、SARS、流感、乙肝病毒和丙肝病毒引起的肝炎以及人畜共患病，如对人类健康和生命威胁最大的禽流感和日本脑炎。上海巴斯德所在病毒的基础和应用研究方面已经取得重要进展，为其在新生病毒性疾病及其治疗和预防领域成为先进水平的研究中心奠定了基础。在急性呼吸性疾病研究领域，由法国巴斯德研究所协调的一个亚太地区国际合作研究联盟已见成效。2006年末，启动了肝炎和其他肿瘤病毒的项目，开展新的艾滋病研究项目将成为未来几年工作的重点之一。

2. 教育部各重点高校 教育部直属的重点高校，作为中国科研事业的一支生力军，在科学研究、人才培养方面发挥着重要的作用。在教育部、科技部等国家部位，以及国家自然科学基金委的大力支持下，逐步在一些高校的实验室开展了蛋白质组学的研究。

(1) 清华大学：清华大学蛋白质科学实验教育部重点实验室，由清华大学饶子和、孟安明院士、周海梦、陈应华教授等牵头组织，主要针对与人类重大疾病、神经生物学、发育生物学等生理过程中涉及的蛋白质进行研究，建立了一个包括基因克隆、蛋白质表达与纯化、蛋白质三维晶体结构研究等完整的蛋白质组学的研究平台。

(2) 北京大学：北京大学蛋白质工程及植物基因工程国家重点实验室，从 1996～2000 年间，共主持国家重大基础研究项目二级子课题 3 项，参加 3 项。主持科技部"转基因植物专项"重大项目 2 项。主持 863 项目 19 项，国家自然科学基金委面上项目 19 项，重点项目 2 项，国家杰出青年基金 4 项，国际合作项目 15 项，实到科研经费 6000 万元。共在国内外主要学术刊物上发表论文 275 篇，其中 SCI 收录论文 105 篇，出版中文专著 10 部。

(3) 中南大学：中南大学卫生部肿瘤蛋白组学重点实验室 2004 年成立，是我国第一个部级蛋白组学重点实验室，同时聘请国内著名的两院院士及相关专家学者夏家辉院士、樊代明院士、贺福初院士、刘筠院士、张玉奎院士、曾益新教授、余应年教授、肖志强教授等为该实验室学术委员会委员。该实验室以肿瘤蛋白质组学研究为主攻方向，致力寻找癌症致病"元凶"，既找到用于肿瘤早期诊治的生物标志物，然后进一步研究癌症发病机制，找出抗体，在此基础上开发新药，并将相关诊治方法应用于临床，最终攻克癌症。他们将在肿瘤细胞生物学、肿瘤分子生物学、分析化学、生物信息学和临床医学等与肿瘤蛋白质组学相关的多个学科领域，进一步展开重点攻关。

(4) 北京师范大学：北京师范大学高等学校蛋白质组学研究院由北京师范大学细胞所何大澄教授建议，2001 年由北京师范大学首倡并组建了在我国属于创新体制的高等学校蛋白质组学研究院。

(5) 湖南师范大学：湖南省蛋白质组学与发育生物学重点实验室依托于湖南师范大学。1995 年，湖南省蛋白质化学及分子生物学重点实验室经湖南省科委(现科技厅)批准建立，1997 年在全省 24 个重点实验室评估中名列第一，核准为 AAA 实验室；2001 年在全省重点实验室评估中获得优秀。为了适应生命科学发展的需要，实验室凝练研究方向，2002 年经湖南省科技厅批准，本实验室更名为湖南省蛋白质组学与发育生物学重点实验室。2000 年由国家教育部批准筹建教育部重点实验室，2001 年 9 月通过教育部验收并正式对外开放。2003 年由国家科技部批准为省部共建国家重点实验室培育基地，2004 年 4 月通过验收。该实验室是在湖南师范大学蛋白质化学与分子生物学和鱼类发育生物学两学科几十年研究工作的基础上创建起来的，梁宋平教授任实验室主任，中国科学院院士王志珍教授任学术委员会主任，中国工程院院士林浩然教授和中国工程院院士刘筠教授任学术委员会副主任。

(6) 南方医科大学：南方医科大学前身为中国人民解放军第一军医大学，"十五"以来，先后承担各类课题 1593 项，获得纵向课题经费 3.12 亿元，主持"973"课题 2 项、国家自然科学基金重点项目 12 项；作为第一完成单位获国家技术发明二等奖 1 项，国家科技进步二等奖 5 项("九五"以来共 11 项)，省部级科技成果一等奖 21 项。2000 年以来，我校有 5 项科研成果 7 次入选国家公布的年度科技十大新闻。在 2004～2006 年国家科技部公布的发表论文排名中，我校在全国高校中分别位居第 24 名、26 名、32 名；2006 年，侯凡凡教授的原创论文在国际顶尖医学杂志 *N Engl J Med*（《新英格兰医学杂志》）上发表，该成果被美国内科学年报评为"2006 年内科学领域最重要的 14 项研究进展之一"。

3. 军事医学科学院下属各相关研究所 军事医学科学院创建于 1951 年 8 月，是中国人民解放军的最高医学研究机构，下设卫生勤务与医学情报、放射与辐射医学、基础医学、卫生学环境医学、微生物流行病、毒物药物、卫生装备、生物工程、野战输血、疾病预防控制、军事兽医等 11 个研究所以及附属医院、医学图书馆、实验仪器厂、实验动物中心等单位，主要从事军事医学及相关基础医学、生物高新技术、新药研发等研究，汇集了一批高级科学技术人员。经过 50 多年的建设与发展，军事医学科学院已发展成为一个多学科综合性的医学科研机构，特别是在蛋白质组学研究方面作出了非常重要和突出的成绩。

（1）军事医学科学院放射与辐射医学院研究所蛋白质组学国家重点实验室：依托于军事医学科学院的蛋白质组学国家重点实验室于 2007 年 11 月经国家科技部正式批准建设，是目前我国在蛋白质组学领域批准建设的唯一的国家重点实验室。实验室致力于建立具有国际先进水平的蛋白质组学、功能基因组学及生物信息学"三维一体"的科学和技术体系，探索细胞基本生命活动过程的蛋白质功能网络和特征，揭示重大疾病发生发展的蛋白质（群）调控规律，发现特异性标志物和药物靶标分子。重点开展肝脏和神经系统的蛋白质组学研究。主要研究内容包括：人类肝脏蛋白质组组成及其功能网络研究；重大疾病相关的蛋白质组学研究；基于蛋白质组学的系统生物学研究；蛋白质组学新技术新方法研究。实验室主任和学术委员会主任目前分别由贺福初院士和强伯勤院士担任。

（2）军事医学科学院基础医学研究所：基础医学研究所主要从事与军事医学和临床医学相关的基础医学与生物高技术研究。该所设有神经生物学、细胞生物学、分子遗传学、分子免疫学、肿瘤分子生物学、分子病毒学、受体病理生理学、生物化学等研究室。其中有中国科学院院士 1 人。

（3）军事医学科学院微生物流行病研究所：军事医学科学院微生物流行病研究所成立于 1958 年，是全军专门从事微生物、流行病研究的综合性研究机构。该所以应用研究为主，重视基础研究，加强高新技术研究和发展研究，在微生物检验及致病机理、抗疟药物．消毒、黏膜免疫、抗体工程、媒介生物学、生物工程药物的研究和开发等领域具有明显优势和特色，拥有一批先进的仪器设备和完善的科研设施，形成了一批高水平的专业实验室和研究中心。

（4）军事医学科学院生物工程研究所：生物工程研究所主要从事生物学技术研究和承担生物工程产品的中试任务。该所设有细胞工程、蛋白质工程、基因工程和肽化学等研究室。有中国工程院院士 1 人。已形成生物技术上、中、下游配套的学科体系。特别是在基因工程疫苗、细胞工程等领域具有明显优势。获国家和军队科技成果奖 30 余项，有 3 项生物制品获国家卫生部颁发的《新药证书》，并获多项国家专利。

（5）军事医学科学院野战输血研究所：输血医学研究所主要从事血源及输血安全性研究。该所具有血液病原体检测与灭活、血液保存、血液制品、血液代用品和输血医学基础实验室等，率先在国内开展了红细胞血小板的冻干保存、血型转换等项具有特色的研究工作，先后获得了国家"八六三"、国家攻关课题多项。国家和军队科技成果奖 30 余项，有 3 项生物制品获国家卫生部颁发的《新药证书》，并获多项国家专利。

4. 相关国家实验室

（1）蛋白质组学国家重点实验室、北京蛋白质组研究中心、功能蛋白质组研究室：蛋白质组学国家重点实验室的前身是全军蛋白质组学与基因组学重点实验室，依托于军事医学科学院，2007年被国家科技部批准列入国家重点实验室建设计划。该实验室致力于建立和完善具有国际先进水平的蛋白质组学与功能基因组学及生物信息学“三维一体”的学术、技术体系，以肝脏、神经系统等重要生理、病理科学问题为重点，针对严重影响中国人群健康的重大疾病，全面系统地开展蛋白质组学研究，规模化发现和鉴定具有重要生理和病理功能的新（功能）蛋白质及其基因，利用生物信息学分析手段推动蛋白质组学与功能基因组学的交叉整合，揭示人类重要生命活动的转录、翻译、转运的整体、群集调控规律，为重大疾病防诊治提供科学基础，实现重要功能基因和蛋白质的成果转化，推动我国蛋白质组学及相关学科群的集成发展。

（2）卫生部肿瘤蛋白质组学重点实验室：卫生部肿瘤蛋白质组学重点实验室于2003年正式挂牌。其前身是1999年成立的中南大学湘雅医院肿瘤蛋白质组学实验室。室主任由博士生导师陈主初教授担任，副主任由博士生导师肖志强教授担任。自成立以来，在实验室建设、科研和人才培养诸方面都取得了显著成绩。该室已形成一支以中青年为主，学术梯队配套，科研方向稳定，科研水平较高，团结协作，刻苦钻研，勇于探索，努力奋进的科研和教学集体。已初步建设成为一个实验条件较好、技术较全面的，能作为研究生培养和科研人员培训的肿瘤蛋白质组研究基地。现该室在岗研究人员20人，其中正副教授8人（博士生导师3人、硕士生导师5人）。

（3）中国医学科学院基础医学研究所蛋白质组学实验室：蛋白质组学研究的一个重要内容是表达蛋白质组学，主要利用各种分离技术和质谱技术联用进行蛋白质鉴定、翻译后修饰等的分析。我们利用相关实验技术进行体液蛋白质组学分析，通过差异蛋白质组学研究以期发现疾病相关的早期标记物。蛋白质组学研究的另一个方面是功能蛋白质组学，主要是利用分子生物学技术进行蛋白质相互作用分析。我们利用酵母双杂交技术，对PDZ、SH2等多个结构域的结合特性进行分析，以期发现与这些结构域相互作用蛋白的规律，为药物开发提供帮助。

（4）国家生物医学分析中心蛋白质组学开放实验室：国家生物医学分析中心蛋白质组学开放实验室由军事医学科学院投资建设，国家生物医学分析中心（NCBA）蛋白质组学技术平台始建于1997年，主要由小规模双向电泳和第一代生物质谱（TofSpec 和 Platform Ⅱ）组成。2001年更新为接近当年国际水平的第二代——高通量（200～300蛋白质/天）、高灵敏（fmol）、高分辨率（＞10 000）、高准确度（5pmol）的较完整系统，包括可同时运行12块电泳胶的Ettan DALT twelve（Amersham）、能够进行随机序列分析和准确鉴定翻译后修饰的毛细管高效液相色谱-电喷雾-四极杆飞行时间串联质谱（CapLC Q-TOF2，Micromass）、带有源后衰变（PSD）功能的基质辅助激光解吸附电离飞行时间质谱（MALDI-TOF-MS，Reflex Ⅲ）和高自动化、可连续运行3840个样品的飞行时间质谱Autoflex（Bruker）、高容量HCT离子阱质谱和三级四极Quattro电喷雾串联质谱以及自动切胶系统Spot-Cutter（Bio Rad）和自动酶切系统MassPrep（Micromass）。

（5）中科院上海生物化学与细胞生物学研究院蛋白质组学重点实验室：中国科学院蛋白质组学重点实验室成立于2002年1月。该实验室集中和发挥中国科学院在蛋白质研究方面的优势，积极加强与国内外从事蛋白质相关研究单位的合作，瞄准国际前沿研究领域和重大研究课题，开展蛋白质方面的研究，努力为人类的健康与疾病研究做出重要的贡献。实验室现有研究组8个，蛋白质组学研究技术平台1个，特聘顾问4位。中科院蛋白质组学重点实验室研究方向主要定位在与重大疾病相关的蛋白质以及与基本生物学相关的蛋白质的研究，力图依托中国最优秀的科研基地，抓住机遇，集中优势，加强合作，瞄准前沿，积极推动蛋白质科学的发展，为人类的健康与疾病研究做出重要的贡献。

5. 各地搭建的“产学研”研发平台和相关企业

(1) 北京蛋白质组研究中心：北京蛋白质组研究中心位于中关村生命科学园，由军事医学科学院、中国科学院、中国医学科学院、清华大学、北京大学、江中集团及北京生物技术和新医药产业促进中心共同创建，致力于研究和开发具有自主知识产权的蛋白质组和功能基因组平台，致力于建设国际一流的集蛋白质组科学研究、技术创新、人才培养、成果转化、信息交流与技术服务于一体的国家级研究中心和基地。

(2) 北京华大基因研究中心蛋白质组学平台：1999 年 9 月 9 日，随着“国际人类基因组计划 1% 项目”的正式启动，北京华大基因研究中心也随之孕育而生。自成立之日起，华大基因孜孜不倦的致力于高水平的科学研究工作，不断超越自己，为科教兴国做出自己最大的贡献并取得了举世瞩目的成绩。2001 年 8 月华大基因出色完成了人类基因组计划(中国卷)的任务；同年 10 月独立完成水稻基因组“工作框架图”绘制和数据库建设，并向全球公布；成为我国生命科学领域的重大突破，并被国际科学界誉为“里程碑”式的贡献。以上两项成果还被江泽民主席在两院院士大会上列入我国生命科学历程中的重大成就。此后，水稻“完成图”、家蚕、家鸡、家猪、SARS、猪链球菌等一系列关系国计民生的基因组项目的圆满完成使我们赢得了更加广泛的肯定和尊重，在短短 3 年的时间里便成长为亚洲最大的基因组研究中心，测序能力位居世界第六。

(3) 慷迪生物科技有限公司：人类肝脏蛋白质组计划是唯一由中国牵头的国际性生物医学实验项目，而顺德在其中担当了重要角色。2007 年年初，顺德区政府与北京蛋白质组研究中心签署战略性合作框架协议，成立慷迪生物科技有限公司，协助北京蛋白质组研究中心的抗体项目落户顺德，并力争使有关科研成果在三年后实现产业化，打造具有国际影响力的抗体中心。

二、重要成果

1. 中国科学院下属各相关研究所

(1) 中国科学院生物物理所：蛋白质组学平台拥有一支由一名首席专家和四名具有中高级技术职称的技术支撑人员组成的技术支撑队伍[3]。已建立由双向电泳-质谱、2D-LC-MS/MS 组成的两条高通量蛋白质鉴定技术路线。该平台可以提供蛋白质的双向电泳分离、多肽和蛋白质的分子量测定、蛋白质的鉴定(包括低丰度蛋白质，如 2-DE 银染斑点等)、蛋白质复合体的鉴定、蛋白质翻译后修饰分析，以及不同复杂程度的蛋白质样品的 1D-LC-MS/MS 和 2D-LC-MS/MS 分析鉴定。该平台自正式投入使用以来，先后为院内外 20 多家单位(约 40 多个课题组)提供了技术服务。

(2) 中国科学院上海生命科学研究院：目前，上海生命科学研究院主要建有系统生物学重点实验室[4]等一批重要的蛋白质学研究实验室，主要在基于蛋白质组学策略的糖尿病大鼠肝脏胰岛素抵抗的动态变化研究、铁蛋白及不稳定性铁库在 TGF-β1 介导的上皮向间质细胞转变中的作用及其机制、对转化生长因子(TGF)-β1 诱导的 EMT 研究等领域取得了一系列重要的发现和成果。

(3) 中科院北京基因组研究所：蛋白组学是蛋白质研究室的主要研究方向，采用全方位、高通量的技术路线，包括双相电泳技术、MALDI-TOF 质谱技术、LS/MS/MS 和蛋白质芯片等进行蛋白质组学的研究。在此基础上，结合 ICAT 等灵敏的生物检测技术，形成了规模化的重大疾病、重要生物资源的蛋白质组学研究技术平台，可建立具有独立知识产权的蛋白质组数据库，发现疾病的相关蛋白和具有重要应用前景的生物标记分子，研究疾病的病理机制、建立疾病的早期诊断和治疗监测方法。从蛋白质与基因组双重水平上研究疾病和重要生物资源[5]。

(4) 遗传与发育生物学研究所：目前该所主要在胞内体运输的分子网络、溶酶体相关细胞器发生的分子细胞生物学机制等领域开展蛋白质组学方面的研究[6]，确定了 AP-3，HOPS，BLOC-1，BLOC-2，BLOC-3，ESCRT 等，这些复合体在货物(cargo)的分选和特定运输中形成的分子网络，确定某些特定 LRO 的组成和发生机制等。

(5) 中国科学院微生物研究所：目前，主要在谷氨酸棒杆菌代谢芳烃化合物的功能基因组学及蛋白质组学研究、微生物元基因组学研究、微生物硫代谢途径等研究方面取得了一批重要成果[7]。

(6) 中国科学院植物研究所：光合作用研究中心，围绕光合作用高效光能转换机制这一核心科学问题，通过植物生理生化、分子遗传学、功能基因组和蛋白组学等研究手段，系统、深入地开展光合作用功能调控的分子机制研究，从分子水平上揭示光能利用效率调控的规律，为提高作物光能利用效率的遗传改良提供理论依据和技术途径。

中国科学院光合作用与环境分子生理学重点实验室[8]以植物光合作用转能分子机制及其蛋白质组学、植物对环境应答和代谢功能基因组学与相关的基因工程等为主要研究方向。集中在光合系统和转能超快过程的微观机理与调控及其蛋白骨架协同变化的规律，植物对环境信号应答的功能基因组学，重点进行植物开花和生殖过程对环境应答的功能基因组学和蛋白质组学研究。

(7) 中国科学院上海药物研究所：目前，在分子代谢病学研究，在动物模型建立和利用遗传多态型、基因表达谱分离研究人类和动物代谢疾病相关基因方面、代谢失调性疾病化学基因组与蛋白质组学研究、灵芝酸 D 的细胞毒性机制和计算机预测其可能的作用网络积累了丰富的经验[9]。

(8) 中国科学院海洋研究所：实验海洋生物学重点实验室，主要研究海洋动物繁殖与遗传的基本规律，虾贝类功能基因组学和蛋白质组学及虾贝类免疫生物学特性和抗病机制，培育优质、高产和抗逆的养殖新品种。对虾功能基因组学和蛋白质组学：研究与对虾生长、性别和抗逆相关的基因和蛋白质及多肽，克隆相关基因，并进行体外高效表达及应用[10]。

藻类生理学以及分子发育调控方向，主要利用蛋白质组学的研究方法，研究海洋植物的比较光合作用，揭示海洋植物光合作用的分子机制，探讨提高栽培海藻光能利用率的途径与方法，突破大型经济海藻高值化利用的关键，研制相关的海藻产品，发展我国海藻产品的分析技术。

(9) 中国科学院华南植物园：在植物生理生化与分子生物学方向，进行了系统性的植物储藏物质合成与调控的基因组学与蛋白质组学方面的研究工作，并取得了一定的进展[11]。

(10) 中国科学院昆明动物研究所：系统动物学研究室、遗传与进化研究室、灵长类生物学研究室、动物毒素研究室、保护生物学中心、中国科学院典型培养物保藏委员会昆明细胞库等 6 个研究机构和有中国科学院“细胞与分子进化研究重点实验室”，利用蛋白质组学的方法，对中国特有的动植物资源进行遗传学分析和研究，取得了一系列的研究成果[12]。

（11）中国科学院上海巴斯德研究所：巴斯德所的新生病毒生物学等研究组，利用巴斯德所构建的蛋白质组学和病毒组学研究平台，来确定和辨别来自急性呼吸道感染和脑炎患者的病理标本中的新病毒。利用序贯诊断检验分析确定病毒，方法包括多重 RT-PCR、结合免疫荧光的病毒细胞培养、使用病毒特异抗体的电子显微镜、病毒基因组 DNA 芯片分析测序和系统分析。同时还与瑞金医院、中山医院等建立了合作研究计划，并与巴斯德研究所国际网络合作提高病毒诊断技术[13]。此外，为深入了解地区性和流行性儿童急性病毒性呼吸道感染的特征，开展了病毒起源和发生的流行病学和遗传学研究。

2. 教育部各重点高校

（1）清华大学：在人类肝脏结构基因组等蛋白质组学等研究领域，取得了一系列突出的成绩，其中在 *Science*、*Cell*、*EMBO J*、*PNAS*、*JBC* 等国际著名学术刊物上发表的 SCI 收录论文多篇[14]。

清华大学植物蛋白质组学实验室也在植物蛋白质组学及重要功能基因解析、棉花纤维发育与水稻抗逆的蛋白质组学、棉花纤维发育与水稻抗逆的重要功能基因解析、植物 microRNA 及水稻 MT 基因家族的调控机制的方面取得了重要的成果[15]

（2）北京大学：在中国科学院文献情报中心 1999 年发布的论文被引次数最高的前十个国家重点实验室中，本实验室排位第 4，联合建立了北京大学—耶鲁大学植物分子遗传学及农业生物技术联合研究中心和北京大学—香港中文大学植物基因工程联合实验室。首次全面解析了鸟类（高海拔、耐缺氧的斑头雁）血红蛋白的晶体结构，阐明其变构机制的特殊性。首次解析了植物呼肠孤病毒水稻矮缩病毒外壳蛋白的晶体结构，并对胰岛素分子 A 链小环及 A-B 链间的—S—S—在肽链折叠及重组方面的作用以及 C 肽可能的分子内分子伴侣作用进行了理论性的探索。对金属硫蛋白、尿激酶原分子或其突变体所进行的理论与转基因研究表明，它们在医药和农业、环保等方面均有明显应用前景。率先在国家 863 计划支持下，开展了生物信息学研究并成为 EMBNet 上的中国国家节点，成立了国内第一个生物信息学研究中心，建立国内领先、国际先进的公开数据库。构建了高密度拟南芥突变体库，已筛选突变体单株 45 000 个，完成了 2500 个片段的序列分析和基因定位。从水稻中分离了胰蛋白酶抑制剂基因并发现该基因产物能在体外抑制稻瘟病菌的生长。研究发现，该基因以基因家族的形式存在，7 个成员分布在约 35 kb 的水稻 DNA 片段上，在水稻不同组织、器官和发育阶段的表达谱完全不同。对这些基因的亲缘关系分析表明，它们可能来自基因重复和结构域位移两种方式。转化水稻品种中并在北京和云南两地进行抗病检测后发现，有两个转基因株系对稻瘟病有很强的抗性[16]。

北京大学医学部蛋白质组学实验室于 2003 年正式成立，拥有一支素质优良的科研队伍和国际上一流的蛋白质组实验设备，包括 Waters 公司电喷雾四极杆-飞行时间串联质谱仪（Waters Q-Tof Ultima Global）、Waters 和岛津公司基质辅助激光解析-电离飞行时间质谱仪（Waters MALDI micro MXTM MALDI-TOF-MS 和 SHIMADZU AXIMA-CFRTM Plus MALDI-TOF-MS）、Dionex 公司 Ultimate3000 高效液相色谱仪、Bio-Rad 公司双向凝胶电泳仪、岛津公司全自动蛋白质/多肽测序仪等。

（3）中南大学：2004～2008 年为实验室初期开放阶段。通过向国内外开放，使该实验室成为国内肿瘤蛋白质组研究方面具有较好的科研环境和实验条件，成为能代表国家学术水平、实验水平和管理水平的科学实验研究基地和学术活动中心[17]。

完成以下研究任务：①深入研究鼻咽癌和肺癌相关蛋白质（包括血清蛋白质）的结构、

功能及其与肿瘤发生、发展和预后的关系，获得具有自主知识产权的、可用于鼻咽癌和肺癌发病分子机理研究、新药开发和诊治的肿瘤特异蛋白质；筛选具有自主知识产权的、可用于鼻咽癌和肺癌筛选、早期诊断的血清标志物或(和)肿瘤相关抗原。②应用蛋白质工程技术深入研究肿瘤特异蛋白质的结构和功能，以及进行肿瘤特异蛋白质与其他蛋白质的相互作用关系的研究，在此基础上体外合成肿瘤特异蛋白质/多肽。③制备肿瘤特异蛋白质的抗体，开发用于肿瘤诊断的试剂和蛋白质芯片(抗体芯片)。

(4) 北京师范大学：2001年起在我国率先引进SELDI蛋白质芯片技术，开展了多种肿瘤标志分子的筛选，发表了国际上同类研究中肺癌方面最早一篇报道。同时用2D-MS等技术在我国最早开展了细胞周期动态蛋白质组学基础研究。建立研究平台，对国内高校广泛开展合作与服务。已与国内外30多家大学或科研院所进行了实际合作，并已发表了部分成果。组合高校力量，共同申请研究课题。目前承担或联合承担973、863和国家自然科学基金重点项目等省部级以上项目十几项，基金总数达2600万以上。定期或不定期举办国际和全国性研讨班，推动了蛋白质组学研究及应用在国内的广泛开展[18]。2004年12月与美国Ciphergen公司联合建立全球第五个"生物标志物检测中心"。此外，与AB公司共建的"亚洲合作示范实验室"也已完成合同草签。

(5) 湖南师范大学：湖南省蛋白质组学与发育生物学重点实验室下设蛋白质化学与蛋白质组学、基因敲除与转基因、衰老蛋白质化学、鱼类发育生物学、发育分子遗传学、疾病分子遗传学六个分室[19]。

(6) 南方医科大学：南方医科大学重大疾病的转录组与蛋白质组学教育部重点实验室，是南方医科大学基础医学院病理学与病理生理学学科的重要组成部分，主要由南方医科大学基础医学院的休克微循环研究室、细胞信号转导研究室、癌变分子原理研究室、分析测试中心、神经生物学研究室组成。主要从事肿瘤的转录组学和蛋白组学研究、肿瘤转移的分子机制研究、感染、炎症的细胞信号信号网络及其调控机制研究、心血管疾病的发生发展机制研究、缺血性脑损伤及其修复的蛋白质组学研究。已发表学术论文400余篇，其中SCI论文41篇，合计影响因子超过174。其中包括 *N Engl J Med*、*Am J Respir Crit Care Med*、*Free Radic Biol Med*、*Shock*、*J Proteome Res*、*Clin Infect Dis*、*J Pathol*、*Eur J Neurosci* 等国际著名期刊[20]。

3. 军事医学科学院下属各相关研究所

(1) 军事医学科学院放射与辐射医学院研究所蛋白质组学国家重点实验室：近5年来，在国家科技部、总后勤部卫生部、自然科学基金委以及北京市科委等有关部门的大力支持下，实验室完成了一系列重大科研任务，取得了一系列重要的科研成果。先后牵头承担了973项目"人类重大疾病的蛋白质组学研究"、国家科技攻关项目"人类重大疾病及重要生理功能相关的蛋白质组学研究"、国家自然科学基金创新群体研究项目"人胎肝蛋白质组学及重要细胞调控因子的发掘"、北京市重大科技专项"肝脏及重大肝病的蛋白质组学研究"、重大科学研究计划项目"人类肝脏蛋白质组重要科学问题研究"、科技部重大专项"功能基因组与蛋白质组"中蛋白质组学相关课题等多项蛋白质组学的重大科研项目，以及80余项其他相关课题。同时还全面负责中国人类肝脏蛋白质组计划(CNHLPP)，推动了国内跨学科、跨专业、跨地域、跨部门的广泛合作。开展了蛋白质组学的方法研究以及胚胎干细胞、人胎肝、成人肝、肝炎、肝癌、肿瘤转移、SARS、神经系统疾病、白血病等人类重大疾病与重要生理功能相关的蛋白质组学研究。获得国家自然科学二等奖2项、国家科技进步二等奖

2 项、军队科技进步一等奖 2 项、北京市科技进步一等奖 3 项等共 20 余项省部级以上科研成果。实验室成立一年多来，已经在 *Nature Genetics*、*Nature Immunology*、*Nature Cell Biology* 等 5 种 *Nature* 子刊，以及 *PNAS*、*Mol. Cell Proteomics* 等相关领域的权威期刊上发表一系列重要文章。在国际合作方面，牵头组织了国际上第一个人类组织/器官的蛋白质组研究大型合作计划——人类肝脏蛋白质组计划(HLPP)。同时，实验室还先后与美国 Fred Huthinson 癌症研究中心、法国国家健康研究院、欧洲生物信息研究所等单位的二十多家著名实验室开展了广泛的实质性的国际合作，为推动国际蛋白质组学发展发挥了重要作用[21]。

(2) 军事医学科学院基础医学研究所：在分子免疫、受体理论、细胞因子及其受体的生物功能调节、蛋白质结构与功能研究、基因治疗研究等方面有较强优势。在蛋白质组学研究方面，主要是利用蛋白质组学方法从人骨髓间充质干细胞(MSCs)中，成功地高通量筛选鉴定出 23 个具有调控作用的重要差异蛋白。这一研究发现，为从蛋白质组学的高度进行 MSCs 定向分化的分子机制研究奠定了基础[22]。

(3) 军事医学科学院微生物流行病研究所：在蛋白质组学研究方面，建立鼠疫耶尔森菌的蛋白质组学研究方法，获得鼠疫耶尔森菌的基本蛋白质组数据。在布氏杆菌(*Brucella*)的感染免疫过程中，单核巨噬细胞的应答起着非常关键的作用，而毒力不同的布氏杆菌引起的宿主反应截然不同。共发现了 38 个差异表达的蛋白质点，集中在结构蛋白，信号传导途径和物质代谢等领域，还有一些功能未知的蛋白。这一结果为研究布氏杆菌的感染与致病机制提供了方向，对深入探讨病原菌-宿主的相互作用模式具有参考价值。运用免疫蛋白质组学的手段，从炭疽 A16R 疫苗株无菌培养滤液的二维凝胶电泳中选择与保护性抗体结合和不与该血清结合但丰度高的蛋白质点，进行质谱鉴定和信号肽分析。炭疽无菌培养滤液中含有 PA 成分，PA 是炭疽疫苗的重要保护性抗原[23]。

(4) 军事医学科学院生物工程研究所：在蛋白质组学研究方面，发现了 TolC 蛋白质在制备免疫制剂及疫苗中的应用。通过实验，用免疫蛋白质组学技术发现 TolC 具有极强的血清学反应，因其位于胞外，很可能是中和性抗原，可用作痢疾感染的检测诊断制剂或可用作保护性抗原进行疫苗研制，具有良好的应用前景[24]。

(5) 军事医学科学院野战输血研究所：该研究所应用蛋白质双向凝胶电泳技术分析在急性重度失血性休克条件下大鼠血浆蛋白质组表达的差异，并初步鉴定急性重度失血性休克后大鼠血浆去除高丰度蛋白后的差异表达蛋白质，为深入研究失血性休克的生理病理机制及寻找失血性休克预防和治疗的生物标志物提供了依据[25]。

4. 相关国家实验室

(1) 蛋白质组学国家重点实验室、北京蛋白质组研究中心、功能蛋白质组研究室：功能蛋白质组研究室位于环境优美的中关村生命科学园内，相继在蛋白质组学方面承担了一系列国家“973”、“863”、自然科学基金及北京市重大项目等课题。主要研究领域涉及胎肝发育与造血、肝再生、肝脏疾病(肝炎、脂肪肝、肝炎、肝硬化、肝癌)及成人正常肝脏蛋白质组研究。研究内容包括蛋白质表达谱，差异谱，亚细胞蛋白质组，蛋白质功能复合体，蛋白质磷酸化谱，蛋白质组与转录组及代谢组比较研究。系列研究结果已在国际蛋白质组专业期刊 *Molecular cellular Proteomics*，*Proteomics*，*J Proteome Research*，*Electrophoresis* 上发表[26]。

(2) 卫生部肿瘤蛋白质组学重点实验室：该室下设二维电泳、质谱分析、生物信息学、细胞生物学、分子生物学、生化分析、细胞培养和细菌培养等 8 个功能实验室。现有实验用房

1200平方米。室内除装备有常规的细胞生物学和分子生物学设备外，还配备了全套双向凝胶电泳装置、双向电泳图像分析系统、自动切胶仪、质谱仪、毛细管电泳仪、色谱仪和惠普工作站及网络系统等蛋白质组学研究专用设备。在建立肿瘤蛋白质组研究技术平台的基础上，以中国人常见恶性肿瘤(鼻咽癌和肺癌)为主要研究对象，应用蛋白质组研究技术和蛋白质工程技术相结合的手段，侧重从肿瘤蛋白质整体水平出发研究肿瘤蛋白质组的变化规律，发现肿瘤特异蛋白质(群)并探讨其结构和功能，建立相应的肿瘤蛋白质组数据库，为揭示鼻咽癌和肺癌等肿瘤发病的分子机制及其防治、诊断和新药开发提供科学依据。实验室目前主要开展鼻咽癌、肺癌和大肠癌蛋白质组学研究，获得了国家"973"计划子项目、4项国家自然科学基金、2项湖南省科委重点项目、1项湖南省自然科学基金、1项湖南省卫生厅重点项目、1项湖南省生命科学联合中心项目和1项中国博士后科学研究基金项目的资助。采用2-DE和MALDI-TOF-MS技术分析了3株人鼻咽癌细胞系和4株人肺癌细胞系的总蛋白质，建立了鼻咽癌和肺癌细胞系蛋白质的2-DE数据库，并建立了蛋白质组学网站。与此同时，采用蛋白质组研究技术分析了人肺腺癌细胞系A-549与永生化人正常支气管上皮细胞系HBE之间差异表达的蛋白质，鉴定了18个在这两株细胞系之间表达有明显差异的蛋白质。另外，开展鼻咽癌和肺癌癌变各阶段组织的蛋白质组研究，初步建立了鼻咽癌、肺癌癌变各阶段组织的蛋白质表达谱和差异蛋白质表达谱，并开展了鼻咽癌和肺癌血清蛋白质组研究。至今在国内外已发表蛋白质组学学术论文20余篇，并于2002年编写出版了国内第一本《肿瘤蛋白质组学》专著。这些研究工作为大规模开展肿瘤蛋白质组学研究奠定了基础[27]。

(3) 中国医学科学院基础医学研究所蛋白质组学实验室：生物信息学是蛋白质组学研究的一个重要工具，我们开发了相关软件和算法，可以更好地进行表达蛋白质组和功能蛋白质组学分析，以提高蛋白质组学的研究效率。通过上述方法，我们提供了蛋白质组学研究的工具和相关技术，利用酵母双杂交技术研究结构域的结合特性，为药物筛选奠定基础，应用液质联用技术进行尿蛋白质组表达谱和糖蛋白质组修饰谱研究，应用生物信息学方法进行蛋白质相互作用的预测和质谱数据分析[28]。

(4) 国家生物医学分析中心蛋白质组学开放实验室：目前平台已经更新为第三代。它以超高性能的9.4T混合型串联傅里叶变换回旋共振质谱为主要特征。分辨率超过140万，准确度优于1.0ppm，可实现超高分辨、高准确度和高灵敏度的多级串联质谱功能。该系统配备了丰富的辅助离子解离组件，可实现整体蛋白质的序列标签分析，无须进行酶切而直接鉴定蛋白质，是研究生物标志物最有力的、最可靠的手段[29]。

(5) 中科院上海生物化学与细胞生物学研究院蛋白质组学重点实验室：运用生物化学、分子生物学、结构生物学、蛋白质组学以及其他生物学、生物物理学等方法和技术，针对肿瘤、衰老、神经系统疾病等重大疾病以及具有重要生物学意义的蛋白质，开展蛋白质的结构和功能、蛋白质的表达和修饰以及蛋白质的相互作用等的研究，以及重大疾病相关的蛋白质的结构生物学研究、蛋白质的功能研究(蛋白质的相互作用、磷酸化、烷基化修饰)、重大疾病相关和具有重大生物学意义的蛋白质组学研究：(细胞分化、神经发育、信号转导)和蛋白质组学研究的新方法和新领域(生物质谱方法、量子点技术)等[30]。

5. 各地搭建的"产学研"研发平台和相关企业

(1) 北京蛋白质组研究中心：北京蛋白质组研究中心在国际蛋白质组学领域最具影响力的专业性刊物《分子与细胞蛋白质组学》2009年第3期上，同时发表了《鸟枪法蛋白质组研究中对鉴定肽段进行验证的贝叶斯非参模型》、《亨廷顿疾病患者脑脊液的脑特异性蛋白含量下调》等三篇研究论文。三篇研究论文分别从乙型肝炎病毒(HBV)相关疾病的诊断治疗方法、蛋白质组质谱数据筛查新模型和亨廷顿疾病发病机理等方面进行了深入研究。其中《二维蓝色温和胶/聚丙烯酰胺凝胶电泳方法分析揭示热休克蛋白分子伴侣复合体参与HepG2.2.15细胞中HBV的产生》一文发现了HBV相关疾病治疗的潜在靶点。HBV感染作为一种严重危害人类健康的重大疾病,目前治疗手段有限,其重要原因是缺乏有效的治疗靶点。姜颖副研究员课题组用先进的蛋白质复合体分离和鉴定方法,发现了治疗乙型肝炎病毒相关疾病的潜在靶点,为系统了解乙型肝炎病毒的生命周期和研发相关疾病的治疗药物提供了新的思路。《鸟枪法蛋白质组研究中对鉴定肽段进行验证的贝叶斯非参模型》一文的发表大幅提升了蛋白质组质谱数据的利用率。大规模、高通量的蛋白质组研究产生了海量的数据,其中包含了大量的噪声,而可靠的数据是进一步生物学分析的基础。目前的分析方法均采用了过严的标准,这在降低假阳性的同时也人为地造成了数据较高的假阴性,导致大量数据浪费。因此,"在保证高可信度的前提下,最大限度地利用实验数据"一直是蛋白质组学界的追求。朱云平研究员课题组基于随机数据库策略、非参概率密度模型和贝叶斯公式,建立了串联质谱数据过滤的多元贝叶斯非参模型,将质谱数据的利用率提高了10%~40%,创造了目前该领域研究的最好水平。钱小红研究员课题组合作发表的《亨廷顿疾病患者脑脊液的脑特异性蛋白含量下调》一文发现了亨廷顿疾病潜在生物标志物。该研究以患者脑脊液为样本,通过对基因组和蛋白质组数据的整体研究,规模化地筛选和鉴定与亨廷顿疾病(HD)发生、发展密切相关的蛋白质,揭示出HD患者脑脊液中高表达的蛋白可作为HD的潜在生物标志物,为有效诊断亨廷顿疾病提供了可能的参考指标[31]。

(2) 北京华大基因研究中心蛋白质组学平台:华大在科研上致力于从整体的角度系统地解决生物学的问题,在产业上致力于满足社会日益增长的对生物技术革命带来的各项需求。在这样思想的指导下,通过多年的建设,华大基因已成为拥有基因组学、生物信息学、蛋白质组学、基因多态功能研究和药物筛选五大技术平台的国内最大的相关综合性研究中心,并拥有曙光3000、曙光4000、IBM、SUN、SGI等超级计算机,ABI 3730xl、ABI3700、MegaBACE等百余台先进的测序仪,Sequenom飞行时间质谱SNP检测系统,PerkinElmer荧光偏振基因分型系统,Illumina-Bead Station 500G基因分型系统,基因芯片点样仪、扫描仪,DNA和多肽合成仪,气相、液相-质谱联用仪等多种高精尖仪器,在基因组研究领域走在国际前沿[32]。

(3) 慷迪生物科技有限公司:经过1年的生产实验,目前,慷迪的抗体实验、生产和销售都取得了实质性的进展,依托北京蛋白质组研究中心抗体研究的一系列先进技术,已成功完成100多种抗体成品的生产,产品已经销往美国以及国内部分科研机构[33]。

执笔:娄智勇

讨论与审核:孙玉娜　杨秀娜　廖　爽　王　权　任志林

资料提供:孙玉娜　杨秀娜　廖　爽　王　权　任志林

参考文献

1. Wilkins MR, Pasquali C, Appel RD. From proteins to proteomes: largre scale protein identification by two-dimensional

ele trophoresis and aminoacid analysis. Biotechnology,1996,14(1):61～65
2. 朱红,周海涛,何春涤．蛋白质组学及其主要技术．癌变畸变突变,2005,5:318～320
3. http://www. ibp. ac. cn/c/01/01. html
4. http://archives. sibs. ac. cn/yuanshi. html
5. 北京基因组研究所．做中国生命科学领域的“生力军”——北京基因组研究所在创新与奋斗中孕育而生．中国科学院院刊,2004,3:98～102
6. http://www. genetics. ac. cn/Announce. asp ChannelID=0&ID=1
7. http://www. im. cas. cn/
8. http://www. ibcas. ac. cn/yjxt/index. asp
9. http://www. simm. ac. cn/p1_01. htm
10. http://www. qdio. cas. cn/gkjj/
11. http://www. scib. cas. cn/ykjs/yjj/
12. http://www. kiz. ac. cn/Lib/Index. asp
13. http://www. shanghaipasteur. ac. cn/cnb. asp
14. http://2003. chisa. edu. cn/month/27/27_6_4145. asp
15. http://molgene. biosci. tsinghua. edu. cn
16. 朱玉贤．北京大学蛋白质工程及植物基因工程国家重点实验室．生物技术通讯,1998,2:32～36
17. 肖志强．肿瘤蛋白质组学的研究进展．湖南省生理科学学会,2004年度学术年会
18. 高等学校蛋白质组学研究院．蛋白质组学将造福人类．科技日报,2001,7
19. 湖南师范大学．重点学科、重点实验室建设．湖南科技年鉴,2004
20. http://web5. fimmu. com/school/content. php category_id=8&id=70
21. 高雪,郑俊杰,贺福初．我国蛋白质组学研究现状及展望．生命科学,2007,3:78～82
22. 刘少君,丁勤学,郭晓君等．蛋白质组学关键技术的创新、改进和应用．中国蛋白质组学第三届学术大会论文摘要,2005
23. 周冬生,杨瑞馥．细菌比较基因组学和进化基因组学．微生物学杂志,2003,5:68,69
24. 王恒樑,黄留玉,应天翼等．蛋白质 ToIC 在制备免疫制剂及疫苗中的用途．中国专利,公开号:CN1876180
25. 郑伟,周虹．急性重度失血性休克条件下大鼠血浆和肝脏蛋白质组学的研究
26. 高雪,郑俊杰,贺福初．我国蛋白质组学研究现状及展望．生命科学,2007,3:109～120
27. 郭苗云．卫生部肿瘤蛋白质组学重点实验室批准成立．中国卫生年鉴,2004
28. http://www. antpedia. com/labs/42-id. html
29. http://www. proteomics. com. cn/
30. 中国科学院新组建的重点实验室,中国科学院院刊,2002,17,6
31. 北京蛋白质组研究中心入驻中关村生命园．科技潮．2004,3
32. http://bj. genomics. org. cn/bgi_new/menu/center/grow. htm
33. http://www. kangdisw. com/kangdi/Html/Main. asp

第二节　我国该学科创新方法的研究需求

一、技 术 需 求

(一) 新药设计、筛选和优化

生命科学和生物技术日新月异的发展,特别是基因组计划的完成以及后续功能基因组、结构基因组和蛋白质组计划的实施等,使药物研究与医药产业跨越到一个革命性变化的新时代,进入到一个从基因功能到药物开发的新模式。一方面新药研究越来越依赖于生命科学前沿技术如功能基因组、蛋白质组和生物信息学等的发展,依靠它们来大量发现和

验证新的药物靶点;另一方面在新药研究过程中越来越多地融入了理论和结构生物学、计算机和信息科学等新兴学科,对创新药物的研究与开发产生了深远的影响。

新药的研究一般含有四个重要环节,即靶标的确定,模型的建立,先导化合物的发现和先导化合物的优化等[1]。研究中利用基因重组技术建立转基因动物模型或基因敲除以验证与特定代谢途径相关的靶标,或者利用反义寡核苷酸技术通过抑制特定的信使 RNA 对蛋白质的翻译来确认新的靶标。药物的靶标通常是一些酶,受体,离子通道和核酸等。选定靶标以后,通过建立生物学模型,如体外筛选模型,动物模型等,来筛选和评价对靶标起作用的化合物的活性,药物的剂量—效应关系等。为减少后期淘汰率,一般还需进行药物的吸收、分布、代谢及毒性分析(ADMET)的早期筛选,如药物的药代动力学模型(ADME评价),药物稳定性试验等[2]。第三个重要环节是具有重要生物活性或药理活性的先导化合物的发现。它可以通过包括计算机预筛在内的广泛筛选,或根据已知的受体(或受体未知,但有一系列配体的构效关系数据)进行有针对性的先导化合物设计而获得。最后一步是对先导化合物存在的缺陷进行优化,提高它们的作用强度或特异性,药代动力学性质,毒副作用,化学或代谢上的稳定性等。优化后再进行体内外活性评价,循环反馈,最终获得优良的化合物——候选药物(drug candidate)。

药物设计过程中,针对酶,受体,离子通道,核酸等潜在的药物作用靶点,人们常常依据内源性配基或天然底物的化学结构特征,进行结构修饰或改造来设计药物分子[3,4]。这种设计方式是基于对生理或病理过程机制的详细研究,是生物医学和化学结合的途径,因此设计出来的药物活性强,选择性好,副作用小。酶具有重要生理生化功能,能与关键性酶作用的化学物质常具有特定的生物活性。目前上市的药物大多是酶抑制剂。这类药物通过模拟酶的反应底物结构,竞争性的抑制某些代谢过程,降低酶促反应产物的浓度而发挥其药理作用[5]。受体能准确识别一些内源性递质、激素、自身活性物质或化学结构特异性的配体,传递信号。作用于受体的药物也非常多,目前问世的有几百种之多,分为受体的抑制剂和激动剂。近年来,受体不断被发现和克隆表达,有关它们的生化,生理,药理性质也相继被阐明,为新药设计和研究提供了更准确的靶点和理论基础。离子通道控制细胞质的稳定和离子的流动,以离子通道为靶点的药物的目的就是人为的调控离子的流动速率,以达到预期效果[6]。核酸与肿瘤密切相关,某些原癌基因被外界刺激(如射线,致癌物质等)激活并表达,导致细胞无限增生而产生肿瘤。设计反义核酸,抑制或封闭靶基因的表达;或设计带有特定识别基团的小分子来选择性地嵌入到靶标核酸内,破坏其结构使之不能表达,可以消除肿瘤。

先导化合物还需要经过一定的优化,来改善药物的各方面性质。一般开始时设计大量的类似物,对先导物结构进行局部修饰或改造,如取代基的变化,结构的扩展,链的伸缩,环的改变,结构锁定,等电子体替换以及改变药效团之间的距离等,来获得疗效更好,毒副作用更小的新药。对于一些结构复杂的先导物,如一些天然产物等,还需要简化分子的结构,降低合成成本。药物作用靶点都具有手性,不同对映体的药物可能具有显著的药效差异,因此对先导物的立体结构也需要优化。优化过程中还可能应用前药原理,将有活性的药物通过化学方法制成无活性的衍生物,在体内再释放出原药而发挥疗效,此策略可以提高药物的生物利用度,增加药物的稳定性,减少毒副作用,促使药物长效化或掩蔽药物不适臭味等。有时还会应用软药原理,设计出只经一步代谢即可转变为无毒,无活性化合物的药物,从而使药物的副作用降到最低。此外还要进行药代动力学的优化,改变药物的溶解性,增加或缩短药物的半衰期等。近些年,对药物分子进行靶向修饰,制成特异性靶向药物得到了广泛的研究,特别是针对肿瘤的治疗。抗癌药大多数直接攻击DNA或抑制其合成,对肿瘤细胞缺乏特异性。纳米生物学技术给药物分子装配"制导"装置,提高病灶部位的药物浓度,大大降低抗癌药物对正常细胞的毒性作用。如小分子STI571和单抗Herceptin等药物直接攻击致癌病因,选择性强,临床效果显著且副作用小[7]。

化合物的活性需要建立合适的药物筛选体系来评价。在抗癌药物的筛选中,传统的方法多是针对肿瘤细胞的直接毒性,由此得到的药物大多对正常组织有很大的毒副作用。随着对肿瘤细胞生长中的信号传递过程,癌基因和抑癌基因的功能等的认识,人们发现了许多与肿瘤发生和发展关系极为密切的重要的信息传递和胞内调控过程的关键反应的蛋白,如一些蛋白激酶和磷酸酯酶,端粒酶,肿瘤新生血管的生长因子或抑制因子,含锌的基质金属蛋白酶(matrix metalloproteinases)等。建立分子水平上的抗肿瘤药物的筛选,使研究从针对疾病过渡到针对机理,从治表走向治本。在抗病毒药物研究方面,艾滋病病毒,疱疹病毒(HSV),流感病毒,肝炎病毒等都是严重的健康问题,需要深入研究,目前还没有药物能有效地控制病毒感染。在抗病毒药物筛选模型中,艾滋病毒蛋白酶抑制剂的成功为其他抗病毒药物研究提供了一线希望,研究肝炎病毒的蛋白酶抑制剂可能是获得有效的抗肝炎药物的一个突破点[8,9]。心血管系统疾病的药物筛选,集中在一些酶或受体上,如用血管紧张素转化酶的抑制剂或钙离子通道拮抗剂用于治疗高血压,HMG-CoA还原酶抑制剂用于治疗高血脂等。然而,时而发现的药物副作用说明有必要寻找具有新的作用机制的心血管系统药物。内皮素转化酶抑制剂和内皮素受体拮抗剂可能具有血管松弛作用,成为发展抗高血压药物新途径。在神经系统药物的筛选方面,一氧化氮信使分子由于参与免疫、心血管及神经系统的许多过程,其合成酶抑制剂将有可能成为保护脑细胞的药物。现今此类抑制剂选择性差,选择性针对不同亚型的一氧化氮合成酶(神经、内皮细胞及巨噬细胞)的抑制剂的筛选模型将有可能为我们提供新的脑细胞保护药物。

在药物筛选和设计领域中,基于核磁共振的生物大分子高亲和性配体的方法SAR-by-NMR(structureactivity relationship by NMR)值得一提,它能够在短时间内得到高亲和性的先导化合物,加快了药物发现的速度[10,11]。其基本方法是:采用基因工程方法制备^{15}N标记的目标靶蛋白,通过NMR技术从小分子化合物库中筛选出与靶蛋白有亲和特性的先导小分子;再次采用相同的方法筛选出与相邻的另一位点结合的先导小分子。在选定两个先导分子片段之后,用多维NMR等技术测定蛋白质和两个配体的复合物的完整三维空间结构,确定两个配体在靶蛋白上确切的结合位置及其空间取向;基于上述三维结构设计恰当的连接桥将两个先导分子连接起来,使得到的分子和靶蛋白结合时保持各自独立时的结合位置及其空间取向,最终筛选得到一个高亲和性的配体。

随着基因组学和蛋白质组学进展,人们发展了许多大规模、自动化加样和检测的高通量筛选模式,以适应短时间、大批量的药物筛选,如目前发展较快的生物芯片技术,基于细胞水平的GPCR药物筛选技术,和计算机辅助药物筛选等[12]。高通量筛选技术提高了筛选速度,反过来也推进了数量庞大,结构类型丰富的化合物库的建立。组合化学能针对大量靶点,短期内合成大量药物前体。近期发展的动态组合化学,通过靶点与分子之间的识别作用,放大这些分子在化合物库中的含量比例,提高了药物发现的概率和分离纯化的过程[13,14]。

目前全球医药研发以寻求新化合物为主导,化学药的研发主导了世界医药市场。但化学药物的开发是一个漫长复杂并充满风险的过程，成功率极低。随着分子库增大，靶点增多，筛选的规模变大，投入增多，新药诞生的数量依然是每年 20～30 个，近期出现的数量甚至在减少。老药新用，将一些已应用于临床的药物作为先导化合物进行研究和结构改造，增加药效，改善吸收，延长作用时间及减少副作用等，是一个见效快而又投入少的研发策略，受到众多药物研发公司的青睐，是新药研发的一条重要出路。从中医药资源宝库中寻求新药，利用现代医药科技来开发中药，是中国的新药研发的另一条重要出路。人们尝试一些途径对中药进行现代化研究，借鉴国际通行的医药标准和规范研究来开发中药，如完善中药量化的质量体系标准，研究中药的新配方，发掘中药中重要单体化合物，对单体化合物重新配伍形成新的复方化合物等。通过这些途径，形成现代的化学或生物中药，并将其推进国际市场，与世人共享中医药的宝贵财富。组分中药是近期提出的一个新概念，这个体系包括中药复杂组分的分离制备、中药各类组分信息的管理，查询及分析系统的建立、中药活性评价技术的建立，中药组分在不同层次上的活性评价的实现，组分配伍优化设计等核心技术。

（二）蛋白药物靶标的识别和鉴定

药物靶标是指细胞中具有重要功能，与药物相互作用并赋予药物效应的特定分子，如酶，受体，离子通道和核酸等。大部分的药物靶标（98%以上）属于蛋白质，如 G 蛋白偶联受体（GPCRs）、丝氨酸、苏氨酸和酪氨酸蛋白激酶、锌金属肽酶、丝氨酸蛋白酶、核激素受体以及磷酸二酯酶等家族。

基因组学、生物信息学和蛋白质组学的发展，极大地推动了特异性药物靶标的发现进程。人们从基因或蛋白的序列、变异、结构、表达、调控、激活、结合物、功能和信号传导等各个方面入手寻找药物靶标和开发新药[15,16]。基因组计划的完成使人体中潜在药物靶标激增到过去发现的 20 倍。如何建立新的方法系统解析人类基因组中所含的二万多个基因的功能，挖掘新的药物靶标，将对医学发展和新药开发带来深远的影响。同时药物靶标的发掘也具有极高的商业价值，是新药开发的关键环节。一些重要的药物靶标，其相关开发应用价值可达千万至上亿美元。采用新技术快速和大量地发掘药物靶标，成为各大制药公司投资的重点，确保他们在今后获取更多新药的利润份额[17]。

靶标的筛选和识别需要基因组学、蛋白质组学、生物信息学等研究领域的深入发展和现代生物技术手段如质谱、生物大分子相互作用分析（BIA）及生物芯片等技术的综合应用[18,19]。功能基因组学在全基因组序列测定的基础上，从整体水平研究基因及其产物在不同时间、空间、条件的结构与功能关系及活动规律。人类全基因组测序已经完成，20 多个微生物全基因组序列也已完成，这些基因组中所有的基因均可能作为潜在的靶点。基因组学技术在药物靶标发现中的应用主要体现在以下两个方面：对致病蛋白质的综合分析，注重于对致病相关基因序列、蛋白质序列等分子信息的分析，包括计算机同源校准、差别基因表达分析及整体蛋白组分析；对特定致病蛋白质靶标的专一表征，侧重于对疾病相关基因（靶基因）功能的分析，包括基因敲除，反义 RNA 和核酶抑制以及计算机模拟等对基因产物的结构和功能变化的分析，近年来又采纳了核糖核酸干扰等，用来快速和大批量地获取新药物靶标[20]。

蛋白质组学通过比较疾病状态和正常生理状态下蛋白质表达的差异，广泛用于药物靶标的发掘[21,22]。质谱技术在比较蛋白质组学中对潜在蛋白靶点的鉴定起着十分重要的作用。软电离质谱技术使得在 pmol 甚至 fmol 的水平上准确的分析分子量高达几万到几十万的生物大分子成为可能,使质谱技术真正走入生命科学的研究领域并得到迅速发展。通过质谱分析技术识别不同样品中大量相关蛋白质的差异,筛选可能的疾病相关蛋白,然后与临床实验作比较,以确定真正的靶标蛋白。酵母双杂交技术也是发现药物靶标的重要途径。该技术能够通过报告基因的表达产物敏感地检测到蛋白质之间相互作用的路径。对于能够引发疾病反应的蛋白相互作用,可以采取药物干扰的方法,阻止这种相互作用以达到治疗疾病的目的。例如,Dengue 病毒能引起黄热病、肝炎等疾病,研究发现它的病毒 RNA 复制与依赖于 RNA 的 RNA 聚合酶(NS5)、拓扑异构酶 NS3 以及细胞核转运受体 β-importin 的相互作用有关。如果能找到相应的药物阻断这些蛋白之间的相互作用,就可以阻止 RNA 病毒的复制,从而达到治疗这种疾病的目的。

在生物信息学方面,通过计算机应用软件搜寻药物靶标是一个很便捷的途径。蛋白质组学研究表明,人体内可能存在的药物靶标约有 3000~15 000 个,而目前发现的药物靶标不到 500 个,这说明还有大量的药物靶标未被发现。通过软件寻找化合物可能的治疗靶标,并同已知实验结果进行比较,可快速大量发掘可能的靶标分子。

生物分子相互作用分析技术(biomolecular interaction analysis,BIA)是基于表面等离子共振(surface plasmon resonance,SPR)技术来实时跟踪生物分子间的相互作用。固定在传感器芯片表面的生物分子(如药物分子)探针,与溶液中的配体如蛋白质发生相互作用,检测器能跟踪检测它们之间的结合和解离的整个过程。这种方法也被称作"配体垂钓"。通过配体垂钓不仅可以发现药物作用的靶标分子,也可以将靶标分子作为固定相用来发现中草药中的活性成分。相反以中草药单分子化合物为探针跟踪监测它与蛋白质分子之间的相互作用,可以用来发现药物靶标。

药物靶标需要进行反复的药理实验及临床确证[23],以保证它的蛋白质在病变细胞或组织中真实表达,与疾病确实相关。基因组学技术在靶标的验证方面具有重要作用。人类遗传学,生物信息学、表达图谱、代谢途径分析、基因敲除、过量表达、基因筛选等技术可以在基因组水平上高通量大规模筛选和确认靶基因及疾病相关遗传标记。药物的靶标还需要能够通过适当的化学特性和亲和力来结合小分子化合物,从而能够人为调节这些靶标的活性,产生特定的效应。最后这些效应还必须在动物模型中再现,最终证明药物在人体内有效,这样的药物靶标才有确证具有药物开发和疾病治疗的应用价值。只要找到了药物作用的靶标分子就能根据其特点开发和设计药物,以及进行靶向治疗。

(三) 临床诊断中生物标志物的发掘

生物标志物是可客观测定和评价的生理病理或治疗过程中的某种特征性的生化指标,如血液中特定物质的浓度、基因序列的改变、mRNA(信使核糖核酸)表达谱或组织蛋白等。通过对这些生化指标的测定,提供了生物体状态的证据,如血液中某种抗体的存在可能就预示着某种感染的发生,同时生物标志物的浓度的改变能够迅速可靠地表明患者对治疗的反应。将疾病与它的特征的生物标志物建立关联,生物标志物可能在检测人患病的几率,疾病的早期诊断及预防、鉴定,预测治疗方法的疗效和衡量临床疗程方面起到很大的帮助[24~28]。

新药研发利用许多与疾病相关的生物标志物。近年来传统药物开发成功几率逐年下滑,药物在发现和开发过程中的消耗率非常高,只有不到 10%的受测试产品进入一期试验。生物标志物可用作评估工具,早期预测候选药物的表现和减少后期的不确定性,从而减少后期实验的风险。在临床评估方面，生物标志物能够比传统临床更快地预测药物的功效和安全性，从而及时的依据生物标志物来设计和改善药物的临床试验。制药公司经常会利用这一点来改善公司的决策、加快药物开发的速度和降低开发成本，这可能会加快产品上市的速度。此外，通过生物标志物能更迅速准确地掌握患者的药物反应，针对个人量身定做特定的疗法，来优化药物剂量和选择用药，这可能会实现肿瘤领域治疗方法的革命。但相对成千上万的可能存在但尚未被发现、记录或量化的生物标志物而言，现今这些利用是微不足道的，生物标志物应该有着更为广泛的应用前景。癌症、心脏病、神经病和代谢病、自身免疫疾病和炎症疾病的研究必将大力推动新生物标志物的发现和应用[29,30]。

生物标志物在肿瘤的临床诊断和治疗方面也有着巨大的应用价值[31~35]。肿瘤是严重威胁人类健康的高发病率和高死亡性疾病。人们通过化学、免疫、分子生物学或蛋白组学方法，在血液、尿液、脑脊髓液等体液中捕捉到许多与肿瘤相关的生物标志物。这些标志物一般是肿瘤细胞在生长、增殖、转移或肿瘤复发过程中产生或分泌的特殊物质。从肿瘤的临床诊断的需求来看，理想肿瘤标志物应该具有灵敏度高，特异性好，能对肿瘤进行器官定位，能判断肿瘤的严重程度，治疗效果和复发情况，以及预测肿瘤的预后等特点。这样的生物标志物对肿瘤的早期诊断、疗效观察和监测具有重要价值。但特异性肿瘤标志物的发掘是一项困难的研究。肿瘤标志物不仅在发生癌变时产生，在正常和良性情况下也有不同程度表达；肿瘤标志的产生还受到机体一些生物活性因子的影响；血标本的采集，储存情况也会影响肿瘤标志测定的结果。目前，人类发现的肿瘤标志物已有百余种，但临床常用的仅有 20 多种，能用于大规模人群普查的肿瘤标志物则更少。至今还未发现理想的、具有100%灵敏度和 100%特异性的肿瘤标志物。为此多分子生物标志物已成为寻找肿瘤生物标志物的一个研究趋势[36]。蛋白质组技术的飞速发展，给肿瘤标志物的发现和鉴定也带来突破性的进展，加快了发现的速度，提高了肿瘤诊断的灵敏度和特异性。液体芯片激光解吸电离飞行时间质谱技术(CLINPROT)是一个高特异性的鉴定潜在生物标记物的技术，可使更多的肿瘤生物标志物得到发现和鉴定。与常规检测芯片相比，该系统将肿瘤标志物检测的灵敏度提高了 10～100 倍，并实现了高通量样品检测。目前，该系统在卵巢癌、前列腺癌、脑瘤、白血病、乳腺癌和膀胱癌等肿瘤的早期诊断前瞻性研究中得到广泛应用，在疗效监测、预后、指示复发和高危人群的普查中具有独特的价值。

汤姆森路透(Thomson Reuters)提供了一个独特而又全面的生物标志物研究进展方面的信息资源，通告生物标志物状态的变化，向制药行业提供一个用于评定生物标志物潜力的平台。其资料库中有 2000 多个不同的生物标志物和这些生物标志物的 13 000 种独特用法，包含了文献、专利、会议、临床试验信息以及所有主要治疗领域(肿瘤学、心血管疾病、糖尿病、呼吸障碍、自体免疫疾病和神经障碍)及其他来源所鉴定的生物标志物。对每个治疗领域来说，它不仅包含了已经确定的临床应用的生物标志物，还包含了生物标志物的新兴用法。提供的其他数据将包括名称、分类、涉及的生物体/生物过程、相关药物、功能或效用、测量技术、监管情况以及相关诊断工具等。

二、产业需求

(一) 蛋白质组学定量分析技术

蛋白质组学在生命科学及医学的各个研究领域迅速发展，尤其是对心脑血管、肿瘤、糖尿病等重大疾病的研究方面有巨大的贡献。但是常规的 2DE-MS 分析途径分辨率不高，重复性不好，制约了蛋白质组学的进一步发展。现今，蛋白质组学研究逐渐从对蛋白质简单的定性向精确的定量方向发展，逐步形成了定量蛋白质组学(quantitative proteomics)[37]。定量蛋白质组学就是把一个基因组表达的全部蛋白质或一个复杂的混合体系中所有的蛋白质进行精确的定量和鉴定，其技术主要分为两种，一种是基于传统双向凝胶电泳及染色基础上的定量，另一种是基于质谱检测技术的定量，如 SILAC、ICAT，非标记定量技术等。

1. 基于双向凝胶电泳及其染色的蛋白质组学定量技术 这是一个建立在传统的双向凝胶电泳和染色基础上的定量方法，通过比较胶上蛋白质点的染色强度来进行相对定量。染色方法包括银染、考马斯亮蓝染色，或较新的荧光染料。染色在显示蛋白质存在的同时，提供了其表达水平的信息。传统双向凝胶电泳技术分离蛋白质费时费力，难以实现和质谱的自动化联用，还受到蛋白质丰度、等电点、分子量和疏水性等的限制。在传统双向电泳技术的基础上发展出的双向荧光差异凝胶电泳采用专有的荧光染料与多重样本和图像分析的方法，在同一块胶上可同时分离多个由不同荧光标记的样品，并以荧光标记的样品混合物为内标，对每个蛋白质点和每个差异都可以进行统计学可信度分析，从而具有良好的重复性和较高的准确率。另外，由于荧光染料的使用，使得双向荧光差异凝胶电泳具有高灵敏度的特性，能够满足高通量定量蛋白质组学研究分析的要求。

2. 基于质谱的蛋白质组学定量技术 这一技术以质谱峰的信号强度作为定量的依据。质谱峰的信号强度等同于肽段的丰度，进而等同于蛋白的丰度。由于依据质谱峰的信号强度来表征蛋白的丰度，所以要求样品的标记与否对质谱的检测效率没有影响，这对于标记的手段有很高的要求[38]。基于质谱的定量技术分为两大类，一类为标记定量技术，分为体内标记和体外标记定量技术；另一类为非标记定量技术。

标记定量技术对来自不同样品的多肽掺入一个内部标准，便于质谱识别肽段的样品来源。内标可以是体内和体外两种掺入方式。同位素标记氨基酸(SILAC)的方法是 2002 年由丹麦 Mann 实验室的 Ong 等发明的一种体内标记定量技术。这种方法在培养介质中加入稳定同位素标记的必需氨基酸，细胞中的蛋白质全部用同位素完全标记。与正常介质中培养的细胞样品混合酶解，质谱图上就得到成对出现的肽段信号峰，根据质谱峰的信号强度进行准确的定量。SILAC 方法蛋白需要量少，活体标记使得样品更接近真实状态，为全面系统地定性和定量分析复杂哺乳动物细胞蛋白质组提供了有效的方案。缺点在于只适用于活体培养的细胞，对于生物医学研究中常用的组织样品，体液样品等无法分析，对于动物模型的标记成本太大，无法实现。为针对不可培养的样本的定量分析，Ishihama 等发明了一种拓展的 SILAC 技术，称为 culture-derived isotope tags(CDITs)。该技术以稳定同位素标记的细胞样品为内标，实现了对实际疾病状态下组织样品的定量。体外标记定量技术是在体外采用化学反应将合成好的内标与蛋白质共价结合。这种方法增加了化学反应的步骤，有可能遇到样品损失和标记不完全等问题。但是它的样品来源不再局限于培养的细胞或者个体，能实现对疾病状态下的组织或体液样品进行定量分析。其中，ICAT(Isotope-coded affinity tag)是由 Gygi 等在 1999 年提出的稳定同位素亲和标签技术，现已广泛地应用在细胞和组织的定量蛋白质组学分析上，提供精确的蛋白质相对定量数据[39]。用化学方法合成一种能和半胱氨酸反应的亲和试剂，称为稳定同位素编码的亲和标签，标签有轻链和重链(稳定重同位素)两种形式，可以在体外标记不同状态下的蛋白质样品。标记蛋白质经过酶解并用亲和柱分离纯化得到标记的肽段，用质谱对纯化的肽段进行分析，和体内标记法一样也能够得到成对的峰，表示不同样品中肽段或相应蛋白质含量的差异。ICAT 能够分析任何条件下体液、细胞、组织中绝大部分蛋白质；标记反应在盐、去垢剂、稳定剂（如 SDS、尿素、盐酸胍等）存在下都可进行；只需分析含 Cys 残基的肽段，大大降低了样品分析的复杂性；ICAT 战略允许任何类型的分离方法，包括生化、免疫或物理等方法，因此能很好地定量分析微量蛋白质。ICAT 技术的缺点在于每次实验只能对两个样品进行相对定量，新近出现的多重元素标记的蛋白质相对和绝对定量技术（isobaric tagging for multiplexed relative and absolute protein quantitation，iTRAQ）在一定程度上解决了这一问题[40]。这一技术是 2004 年由 Applied Biosciences 公司推出的，可以同时对四组样品进行定量分析，这样对于多组样品的比较给予了有力的支持。

非标记定量技术[41~45]免除了标记定量技术在样品处理上的费时费力，只需分析鉴定蛋白时所产生的色谱串联质谱数据，通过软件进行定量分析。它首先将质谱数据由谱峰形式转化为直观的类似双向凝胶的图谱，谱图上每一个点代表一个肽段，而不是蛋白质；再比较不同样本上相应肽段的强度，从而对肽段对应的蛋白质进行相对定量。实践证明其具有很好的定量准确性和可信性。基于质谱的非标记定量技术，可以利用一级质谱信息，也可以利用二级质谱信息。前者依据与一级质谱相关的肽段峰强度、峰面积、液相色谱保留时间等信息，后者依据与二级质谱相关的各个蛋白质鉴定到的肽段总次数、离子价位等信息。非标记定量技术的关键问题是它定量的准确性以及现有各种定量方法的实用性。Zybailov 等用同位素标签标记的样品比较了肽段离子色谱面积定量（peptide ion chromatograms）和谱图计数（spectrum counting）这两种非标记定量方法，认为谱图计数定量有较高的重复性和更大的动态分布范围。Old 等比较了谱图计数（spectrum counting）和色谱峰面积强度（peak area intensity）这两种定量方法，认为前者定量蛋白质差异变化的灵敏度较高，而后者得到的定量差异结果更精确一些。非标记定量技术无需昂贵的同位素标签做内部标准，实验耗费低；对样本的操作很少，最接近原始状态；不受样品条件的限制，克服了标记定量技术在对多个样本进行定量方面的缺陷，因此具有经济、高通量和省时省力等优点。但其对液相色谱串联质谱的稳定性和重复性要求较高，比较依赖于样品的复杂性以及一些未知因素，还需要不断地发展和完善。

（二）高通量和自动化方法的大规模应用

蛋白质组学在细胞水平上对蛋白质进行大规模的平行分离和分析，要同时处理成千上万种蛋白质，为此必须发展高分辨率的分离技术和高通量的分析鉴定技术。高通量、高灵敏度、高准确性和超微量的自动化研究技术是蛋白质组学研究中的重要任务[46]。

目前自动化技术发展的主要方向是发展全自动的多维液相色谱来替代二维凝胶电泳，发展以质谱技术为核心直接鉴定全蛋白质组混合酶解产物[47,48]。双向凝胶电泳分离蛋白操作繁琐，需要制胶，电泳，转移，切胶，抽提，脱色，然后才能进行质谱分析，不能进行高通量作业。多维液相色谱技术依据类似的分离原理，如蛋白质的等电点、分子量、疏水性等，将各种不同分离机理的色谱柱串联起来，形成全自动的无胶技术的蛋白质组样品分离途径。常见的多维液相色谱如二维色谱（2D-LC）、二维毛细管电泳（2D-CE）、液相色谱－毛细管电泳（LC-CE）等。液相色谱与质谱系统联用，包括 MALDITOF、ESI、QTOF 等，直接鉴定全蛋白质组混合酶解产物，实现分离和鉴定一次完成，分析速度快、自动化程度高。可获得完整蛋白质高精度分子量图谱，通过图谱可以研究蛋白质表达量的变化及详细结构上的变化，甚至检测翻译后修饰。对一些 2D 无法解决的蛋白，如低丰度、碱性和极酸性蛋白、膜蛋白、大分子量和小分子量蛋白，也可有效分离鉴定[49]。现今常见的技术有质谱鸟枪法(shot-gun)、毛细管电泳-质谱联用(CE-MS)等。新型的质谱显像技术(也称原位蛋白质组学)利用基质辅助激光解吸/ 离子化质谱(MALDI)，能直接确定新鲜冷冻组织切片的多肽或蛋白。既有质谱设备的高敏感性全部优点，又具有同时检测混合物中多种成分的能力。其基本过程是将冷冻组织切片置于金属盘上，涂上基质，紫外脉冲激光激发基质使蛋白质离子化，测定质核比；利用组织上的光栅获得数千个点的峰密度值，最后形成特定质量分子的质谱影像。通常该技术可以在组织的任意位置检出 400 个以上的蛋白信号[50,51]。

大规模的蛋白质相互作用研究中也发展了许多高通量和高精度的相互作用检测技术[52]。酵母双杂交系统通过靶蛋白和诱饵蛋白特异结合，然后启动报道基因的表达，利用表达产物判别“诱饵”和“靶蛋白”之间是否存在相互作用。该技术在研究蛋白质间相互作用、新蛋白质筛选、蛋白质功能等诸多方面发挥着重要作用。不足之处在于缺乏快速、高效的手段来获取复杂蛋白质相互作用的多维信息[53]。蛋白质芯片质谱技术是高通量、微型化和自动化的蛋白质分析技术，可用来高通量筛选分子间相互作用。蛋白质芯片将蛋白质或蛋白相关探针高密度排列在玻璃、硅片等固相支持物表面，通过抗原与抗体、受体与配体、酶与底物等的专一性相互作用特异地捕获样品中的靶蛋白，然后进行定性或定量分析。它能够在短时间内分析大量的生物分子，样品用量少，能对多样品平行检测，快速准确地获取样品中的生物信息[54]。由于通过表面选择性吸附大大降低了蛋白质的复杂性，对于样品预处理要求也不高，如非常复杂的生物体液，经过简单的预处理就可直接测量和鉴定[55]。另外通过联用高通量的 MALDITOF 检测，能够快速可靠地识别蛋白质，而不必计较它们的形式、溶解度和使用的分离技术。生物传感芯片是一种较新的蛋白芯片技术[56]，是定性和定量检测和鉴定蛋白质间相互作用的简便而快捷的方法。它以表面等离子激原共振(SPR)与 MALDITOF 质谱技术为基础，检测生物分子相互作用。在生物传感芯片中，待测蛋白质或肽溶液与固定在传感片表面上的特定蛋白质(肽)发生相互作用，引起表面等离子激原共振光的共振角发生改变(该变化与表面蛋白的含量呈线性关系)。有相互作用的蛋白质(肽)通过与基质结合从固相蛋白质(肽)的相互作用中解离出来，直接进行 MALDITOF 质谱分析，鉴定被测蛋白质。该法的优点是快速、灵敏、精确、特异，检测水平可达飞摩尔甚至亚飞摩尔；能直接检测复杂混合物中蛋白质间相互作用；可进行通量分析，对多种分析物进行测定。化学喷墨印迹技术是一种结合了双向凝胶电泳技术和蛋白质芯片技术双重优点的新型技术，直接将双向凝胶电泳分离结果转印到膜上，形成一个固相蛋白质阵列，然后利用特殊装置对选定的蛋白质点微小部分进行原位消化，采用压电脉冲技术，无接触式微量喷进质谱完成分析。该方法省去了双向凝胶电泳分离后胶内酶切的多个步骤，而且经二维电泳分离的蛋白质可以应用多种酶消化，联合进行蛋白质序列的鉴定。化学喷墨技术是发现新的诊断标记物和药物靶点的重要工具。

蛋白质芯片的进步依赖于蛋白质表达系统的改进。INVITROGEN 公司推出的 GATEWAY 系统是一种高通量基因克隆和表达方法，为蛋白芯片制备提供了一个较为简捷迅速的方案。未来还有待发展一些进一步的工作来克服常规细菌表达体系的缺点，如蛋白质在包涵体中的聚集和累积，细菌宿主不能进行翻译后修饰，特别是磷酸化或糖基化等。

一些公司还专门开发了一些高通量的自动化研究平台。美国 Genomic Solution Inc 公司推出了一套较为完整的蛋白质组学系统，由一系列机械手臂与软件，并结合了二维电泳实验设备与质谱仪,可以进行高效、自动化且具重复性的试验分析。将蛋白质组研究所需的众多功能,如2-D电泳、图像获取、2-D胶分析、蛋白样品切割、蛋白消化、MALDI样品准备、消化及点样、数据分析等整合,大大加快了研究进程。赛默飞世尔科技(Thermo Fisher Scientific)推出的Proteome Discoverer软件平台是一个综合性的、可拓展软件平台,对蛋白质组的数据进行定性和定量分析。该平台包括试剂、样品制备,试剂盒及操作流程、质谱仪和具有特定功能的生物软件,以方便鉴定、定量和表征蛋白质。可实现全自动的无标记的蛋白和肽段分析,还可以实现在单个趋势分析中观察多时间点和剂量点,具有趋势分析功能。对LC/MS的数据文件自动处理,对色谱图峰自动分析。

生物信息学(bioinformatics)运用数学与计算机科学手段进行生物信息的收集、加工、存储、分析与解析[57]。它分析和利用各种类型的数据库,应用计算技术来解决蛋白质组学中关键的生物学问题,如蛋白质鉴定、结构预测、功能分类、亚细胞定位、翻译后修饰分析、相互作用网络、定量分析、疾病诊断与药物设计等。最近发展的利用质谱数据搜寻基因组数据库,能直接对其进行基因注释和拼接方式的解析。建立高级智能化的咨询工具,实现功能蛋白质组图谱的建立,蛋白质组学作为信息学科,它的研究必将更加系统化、自动化和标准化。

(三)多种技术手段交叉应用的需求

蛋白质组学研究技术在各种生命科学领域得到广泛应用,用来寻找疾病分子标记物和药物靶标,在癌症、早老性痴呆等人类重大疾病的临床诊断和治疗方面有十分广阔的前景。近年来分离分析技术有了巨大的发展,大量高灵敏度、高通量的检测方法涌现出来,色谱、质谱、芯片技术都得到广泛的应用,一些新技术如DIGE和ICAT技术也为蛋白质组学研究提供了很好的手段。

但目前蛋白质组学研究仍处于初期发展阶段,研究方法虽然很多,但都往往具有很多的局限性。蛋白质组研究技术繁琐,涉及样品制备,蛋白质分离,检测,定量和分析鉴定,翻译后修饰,相互作用,抗体制备,蛋白质定位,蛋白质芯片等多方面。蛋白质的体外扩增和纯化困难,蛋白质有着复杂的翻译后修饰,氨基酸残基种类远多于核苷酸残基(20/ 4),使得它远比基因组学研究复杂和困难,难以形成比较一致的方法。这种多种技术并存,各有优势和局限的特点,需要各种方法间的整合和互补,以适应不同蛋白质的不同特征。多种技术手段交叉的应用,是解决问题的一个重要手段。

色谱与质谱的联用技术,是替代或补充双向凝胶电泳的新方法,已成为蛋白质组研究技术重要的基础。双向凝胶电泳操作繁琐、结果不稳定,灵敏度低。色谱技术为蛋白质和多肽的分离分析提供了新的高自动化的手段。毛细管电泳(CE)将电泳技术与现代微柱分离相结合,是一种较新的色谱分离技术。它灵敏度高,速度快,样品需求少,成本低,种类多,分离范围广,还辅以很多高灵敏的检测技术,如紫外,荧光、化学发光等手段,可用于极微量样品的分离分析。常用的生物质谱有基质辅助的激光解吸质谱(matrix assisted laser desorption ionization mass spectrometry,MALDI-MS)和ESI-MS两大类。将色谱技术与质谱技术直接联用,可以实现蛋白分离和鉴定的一体化,快速准确地获取蛋白质的一级结构信息,如质谱鸟枪法(shot-gun)、毛细管电泳-质谱联用(CE-MS)等新策略。色质联用可直接鉴定全蛋白质组混合酶解产物,依据肽质量指纹谱或二级或串联质谱,通过一系列的计算方法和查询蛋白质序列数据库,鉴定出蛋白质的序列信息。

同位素编码的亲和标记(isotope-coded affinity tag,ICAT)技术是液相色谱-质谱技术与同位素示踪技术相结合的定量分离分析方法[58]。它能对分子量极高或极低、等电点极酸或极碱和含量低的蛋白质以及膜蛋白质等进行有效分离,敏感度高,而这些都是双向凝胶电泳技术上有缺陷的蛋白质。它采用一种化学试剂——ICAT,对目标蛋白进行标记,结合了液相色谱和串联质谱的技术,使蛋白质组分析变得简单、准确和快速。最近ICAT方法又衍生了许多新的方法,如定量研究蛋白质磷酸化的磷酸化蛋白亲和标签、大规模研究N2末端糖基化的糖基化定点标签、分析蛋白质丰度的串联质量标签等[59,60]。

化学喷墨印迹是一种结合了双向凝胶电泳和蛋白质芯片技术双重优点的新型技术,是发现新的诊断标记物和药物靶点的重要工具。它直接将双向凝胶电泳分离结果转印到膜上,形成一个固相蛋白质阵列,然后利用特殊装置对选定的蛋白质点微小部分进行原位消化,采用压电脉冲技术,无接触式微量喷进质谱完成分析。该方法省去了双向凝胶电泳分离后胶内酶切的多个步骤,而且经双向凝胶电泳分离的蛋白质可以应用多种酶消化,联合进行蛋白质序列的鉴定。质谱显像(mass spectrometry imaging,MSI)技术是利用基质辅助激光解吸/离子化质谱,直接确定新鲜冷冻组织切片的多肽或蛋白的分布。

在蛋白结构解析方面,电镜与X-Ray衍射和核磁共振技术的结合[61],可以进行优势互补。晶体学方法对样品制备要求很高,且结构并非与生理条件下完全一致;核磁共振方法可以在接近生理状态下精确解析溶液中的分子结构,避开了结晶的困难,但是它能解析的蛋白分子质量有限制。三维电镜技术[62~64]不需要结晶,没有分子量限制,最新发展的冷冻制样技术使样品更好的保持在生理状态,目前阶段分辨率没有上面两种方法高。结合它们的优缺点,可以将晶体分析和核磁共振得到的高分辨率单体和电镜技术得到的较低分辨率的分子复合体结合起来进行分析,研究分子相互作用及其分子的构象变化[65]。

蛋白质组学,基因组学和生物信息学的交叉和结合日益显著和重要,为研究生命现象的规律和本质提供更好的研究平台。在生命科学、计算机科学和数学的基础上逐步发展而形成的生物信息学(bioinformatics)是一门新兴交叉学科,通过分析和利用各种类型的生物数据,应用计算技术来解决蛋白质组学中关键的生物学问题。由于它快速,方便,能对很多的实验科学起重要的指导和验证作用。建立在经典实验生物学、生物大科学、系统科学和计算数学等基础上的系统生物学是另一门交叉科学,它的研究核心思路是整合研究所有的基因、蛋白质、代谢小分子以及它们之间的相互关系;对于高等生物个体而言,就是要将分子、细胞、组织和器官等各个层次的研究整合起来。实验科学与它们有机结合起来,必将会起到事半功倍的效果。

执笔:洪章勇

讨论与审核:洪章勇

资料提供:洪章勇

参考文献

1. 李其翔,张红．新药发现开发技术平台．北京:高等教育出版社,2007
2. 何小爱,刘智,程泽能．高通量药物代谢与毒性筛选平台研究进展．中南药学,2008,6:596～598
3. 徐文芳．药物设计学．北京:人民卫生出版社,2007
4. 张万年．现代药物设计学．北京:中国医药科技出版社,2006
5. 唐章勇,唐灿．酶抑制剂筛选的研究进展．上海医药,2007,28:117～119
6. 张宇。尚未充分研发的治疗靶点——离子通道。国外药讯,2008,11:34～36

7. 冯滢滢. Herceptin 治疗 Her2/neu 过表达胃癌的研究进展. 中国肿瘤临床与康复,2007,14:177～180
8. 史继静,焦新生,刘朝奇. 高通量筛选在抗病毒药物筛选中的应用. 生命的化学,2008,3:339～342
9. Tian R,Liao Q,Chen X. Current Status of Targets and Assays for Anti-HIV Drug Screening. Virologica Sinica,2007,22:476～485
10. 林东海,洪晶. 用 NMR 技术研究蛋白质—配体相互作用. 波谱学杂志,2005,22:321～341
11. 吕玉健,高永清. 短暂结合药物设计:药物发现的新模式. 国际药学研究杂志,2009,36:61～63
12. 孙黎. 药物高通量筛选技术的研究进展. 医药研究,2004,5:37～38
13. 周锦,陈瑛,张倩等. 动态组合化学及其在药物发现过程中的应用. 复旦学报(医学版),2004,31:658～660
14. 王志宏. 组合化学概述. 天津药学,2004,6:64～66
15. 郭家彬,李学军. 现代生物学对药物发现的影响. 生理科学进展,2007,38:25～31
16. 陈文倩. 探索药物靶标方便医药开发. 生物技术世界,2009,2:19～21
17. 杨建雄,刘志辉. 药物靶标在新药研发中的作用. 时珍国医国药,2009,20:750～751
18. 卫功宏,柴小清,印莉萍. BIA 技术及其在蛋白质科学研究中的应用. 首都师范大学学报(自然科学版),2003,24:25～31
19. 陈其和,莎日娜. 生物芯片在药物靶点发现中的应用. 内蒙古石油化工,2007,2:51～53
20. 王玉,汪海. 药物靶标研究中的功能基因组学. 中国药理学通报,2005,21:266～268
21. Michel MC,Ravens U. Cardiovascular pharmacology—a time to integrate. Current Opinion in Pharmacology,2007,7:121～123
22. 车文军,李志裕,尤启冬. 抗肿瘤药物新靶点与新药研究. 药学进展,2007,31(6):247～253
23. 周喆. 药物靶标搜寻和验证方法的研究进展。国外医学药学分册,2005,32:145～149
24. Carr SA,Celis JE. Biomarkers and Clinical Proteomics. Mol Cell Proteomics,2006,10:1719
25. Joseph M,Stephen TR. Application of proteomics to the study of cardiovascular biology. Trends Cardiovasc Med,2001,11(2):66～75
26. 常祺,黄昌林. 应用蛋白芯片技术诊断早期关节软骨损伤的展望. 中华创伤骨科杂志,2006,8:73～78
27. Guo Y,Fu Z,van Eyk JE. A proteomic primer for the clinician. Proc. Am. Thorac. Soc,2007,4(1):9
28. Diamond DL,Proll SC,Jacobs JM. Hepato proteomics:applying proteomic technologies to the study of liver function and disease. Hepatology,2006,44(2):299～308
29. Rifai N,Gillette MA,Carr SA. Protein Biomarker Discovery and Validation:the long and uncertain path to clinical utility. Nature Biotechnology,2006,24:971～983
30. Zolg W. The proteomic search for diagnostic biomarkers:lost in translation. Mol. Cell. Proteomics,2006,10:1720
31. 陈喜林,孙薇,姜颖等. 肿瘤标志物的蛋白质组学研究:策略、挑战与展望. 军事医学科学院院刊,2008,14(13):81
32. 陈彧,韩金祥,崔亚洲等. 蛋白质组学技术在恶性肿瘤生物标志物探索中的应用. 山东医药,2007,47(23):110～111
33. Kumar S,Mohan A,Guleria R. Biomarkers in cancer screening,research and detection:present and future. Biomarkers,2006,11(5):385～405
34. Gutman S,Kessler LG. The US Food and Drug Administration perspective on cancer biomarker development. Nature Reviews Cancer,2006,6:565～571
35. Omenn GS. Strategies for plasma proteomic profiling of cancers. Proteomics,2006,6:5662～5673
36. 袁彬,南永刚,王笑侠等. 多肿瘤标志物蛋白芯片检测系统对肺癌诊断的价值. 现代肿瘤医学,2008,16:1916～1917
37. 叶雯,洪华珠. 定量蛋白质组学研究的技术体系. 生物学通报,2006,41(1):9～10
38. 杨星,张纪阳,朱云平等. 基于稳定同位素标记与质谱分析的蛋白质定量算法研究进展. 分析化学,2009,37(1):144～151
39. Gygi SP, Rist B, Gerber SA, et al. Quantitative analysis of complex protein mixtures using isotope code afmity tags. Nat. Biotechnol,1998,17:994
40. 罗治文,朱樑,谢谓芬. 同位素标记相对和绝对定量技术研究进展. 中国生物工程杂志,2006,26(10):83～87
41. 陈明,应万涛,方勤美等. 基于液相色谱质谱联用的蛋白质组非标记定量研究策略的建立及应用. 生物化学与生物物理进展,2008,35(4):401～409
42. Silva JC,Denny R,Dorschel CA,et al. Quantitative Proteomic Analysis by Accurate Mass Retention Time Pairs. Anal Chem,2005,77(7):2187～2200
43. 薛晓芳,吴松锋,朱云平等. 用 EM 算法改进鸟枪法蛋白质鉴定中的无标记定量方法. 分析化学,2007,35(01):19～24
44. Old WM,Meyer-Arendt K,Aveline-Wolf L,et al. Comparison of Label Free Methods for Quantifying Human Proteins by Shotgun Proteomics. Mol Cell Proteomics,2005,4(10):1487～1502
45. 薛晓芳,吴松锋,朱云平等. 蛋白质组学研究中的无标记定量方法. 中国生物化学与分子生物学报,2006,22(6):442～449
46. 符庆瑛,高钰琪. 大规模高通量方法在蛋白质相互作用研究中的应用. 生物化学与生物物理进展,2008,3:246～254
47. 赵焱,应万涛,钱小红. 质谱 MRM 技术在蛋白质组学研究中的应用. 生命的化学,2008,28(4):210～213
48. 马庆伟,程肖蕊. 基于质谱的蛋白质组学技术在微生物鉴定中的应用. 生物技术世界,2007,2:22～25
49. 李萍,王红霞,张学敏. 基于质谱技术的临床血清蛋白质组学在肿瘤研究中的应用进展. 军事医学科学院院刊,2006,1:6
50. 许彬,魏开华,张学敏等. 生物组织的基质辅助激光解吸电离质谱成像新进展. 军事医学科学院院刊,2006,3:15
51. 刘念,魏开华,张学敏等. 临床质谱学的最新进展:质谱成像方法及其应用. 中国仪器仪表,2007,10:76～80
52. 刘中扬,李栋,朱云平等. 蛋白质相互作用网络进化分析研究进展. 生物化学与生物物理进展,2009,36(1):13～24

53. 王改芳．酵母双杂交系统在生命科学中的应用．现代农业科技，2009，4：259～264
54. 毕颖楠，张惠静．微流控分析芯片在医学领域的应用．生物工程学报，2006：167～171
55. Hu S，Loo JA，Wong DT. Human body fluid proteome analysis. Proteomics，2006，6(23)：6326～6353
56. 张惠菊，兰小鹏．常见生物传感芯片及其应用进展．生物技术通讯，2008，19(6)：938～940
57. 刁雪涛，张小芳，宋洁等．生物信息学研究进展．安徽农学通报，2008，14(22)：160～162
58. 孟庆芳，张养军，蔡耘等．亲和标记-基质辅助激光解吸电离飞行时间质谱用于蛋白质相对定量方法的研究．分析化学，2006，34(7)：899～904
59. 尚鲁庆，徐文方．化学基因组学与药物发现．食品与药品，2005，7：5～8
60. 刘大志，朱兴族．化学蛋白质组学及其在新药开发中的应用．生命的化学，2004，24：485～486
61. 李鑫．膜蛋白结构解析中的重要进展．生物学通报，2007，42(17)：61～62
62. Poget SF，Girvin ME. Solution NMR of membrane proteins in bilayer mimics：small is beautiful，but sometimes bigger is better. Biochimica et Biophysica Acta，2007，1768：3098～3106
63. 石攀，田长麟．核磁共振方法研究膜蛋白三维结构的进展．中国科学技术大学学报，2008，38(8)：950～960
64. Poget SF，Cahill SM，Girvin ME. Isotropic bicelles stabilize the functional form of a small multidrug-resistance pump for NMR structural studies. J Am Chem Soc，2007，129(9)：2432～2433
65. 潘竹，朱青青．结构生物学研究技术的进展．西南民族大学学报：自然科学版，2005，S1：137～140

第三节　我国该学科方法创新的目标、方向和重点

一、主要目标

（一）定量蛋白质组学分析方法的应用

在生物学及医学研究中，很重要的一个领域是对生物系统和生命进程的结构、功能及调控的观察。但在过去，这样的研究一直做得比较简单，随着多个物种基因组测序的完成，人们的注意力开始转向如何从结构、功能以及生物系统的控制角度来阐述基因组序列中的信息。蛋白质组学和生物信息学的出现为研究复杂生物系统开辟了崭新的途径，采用类似于基因组研究的方法研究全部蛋白质需要的投资和研究难度太大，条件尚不成熟，所以目前多数的研究集中在比较蛋白质组学，即在蛋白质组学的水平上寻找不同样本之间的差异，以期揭示细胞生理和病理状态的进程与本质，对外界环境刺激的反应途径以及细胞调控机理，并且同时获得对某些关键蛋白的定性和功能分析，这种研究途径的本质是期望能够对在不同的条件下一个生物系统中的不同组成部分进行整体的，乃至于定量的分析，这样我们就可以在即使缺乏一些假设的情况下用这些信息来描述系统的状况或者运行机制。

随着比较蛋白质组学的发展，定量技术成为人们关注的热点。因此有人提出“定量蛋白质组学（quantitative proteomics）”的概念。定量蛋白质组学就是把一个基因组表达的全部蛋白质或一个复杂体系中所有的蛋白质进行精确的定量和鉴定的一门学科。这一概念的提出标志着有关蛋白质的许多研究已从对蛋白质的简单定性向精确定量方向发展[1]。

（1）2DE-MS 途径的自动化：2DE-MS 系统的自动化是蛋白质组学研究的一个重要发展方向，目前 2DE-MS 系统的思路是样品经双向凝胶电泳分离，选取凝胶上的蛋白质点经蛋白酶解消化后，再结合肽质量指纹法（peptide mass fingerprinting，PMF）对蛋白质进行分析鉴定，但是对 2DE 胶上蛋白质点的选取消化处理是实现这一过程自动化的瓶颈[2]。2DE-MS 自动化技术的核心是 2DE 胶上所有样品的酶解和转移的平行化，这其中包含了一步消化转移法（one-step digestion-transfer，OSDT）、平行胶内消化（parallel in-gel digestion，PIGD）、双平行消化（double parallel digestion，DPD）3 种方法。DPD 综合了前两种方法，它既解决了 OSDT 法中大分子量和碱性蛋白质的酶解及转移困难的难题，又可以弥补 PIGD 法造成的低分子量蛋白质易丢失的缺陷。

OSDT 方法，是在 2DE 胶和转移膜之间加入一个经固定化的蛋白水解酶的膜，形成独特的类似三明治结构，能把蛋白酶水解样品和产生的酶解片段的转移兼顾起来，在样品转移过程中进行蛋白酶水解反应，并配合独特的转膜电脉冲的设计，保证了酶解以及所产生的肽片段转移进行得充分和完全。上述 3 种方法都可将 2DE 上的样品同时酶解并转移至一张膜上，然后，膜上蛋白质经处理后可以直接利用 MALDI-TOF-MS 进行逐行扫描分析，这样可以一次性分析和测定大量的蛋白质样品[3]。这种思路的优点是显而易见的，不过按照目前的方法，要发展此种技术主要的难点是，质谱扫描一张图谱所需的时间过长，需要很大的磁盘空间存储如此庞大的原始数据。

(2) 多维 LC-MS/MS（multidimensional liquid chromatography and tandem mass spectrometry）途径：为克服 2DE-MS 系统，特别是 2DE 在分离 pI 值过大或过小以及疏水性强的蛋白质的局限性，使得人们重新思考其他的蛋白质组研究途径。色质联用（LC-MS/MS）是近几年来发展迅速的新方法。蛋白质混合物直接通过液相色谱分离，然后进入 MS 系统获得肽段分子量，再通过串联 MS 技术，得到部分序列信息，最终通过计算机联网查询，就可以对该蛋白质进行鉴定。Opiteck 等[4]首次报道多维色谱（LC/LC）整合 MS/MS 技术分析蛋白质混合物。Link 等[5]进一步提出蛋白质复合物直接分析（direct analysis of protein complexes，DALPC）方案。最近，Washburn 等[6]在多维 LC-MS/MS 的基础，提出了 MudPIT（multidimensional protein identification technology）方法，成功的分离和鉴定了酵母（Saccharomyces cerevisiae）中 1484 种蛋白质，其中包括一些低丰度的调控性蛋白激酶。当然，多维 LC-MS/MS 技术尚处于探索阶段，目前还无法完全替代 2DE 途径进行蛋白质组研究。但它能够弥补 2DE-MS 的一些技术和方法上的缺陷。但由于多维 LC-MS/MS 其具有自动化程度高、重复性好等优点，它很有可能在蛋白质组研究中位于核心地位。

(3) 同位素掺入法进行定量蛋白质组分析：使用富含某种同位素标记的培养基分别培养细胞后收获取等量的样品，使预先用同位素标记好的氨基酸掺入到新合成的蛋白质中。利用质谱分析进行代谢过程中的蛋白质定量。这种方法又可以分为稳定同位素代谢标记和同位素亲和标签（isotope-coded affinity tags，ICAT）。ICAT 是一种人工合成的化学试剂，其连接可由 8 个氢原子（H）或氘（D）分别标记，由不同原子标记的 ICAT 分子量差正好是 8 Da。当不同长条件下培养的细胞被裂解后，分别加入不同标的 ICAT 与总蛋白质反应。ICAT 反应基团会专门与蛋白质中的 Cys 共价结合，待充分反应后，二者等量混合，再用胰蛋白酶解。经亲和层析含生物素 ICAT 的酶解片段就可以进行在线 HPLMS/MS 分析。稳定同位素代谢标记具有很大的局限性，ICAT 具有更广泛的兼容性。但它依然存在一些问题。首先，ICAT 的分子量约为 500 Da，这对肽段来说是一个很大的修饰物，这会增加数据库搜索算法的复杂性，对一些小的肽段（小于 7 个氨基酸）更是如此。其次，这一方法无法分析不含 Cys 的蛋白质。在酵母中，约 8%的蛋白质是不含有 Cys 残基的，但完全可以通过合成对其他蛋白质基团专一的 ICAT 试剂对这部分蛋白质进行分析，这一思想会有力地推动对蛋白质翻译后修饰的研究[7]。

(4) 蛋白质芯片技术：蛋白质芯片技术就是将一系列“诱饵”蛋白质（如抗体），以阵列方式固定在经过特殊处理的底板上，然后将其与待分析的样品杂交，只有那些与“诱饵”结合的蛋白质才被保留在芯片上。芯片制备技术的不断创新，使得蛋白质芯片越来越适用于蛋白质组的研究。比如微孔芯片等[8]。随着自动化要求越来越高，一些实验室将蛋白质芯片技术与质谱联用起来，通过质谱直接显示反应结果[9]。蛋白质芯片技术正在不断地发展，但是其在蛋白质组学上的应用还不成熟。要保持所有蛋白质在芯片上的活性及构象，模拟体内蛋白质与其他生物大分子的相互作用并准确反映不同状态下胞内蛋白质的量的变化，还需要技术方面的突破。

最后，我们可以作这样的设想：将多维色谱、蛋白质芯片以及质谱技术联用，形成一种新的蛋白质组自动化分析系统。即通过多维色谱对全蛋白质进行分离，然后将分离后的不同蛋白质用机器人点样在芯片上，形成在一个芯片包含不同状态细胞的所有蛋白质，再根据目的的不同，选取不同的探针与之反应，反应结束后直接进行质谱分析，最终可得到感兴趣的蛋白质的定量及其功能的数据。如果这一系统得以建立和完善的话，那么留给研究人员的工作就只有加样了。有理由相信，不远的将来蛋白质组学将为人类解开生命科学中的诸多秘密，攻克许多医学上的疑难杂症，为人类进步和发展做出更大的贡献。

（二）蛋白质组学与新药研发和中药现代化的结合

蛋白质组学（proteome）一词是澳大利亚 Macquie 大学的 Wilkins 和 Williams 在 1994 年首次提出，最早的文献是在 1995 年 7 月 *Electrophoresis* 杂志上，定义是微生物基因组表达的整套蛋白质[10]。随着人们深入研究，蛋白质组的概念也在不断发生变化。现在的蛋白质组的概念是在一种细胞内存在的全部蛋白质[11]，人们利用图谱和图像分析技术，在整个蛋白质组水平提供了研究细胞通路、疾病、药物相互作用的可能性有所提高，使得蛋白质组学与新药研发以及中药的发展有了更密切的关系。

1. 蛋白质组学在新药研发中的应用

（1）蛋白质组学是药物发现的重要工具：一直以来，制药机构开始投入巨大的财力物力研究人类基因组，希望最终能发现新的药物作用靶点并据此设计和发展新药，而这些努力促进了人类基因组序列的完成。但仅仅通过测定基因序列并不能确定药物作用的靶点，因为基因序列不能反映蛋白的功能及其与疾病的关系，另一方面蛋白质也远比核酸复杂，有几点足以说明这个问题：与 DNA 的修饰不同，蛋白质的修饰更复杂有磷酸化、糖基化、乙酰化、巯基化等以及大量的其他修饰方式；一个基因能编码多个不同的蛋白；蛋白在细胞内的定位可以改变；蛋白对环境的变化也会产生反应，如裂解为片段，调整其稳定性以及改变与其配体的结合等（包括与其他的蛋白、核酸、脂类、小分子等其他配体结合）；mRNA 水平常常不能反映蛋白表达的水平，而且即使存在一个开放阅读框架也不能保证只代表一个蛋白；一个蛋白可能涉及一个以上的过程，而相似的功能可能由完全不同的蛋白来执行。因此，可以说只有完全注释了基因组序列所编码蛋白的功能之后，基因组序列信息才有真正的价值。蛋白质组学研究不仅可能提供治疗的靶点，也能提高药物发现的下游过程的效率，如结构蛋白质组提供的蛋白质的三维结构将促进药物的设计和发现过程。应该说蛋白质组学是药物发现的中药工具[11]。

（2）蛋白质组学及其技术：发现药物作用的可能靶点：利用蛋白质组学技术，研究疾病状态下以及药物处理后蛋白的差异变化，可以发现新的、潜在的药物作用靶点。还可以对疾病发生的不同阶段蛋白质的变化进行分析，发现一些疾病不同时期的蛋白质标志物，这不仅对药物发现具有指导意义，而且还可以形成未来诊断学、治疗学的基础理论[12,13]。

癌症被称为当今人类的一大天敌，因而抗肿瘤药物的开发也成了目前研究的重点。现今大多数抗肿瘤药物都伴随着严重的不良反应。特别是对晚期癌症进行单一化疗或联合放疗、过热疗法时，经常伴随着癌细胞对细胞抑制剂的耐药性发生。如果能发现耐药细胞体系中表达异常蛋白或者与细胞密切相关的蛋白质，就可以此为靶点设计出用于联合用药的药物，也可以此信息为参考，设计避免耐药性或毒副作用产生的药物[14~16]。另外造成癌症患者死亡率极高的另一个原因是癌细胞的转移。现在国内一些实验室已经开始采用蛋白质组学技术，通过对高低转移的细胞株蛋白的比较，来寻找与肿瘤转移相关的蛋白质，同样也可以以高转移株中特异表达的蛋白为靶点，开发抑制肿瘤转移的新药[17]。

由于传染病是死亡的主要原因，因而抗感染药仍然是新药开发的热点之一。但面对抗生素的耐药问题以及不断出现的新的微生物感染性疾病，老的方法已经无法解决，其根本的原因是在于对药物的作用机制缺乏本质的认识。蛋白质组学技术可以使人们更清楚地了解细菌内哪些蛋白质会在抗生素的作用下发生改变，以及发生何种改变。根据这些变化，并以蛋白质为新药设计的靶点，筛选出新一类的抗生素。同时还可以取一些耐药菌株，考察其耐药性。另外蛋白质组学技术还可以让人们了解在细菌的不同生长阶段、不同生理与代谢机制下蛋白质的表达谱，将这些信息归档在数据库，可有助于建立微生物的细胞模型[18~20]。

靶向信号传导分子的治疗概念是近几年提出来的。由于许多疾病与信号传导异常有关，因而信号传导分子也可以作为治疗药物设计的靶点，而信号传导过程又涉及成千上万的蛋白质。蛋白质-蛋白质的相互作用发生在细胞内信号传递的所有阶段。而且，这种复杂的蛋白质作用的串联效应完全可以不受基因调控而自发产生。通过与正常细胞的比较，掌握与疾病细胞中某个信号途径活性增加或丧失有关蛋白的改变，能为药物设计提供更为合理的靶点。

采用分子水平的筛选模型的大规模药物筛选已经被普遍用于第一步初选，其优点为特异性强，灵敏度高，微量快速。蛋白质组学技术应用于筛选模型构建的一个最大的优势就是能更清楚、更详细的阐明分子药理机制，提供更为有效、合理的药理模型。根据现有的蛋白质组学的研究结果表明：蛋白质基因表达的调控构成了真正的药物作用机制。例如，在黄曲霉素诱发的肝癌细胞中加入 dithioethiones，通过与对照组细胞的双向电泳图谱比较，可以清楚地看到，在它的作用下，一种名为黄曲霉素 B1 还原酶的蛋白质得以表达，表明这种蛋白质具有使黄曲霉素失去毒性的作用。因而，基因表达水平的改变是用来反应疾病和药物作用机制的分子印记。Anderson 等组建了两个蛋白质数据库[21]。一个是分子解剖学和病理学数据库，另一个是药物的分子效应数据库。前者主要用来界定蛋白质在不同组织的表达模式和在各种疾病中的表达改变，而后者则着眼于药物蛋白质作用机制的阐明。这些数据库将成为新药发现的指南针，同时亦引领人们进入分子药理学的新时代。

2. 蛋白质组学和中药现代化　中药成分复杂，复方更是如此，都是一个复杂的化学成分库。因此，通过蛋白组学技术和策略，以蛋白质为靶点，分析复方及各种搭配拆分后所表达的蛋白质组的差异、鉴定其中发生相应变化的蛋白质，并通过对治则、治法理论实质的探讨，有可能对中药复方的作用机制取得突破性进展[22,23]，从而极大地促进我国中医药领域生物工程制药的发展，加速中药现代化的进程[24]。此外，用于解决濒危中药材物种的保存和生产，揭示中药材或制剂的有效部位或有效成分的作用靶点也可应用蛋白质组学技术。当前中药指纹图谱是蛋白组学-中药学研究的重要手段，其内容包含生物指纹图谱、基因组学指纹图谱、蛋白质组学指纹图谱和 DNA 指纹图谱等。

蛋白质组学作为生命科学新技术已被医学界广泛重视和关注，其在疾病和药物抗病分子机制的研究中取得了可喜的成果。在充分认识蛋白质组学对医药研究和应用中的巨大促进作用的同时，还应综合考虑医药本身特点，最终实现医药研究从系统生物学到系统医学的转变。

（三）生物信息学工具对蛋白质组学结果的分析和解释

生物信息学(bioinformatics)是在生命科学、计算机科学和数学的基础上逐步发展而形成的一门新兴交叉学科，是为理解各种数据的生物学意义，运用数学与计算机科学手段进行生物信息的收集、加工、存储、传播、分析与解析的科学[25~27]。生物信息学是当今最具发展前途的学科之一，它缘于近10年来生物学相关信息量的“革命性爆炸”，又得益于近10年来信息技术的“革命性发展”[28]。

一般意义上，生物信息学研究生物信息的采集、处理、存储、传布、分析和解释等各个方面，它通过综合数学、计算机科学与工程和生物学的工具与技术而揭示大量而复杂的生物数据所赋有的生物学奥秘。它作为一个交叉学科领域而荟萃了数学、统计学、计算机科学和分子生物学的科学家，目标就是要发展和利用先进的计算技术解决生物学难题。这里所说的计算技术至少包括机器学习(machine learning)、模式识别(pattern recognition)、知识重现(knowledge representation)、数据库、组合学(combinatorics)、随机模型(stochastic modeling)、字符串和图形算法、语言学方法、机器人学(robotics)、局限条件下的最适推演(constraint satisfaction)和并行计算等。而生物学方面的研究对象覆盖了分子结构、基因组学、分子序列分析、进化和种系发生、代谢途径调节网络等诸多方面[29]。

先前，生物信息学的技术方法被广泛地应用于基因组学方面的研究。随着科技的发展，在后基因组时代，生物信息学工具同样能够被广泛应用于对蛋白组学结果的分析和解释上。比如，利用生物信息学对于蛋白组学的研究数据进行采集、处理、存储、传布、分析和解释，能够实现多个蛋白质序列比对、预测蛋白质结构、研究蛋白质结构-功能关系以及根据数据设计相关点突变。

生物信息学在蛋白质组学方面的研究重点是对于蛋白质的空间结构的研究。主要有两类研究方法：其一是同源类建模方法，包括比较建模[30](comparative modeling)、折叠识别[31](fold recognition)以及网络模型方法和基于隐马尔可夫模型的机器学习方法等；其二是“从头预测[30,32](*Ab initio*)”方法，它先利用相似性聚类(clustering)方法建立蛋白质的空间外形分类数据库，再通过蛋白质天然构成对应于热力学上最稳定、自由能最低的构象预测蛋白质的空间结构，研究方法如Monte Carlo、模拟退火、遗传算法等。蛋白质组信息学的目的就是利用这些方法研究蛋白质的空间结构以揭示蛋白质的结构与功能的关系、总结蛋白质结构的构成规律、预测蛋白质肽链折叠和蛋白质的结构等。

目前，已经有许多关于这些方面的研究：

Windows版的蛋白质分析专家(protein analyst forwindows)ProAnWin就是用于多个蛋白质序列对齐、比较性序列分析、研究蛋白质结构-功能(基因型-属性)关系和设计点突变的一个新程序。它试图找出蛋白质或多肽的活性(或属性或相关表现型)与分子的一级结构或三级结构中某些特征的关系，其依据包括：从序列上看所归属的蛋白质家族，与蛋白质活性相关的一些参数(pK、ED50、K_m值等)，和尽可能的、至少其中之一的三维结构数据(假设全部同源蛋白质都以共同的方式形成空间折叠)。主要目的就是要找出与蛋白质活性变化相关联的影响因子：活性调节位点的位置和该位点在结构上的重要特性。ProAnalyst是为ProAnWin提供多功能的蛋白质序列和结构分析的扩展模块，它可以搜索motif、绘制理化关系图、对蛋白质的序列变异进行语义分析和理化分析、绘出结构-活性关系的剖析图等[33]。

另外，还有蛋白质结构模建的软件。Dragon 4.17.7是一个基于“距离几何学(distance geometry)”的蛋白质模建程序。它可以根据所给定的蛋白质序列、二级结构和一套残基间距离的限定矩阵(如果有的话)，预测小分子量可溶蛋白质的三级结构。如果序列中的一部分结构在多序列对齐中能够找到同源，就可以试着对比模建(comparative modeling)。它以一个简单的命令行作为人机交互界面，接受参数和输入文件名等[33]。

还有许多可以在网络上应用的在线生物计算。比如可以进行蛋白质家族鉴定：基因家族鉴定程序网络版(gene family identification network design)。GeneFIND是一个综合了几种检索/对齐程序、基于Pro-Class数据库、提供快速而有意义的、带有充足的家族分类信息的检索结果的数据库检索系统。它应用了多层次的过滤程序:先从最快速的MotiFind神经网络开始,接着是BLAST搜索、Smith-Waterman序列对齐(SSearch)和motif模式搜索。该服务器目前提供了多达942种不同蛋白质家族的大规模在线序列鉴定。HTML形式的检索结果包括:全局和motif得分、针对所有ProSite蛋白质种属的所有最为匹配的成员清单、所属PIR超家族、motif模式匹配情况和指向对应ProClass家族数据记录的链接。还可以进行蛋白质空间折叠识别。FEBS蛋白质结构预测1997年的先驱者们希望能尽可能多地利用最新的折叠识别和从头预测(*ab initio* prediction)等方法学上的进展,对一些具有生物学价值的蛋白质结构进行预测。如果有个蛋白质还没有任何实验性的结构信息,也没有与已知结构的任何蛋白质表现出同源性,不如将其序列呈送到http://predict.sanger.ac.uk/irbm-course97/也许会有所帮助[34]。

随着人类各种组学计划的各项任务接近完成,有关核酸、蛋白质的序列和结构数据呈指数增长。面对巨大而复杂的数据,运用计算机技术更加有效管理数据、控制误差、加速分析过程势在必行。从而使生物信息学成为当今生命科学和自然科学的重大前沿领域之一也是21世纪自然科学的核心领域之一。随着后基因组时代的到来,生物信息学研究的重点将逐步转移到蛋白质组信息研究,其研究的内容不仅包括蛋白的查询和同源性分析,而且进一步发展到蛋白和蛋白质组的功能分析,即所谓的蛋白质组学研究。这些庞大的研究结果,将需要更有力的生物信息学工具对其进行分析和解释。所以今后要着重发展网络数据库和软件算法,一是发展集成的生物数据仓库和联邦数据库技术。目的是对分散的、异构的甚至是冗余和混乱的生物学数据库在公认的注释标准下进行整理,建立整合的、非冗余的数据库体系,建立不同生物学数据之间的关联,以利于数据挖掘。二是发展整合功能蛋白质组数据分析软件体系。单一功能的生物信息分析软件已不再是生物信息学应用研究的主流,要发展一大类算法、数据库和分析软件有机地整合集成在一起,以完成系统的功能分析,保证大规模的功能蛋白质组数据分析的需求。三是发展有效的生物学文献的信息管理、搜索和挖掘工具。文献发掘工具已成为新兴的生物信息学的研究方向,如何从海量文献信息中发现关联信息,高通量、高准确度地进行知识发现,为蛋白表达谱数据分析、蛋白结构预测分析和蛋白质—蛋白质相互作用分析等分析提供帮助,已成为生物信息学必须要解决的问题之一,也是生物信息学发展面临的又一挑战。

二、研究重点

(一)单分子动态技术的发展和创新

单分子检测(single molecules detection,SMD)技术指在单分子水平上对生物分子的行为(包括构象变化、相互作用、相互识别等)的实时、动态检测以及在此基础上的操纵、调控等,它作为生物化学分析的最终目标和最直接的方法,已经引起了化学家、生物学家和物理学家的广泛关注。单分子研究有很重要的意义:一方面,对于非均相体系,单分子实验可得到分子性质分布信息,并对它们进行识别、分类和定向描述;另一方面,对于均相和非均相体系单分子轨迹直接记录了分子性质的涨落,包含了丰富的动力学和统计学方面的信息[35]。单分子检测方法可以研究复杂体系中的个体,特别是能用来检测中间产物,跟踪观测生物化学反应途径,而这些在一般统计测量法中往往很难,有时根本是不可能同步进行的。更重要的是,单分子检测可被用来检测生物大分子,提供不可能用传统的统计测量法得到的有关分子结构和功能等方面的信息。SMD快速、卓越的进展无疑将影响许多科学领域，为在化学、生物学、医学和纳米材料等领域中探测提供了新的手段。

单分子技术是分子生物物理学的自然延伸和必然趋势。生命单元的基本功能主要取决于单个大分子，单分子操纵方法在研究单个生物分子的性质上有着独特的优势。与测量分子集合体整体性质的传统方法(如光散射，光偏振，黏滞性等)相比，单分子技术具有直接，准确，实时等优点。经过过去几年的发展，单分子动态技术已经在生物学领域取得了巨大成就：

1. 生物单分子检测的激光诱导荧光法 早在20世纪70年代中期，Hirschfeld等[36]就开展了生理条件下测定生物单分子的方法研究，他们检测到了用80～100个荧光团标记的单个抗体分子。随后，他们的研究小组致力于研制商品化的、能够对单个病毒粒子进行检测和分类的仪器。20世纪80年代，洛杉矶的Keller小组用流体聚焦法来改善被测分子的检出限。到20世纪90年代，终于第一次实现了生物相关环境中单个荧光团的检测[37]。通过测定连接到生物大分子上的单个荧光团的性质，可获取生物分子之间的相互作用、酶的活性、反应动力学、分子构象、分子运动自由度等方面的信息[38]。按照荧光信号识别方式的不同，可将激光诱导荧光单分子检测的方式分为以下四种：

(1) 定位法(localization)：单分子可通过荧光成像进行空间定位[39]。由于单个荧光染料分子的尺寸比发射光的波长小得多，因此对于光源来说，单个荧光染料分子可看作为一个位点，光学系统对这样一个位点的反应就是一个光斑点，这个光斑点的中心可准确定位。另外，根据从一个固定化的生物分子发出的荧光信号的出现和消失的状况，可推测生化反应的步骤。定位法已用来观测单个肌球蛋白的运动和标记的脂类分子在生物膜上的扩散轨迹[40]。Funatsu等[41]通过观察荧光标记的ATP的出现和消失，来探测单个肌球蛋白分子的ATP更新周期。Zhuang等[42]将一荧光团标记到一个短RNA寡聚核苷酸的末端，通过观察荧光斑点的出现和消失来测定核糖体的活性。

(2) 荧光猝灭法：猝灭剂的存在会引起荧光团寿命缩短、荧光量子产率降低，而分子水平的运动可导致猝灭剂靠近或偏离荧光团近邻区域。因此通过检测荧光团其荧光强度或寿命的变化，就能获得被检测物的单分子水平的运动和构象变化的信息。Eggeling等[43]通过检测由于电子转移到宿主DNA的鸟嘌呤上而引起四甲基罗丹明(TMR)的荧光猝灭，研究了TMR-DNA复合物的动力学并确定了单个荧光团的寿命。Bonnet等[44]用荧光猝灭法来测定DNA发夹结构开放和封闭状态，及两种状态之间的转变。

(3) 光偏振反应法(染料的旋转迁移)：总体分子的荧光偏振各向异性(fluorescence polarization anisotropy)的测定通常用来获取有关分子的大小、形状、灵活度和旋转动力学方面的信息。通过测定连接在生物大分子上的荧光探针在偶极取向上的瞬息变化，可获取生物大分子或其组成亚基在角度运动方面的信息[45]。

(4) 荧光共振能量转移法(fluorescence resonance energy transfer，FRET)：该方法的原理是：通过诱导偶极-偶极相互作用，供体的激发能量转移到受体，能量转移的效率与供体分子和受体分子之间的距离存在一定的函数关系。用FRET技术能获得生物分子在结构上的变化以及不同分子之间相互作用方面的信息[46]。自用FRET测定单个受体和供体分子的能量转移的首例报道[47]以来，就有许多单分子FRET技术在生物学上的应用研究。单分子FRET技术已用来研究供体-受体的同时定位[48]。Ha等证明FRET能用来跟踪观察单个RNA分子的构象变化的过程。单分子FRET技术还适合研究生物大分子的折叠。Talaga等[49]用FRET法研究了固定在表面上的单个螺旋形肽分子的折叠过程。Zhuang

等[50]用 FRET 法研究了单个 Tetrahymena 核糖体酶分子的折叠轨迹。

2. 生物分子检测的拉曼光谱法 用激光拉曼光谱研究单分子是近年来的出现的一种新的检测技术。1997 年 Kneipp 等[51]用表面增强拉曼光谱法首次观察到了银溶胶缓冲液中单个结晶紫分子的拉曼散射光谱。1998 年 Kneipp 等[52]用近红外激光诱导的表面增强拉曼光谱,在银溶胶缓冲液中检测到了单分子的花青染料。

3. 生物单分子检测的生物力学工具法 生物力学工具,包括:光学镊子和磁性镊子,原子力显微镜等。光学镊子已用来研究单个 Kinesin 分子沿着微管运动的轨迹[53],Svoboda 等[54]用光学镊子观察到了单个肌球蛋白分子与肌动蛋白分子的结合后所引起的构象变化,且发现这种构象变化与 ATP 水解有关。Ishijima[55]的单分子光学镊子实验发现:肌球蛋白分子与肌动蛋白分子的结合与解离的每一个周期循环,即伴随着一个 ATP 分子的更新。光学镊子已用于观察单个免疫球蛋白分子的去折叠过程[56]。磁性镊子已用来研究与 DNA 超螺旋解旋有关的单个拓扑异构酶分子的活性、研究由单个 DNA 多聚酶作用的 DNA 的延伸反应。

总之,生物单分子研究是以生命科学问题为核心、多学科、多角度交叉合作的研究项目。既需要生命科学从单分子水平提出亟待解决的、具有重要科学意义的科学问题,也需要物理、化学、数学等基础科学发展适应单分子水平研究的理论与技术,并应用于生命科学中单分子行为研究。项目围绕生命科学中的具有重大意义的基础问题进行探索,同时结合当代前沿的纳米科学技术,在促进生物单分子研究的同时,拉动相关学科特别是基础学科的发展。所以,今后的研究要以生物单分子研究中新技术、新方法为基础,采用新的数学和物理模型,既注重研究问题的生命科学意义和价值,又强调新理论、新技术、新方法的源头性创新,鼓励跨学科、跨单位的合作研究。可以预期,未来十年将是单分子实验方法的黄金时间,它的迅速发展将引导人们进入分子生物学的全新领域,检验有待证实的假设或揭示更基本的生物学规律。

(二) 膜蛋白表达、纯化、结晶方法的改进和创新

膜蛋白是指能够结合或整合到细胞或细胞器的膜上的蛋白质的总称。而细胞中一半以上的蛋白质可以与膜以不同形式结合。膜蛋白最常见的分类方式是根据膜蛋白从膜上去除所需方法的不同而将其分为 3 类:①外周膜蛋白:可以通过改变 pH 或离子强度而从膜上提取,同时细胞膜的脂双层基本结构还能够不被破坏;②整合膜蛋白:这是一类插入或跨越膜脂双层,只有通过去垢剂(去垢剂是一类特殊的脂质,它与磷脂一样同时具有极性和非极性基团,可与磷脂竞争性地与膜蛋白结合)把膜溶解,才能从膜上分离出的膜蛋白;③脂锚定蛋白:这类蛋白通过与膜脂的共价连接锚定在膜上,虽然它们的肽链位于膜的外周,但通过改变环境的 pH 或离子强度并不能将其从膜上分离[57]。但它与膜脂的连接又可以被酶水解,从而在不破坏膜的情况下将膜蛋白释放。细胞中有大约 30%的蛋白质是膜蛋白,不过人们现在还不是很清楚这些膜蛋白的原子结构。到目前为止,在 PDB(Protein Data Bank)的结构数据库中只有不到 1%的资料是膜蛋白的结构数据[58]。这不是说膜蛋白的结构不重要,相反,膜受体蛋白非常重要,它们是大部分药物的作用靶点。但由于一直缺乏很好的膜蛋白大量可溶性表达技术,因此也就得不到足够的蛋白结晶体用于结构分析。即使是结构基因组学这项旨在分析每一个蛋白家族结构的学科,也因为存在技术难题而没有将研究重点放在膜蛋白上。

指望得到有序性高、足够大、适合于 X 射线衍射分析的晶体不太可能,这类晶体往往在分离纯化蛋白质过程中自发形成。例如,线粒体细胞色素氧化酶和叶绿体捕光叶绿素 a/b

蛋白复合物的晶体一般小而薄，更适于利用电子晶体学进行研究，在电镜下重构三维图像。另一类型是膜蛋白与去污剂结合的晶体。蛋白质通过亲水表面之间的极性相互作用形成晶格小分子。去污剂或其他小的两性分子(amphiphil，又称亲水脂分子)基本上填充了间隙。在这里去污剂的大小、电荷和其他性质起关键作用，三维晶体总是在各向同性的去污剂溶液中长出来。每个蛋白质分子并入去污剂微团形成去污剂——蛋白质混合微团，这种混合微团占据着三维晶格的位置，恰似通常的可溶性蛋白，所不同的仅在于它含有某种去污剂。晶体空间点阵的位置约束着包围每个蛋白质分子的去污剂微团的形状与大小，因此高度有序的膜蛋白三维晶体主要是用形成小微团的小分子去污剂得到的。去污剂极性头覆盖蛋白质极性表面的一小区域，这个区域可能导致晶核的形成，因此极性头应该尽可能小。*N*，*N*-dimethylamine-*N*-oxide 的极性头用于光合细菌的反应中心的结晶是近于理想的。而对一些伸出膜外区域比较大的膜蛋白，在结晶时所用去污剂头部基团的大小并不重要。因此光系统Ⅰ反应中心能用 Dodecyl-D-maltoside 甚至用 TritonX-100 结晶也就不足为奇了[59]。遗憾的是小极性头基的去污剂比大极性头基的去污剂更易使蛋白变性，而较大的、温和的去污剂又不太适合于进入晶格中去。因此，寻找到分子量较小而且性质温和的去污剂是膜蛋白三维晶体形成的关键。

Michel[60]至少用了大约 100 种两性分子做实验，企图改善膜蛋白晶体的质量。它们中的大多数有的在必需的高盐浓度下不溶解，有的在所用的条件下使蛋白变性。只有 heptane 1-2-3-triol 和 benzaminedine 最有效。两性分子的作用与去污剂相同，但不能单独形成微团，它与去污剂形成混合微团。Caravito[61]等在对生长大肠埃希菌外膜上的几种 porin 蛋白晶体研究时发现，一系列类似庚烷的化合物如乙醇、二氧六环及 1，6-hexanediol 等与去污剂形成微团可改变结晶过程，使系统只有效形成单斜晶体。Kühlbrandt[62]指出，适于光合细菌反应中心结晶的两性离子去污剂与两性分子却使捕光叶绿素 a/b 蛋白复合物变性。由此可见，不同的膜蛋白体系要求不同的去污剂与两性分子。

现在，经过传统结构生物学家和结构基因组学家的不懈努力，蛋白表达、溶解和结晶这一系列的技术瓶颈都得到了突破，并且已经出现了部分成果。

一些创新的结晶方法加速了晶体的产生。细菌的钾离子通道[63]和氯离子通道[64]的结构已在近原子分辨率水平获得(0.32nm)。利用这些结构，我们可以开始理解在原子水平上离子的选择性和传导性作用。例如，基质网 Ca^{2+}-ATP 酶[65]的膜堆垛晶体和管状晶体已得到，通过在不同的钙离子浓度下得到的原子分辨率水平的结构，可阐明它们在活化转运中构型改变的基础。

脂立方体模型为膜蛋白的结晶提供了脂双层样的环境[66]。该系统由一定比例的脂、缓冲液和蛋白质组成，形成一个结构化、周期性的三维脂排列，其中充满相互沟通的水通道。在这一体系中膜蛋白镶嵌在膜脂双分子层中，与它在生物膜中的自然构象十分相似。此外，较多的脂——水界面有利于晶体生成，脂双分子层的网状分布则有利于膜蛋白的侧向移动，从而促进晶体生长。因此，该体系为具有疏水特征的膜蛋白结晶提供了一个新的途径。

通过结合抗体为膜蛋白——抗体复合物共结晶提供了另一个新的结晶方法[67]。与抗体的 Fv 段或 Fab 段结合增加了内在膜蛋白的亲水部位，从而提供了更多的晶体极性表面。已有报道显示，与抗体结合或有助于晶体的生成或还能够增进晶体的衍射品质。特别对于亲水区域和弹性区域非常小的膜蛋白，抗体片段介导的结晶便显得更有价值。

现在还不太可能得到一个“通用的、万能的”技术流程来分析所有的蛋白质结构，因此还需要开发出其他一些针对不同蛋白质表达、纯化、结晶的结构分析的研究方法。我们相信，未来几年会出现更多的研究膜蛋白结构的方法，在 PDB 中也会找到更多膜蛋白结构数据。

(三) 冻电子显微镜的技术进步

随着人类基因组计划的初步完成和一系列模式生物全基因组计划的完成，生物学研究进入了全新的后基因组时代。虽然大量的基因序列被测定，但是生物大分子如何从这些基因转录、翻译、加工、折叠、组装，形成有功能的结构单元，尚需进一步研究。而揭示生物大分子在细胞和细胞器中的排列与相互作用，则是人们探究理解细胞活动的必经之路。以 X 射线晶体学、核磁共振技术(NMR)、电子显微学、计算生物学为基本研究手段的结构生物学显然将在其中扮演越来越重要的角色。

冷冻电子显微镜技术(cryoelectron microscopy)是在 20 世纪 70 年代提出的，经过近 10 年的努力，在 80 年代趋于成熟。它适用的研究对象非常广泛，包括病毒、膜蛋白、肌丝、蛋白质核苷酸复合体、亚细胞器等[68]。一方面，冷冻电子显微镜技术所研究的生物样品既可以是具有二维晶体结构的，也可以是非晶体的；而且对于样品的分子量没有限制。因此，大大突破了 X 射线晶体学只能研究三维晶体样品以及核磁共振波谱学只能研究小分子量(小于 100kDa)样品的限制。另一方面，生物样品是通过快速冷冻的方法进行固定的，克服了因化学固定、染色、金属镀膜等过程对样品构象的影响，更加接近样品的实际生活状态。现在，冷冻电子显微镜都具备自动图像采集系统。CCD(charged-couple device)照相机能快速、动态地记录电子衍射图，但受其像素的限制，其分辨率不如照相胶片。CCD 和照相胶片所记录的是生物样品空间结构的二维投影，利用各种计算机软件程序包，可以从电镜的二维图像重构样品的三维结构，即三维重构。现已开发出许多软件程序包可供计算机使用，大大方便了生物样品的结构重构[69]。

用电子显微学研究生物大分子的结构必须解决以下几个问题：保持样品的天然含水状态；尽量减少样品漂移及辐照损伤，提高图像衬度，提高信噪比。

1974 年，Taylor 和 Glaeser 成功地利用低温电镜技术完美地解决了维持天然含水条件的难题[70]。低温冷冻既能保持样品含水条件又能维持电镜高真空环境，同时还能够大幅度减小样品的辐照损伤(通过低温原位俘获辐照损伤产物，避免结构的迅速改变)。在 20 世纪 80 年代，Dubochet 实验室对低温电镜技术进行了深入研究[71]，使得生物低温电镜技术成为了研究生物大分子的常规技术，20 世纪 90 年代世界各地逐步普及了低温电镜技术。低温技术已经成为高分辨电子显微学研究的常规技术。它包括冰冻制样技术、低温冷台技术和低剂量曝光技术。主要步骤是把含水样品快速冷冻，使之包埋在玻璃态的冰中(vitrification)，然后将冰冻样品转移到液氮或液氦冷却的低温冷台进行电镜观测。而且要在低剂量模式下进行对于冰冻样品的观察、聚焦、拍照。因为温度越低，样品所能承受的电子辐照量越高，所以目前最高分辨率的电子显微镜就是应用液氦冷却[72]。另一个最近发展起来的技术是底物混合冰冻技术(spray-freezing)[73]。利用这种技术可以在极短的时间内把两种溶液混合起来(几个毫秒)，然后快速冷冻。这样能对生物大分子在结合底物时或其他生化反应中的快速的结构变化进行测定。

生物样品不耐辐照，因此需要严格控制样品的观察、聚焦和拍摄所需要的电子曝光剂量。一般来说，高分辨率的二维晶体或单颗粒样品，曝光剂量一般要控制在 10～20 $e^-/Å^2$；较低分辨率的低温电子断层成像术控制在 40～200 $e^-/Å^2$。在低剂量曝光条件下，拍摄的电镜图像噪音非常大，需要很好的数据采集设备。传统的方法是使用底片照相，而目前更多的工作是采用高质量慢扫描CCD完成，可以直接采集数字化图像，其优点是可以连续收集大量图像并实时观察和评估样品以及图像的质量。随着CCD像素值的增加（目前4k×4k像素CCD逐渐普及）和性能的改进（电子计数转化率提高）而且能与能量过滤设备相结合，很多原本由底片完成的工作已经逐步被CCD取代[74]。

目前，计算机技术与电镜技术完美结合，电镜的控制调节、样品寻找、样品倾转、数据收集等都实现了自动化操作，甚至遥控操作[75]。这可以大幅度减小曝光剂量、减少操作培训所需时间从而极大地提高电镜的使用效率。电子显微镜性能的不断提高和各种新技术的联合应用也推动了电子显微学在生物大分子结构的研究中的应用。场发射电子源在新一代的电子显微镜中被广泛地应用。这种电子源发射的电子相干性更好，信号失真更少，从而有效地提高了图像衬度。能量过滤器的配备，能去除非弹性散射电子，从而减小背底噪音。更高精度和更大倾转角度的样品台使之能够收集尽可能完整的空间结构信息。点扫描成像技术的应用，能够减小电子束造成的样品漂移，从而有效提高了信噪比[76]。CCD相机在电子显微镜上的广泛应用使得实时拍摄图像、评估样品质量好坏成为可能。

进一步提高图像信噪比，可以通过后期的图像处理提取有用的结构信息来完成。近年来，计算机系统的运算速度、存储能力、图形显示功能等迅猛提高导致后期图像分析处理的效率也大大提高。而图像处理技术和相应软件的成熟和完善，使得后期图像处理逐渐成为一个程序化的常规工作。目前处理各种样品，如二维晶体、螺旋对称结构、病毒粒子、单颗粒及进行断层成像重构已经有很多相应免费或商业化的软件包[77]。

蛋白电子晶体学方法是大分子电子显微学中最早出现的技术，也是目前唯一分辨率能达到原子分辨率的电镜方法，完成了一批水溶性蛋白的三维结构测定，分辨率已经达到0.3～0.4nm。还有一大批分辨率达1～2nm的蛋白晶体结构被测定。但其分辨率还是与X射线晶体学所得到的结构的分辨率有较大的差距。后来发现一些膜蛋白能在自然的膜环境中以二维晶体的形式存在，如细胞视紫红质等。还有另一些膜蛋白较容易在脂双层中实现二维结晶，而膜蛋白由于自身具有部分亲水性部分疏水性的结构，使三维结晶十分困难，导致应用X射线晶体学很难涉足膜蛋白的结构分析。所以把膜蛋白的结构分析寄望于电子晶体学方法，而且电子晶体学也确实完成了几个膜蛋白的结构测定，分辨率达原子水平。但是至今，膜蛋白二维结晶仍然是非常困难的，相反膜蛋白三维结晶的技术日益成熟，X射线晶体学已经测定了许多膜蛋白的结构。因此，目前看来，电子晶体学无法与X射线晶体学竞争，只能是X射线晶体学的一种辅助手段。但是，它有一个无法取代的优势：能得到膜蛋白和膜相关的水溶性蛋白在膜环境中的结构信息。比X射线晶学所得到的更能反映生理条件下的真实结构。所以，对于冷冻电子显微镜的技术研究有着很大的潜力和发展空间。

（四）对蛋白质三级结构规律性的系统研究

随着各种生物全基因组测序工作的不断深入推进，越来越多的核酸序列清晰的呈现在世人面前。然而与此同时，我们明确知道空间结构的蛋白质的数目却增长缓慢，而且两者之间增长速度的差异还在继续扩大。因为蛋白质的生物学功能在很大程度上取决于其空间结构，所以弄清楚蛋白质的结构进而得以理解其结构与功能的关系具有重要意义。

蛋白质三维结构研究方法主要分为实验研究和理论研究。实验研究是结构研究的基础，采用的方法主要有X射线晶体衍射分析；多维核磁共振分析电子和中子衍射技术；波谱技术以及近年来发展起来的扫描隧道显微术(STM)和原子力显微术等，目前只有前两种方法较为成熟，如在 Brookhaven 蛋白质结构数据库中源于 X 射线晶体衍射的结构占 80%以上，源于核磁共振谱的占 16%左右。由于三维结构研究较为困难，其进展速度远远落后于一级序列测定的速度。目前在测出了氨基酸序列的蛋白质中了解三维结构的仅占 1/3，而且这一比例仍在不断减小。为了弥补这一不足，理论预测研究逐渐发展起来。根据蛋白质三级结构规律性对蛋白质结构进行预测研究是计算分析性很强的科学，目前已有一定发展。

得益于数学、计算机科学、生物学、物理学的飞速发展，现阶段人们已经可以对某些种类的蛋白结构进行预测，比如现在可以精确预测的内容包括：二级结构的类别、残基接触的距离限制、折叠类型、二级结构的分级或内容、半胱氨酸间的双硫键、蛋白质家族的隶属关系、螺旋跨膜区及其对应的细胞膜的拓扑、膜蛋白类别（跨膜区域的残基数）、MHC motif 以及氨基酸的水溶性。蛋白质的结构可以表现出一定的结构层次和规律性，所以，对蛋白质结构规律性的研究已经成为热点。

对蛋白质三级结构规律性的系统研究已经被应用到蛋白质结构预测中。传统上蛋白质三维结构预测分为同源模建、折叠识别和从头模拟等方法。近来三种方法逐渐相互渗透，取长补短，在许多预测中都综合运用了 3 种方法，但由于侧重点的不同，大体上仍可采用上述分类。

(1) 同源模建法：同源模建的理论依据是相似序列的氨基酸有着相似的高级结构，其原理是在蛋白质数据库中寻找序列相似蛋白质，以找到的有相似性的蛋白质为模板，构建待测蛋白质结构模型。

对不同蛋白进行同源模建时的难易程度不同，如果未知蛋白与模板序列相似程度很高，只有少数插入与缺失，那么序列对齐就比较简单，应用标准 Needleman-Wunsch 算法即可。而当相似程度较低时，固定间距补偿(fixed gap penalties)算法往往不能得到正确序列对齐，此时要用更高级的算法进行比较以确定哪条为最佳模板，或者应用多模板策略[78]。目前还没有标准来规范同源模建方法的适用范围，而 Burke 等的研究更提醒我们在应用此方法时要谨慎。他们应用轮换结构辅助序列对齐方法进行了同源模建研究，发现虽然有时两种蛋白质的序列相似性较高，但结构可以很不一致，由此对常用的 3D/1D 评估系统也提出了质疑[79]。

(2) 折叠识别模型：尽管蛋白质的氨基酸序列有很大不同，但往往却有相同的折叠类型，基于此种折叠识别，可以对蛋白质的三维结构进行构建。识别折叠的技术包括高级序列比较、二级结构预测、序列相容性、三维结构检验以及专家经验等方面[80]。研究发现，某蛋白质的折叠特性中有 60%～70%可在已有的蛋白质数据库中找到。折叠识别模型的进展在很大程度上是由于二级结构预测准确率的提高。目前二级结构预测的算法主要有神经网络法、决策树法、基于事例学习法、符号性知识优化法、基于逻辑的归纳学习法和多策略法等。许多算法的准确率都在 70%左右，有的甚至能达到 80%以上[81]。该方法一般首先建立蛋白质折叠数据库，然后使待测蛋白质与之匹配，计算匹配中的能量参数、疏水模式等因素，排序后得到最终结果。如果未能找到相关结构，便认为是新的折叠类型。

(3)从头预测：从头预测是指不直接依赖相似结构信息而只从氨基酸一级序列中通过生物计算给出三级结构模型的方法。由于单独应用此方法还很困难，因此目前的方法中也借用了许多已知蛋白质结构数据，如设立评分功能来区分正确或错误预测、向模型中插入片段等。此方法大致包括二级结构预测、三维结构组装、邻近残基预测、超二级结构功能域预测、数字模型相互作用寻找功能构型等。在预测局部区域相互作用时（不超过 10 个残基），结构库中均有可参照模板，那么从头预测的关键就是如何解决远距离作用的问题，包括疏水包埋、静电作用、二硫键、主链氢键、分子体积等因素。一般认为，在局部结构允许下的远距离作用可以作为能量最低构型[82]。根据不同氨基酸在不同构型时的偏性系数(如 Ala、Lys、Glu、Arg、Met 易形成α螺旋),可以计算系统的总能量。基本上,模拟的过程是一个能量逐渐降低的分子动力学计算过程,最后通常以凯氏 200 度时的结构作为稳定构象[83]。

可以看出,上述 3 种方法是相关的,而且为了提高准确性,预测过程多为专家参与的机器预测过程。因为全流程是前后一贯的系统过程,前面操作中的任何微小错误都会导致结果的错误。

目前蛋白质预测存在的最大问题是预测的准确度和精确度偏低,而这两点又恰恰是实验测定(X 射线衍射和 NMR)的优势。大多数结构预测的算法以蛋白质分子进化或分子物理学作为预测的理论依据,试图仅仅从蛋白质的氨基酸序列得出最终的三维结构。但是这样的预测从理论上来讲是一个只涉及初始状态和最终状态的经典热力学过程,忽略了氨基酸序列在其细胞内微环境如何一步一步折叠而最终达到其天然构象的动态过程。这就出现了一个问题:每个蛋白质所经历的折叠过程是不是相同?如果是相同的,那么我们是不是能够预测折叠过程的中间构象?所以,我们可以试图结合实验技术和计算机模拟分子折叠,确定一些中间构象,然后以这些构象为基础,逐步逼近最终构象。这不但对理解折叠过程有很大帮助,而且对提高结构预测的准确度和精确度也具有很大意义。

(五) 多技术、多学科交叉运用以解决重大生物学问题

纵观科学发展的历程,许多新理论、新发明的产生以及新的工程技术的出现,常常涉及不同学科的相互交流与渗透,任何一门学科的发展都不是孤立的、静止的,而是相互联系、相互交叉、相辅相成而共同发展的。自然界的各种现象之间本来就是一个相互联系的有机整体,人类社会也是自然界的一部分,因而人类对于自然界的认识所形成的科学知识体系也必然就具有整体化的特征。当代科学的迅速发展越来越依赖于不同学科之间的交叉与融合,多技术、多学科交叉运用是科学发展的必然趋势,是实现科技创新的重要途径。重视交叉学科将会使科学向着更深层次和更高水平发展,这也符合自然界的客观规律。生命科学是与人类社会关系最为密切的学科之一,在生命科学的发展过程中,由于其他科学技术的进步,使生命科学取得了突飞猛进的进步。生命科学之所以能成为当今最受世界瞩目的自然科学学科,不仅依靠生物学家,还必须依靠物理学家、化学家、信息科学家、数学家、环境科学家以及工程科学家等不同学科专家的共同努力。

早在 1665 年,英国物理学家胡克通过自制的显微镜观察到软木薄片是由许多蜂窝状的小结构组成的,随即他将这些小结构命名为“细胞”,由此,细胞一词诞生。从此许多科学家就试图在植物界和动物界中寻找生物体的基本单位。直到 19 世纪,显微镜制造技术进一步发展,显微镜的分辨率大大提高,人们对动、植物的微观结构进行研究变得更加方便。19 世纪 30 年代,一些科学家借助显微镜观察到了一些细胞的亚结构,如细胞质、细胞核、细胞壁等结构甚至于细胞质的运动,而且在动物体内也发现了细胞,这一时期的科学进展为细胞学说的建立创造了条件。在 1838~1839 年,施莱登和施旺创立了细胞学说,即一切植物和动物都是由细胞构成的,细胞是生命的结构和功能的基本单位。细胞学说一经确立,马上显示其强大的生命力,大大推动了生物学的进步和发展,在十几年的时间里被迅速推广,并日臻完善。细胞学说使千奇百态的生物界通过具有细胞结构这个共同的标准特征而统一起来,有力地证明了生物彼此之间存在着亲缘关系,为生物进化理论的深入发展奠定了基础[84]。此后,在细胞学说的基础上,人们对生物界进行了更深入的研究探索,发现了细胞的全能性,即任何细胞都具有发育成完整个体的潜在能力。根据这一理论,人们发展了组织

培养、克隆技术等高科技的现代生物技术。

随后，射线衍射技术促使生物学深入到分子水平。打开分子生物学大门的重要技术之一是X射线的衍射分析。X射线首先是由德国物理学家伦琴(W. K. Rotgen)发现的。X射线能沿直线传播，而且能够穿过普通光线不能穿过的致密物体，而且这种极短波长的电磁辐射具有在荧光屏或照相底片成像的特性。1912年，德国物理学家劳厄(M. V. Laue)提出，如果X射线是波长很短的电磁波，那么晶体中各原子有规则的排列就应该能够使X射线发生衍射[85]。DNA双螺旋模型的建立是20世纪生物学研究中最重大的发现，该发现除凝聚了美国生物化学家沃森(J. D. Watson)和英国物理学家克里克(F. Crick)的天才智慧外，X射线衍射的应用是这个发现的重要原因之一。威尔金斯和他的同事获得了第一张良好的DNA纤维衍射图像和能够获得DNA纤维结晶的必要条件，他认为长形的DNA分子有纵向排列的倾向，所以容易变成纤维，他断定DNA分子有螺旋卷曲的形状并指出制造DNA模型要符合DNA螺旋的直径和距离。因此，沃森、克里克和威尔金斯分享了1962年诺贝尔生理学和医学奖。由此可见，X射线衍射技术是打开分子生物学大门的金钥匙，推动生物学进入分子水平。

目前，一些高新技术的发展为当代生物科技的发展注入了新的动力：冷冻电子显微学从创立到现在已发展成为确定蛋白质分子，蛋白质复合物和细胞器结构的一种有效的方法，这表现在三维冷冻电镜技术的不同方面。这主要包括适合于显微镜真空环境的样品制备条件，减少辐射损伤的策略，提高未经染色的电子显微像的信噪比的方法和二维投影三维重构的不同方法。冷冻电镜通过高压快速液氮冷冻的制样方法能够使样品处在接近于生理环境的玻璃态冰中从而保持其天然构象，并且由于快速冷冻可以捕捉到某个反应过程的中间状态从而可以对大分子复合物进行生物学功能的动态研究。确定三维结构的方法主要有电子晶体学方法、单粒子重构法和电子断层成像技术。在主要的测定结构的方法中，冷冻电镜是唯一能研究小到蛋白质，蛋白质复合物，大到细胞器甚至整个细胞的方法。

以蛋白质为主体的生物大分子的功能主要决定于它们的三维结构。因此以X射线晶体学、核磁共振技术NMR、电子显微学和计算生物学为基本研究手段的结构生物学将在其中扮演越来越重要的角色。X射线晶体学是目前分辨率最高的结构测定方法，已经非常成功地解析了大量单个分子的三维结构。但是这种方法有一定的局限性：由于大分子复合物不易于形成三维晶体，很多疏水性蛋白也不易于形成晶体，或者只有在去除一些柔性区域后才能形成好的三维晶体，这限制了X射线晶体学的应用范围，另外由于晶格的约束干扰了对分子间相互作用，这并不利于对于蛋白质的功能进行研究。NMR非常适合对水溶性的蛋白质进行三维结构测定，虽然也发展了一些新的技术如固相核磁共振(solid-NMR)等可用于对小的膜蛋白的结构测定，但需获得在脂双层上高度有序排列的样品，而且分子量仍然是NMR的一个限制因素。20世纪70年代Taylor K和Glaeser RM开创了冷冻电子显微术(cryo-electron microscopy，Cryo-ME)[86]，经过近三十年的发展，冷冻电镜技术已经成为研究生物大分子结构与功能的强有力的手段。最近几年冷冻电镜的发展在研究大分子结构上的分辨率已达到10^{-1}Å。虽然不及X射线晶体学，但它具有许多独特的优势：可以对均一的(如膜蛋白的二维晶体，二十面体对称的病毒等对称结构)不均一的(如核糖体等)样品用不同的方法进行三维结构重构，可以对生物大分子及其复合物或亚细胞结构进行测定，使小到蛋白质大到真核细胞的三维结构得以确定，分子量大小跨越了12个数量级。通过快速冷冻可以将样品保存在生活状态，其结构更接近功能活性状态；由于快速冷冻可以捕捉到反应过程的瞬时状态从而易于进行时间分辨层面上的研究，从而对一些反应瞬时过程，和反应中间体进行研究，有助于对蛋白质的动力学特性和功能的研究。三维冷冻电镜技术将更完善的样品制备方法，先进的仪器设备，更好的成像方法和强有力的数据处理和运算方法结合起来，使结构测定的分辨率不断得到提高。如果将这种技术与X射线晶体学很好地结合起来，将使我们拥有更强有力的研究工具。而电子晶体学X射线晶体学与生物电镜的结合形成电子晶体学，综合了三维密度图和傅里叶变换数学理论，这可追溯到D. De Rosier和A. Klug对T4噬菌体尾部的螺旋结构的研究工作上[87]。2004年6月通过冷冻电镜三维重构获得已制好的结构规则的二维晶体的高分辨率电子密度图，我们可以解析出它的原子水平结构，螺旋对称样品或二十面体对称的病毒结构可用此方法获得高分辨率的结构。到目前为止。电子晶体学能对二维晶体样品的结构研究达到原子或接近原子的分辨率水平[88]。

当然，在当代生物学发展中，还有很多其他的多技术、多学科交叉运用的例子，如蛋白质细胞定位与电镜技术的结合等。总之，生命科学的发展过程以及研究技术和方法，都充分表明了生命科学的发展是随着现代物理、化学、信息技术成果的渗透，诸多学科新思想和新概念的汇集，以及新技术和新方法的引入而逐步深化的。这一事实也揭示出自然科学各层次各分支之间交叉的必然性和相互补充、相互合作的必要性。学科交叉由单学科交叉到多学科的综合渗透的发展过程，是人们对自然的探索从宏观到微观，从定性到定量，从分析到综合不断深化的结果。生命科学所以在学科交叉中发展，自然科学各学科之间的交叉学科的兴起，归根到底是因为客观存在着的自然界的物质及其运动形式本身是相互依存、相互联系、相互渗透、相互贯通、相互转化的。科学家所做的只不过是对自然界本来面目的正确反映。因此，一切从事自然科学研究的工作者、科学家在科学实践中必须坚持辩证唯物主义的自然观，以自然辩证法为研究向导，在不同领域互助合作，共同研究，才能在多学科的边缘地带、交叉地带取得重大成就。

执笔：沈月全

讨论与审核：沈月全　闫晓洁

资料提供：闫晓洁

参考文献

1. 杨何义，钱小红．定量蛋白质组学研究技术．生命的化学，2002，22(04)：382～385
2. Quadroni M，James P. Proteomics and automation. Electrophoresis，1999. 20：664～677
3. 应天翼，王恒樑，黄留玉等．定量蛋白质组学分析方法及应用．生物技术通讯，2005，16(01)：90～92
4. Opiteck GJ，Lewis KC，Jorgenson JW. Comprehensive on-line LC/LC/MS of proteins. Anal Chem，1997，69：1518～1524
5. Link AJ，Eng J，Schieltz DM，et al. Direct analysis of protein complexes using mass spectrometry. Nat Biotechnol，1999，17：676～682
6. Washburn M P，Wolters D，Yates Ⅲ J R. Large-scale analysis of the yeast proteome by multidimensional protein identification technology. Nat Biotech，2001，19：242～247
7. Mann M. Quantitative preoteomics. Nat Biotech，1999，17：954～955
8. Holt L J，Enever C，Wildt R M T，et al. The use of recombinant antibodies in proteomics. Curr Opin Biotech，2000，11：445～449
9. Borrebaeck C A K. Antibodies in diagnostics—from immunoassays to protein chips. Immunol Today，2000，21：379～382
10. Wasinger VC，Cordwell SJ. Progress with gene-product mapping of the mollicutes：Mycoplasma genitalium. Electrophoresis，1995，16(7)：1090～1094
11. WilkinsMR，Sanchez JC. Progresswith proteomic projects：why all proteins expressed by a genome should be identified and how to do it. Biotechnol Genet Eng Rew，1996，13：19～50
12. Hanash SM，Madoz-Gurpide J. Identification of novel targets for cancer therapy using expression protenics. Leukemia，2002，16(4)：478～485
13. Searls DB. Using bioinformatics in gene and drug discovery. Drug Discover Today，2002，5(4)：135～143
14. RyuDD，Nam DH. recent progress in biomolecular engineering. Biotechnol Prog，2002，16(1)：2～16

15. SpencerDI, Robson L, Purdy D, et al. A stratey formapping and neutralizing conformational immunogeneic sites on protein therapeutics. Proteomics, 2002, 2(3): 271～279
16. Nienaber NL, Richardon PL, Klighofer V. Discovering novel ligands formalro molecules using x-ray crystallographic screening. Nat. Biotech, 2000, 18(10): 1105～1108
17. Mille rDM, Blumes. Oncogenes, malignant transformatoion, and modernmedicine. Am. J. Med. Sci, 1990, 300(1): 59～69
18. Rosamond J, Allsop A. Harnessing the power of genome in the search for new antibiotics. Science, 2000, 287(5460): 1973～1976
19. Ritter TK, Wong CH. Carbohydrate-Based Antibiotics: A New Approach to Tackling the Problem of Resistance. Angew. Chem. Int. Ed. Eng, 2001, 40(19): 3508～3533
20. Vanbogelen RA, et al. Escherichia coli proteome using the gene-protein database. Electrophoresis, 1997, 18(8): 1243～1251
21. Anderson NL, Anderson NG. Proteome and proteomics: new technologies, new concepts and new words. Electrophoresis, 1998, 19(11): 1853～1861
22. 余宗阳，杜建．蛋白质组学与中医证实质研究．中国中西医结合杂志，2004，24(9)：845～846
23. 张昱，谢雁鸣．后基因组时代中医药研究思路方法新探．中医药学刊，2001，19(5)：426～427
24. 王若光．蛋白质组学研究与中医药学的原创性发展．中国医药学报，2003，18(10)：619～622
25. 贺林．解码生命——人类基因组计划及后基因组计划．北京：科学出版社，2000
26. 欧阳曙光，贺福初．生物信息学：生物实验数据和计算技术结合的新领域．科学通报，1999，44(14)：1457～1468
27. 陈润生．当前生物信息学的重要研究任务．生物工程进展，1999，19(4)：11～14
28. Bonguki MS. Bioinformatics—a new era. TIBC, 1998(Trends Suppl): 1～3
29. 李衍达，孙之荣．生物信息学——基因和蛋白质分析的实用指南．北京：清华大学出版社，2000
30. SiewA, Fisher D. Covergent evolution of proteins structure prediction and computer: CASP, Kasparov, and CAFASP. IBM Systems Journal, 2001, 40(2): 410～425
31. Jones DT. Protein structure prediction in the Post-genomic Era. Current opinion in structure biology, 2000, 10: 371～379
32. Bonncau R, Tsai J. Rosetta in CASP4: Progress in Ab Initio Protein structure prediction. Proteins: Structure, Function and Genetics(avilable also from http://depts. washington. edu/bakerpg/papers/Bonneau), 2001
33. Rodriguesz-Tome P. The BioCatalog. Bioinformatics, 1998, 14(5): 469～470
34. Sugawara H, Miyazaki S. Towards the Asia-Pacific Bioinformatics Network. Pac Symp Biocomput, 1998(4): 759～764
35. 王献伟，张玲．单分子检测技术的发展现状及展望．喀什师范学院学报，2005，6：33～40
36. Hirschfeld T. Quantum efficiency independence of the time integrated emission from a fluorescent molecule. Appl. Opt, 1976, 15: 2956
37. Shera EB. Seitzinger NK, Davis LM, et al. Detection of single fluorescent molecules. Chem. Phys. Lett, 1990, 174: 553
38. Xue Q, Yueng ES. Differences in the chemical reactivity of individual molecules of an enzyme. Nature, 1995. 373: 681
39. Sytnik A, Vadimirov S, Jia YW, et al. Peptidyl transferase center activity observed in single ribosomes. J. Mol. Biol, 1999, 285: 49
40. Vale RD. Direct observation of single kinesin molecules moving along microtubules. Nature, 1996, 380: 45
41. Funatsu T, Harada Y, Tokunaga M, et al. Imaging of single fluorescent molecules and individual ATP turnovers by single myosin molecules in aqueous solution. Nature, 1995, 374: 555
42. Zhuang X W, Bartley L E, Babcock H P, et al. A single-molecule study of RNA catalysis and folding. Science, 2000, 288: 2048
43. Eggeling C, Fries J R, Brand L, et al. Monitoring conformational dynamics of a single molecule by selective fluorescence spectroscopy. Proc. Natl. Acad. Sci. USA, 1998, 95: 1556
44. Bonnet G, Krichevsky O, Libchaber A. Kinetics of conformational fluctuations in DNA hairpin-loops. Proc. Natl. Acad. Sci. USA, 1998, 95: 8602
45. Macklin J J, Trautman J K, Harris T D, et al. Imaging and time-resolved spectroscopy of single molecules at an interface. Science, 1996, 272: 255
46. Stryer L, Haugland R P. Energy transfer: a spectroscopic ruler. Proc. Natl. Acad. Sci. USA, 1967, 58: 719
47. Ha T, Enderle T, Ogletree D F, et al. Probing the Interaction between two single molecules: fluorescence resonance energy transfer between a single donor and a single acceptor. Proc. Natl. Acad. Sci. USA, 1996, 93: 6264
48. Schutz G J, Trabesinger W, Schmidt T. Direct observation of ligand colocalization on individual receptor molecules. Biophys J, 1998, 74: 2223
49. Ha T, Zhuang X W, KimH D, et al. Ligand-induced conformational changes observed in single RNA molecules. Proc. Natl. Acad. Sci. USA, 1999, 96: 9077
50. Talaga D S, Lau W L, Roder H, et al. Dynamics and folding of single two-stranded coiled-coil peptides studied by fluorescent energy transfer confocal microscopy. Proc. Natl. Acad. Sci. USA, 2000, 97: 13021
51. Zhuang X W, Bartley L E, Babcock H P, et al. A single-molecule study of RNA catalysis and folding. Science, 2000, 288: 2048
52. Kneipp K, Wang Y, Kneipp H. Single molecule detection using surface-enhanced Raman scattering. Physical Review

Letters,1997,78(9):1667
53. Kneipp K,Kneipp H,Deinum G. Single-molecule detection of a cyanine dye in silver colloidal solution using near-infrared surface-enhanced Raman scattering. Applied spectroscopy,1998,2:52
54. Svoboda K,block S M. Force and velocity measured for single kinesin molecules. Cell,1994,77:773
55. Ishijima A,Kojima H,Funatsu T,et al. Simultaneous observation of individual ATPase and mechanical events by a single myosin molecule during interaction with actin. Cell,1998,92:161
56. Tskhovrebova L,Trinick J,Sleep J A,et al. Elasticity and unfolding of single molecules of the giant muscle protein titin. Nature,1997,387:308
57. 李鑫. 膜蛋白结构解析中的重要进展. 生物学通报,2007,11:61
58. 杨福愉. 21世纪生命科学研究的一个难题——膜蛋白三维结构的解析. 中国基础科学,1999,01:33
59. 邹喻苹. 膜蛋白晶体的生长及其进展. 生物化学与生物物理进展,1994,21(3):207
60. Michel H. Crystallization of Membrane Protein. New York:CRC Press Inc,1991,53～208
61. Ford R C,Picot D,Garavito R M. Crystallization of the Photosystem I reaction centre. EMBO J,1987,6:1581～1586
62. Kühlbrandt W,Wang D N. Three-dimensional structure of plant light-harvesting complex determined by electron crystallography. Nature,1991,350:130～134
63. Doyle D A,Morais C J,Pfuetzner R A,et al. The structure of the potassium channel:molecular basis of Kt conduction and selectivity. Science,1998,280:69～77
64. Dutzler R,Campbell E B,Cadene M,et al. X-ray structure of a CIC chloride channel at 3. 0 Åreveals the molecular basis of anion selectivity. Nature,2002,415:287～294
65. Toyoshima C,Nomura H. Structural changes in the calcium pump accompanying the dissociation of calcium. Nature,2002,418:605～611
66. Nollert P,Qiu H,Caffrey M,et al. Molecular mechanism for the crystallization of bacteriorhodopsin in lipidic cubic phases. FEBS Lett,2001,504:179～186
67. Hunte C,Michel H. Crystallization of membrane proteins mediated by antibody fragments. Curr. Opin. Struct. Biol,2002,12:503～508
68. Wah C,Amy M,Michael BS,et al. High-resolution electron cryomicroscopy of macromolecular assemblies. Trends in Cell Biology,1999,9:154～158
69. Carragher B,Smith P R. Advances in computational image processing for microscopy. J. Struct. Biol,1996,116:2～8
70. Taylor K A,Glaeser RM. Electron diffraction of frozen,hydrated protein crystals. Science,1974,186(4168):1036～1037
71. Dubochet J,Adrian M,Chang JJ,et al. Cryo-electron microscopy of vitrified specimens. Q Rev Biophys,1988,21(2):129～228
72. Fujiyoshi Y,Mizusaki T,Morikawa K,et al. Development of a superfluid helium stage for high-resolution electron microscopy. Ultramicroscopy,1991,38:241～251
73. Berriman J,Unwin N. Analysis of transient structures by cryo-microscopy combined with rapid mixing of spray droplets. Ultramicroscopy,1994,56:241～252
74. Booth CR,Jiang W,Baker ML,et al. A 9 angstroms single particle reconstruction from CCD captured images on a 200 kV electron cryomicroscope. J. Struct. Biol,2004,147(2):116～127
75. Carragher B,Kisseberth N,Kriegman D,et al. Leginon:an automated system for acquisition of images from vitreous ice specimens. J. Struct. Biol,2000,132(1):33～45
76. Downing K H. Spot-scan imaging in transmission electron microscopy. Science,1991,251:53259
77. Carragher B,Smith P R. Advances in computational image processing for microscopy. J. Struct. Biol,1996,116:228
78. Yang A,Honig B. Sequence to structure alignment in comparative modeling using Pr ISM. Proteins:structure,function and genetics,1999,Suppl. 3:66～72
79. Burke D,Deane CM,Nagarajaram H A,*et al*. An iterative structure-assisted approach to 1999. Proteins:structure,function and genetics,1999,Suppl. 3:55～60
80. Moult J,Hubbard T,Fidelis K,et al. Critical assessment of methods of protein structure prediction(CASP):round Ⅲ. Proteins:structure,function and genetics,1999,48(5):22～27
81. 卢美律,卢力,张渡. 蛋白质结构预测与机器学习. 科学,1999,48(5):22～27
82. Simons K T,Bonneau R,Ruczinski I,et al. Ab inition protein structure prediction of CASP Ⅲ targets using Rosetta. Proteins:structure,function and genetics,1999,Suppl 3:171～176
83. Osguthorp KJ. Improved ab initio predictions with a simplified flexible geometry model. Proteins:structure,function and genetics,1999,Suppl3:186～183
84. 王德彦."分子生物学革命"探析——为DNA双螺旋发现50周年而作. 自然辩证法通讯,2003,147(5):65～112
85. 徐瑞萍,刁生富. 分子生物学中心法则的历史考察. 南都学坛(自然科学专号),1994,14(6):67～71
86. Taylor K,Glaeser RM. Electron diffraction of frozen,hydrated protein crystals. Science,1974,186:1036～1037
87. DeRosier D,Klug A. Reconstruction of 3-dimensional structures from electron micrographs,Nature,1968,217:130～134
88. Walz T,Grigorieff N. Electron Crystallography of Two-Dimensional Crystals of Membrane Proteins. J. Struct. Biol,1998,121:142～161